中国科协学科发展研究系列报告

中国科学技术协会 / 主编

# 水产学
# 学科发展报告

—— REPORT ON ADVANCES IN ——
FISHERY SICENCE

中国水产学会 / 编著

中国科学技术出版社
·北 京·

**图书在版编目（CIP）数据**

2018—2019水产学学科发展报告 / 中国科学技术协会主编；中国水产学会编著 . —北京：中国科学技术出版社，2020.9

（中国科协学科发展研究系列报告）

ISBN 978-7-5046-8538-4

Ⅰ. ① 2… Ⅱ. ①中… ②中… Ⅲ. ①渔业—学科发展—研究报告—中国—2018—2019 Ⅳ.① S9-12

中国版本图书馆 CIP 数据核字（2020）第 037012 号

| 策划编辑 | 秦德继　许　慧 |
| 责任编辑 | 高立波 |
| 装帧设计 | 中文天地 |
| 责任校对 | 张晓莉 |
| 责任印制 | 李晓霖 |

| 出　　版 | 中国科学技术出版社 |
| 发　　行 | 中国科学技术出版社有限公司发行部 |
| 地　　址 | 北京市海淀区中关村南大街16号 |
| 邮　　编 | 100081 |
| 发行电话 | 010-62173865 |
| 传　　真 | 010-62179148 |
| 网　　址 | http://www.cspbooks.com.cn |

| 开　　本 | 787mm×1092mm　1/16 |
| 字　　数 | 482千字 |
| 印　　张 | 21.5 |
| 版　　次 | 2020年9月第1版 |
| 印　　次 | 2020年9月第1次印刷 |
| 印　　刷 | 河北鑫兆源印刷有限公司 |
| 书　　号 | ISBN 978-7-5046-8538-4 / S·771 |
| 定　　价 | 98.00元 |

# 2018—2019

# 水产学学科发展报告

**首席科学家** 王清印

**专　家　组**

**组　　　长** 崔利锋

**副 组 长** 胡红浪　赵文武

**成　　　员**（按姓氏笔画排序）

丁建乐　毛玉泽　艾庆辉　叶乃好　田　涛

白志毅　吕利群　任鸣春　刘　洋　刘　慧

刘世晶　关长涛　麦康森　李兆杰　李利冬

李纯厚　李国栋　李家乐　杨　健　吴反修

吴忠鑫　邹曙明　张天时　张庆利　陈　勇

陈　鹏　陈云龙　陈松林　邵长伟　金显仕

郑汉丰　单秀娟　孟菲良　荣小军　胡　鲲

姜　兰　秦传新　聂　品　徐　皓　徐文腾

黄一心　黄洪亮　程田飞　薛长湖

**学术秘书组** 邰　禹　郁　娇

当今世界正经历百年未有之大变局。受新冠肺炎疫情严重影响，世界经济明显衰退，经济全球化遭遇逆流，地缘政治风险上升，国际环境日益复杂。全球科技创新正以前所未有的力量驱动经济社会的发展，促进产业的变革与新生。

2020年5月，习近平总书记在给科技工作者代表的回信中指出，"创新是引领发展的第一动力，科技是战胜困难的有力武器，希望全国科技工作者弘扬优良传统，坚定创新自信，着力攻克关键核心技术，促进产学研深度融合，勇于攀登科技高峰，为把我国建设成为世界科技强国作出新的更大的贡献"。习近平总书记的指示寄托了对科技工作者的厚望，指明了科技创新的前进方向。

中国科协作为科学共同体的主要力量，密切联系广大科技工作者，以推动科技创新为己任，瞄准世界科技前沿和共同关切，着力打造重大科学问题难题研判、科学技术服务可持续发展研判和学科发展研判三大品牌，形成高质量建议与可持续有效机制，全面提升学术引领能力。2006年，中国科协以推进学术建设和科技创新为目的，创立了学科发展研究项目，组织所属全国学会发挥各自优势，聚集全国高质量学术资源，凝聚专家学者的智慧，依托科研教学单位支持，持续开展学科发展研究，形成了具有重要学术价值和影响力的学科发展研究系列成果，不仅受到国内外科技界的广泛关注，而且得到国家有关决策部门的高度重视，为国家制定科技发展规划、谋划科技创新战略布局、制定学科发展路线图、设置科研机构、培养科技人才等提供了重要参考。

2018年，中国科协组织中国力学学会、中国化学会、中国心理学会、中国指挥与控制学会、中国农学会等31个全国学会，分别就力学、化学、心理学、指挥与控制、农学等31个学科或领域的学科态势、基础理论探索、重要技术创新成果、学术影响、国际合作、人才队伍建设等进行了深入研究分析，参与项目研究和报告编写的专家学者不辞辛劳，深入调研，潜心研究，广集资料，提炼精华，编写了 31 卷学科发展报告以及 1 卷综合报告。综观这些学科发展报告，既有关于学科发展前沿与趋势的概观介绍，也有关于学科近期热点的分析论述，兼顾了科研工作者和决策制定者的需要；细观这些学科发展报告，从中可以窥见：基础理论研究得到空前重视，科技热点研究成果中更多地显示了中国力量，诸多科研课题密切结合国家经济发展需求和民生需求，创新技术应用领域日渐丰富，以青年科技骨干领衔的研究团队成果更为凸显，旧的科研体制机制的藩篱开始打破，科学道德建设受到普遍重视，研究机构布局趋于平衡合理，学科建设与科研人员队伍建设同步发展等。

在《中国科协学科发展研究系列报告（2018—2019）》付梓之际，衷心地感谢参与本期研究项目的中国科协所属全国学会以及有关科研、教学单位，感谢所有参与项目研究与编写出版的同志们。同时，也真诚地希望有更多的科技工作者关注学科发展研究，为本项目持续开展、不断提升质量和充分利用成果建言献策。

中国科学技术协会

2020 年 7 月于北京

2018—2019 年正值我国"十三五"渔业科技发展规划的中期和末期，是充分发挥渔业科技对现代渔业发展尤其是转方式调结构的支撑和引领作用的关键时期。我国水产养殖行业以创新、协调、绿色、开放、共享的发展理念为引领，以提质增效、减量增收、绿色发展、富裕渔民为目标，坚持"生态养护、产业升级、空间拓展、推广提升"的发展思路，在保证水产品安全有效供给，渔民收入稳定增长，产业可持续发展方面已建立了新格局。

本报告重点阐述了 2018—2019 年水产学学科发展的新进展和新成果，对比分析了国内外发展水平和主要问题，同时展望学科发展前景并提出若干对策建议。本报告涵盖了水产生物技术、海水养殖、淡水养殖、水产动物疾病、水产动物营养与饲料、渔药、水产捕捞、渔业资源保护与利用、生态环境、水产品加工与贮藏工程、渔业装备、渔业信息、海洋牧场等学科领域，力求全面、客观和权威地刻画各个学科最新的研究进展、成果与主要亮点。通过与国外相关学科的比较，总结学科研究热点与难点问题，意在提出水产学科领域的发展趋势和发展策略，引导学科优化调整、完善学科布局，促进学科交叉融合与均衡发展。

本报告由中国水产学会组织专家撰写、审定、修改完成。为保证编撰出版质量，我会组织成立 2018—2019 水产学学科发展报告专家组，从 2018 年 7 月到 2019 年 10 月，历时 16 个月完成研讨与编撰。在此向所有为报告编写付出辛勤劳动、作出贡献的专家致以诚挚感谢！

由于时间和资料有限，书中难免存在不足与疏漏，敬请批评指正。

中国水产学会

2019 年 10 月 31 日

序 / 中国科学技术协会

前言 / 中国水产学会

# 综合报告

# 专题报告

# ABSTRACTS

## Comprehensive Report

## Reports on Special Topics

综合报告

# 水产学学科发展研究

## 一、引言

21世纪初，如何保障全世界人口的食物稳定供给仍是世界各国关注的重要议题。水产品是人体所需优质蛋白的重要来源，也是世界上增长最快的食物生产行业之一，为人类提供了重要的食物来源。渔业的健康可持续发展也成了世界多国所共同关心的问题。随着人口增长和社会发展，对水产品的需求量不断上升，渔业资源所承受的压力也与日俱增，已在全球呈现出普遍衰退（Costello et al.，2012；McClanahan et al.，2015）。渔业资源养护和可持续开发利用，包括负责任的捕捞业和水产养殖业，已成为世界渔业发展的主题（FAO，2018）。中国是渔业大国，拥有广阔的渔业水域和丰富的海洋渔业资源，海洋渔业在保障我国水产品供给、增加渔民收入、促进沿海地区海洋经济发展等方面做出了巨大贡献（曹英志等，2015；韩杨，2018）。我国海洋捕捞业在过去几十年内快速发展，国内海洋捕捞量由1950年的60万吨大幅上升至2017年的1112万吨（不含远洋捕捞），增加了约18倍；而水产养殖业的发展更是举世瞩目，目前海水养殖总产量已达2000多万吨，约为捕捞产量的1.8倍（农业农村部渔业渔政管理局，2018）。

作为世界第一渔业大国、水产品贸易大国和主要远洋渔业国家，目前中国海洋捕捞量约占全球海洋捕捞总量的20%（FAO，2018）；其中，近海渔业提供了中国海洋捕捞产量的85%。捕捞业的快速发展对海洋生态系统造成了巨大压力，导致我国近海呈现出过度捕捞、渔业资源衰退、沿岸生态环境恶化的趋势，传统的主要经济鱼类严重衰退，鱼类个体小型化、低龄化和性早熟现象显著（侯景新等，2010；Liu，2013；Shen et al.，2014）。针对渔业资源衰退和水域生态环境恶化的现状，我国颁布了《中国水生生物资源养护行动纲要》，确立了"养护和修复内陆和近海渔业资源及合理开发和利用远洋渔业新资源是当前渔业发展的重点"，渔业产业由"产量型"向"质量效益型"和"负责任型"的战略转移。2013年，国务院出台的《关于促进海洋渔业持续健康发展的若干意见》明确提出"加强海洋生态环境保护和不断提升海洋渔业可持续发展能力"是今后一段时期渔业发展的主要任务。2017年，农业部发布的《关于推进农业供给侧结构性改革的实施意见》指出，加强水生生物资源养护，强化幼鱼保护，积极发展增殖渔业，完善伏季休渔制度，探索休禁渔补贴政策创设。2017年党的十九大提出了"一如既往重视海洋生态环境保护"的重要指示。2018年初，中共中央、国务院发布了《关于实施乡村振兴战略的意见》，提出要统筹海洋渔业资源开发，科学布局近远海养殖和远洋渔业，建设现代化海洋牧场；2019年2月农业农村部等国家十部委则联合下发了《关于加快推进水产养殖业绿色发展的若干意见》，成为当前和今后一个时期指导我国水产养殖业绿色发展的纲领性文件，对水产养殖转型升级、绿色高质量发展具有重大而深远的意义。

为实现我国水产养殖业的健康可持续发展，要求水产养殖科技在近远海养殖水域拓展、工厂化与高效循环水养殖能力提升、养殖生态安全与食品安全保障等多个方面满足产业发展的客观需求。当前，我国正处于渔业供给侧结构性改革、渔业绿色发展和"减量增收、提质增效"的转型时期，未来水产及相关学科的科技成果必将向绿色、高效、优质、增产等方向发展。水环境保护和生态文明建设必将驱动水产养殖模式发生重大变革。在新品种选育方面不仅仅以增产、高产等性状作为主要指标，将更加注重抗病、抗逆、品质等性状的协同改良；在新品种养殖方面将向绿色、低耗等方向发展，因而未来水产科技成果将进一步集成优质高效新品种的选育技术和绿色环保养殖技术，配套产业化开发与应用技术，形成种业关键技术研发与集成、新品种示范推广与应用为一体的水产种业科技成果。

2018—2019年，我国处于"十三五"规划的发展时期，亦是承上启下的重要历史转折期。在此期间，我国水产动物营养与饲料研究保持高速发展，为我国水产饲料产业乃至养殖产业的发展和成功转型提供了帮助。其间，研究经费相对充足，各项工作均有条不紊地进行，分别在蛋白质营养和替代、脂肪营养和替代、糖类、维生素和矿物质营养、添加剂开发、幼体与亲本营养、食品安全与水产品品质、高效环保饲料开发等方面进行了大量研究，取得了一系列重要的研究成果，为推动我国水产饲料产业发展、提质增效、实现"绿水青山就是金山银山"的科学论断做出了巨大贡献。与此同时，养殖装备与工程技术的提升也在推动我国水产养殖业转型升级和渔业产业结构优化调整中发挥着重要的作用。HDPE浮台式新型网箱的示范推广加速推动了我国近海网箱养殖业的产业升级，深远海大型设施智能化养殖装备的研发正在推动我国海水养殖向更深、更远的海域发展；节能环保型工厂化循环水系统、工程化循环水池塘、新型养殖筏架与机械化采收设备等新设施、新装备的研发不断取得进展和突破，为我国工厂化养殖、池塘养殖和浅海贝藻养殖的转型升级和绿色发展提供了有力的技术支撑。

综上所述，本综合报告重点介绍了2018—2019年中国海洋水产领域的最新研究进展和取得的成绩，从渔业资源养护与管理、水产养殖遗传与育种、水产养殖装备与技术、水产动物营养与饲料、水产养殖病害及防控、水产生物技术等方面，分别介绍了研究进展及所面临的问题与挑战，同时也针对未来一段时间产业发展的需求，从科学研究的角度提出了对策建议。本报告选择了几个代表性学科来展示整个水产学科的进步与发展，限于篇幅和字数，没有面面俱到。当前，水产养殖科技领域迫切需要发展针对中国特有养殖品种和养殖模式的、精细化的理论、技术和方法。为此，我们应着力强化水产基础研究，以性状解析为基础，推动水产种业技术创新；推进病害防控关键技术创新，提升水产养殖健康管理技术和管理水平；大力发展健康、可持续的深海网箱养殖技术体系；扎实推进水产生物技术基础研究，为产业发展提供有力支撑。同时，不断完善渔业权和渔业统计制度，进一步深化和改进我国渔业资源管理。

## 二、研究进展

近两年，我国海洋水产领域取得了显著性进展。随着"产出控制"和"技术控制"措施逐渐取代"投入控制"，我国渔业资源管理制度正在发生根本性转变；配合增殖放流、海洋牧场和海洋保护区等资源养护措施的全面落实，我国渔业资源有望逐步得以恢复。与此同时，我国海水种质资源保存与鉴定评价、新品种培育工作成效明显，破译了多个水产物种基因组，解析了重要经济性状的分子机制，水生生物的干细胞移植技术、基因组编辑技术和基因组选择育种技术都有了进一步的提升和应用。近海传统养殖网箱和陆基养殖设施进一步实现升级改造，深远海养殖设施与装备快速发展，使我国成为世界上为数不多的拥有"深蓝1号"等大型深海养殖装备的国家。水产重大和新发疫病病原学与流行病学研究取得重要进展，多种水产病原的多重、定量和快速检测技术研发以及水产病原侵染及宿主免疫机制研究取得突破，水产疫苗研发和药物学筛选研究也取得了阶段性成果。现将主要工作成果介绍如下。

### （一）渔业资源养护与管理

#### 1. 中国海洋渔业管理措施

（1）"投入控制"措施。"投入控制"是我国海洋渔业的主要管理措施，主要包括捕捞许可证制度、"双控"制度和"减船转产"制度。

捕捞许可证制度最早是由国务院1979年颁布的《水产资源繁殖保护条例》所确定。同年，国家水产总局颁布了《渔业许可证若干问题的暂行规定》。1986年《中华人民共和国渔业法》明确规定了捕捞许可制度。1989年农业部根据《渔业法》及其实施细则的规定，制订并颁布了《捕捞许可证管理办法》，对在中国管辖水域内捕捞许可制度做了具体规定。但是，我国的捕捞许可证通常只规定了渔船的主机功率大小、渔具数量、作业类型、作业区域、捕捞品种等，而没有明确限制捕捞量。渔民可以通过延长作业时间、改造渔业技术等方式增加捕捞量（刘洪滨等，2007）。因此，该制度只是在一定程度上减少了渔民的数

量，却并不一定会降低捕捞量。

1987 年 4 月，国务院办公厅颁布了《关于近海捕捞机动渔船控制指标的意见》，开始实施对渔船的"双控"制度。该制度旨在通过渔船总数和功率数的控制，限制近海捕捞能力的发展，控制近海水产捕捞总量，从而达到近海渔业资源逐步恢复的效果。但是，在国家实施"双控"制度的 30 多年内，渔船数量和功率并没有降低，反而呈现增长。2017 年国内海洋捕捞机动渔船数量和功率分别超过 16 万艘、1123 万千瓦，较 1987 年分别增长了约 26%、226%（农业农村部渔业渔政管理局，2018）。2017 年，农业部《关于进一步加强国内渔船管控实施海洋渔业资源总量管理的通知》中进一步提出：到 2020 年全国压减海洋机动渔船 2 万艘、功率 150 万千瓦（基于 2015 年控制数），沿海各省年度压减数不得低于该省总压减任务的 10%。

2002 年 8 月，农业部、财政部和国家计划委员会联合在广东湛江召开的"沿海捕捞渔民转产转业工作会议"，是我国全面实施"减船转产"政策的标志。为更好地指导和支持沿海各省做好捕捞渔民的转产转业工作，国家先后制定并出台了《渔业船舶报废暂行规定》《海洋捕捞渔民转产转业专项资金使用管理暂行规定》《海洋捕捞渔民转产转业专项资金使用管理规定》等一系列政策规定。然而，渔业劳动力总量也未出现明显降低，中国海洋渔业资源的衰退局面并未得到显著改善，过度捕捞、渔业污染等仍是常态，与当初政策设计目标存在较大差距（朱坚真等，2009；韩杨，2018）。

（2）"产出控制"措施。"产出控制"则是通过调控海洋捕捞总量等资源"产出总量"直接调控资源开发量的管理措施。在我国，"产出控制"主要包括捕捞总量控制制度和限额捕捞制度。

我国捕捞总量控制制度源于 1999 年提出的捕捞产量"零增长"计划。2000 年修订的《中华人民共和国渔业法》明确规定了我国将实施限额捕捞制度。2017 年，农业部印发《关于进一步加强国内渔船管控，实施海洋渔业资源总量管理的通知》，明确提出了海洋捕捞总产量控制目标："到 2020 年，国内海洋捕捞总产量减少到 1000 万吨以内，与 2015 年相比沿海各省减幅均不得低于 23.6%，年度减幅原则上不低于 5%。"此外，该通知进一步提出探索开展分品种限额捕捞，自 2017 年开始，山东和浙江开展限额捕捞试点，2018 年推广至辽宁、山东、浙江、福建、广东等 5 省。

（3）"技术控制"措施。迄今为止，"投入控制"和"技术控制"仍是世界上最为广泛、最早被运用的渔业管理措施。我国实施的"技术控制"主要包括"伏季休渔"制度、渔具渔法管理。

伏季休渔制度，是中国在渔业资源管理方面采取的覆盖面最广、影响面最大、涉及渔船渔民最多、管理任务最重、最具实质性的一项保护管理措施。为阻止海洋渔业资源进一步恶化的势头，最终达到恢复渔业资源的目的，自 1995 年起开始在我国东海、黄海实行"伏季休渔"制度，随后又于 1999 年在南海实施伏季休渔制度，至此中国已在近海全面实施伏季休渔制度。1995—2018 年，中国的伏季休渔制度经过 13 次调整完善。2017 年起，我国进一步延长了伏季休渔的时间，延长到 4—4.5 个月。但是，休渔期过后，渔民往往加大捕捞强度，形成捕捞高峰，进而也抵消了伏季休渔的效果。伏季休渔制度仅为渔业资源提供了一个生长繁殖的时间与空间，而无法实现捕捞努力量控制的目标（侯景新等，2010；黄硕琳等，2019）。

为加强渔具渔法管理、保护渔业资源，农业部于 2003 年发布了《关于实施海洋捕捞网具最小网目尺寸制度的通告》，并从 2004 年 7 月 1 日起实施。为减轻渔业资源捕捞压力，2013 年 12 月，农业部又发布了《农业部关于实施海洋捕捞准用渔具和过渡渔具最小网目尺寸制度的通告》，针对我国四大海区，提出了海洋捕捞准用渔具和过渡渔具最小网目尺寸。限制对幼鱼的捕捞是渔业资源养护与管理的最基本措施之一，但在实践中，最小网目尺寸、可捕标准、幼鱼比例管理均未得到有效执行。例如，东海区底拖网网囊最小网目尺寸规定不得小于 54 毫米，但实际中双船底拖网的网囊网目尺寸一般在 26—32 毫米，并普遍使用了禁用的双层囊网，拖网渔获物中带鱼 1 龄鱼占 70% 以上（张秋华等，2007；唐议等，2010）。在科技部和农业农村部相关财政项目的支持下，完成了近海渔具渔法调查，完善了渔具渔法数据库，对近海刺网不同渔具材料与网目尺寸选择性试验。另外，为减轻渔业资源捕捞压力，农业部发布了《农业部关于实施海洋捕捞准用渔具和过渡渔具最小网目尺寸制度的通告》，针对我国四大海域，提出了海洋捕捞准用渔具和过渡渔具最小网目尺寸。

**2. 中国渔业资源养护措施**

（1）渔业资源增殖放流。《中国水生生物资源养护行动纲要》确认渔业资源增殖是水生生物资源养护的重要组成部分。为减缓和扭转渔业资源严重衰退的趋势，"十二五"期间，编写完成了《全国渔业生态修复工程建设规划》，加大了对渔业资源增殖与养护的支持力度。如农业部相继设立了渔业资源增殖放流与养护相关的行业科研专项 10 余项，科技部也启动了国家科技支撑计划、国际合作项目等一批项目，研究内容涉及了沿海、淡水和内陆湖泊等资源增殖与养护、栖息地修复过程中存在的关键技术和共性技术问题。2013年，国务院召开全国现代渔业建设工作电视电话会议，明确现代渔业由水产养殖业、捕捞业、水产品加工流通业、增殖渔业、休闲渔业五大产业体系组成。2016 年，农业部发布了《关于做好"十三五"水生生物增殖放流工作的指导意见》，强调通过采取统筹规划、合理布局、科学评估、强化监管、广泛宣传等措施，实现水生生物增殖放流事业科学、规范、有序发展，推动水生生物资源的有效恢复和可持续利用，促进水域生态文明建设和现代渔业可持续发展。指导意见指出，到 2020 年，初步构建"区域特色鲜明、目标定位清晰、布局科学合理、评估体系完善、管理规范有效、综合效益显著"的水生生物增殖放流体系。"十二五"期间，各级渔业主管部门以贯彻落实《中国水生生物资源养护行动纲要》为契机，不断加大水生生物增殖放流工作力度。截至 2015 年年底，全国累计投入资金近 50 亿元，放流水生生物苗种共计 1600 多亿单位。为做好"十三五"水生生物增殖放流工作，农业部在《关于做好"十三五"水生生物增殖放流工作的指导意见》中提出，"十三五"期间，各省（区、市）增殖放流苗种数量要在 2015 年的基础上实现稳步增长，到 2020 年，全国增殖水生生物苗种数量达到《中国水生生物资源养护行动纲要》确定的 400 亿单位以上的中期目标。中国增殖放流的水生生物种类不断增加，2000 年时全国放流种类不足 20 种，而 2013 年全国放流水生生物种类达 245 种，包括经济物种 199 种（其中鱼类为 138 种）和濒危物种 46 种。"十三五"规划中，确定了全国适宜放流的物种共 230 种，其中珍稀濒危物种 64 种。另外，也开展了中韩、中越联合增殖放流活动。

近年来，我国在黄渤海、东海和南海海域筛选了资源增殖关键种，建立了这些资源增殖关键种在自然海域和生态调控区的生态容纳量模型，评估了其在不同海域的增殖容量；创制了不同资源增殖关键种的种质快速检测技术，构建了其增殖放流遗传风险评估框架，从种质的源头规避了增殖放流的遗传风险；同时，研发了不同资源增殖关键种适宜的标志——回捕技术、苗种批量快速标志技术，对不同规格增殖关键种的增殖效果进行了评估，并根据增殖效果，结合投入产出比预估了其经济效益。目前，中国海洋放流的主要种类包括中国对虾、海蜇、扇贝及数种海水鱼类等。

（2）人工鱼礁和海洋牧场。海洋牧场建设的主要内容包括增殖放流和构筑人工鱼礁。人工鱼礁是通过工程化的方式模仿自然生境，旨在保护、增殖，或修复海洋生态系统的组成部分（唐启升，2019）。我国海洋牧场发展主要经历了 3 个阶段：一是人工鱼礁，二是人工鱼礁加增殖放流，三是海洋牧场（杨红生，2016）。2018 年，全国已建成国家级海洋牧场示范区 86 个，绝大多数采用的是人工鱼礁加增殖放流的管理模式。2017 年中央一号文件提出"发展现代化海洋牧场"，2018 年中央一号文件又明确"建设现代化海洋牧场"，2019 年中央一号文件再强调"推进海洋牧场建设"，这说明党中央、国务院都非常重视发展现代化海洋牧场。

人工鱼礁关键技术研究与示范也取得重要成果。针对近海渔业资源衰退和生境退化的现状，系统研发了人工鱼礁海洋牧场关键技术，推动了我国人工鱼礁海洋牧场技术的发展，在我国沿海普遍推广应用。2014 年以来，为贯彻落实"海洋生态文明建设"的总体要求，进一步突出人工鱼礁的生态公益性，山东把发展的重点转移到大型生态型人工鱼礁建设，将海洋生态环境修复和养护渔业资源放在首位，实现人工鱼礁转型发展。在人工鱼礁的基础研究方面，构建了人工鱼礁工程技术研发平台，建立了人工鱼礁水动力特性数学模型，系统阐明基础礁体结构的流场特征、环境造成功能与生态调控功能；建立了附着生物生态特征综合评估方法，创建了"鱼礁模型趋附效应概率判别"评估方法和诱集效果 5 级评价标准，提出了礁体结构与组合的优化方案。研发"现场网捕 – 声学评估 – 卫星遥感评估"综合评价技术和生态系统服务价值模型，定量评估了礁区的增殖效果和生态系统服务价值，编制了人工鱼礁建设规划、技术标准、技术规范和管理规定。

在海洋牧场方面，建立了生物适用性和环境适用性兼备的海洋牧场生物栖息地修复材料优选和构件工程创新设计系统技术，筛选出腐蚀率低、析出物影响小、使用寿命大于30年的人工鱼礁适用材料，优化设计出新构件、新组合群22种和新布局模式，海洋牧场生境的有效流场强度提高23%；创新了增殖品种筛选和驯化应用技术，形成了基于资源配置优化的现代海洋牧场构建模式，研发了增殖新装置新模式，优化配置了海洋牧场功能区。2017年我国农业农村部组织编制了《国家级海洋牧场示范区建设规划（2017—2025年）》，据测算，已建成的海洋牧场年可产生直接经济效益319亿元、生态效益604亿元，年度固碳量19万吨，消减氮16844吨、磷1684吨。另外，据统计，通过海洋牧场与海上观光旅游、休闲海钓等相结合，年接纳游客可超过1600万人次。在我国沿海很多地区，海洋牧场已经成为海洋经济新的增长点，成为第一、第二、第三产业相融合的重要依托，成为沿海地区养护海洋生物资源、修复海域生态环境、实现渔业转型升级的重要抓手。截至2016年，黄渤海区投入海洋牧场建设资金44.52亿元，建设海洋牧场148个、涉及海域面积346.7平方千米，投放人工鱼礁1805.4万空立方米，建成人工鱼礁区面积157.1平方千米，形成海珍品增殖型人工鱼礁、鱼类养护礁、藻礁、海藻场以及鲍、海参、海胆、贝、鱼和休闲渔业为一体的复合模式，具有物质循环型－多营养层次－综合增殖开发等特征，产出多以海珍品为主，兼具休闲垂钓功能，主要属于增殖型和休闲型海洋牧场。据不完全统计，截至2016年，东海区投入海洋牧场建设资金3.83亿元，建设海洋牧场23个、涉及海域面积235.7平方千米，投放人工鱼礁70万空立方米，建成人工鱼礁区面积206.2平方千米，形成了以功能型人工鱼礁、海藻床［海藻（草）场］以及近岸岛礁鱼类、甲壳类和休闲渔业为一体的立体复合型增殖开发的海洋牧场模式，主要属于养护型和休闲型海洋牧场。据不完全统计，截至2016年，南海区投入海洋牧场建设资金7.45亿元，建设海洋牧场74个、涉及海域面积270.2平方千米，投放人工鱼礁4219.1万空立方米，建成人工鱼礁区面积256.6平方千米，形成了以生态型人工鱼礁、海藻场和经济贝类、热带亚热带优质鱼类以及休闲旅游为一体的海洋生态改良和增殖开发的海洋牧场模式，以生态保护以及鱼类、甲壳类和贝类产出为主，兼具休闲观光功能，主要属于养护型海洋牧场。

（3）海洋保护区。生物多样性是海洋渔业发展重要的物质基础，海洋保护区（marine protected areas，MPAs）是保护生物多样性的有效方式之一（Edgar et al., 2014）。作为一种基于生态系统的渔业管理方法，海洋保护区受到联合国粮农组织（FAO）、欧盟及美国等国际组织和国家的关注，并将其作为渔业管理辅助手段进行推广（宋颖等，2010）。我国的海洋保护区建设可追溯到1963年在渤海海域划定的蛇岛自然保护区。1980年经国务院批准，与老铁山一起升级为蛇岛老铁山国家级自然保护区，自此开启了我国海洋保护区的建设和管理序幕。之后，国家级海洋保护区数量一直处于缓慢的增长状态。直到2005年，国家海洋局批准建立了第一个国家级海洋特别保护区——浙江乐清市西门岛国家级海洋特别保护区；此后，国家级海洋保护区的数量出现了快速增长。截至2018年，我国

共建立各级各类海洋自然保护区 271 处，总面积达 12.4 万平方千米，其中国家级保护区
106 处。但相较美国、加拿大、澳大利亚、英国等发达国家，我国海洋保护区的管理和建
设水平尚处于初级阶段，且各等级和各地区之间的管理和建设水平参差不齐（赵林林等，
2019）。

## （二）海水养殖动植物遗传育种

### 1. 水产种质资源保存与鉴定评价、新品种培育工作成效明显

我国具有辽阔的海洋和内陆水域，多种多样的地理、气象等自然生态条件，孕育了多
样性的水产种质资源，是世界上 12 个生物多样性特别丰富的国家之一。根据《中华人民
共和国渔业法》等法律法规的规定和国务院《中国水生生物资源养护行动纲要》的要求，
农业农村部积极推进建立水产种质资源保护区建设，全国共建设了 535 个国家水产种质资
源保护区，初步构建了覆盖各区域的水产种质资源保护区网络。截至目前，共收集、整
理、共享 2028 种活体水生生物资源信息、6543 种标本种质资源信息以及 28 种基因组文
库、32 种 cDNA 文库和 42 种功能基因等 DNA 资源信息（精子 368 种，细胞 145 种，DNA
1396 种），为水产养殖生物种质资源的鉴定和保护、原良种体系建设和遗传育种研究等打
下良好的基础。农业农村部已批建 31 个国家级遗传育种中心和 84 个国家级水产原良种场
等，保存了"四大家鱼"、大黄鱼、中国对虾、扇贝、中华鳖和坛紫菜等一批重要的水产
种质资源，进一步完善了水产原良种体系的源头建设。

### 2. 破译了多个水产物种基因组，解析了重要性状的分子机制

在基因组测序和生物技术创新浪潮推动下，中国水产遗传育种的基础研究迎来了新的
机遇。自 2012 年起，相继破译了太平洋牡蛎、扇贝、半滑舌鳎、牙鲆、鲤鱼、草鱼、大
黄鱼、红鲫、海参、花鲈、凡纳滨对虾和海带等物种的全基因组序列。这些重要水产生物
全基因组信息的获取，为重要经济性状的遗传解析奠定了重要的基础。如牡蛎基因组序列
图谱揭示了海洋生物逆境适应的进化机制；半滑舌鳎全基因组精细图谱揭示了半滑舌鳎
ZW 性染色体进化机制和其适应底栖生活的分子机制；鲤鱼全基因组序列揭示出其独特的
全基因组复制事件并通过进化分析解析了其遗传多样性机制；草鱼基因组和转录组分析诠
释了其草食性适应的分子机制；大黄鱼全基因组测序解析了其先天免疫系统的进化特征和
独特的免疫模式；海参全基因组精细图谱揭示了海参的特殊形态进化与再生潜能的分子基
础；花鲈全基因组精细图谱定位了花鲈的进化地位和特异的基因家族；凡纳滨对虾全基因
组和转录组分析揭示了其适应底栖生活的分子机制。这些基因组计划的实施标志着我国水
产生物的基础研究进入了基因组学时代，将对水产遗传育种产生了巨大而深远的影响。

### 3. 传统育种技术与分子育种技术相结合，推动水产种质创新

在应用基础研究和技术研发层面，突破了以规模化家系为基础的现代选择育种技术，
建立了水产动物多性状复合育种技术体系，系统性评估了生长、饲料转化效率、抗性、品

质、繁殖等重要经济性状的遗传参数，培育出中国对虾"黄海 5 号""福瑞鲤 2 号"等新品种，重振并提升了传统养殖业。进一步将规模化家系选育技术与杂交育种技术相结合，建立了选育系杂交育种模式，培育出"云龙石斑鱼"、杂交黄颡鱼"黄优 1 号"等优良新品种。

发展了新的高通量分型技术，建立了育种分析技术系统。以栉孔扇贝和虾夷扇贝为研究对象，建立了可取代昂贵固相芯片平台的液相分子杂交技术 HD-Marker，即"液相芯片"技术，通过在单个 PCR 管内的高集成度探针杂交–延伸–连接反应，实现对多达上万个已知基因的变异位点进行高通量筛查和分析。该技术不仅可高效检测 SNP、Indel 等标记，还解决了长期以来 SSR 标记依赖凝胶电泳分型，难以高通量分析的局限，实现了多种标记类型的高通量分析。基于 H 矩阵和 ssGBLUP 方法建立了虾类核心育种群高效评估体系；建立了 LASSO-GBLUP 全基因选择新算法，整合了 GBLUP、MixP 和 gsbay 等全基因组选择算法，开发了一套以贝类为代表的全基因组选择育种新方法，实现快速准确地估计全基因组育种值。当前，基因组选择等新的选育方法已在半滑舌鳎、大黄鱼、扇贝和对虾中得到应用。

查清了多倍体银鲫独特的单性和有性双重生殖方式，逐步建立了较为完善的雌核发育技术，结合群体选育和分子标记辅助育种技术等培育出以异育银鲫"中科 5 号"等为代表的新品种。采用杂交育种与雌核发育相结合技术，育成"太湖鲂鲌"，增产效率达 40% 以上。构建了半滑舌鳎、大菱鲆、中国对虾、凡纳滨对虾、牡蛎、扇贝等重要水产养殖生物的高密度遗传连锁图谱，实现了生长、抗性等重要经济性状的 QTL 定位。

### 4. 紧跟世界前沿技术，在水产生物中实现基因编辑

基因组编辑技术是最近几年发展的对基因组进行定点修饰的一种分子技术，在基因功能分析和基因工程育种方面具有重大意义和应用价值。我国已利用该技术在罗非鱼、半滑舌鳎和脊尾白虾等种类上开展了相关研究。用 CRISPR/Cas9 靶向基因敲除技术产生了尼罗罗非鱼类固醇生成因子（sf-1）的突变体并分析了 F0 和 F1 突变体性腺表型、基因表达和血清雌二醇的水平。利用基因组编辑技术（TALEN），成功敲除了半滑舌鳎的雄性基因 dmrt1，观察到 dmrt1 基因突变的雄鱼精巢发育受阻、出现类似卵巢结构。特别是观察到部分 dmrt1 基因敲除的雄鱼生长速度明显快于正常雄鱼，个体大小接近正常雌鱼。首次在脊尾白虾中建立了 CRISPR/Cas9 基因编辑技术，对几丁质酶基因 EcChi4 进行了基因敲除，约 50% 的个体在 EcChi4 对应靶向位点发生了 indels 突变。

### 5. 水产新品种培育工作再获突破

2018—2019 年，全国共审定的新品种有 33 个，全部为人工选育品种。所采用的育种技术方法集中在群体选育、家系选育、杂交育种、细胞工程和分子标记辅助育种等。其中，鱼类培育的新品种最多，有 13 个；虾蟹类和贝类位居第二，各有 8 个新品种，与几年前相比，我国虾蟹和贝类育种技术体系已经比较成熟、育种技术平台比较健全，步入育

种研发的快速轨道；棘皮类和龟鳖类分别有 4 个和 1 个新品种，相对较少；藻类近两年无新品种申报。从发展趋势来看，未来新品种审定仍是以鱼类、贝类和虾蟹类为主，藻类、棘皮类和龟鳖类仍较少。

表 1 经全国水产原种和良种审定委员会审（认）定通过的水产良种名录（2016—2018 年）

| 类别 / 年份 | 培育种 | 杂交种及其他良种 | 年份合计 |
|---|---|---|---|
| 2016 | 白金丰产鲫、香鱼"浙闽 1 号"、扇贝"渤海红"、虾夷扇贝"獐子岛红"、马氏珠母贝"南珍 1 号"、马氏珠母贝"南科 1 号"（6） | 赣昌鲤鲫、莫荷罗非鱼"广福 1 号"、中华绒螯蟹"江海 21"、牡蛎"华南 1 号"、中华鳖"浙新花鳖"、长丰鲫（6） | 12 |
| 2017 | 团头鲂"华海 1 号"、黄姑鱼"金鳞 1 号"、中华绒螯蟹"诺亚 1 号"、海湾扇贝"海益丰 12"、长牡蛎"海大 2 号"、葡萄牙牡蛎"金蛎 1 号"、菲律宾蛤仔"白斑马蛤"（7） | 凡纳滨对虾"广泰 1 号"、凡纳滨对虾"海兴农 2 号"、合方鲫、杂交鲟"鲟龙 1 号"、长珠杂交鳜、虎龙杂交斑、牙鲆"鲆优 2 号"（7） | 14 |
| 2018 | 滇池金线鲃"鲃优 1 号"、脊尾白虾"科苏红 1 号"、脊尾白虾"黄育 1 号"、中国对虾"黄海 5 号"、青虾"太湖 2 号"、虾夷扇贝"明月贝"、三角帆蚌"申紫 1 号"、文蛤"万里 2 号"、缢蛏"申浙 1 号"、刺参"安源 1 号"、刺参"东科 1 号"、刺参"参优 1 号"（12） | 异育银鲫"中科 5 号"福瑞鲤 2 号"、凡纳滨对虾"正金阳 1 号"、凡纳滨对虾"兴海 1 号"、太湖鲂鲌、斑节对虾"南海 2 号"、扇贝"青农 2 号"（7） | 19 |

## （三）水产养殖装备与技术

2018 年以来，我国养殖装备的技术进步与产业发展突出体现在两个方面：一是近海传统养殖网箱的升级改造，二是深远海养殖设施与装备研发。

### 1. 池塘养殖装备升级创新

池塘养殖是我国最古老，也是最普遍的养殖方式，但长期以来，一直存在养殖方式粗放，环境生态调控与系统技术研究匮乏等问题。近年来，在生态工程学基础、装备、信息化、模式构建方面开展了一系列技术研究和创新。

在生态工程学基础方面，探讨池塘菌藻的演变及对系统调控效果，建立多种尾水处理方式，包括潜流湿地菌群特征和净化效率，使用菌藻结合体显著提高养殖废水净化效率；研究了不同植物密度对鱼菜共生系统的运转影响，尾水处理的多种生物滤料，莲藕净化塘和人工湿地组合湿地系统应用于养殖尾水处理等。开展 16 种植物对水体污染物净化效果研究，筛选出黄菖蒲等三种作为潜力净水植物。

在装备方面，研发了增氧、投饲等池塘养殖装备，促进养殖过程机械化、智能化。研制了移动式太阳能增氧机，多种形式的自动投饲装置，池塘起鱼单轨输送机、脉冲电赶鱼装置等；完成虾塘吸污机的优化设计，可在 30 秒左右将污泥抽吸干净，并实现了载人自动行走功能。

设计了分隔式、分级序批式池塘循环水养殖系统，促进污染物沉积与排放减少；在盐碱地建立了不同模式的生态养殖系统，建立了池塘循环水槽养殖罗非鱼；设计了结合人工湿地的池塘循环水养殖系统。近年来，一系列池塘生态工程化技术在全国多个省份进行了推广，带动了我国池塘养殖的转型升级。涌浪机等设备也走出了国外，在东南亚等国得到大量应用，相应的成果获得了中华农业科技奖、大北农科技奖。

### 2. 工厂化养殖装备进一步完善

我国工厂化养殖装备以室内循环水养殖设施为代表，已广泛应用于成鱼、苗种繁育等领域，也是未来水产养殖工业化发展的方向。近年来，在系统构建和装备设计上取得了显著进展。

开展了生物滤器、生物絮团、碳源、植物等对养殖水体净化性能和效果研究。从多种角度开展生物滤器水处理性能研究；利用生物絮团控制水质，提高了对虾成活率；研究发现固定式生物滤器床层下部是硝化作用发生的主要部位；纳米二氧化钛涂料对养殖水体净化效果良好。

在高效循环水养殖设备研发方面，开展了固液分离、汽水混合装置的研究。研发了滴淋式臭氧混合吸收塔，可有效降低水体中亚氮浓度和水色；从筛缝规格、安装角度以及水处理量等方面，开展了弧形筛对颗粒物的去除效果研究；研制了多向流重力沉淀装置能较高效地去除悬浮颗粒物；研制设计了新型的二氧化碳去除、管式曝气、叶轮气浮等一系列装置，改善了养殖生境。

近年来，我国工厂化养殖技术在全面掌握循环水养殖系统理论的基础上，突破了鱼池颗粒物收集、高效生物滤器、气体交换等循环水处理主要工艺和装备等技术瓶颈，并通过系统优化集成，形成了多种苗种孵化与培育、海淡水鱼虾类循环水养殖系统模式，并在外排水污染物资源化利用研究方面也取得了良好进展，相关技术推广到 10 多个省、直辖市、自治区，累计面积达 20 万平方米以上。

### 3. 近海传统养殖网箱的标准化升级改造

针对近海内湾水域养殖布局不合理，网箱设置密度大，传统网箱养殖产生的海漂垃圾及养殖废弃物对近海生态环境影响日益加剧等问题，国家海水鱼产业技术体系网箱养殖岗位团队联合福建省宁德市海洋设施与装备制造企业，研发出可替代传统木质港湾渔排的方形、圆形浮台式 HDPE 环保新型网箱（图 1、图 2），其中，周长 80 米的圆形网箱相当于传统木质网箱 60—95 个，20 米 × 20 米 × 7 米的方形网箱相当于传统木质网箱 50—75 个，在养殖水体相同条件下，可大幅减少网箱布设数量，减轻近海环境压力。2018 年，福建省宁德市政府下发了《宁德市海上渔排藻类养殖设施升级改造实施方案（试行）》的通知，近海渔排网箱升级改造工作全面启动。由于该新型网箱采用浮台式结构设计，并在方形网箱大框架内增设的"走道板",形成"大套小"方形塑胶渔排,走道板下方采用塑胶浮筒提供浮力。在放大了网箱规格、解决网箱框架抗风浪和泡沫浮子"白色污染"问题的同时,又满足了宁德地区养殖户"渔排"式养殖操作习惯。因此,浮台式新型环保网箱、渔排已成为宁德市近海传统渔排升级改造的主导形式。

图 1　HDPE 圆形浮台式网箱　　　　　图 2　HDPE 方形"大套小"浮台式渔排
　　　（周长 60—120 米）　　　　　　　　（20 米 ×20 米—30 米 ×30 米）

### 4. 深远海养殖设施与装备加速研发

近年来,随着海洋强国、生态文明和蓝色粮仓等国家战略的提出,海水养殖向更深、更远水域发展,成为政产学研各界的广泛共识。2017 年 6 月,中国为挪威萨尔玛(SalMar)公司建造的半潜式大型深海渔场(Ocean Farm 1)在山东青岛交付使用,该渔场主体设施总高 68 米,直径 110 米,养殖水体 25 万立方米,可养殖大西洋鲑 150 万尾(产能约 8000吨),渔场设有中央控制室、自动旋转门和 2 万多个传感器,可实现鱼苗投放、自动投饵、实时监控及渔网清洗、死鱼收集等功能。这一超高投入、超大容量、高度智能化的新型深海养殖设施给我国的深远海养殖发展带来重要的启迪。国内的海洋工程装备制造企业、船舶公司、大型养殖企业等纷纷加入深远海养殖装备与技术研发,加速推动了我国深远海养殖工程装备与技术的研发进程。国内先后研发了 3000 吨级养殖工船(日照外海冷水团海域)、5 万立方米水体的全潜式渔场"深蓝 1 号"(日照外海冷水团海域)、9000 立方米水体的大型钢结构网箱(广西铁山港外海海域)、16 万立方米水体的大型管桩养殖围栏(莱州湾海域)、3 万立方米水体的远海岛礁基围网(南海美济礁海域)、3 万立方米水体的"德海 1 号"智能渔场(珠海万山海域)、6 万立方米水体的"长鲸 1 号"坐底式智能网箱(烟台长岛海域)、1.3 万立方米水体的"振渔 1 号"自翻转式网箱(福州连江海域)、2.1 万立方米水体的"佳益 178"半潜式大型智能网箱(烟台长岛海域)等新型深远海养殖设施(图 3),开发了三文鱼、黄条鰤、斑石鲷、黄鳍金枪鱼、大黄鱼、石斑鱼、军曹鱼、许氏平鲉等名优海水鱼类的深远海养殖技术。

养殖工船（山东日照）

深海渔场"深蓝1号"（山东日照）

大型钢结构浮式网箱（广西北海）

"德海1号"智能渔场（珠海桂山）

大型管桩养殖围栏（山东莱州）

远海岛礁基大型围网（南海美济）

"长鲸1号"坐底式网（烟台长岛）

"振渔1号"自翻转式网（福建福州）

图3 我国研制并投入使用（试用）的深远海养殖设施

（四）水产动物营养与饲料

**1. 蛋白质营养及蛋白源替代研究取得重要进展**

蛋白质是鱼类最重要的营养素之一，是生物体的重要组成部分，也是生命功能实现的重要物质基础。水产动物对蛋白质的需求受到生长阶段、饲料蛋白源的营养价值以及环境等多方面的影响。同时蛋白原料也是饲料成本中花费最大的部分，因此饲料蛋白质营养及替代研究一直是水产动物营养的研究热点所在。

近两年，我国水产动物营养科研人员研究和定量了多种水产养殖动物的蛋白质需要量，为饲料蛋白的精准应用奠定了基础，主要包括：云纹龙胆石斑鱼（*Epinephelus lanceolatus*♂×*E. moara*♀）（50%，公绪鹏等，2018）、半刺厚唇鱼（*Acrossocheilus hemispinus*）（38%，梁萍等，2018）、台湾泥鳅（*Paramisgumus dabryanus spp*）（34.68%—35.37%，周朝伟等，2018）、匙吻鲟（*Polyodon spathula*）（39.19%—42.05%，刘阳洋，2018）、方正银鲫（*Carassius auratus gibelio* Bloch）（35.29%—37.07%，桑永明，2018）、光倒刺鲃（*Spinibarbus hollandi* Oshima）（42.06%，李成等，2018）、梭鱼（*Liza haematocheila*）（26%—32%，陈涛等，2018）、洛氏鱥（*Rhynchocypris lagowskii* Dybowski）（34.99%，杨兰等，2018）、中华鳖（*Pelodiscus sinensis*）（45%，吴凡等，2018a）、大刺鳅（*Mastacembelus aculeatus*）（50.7%—52.5%，张蕉南，2018）等。这些数据的发表完善了水产养殖品种饲料营养数据库，为水产动物高效配合饲料的配制提供了数据支持和理论参考。

随着水产养殖业的发展，饲料工业对鱼粉的需求量越来越大。然而，近些年鱼粉产量并未提升。因此，植物蛋白替代鱼粉的研究越来越受到重视。与鱼粉等动物蛋白源相比，植物蛋白具有产量稳定、可持续和价格低廉等优点。豆粕、菜粕、棉粕、玉米蛋白粉等植物蛋白源已经广泛应用在水产养殖当中。但相较鱼粉，植物蛋白源适口性差、氨基酸不平衡且含有抗营养因子。因此，新型蛋白源的开发仍是水产动物营养研究中的重要方向。

在大黄鱼幼鱼研究中，表明小麦蛋白粉替代饲料（含40%鱼粉）中100%的鱼粉不会影响其生长（王萍等，2018）。而在团头鲂饲料中进行深入研究中表明，菜粕可适量替代鱼粉，并显著促进鱼体生长，且能引起TOR信号通路及其上下游基因的表达变化（Zhou等，2018）。当异育银鲫饲料中鱼粉含量占饲料干重10%时，生产中可利用酶解鸡血粉替代2/3的鱼粉（杜雪地等，2018）。此外，添加3.38%扁平螺旋藻（*Spirulina Arthrospira platensis*）可以显著降低鱼粉使用量和提高异育银鲫生长性能（Cao等，2018）。饲料中大豆分离蛋白替代鱼粉不改变哲罗鱼肌肉氨基酸组成和含量，但鱼体氨基酸沉积率降低（王常安等，2018）。在全雄黄颡鱼花生粕替代鱼粉的研究中表明，16.98%花生粕替代11.5%鱼粉对体增重、增重率、特定生长率、蛋白质效率及饲料系数等无显著性影响，证实了用花生粕部分替代鱼粉应用于全雄黄颡鱼饲料是可行的（陈梦然等，2018）。发酵豆粕替代鱼粉也可以有效提高黄姑鱼鱼体中氨基酸的积累（除缬氨酸和蛋氨酸），替代量在 20%—30% 为宜（胡沈玉等，2018）。在黄鳝的研究中表明，与膨化豆粕相比，大豆浓缩蛋白和大豆分离蛋白能够显著改善黄鳝的生长性能与免疫能力（唐涛等，2019）。此外，申建飞等（2019）开展了浓缩棉籽蛋白替代鱼粉对卵形鲳鲹（*Trachinotus ovatus*）幼鱼生长性能等的影响，研究表明，以特定生长率为判据，通过多元回归模型拟合得出卵形鲳鲹幼鱼饲料中浓缩棉籽蛋白替代鱼粉的最适比例为 26%。肉骨粉和酵母发酵豆粕（1∶1）复合后可替代青鱼饲料中 20% 的鱼粉（林一帆等，2019）。而复合蛋白源替代 12% 鱼粉不会影响杂交鳢的生长，而高水平替代会抑制杂交鳢的生长，但可以改善杂交鳢机体糖脂代谢，提高机体的抗氧化能力（林仕梅等，2018）。这些新型复合蛋白源的开发以及复合蛋白源与新技术手段的应用为替代鱼粉提供了新的思路。

水产动物对蛋白质的需求实际上就是对氨基酸的需求。在有关植物蛋白替代鱼粉的研究中，有一个重大问题就是植物蛋白的氨基酸组成不如鱼粉平衡。相关研究表明在饲料中添加蛋氨酸等限制性氨基酸，可以有效提高水产饲料中植物蛋白原料的应用（Cai et al.，2018）。在低鱼粉饲料中补充必需氨基酸，不仅能促进鱼体的生长，且能通过激活 TOR 信号通路促进蛋白合成（Ahmed et al.，2019a，b）。在低鱼粉饲料中添加适宜水平的蛋氨酸，可以有效提高军曹鱼及中华绒螯蟹幼蟹（*Eriocheir sinensis*）的生长性能及体蛋白含量（何远法等，2018；陈晴等，2018）。在黄鳝中研究表明，膨化豆粕中添加微囊赖氨酸与蛋氨酸比添加晶体赖氨酸与蛋氨酸效果更好，但总体效果改善有限（唐涛等，2019）。此外，研究表明，使用植物蛋白替代鱼粉，运用氨基酸平衡技术进行氨基酸平衡后，可以有效降低团头鲂、建鲤（*Cyprinnus carp* var. Jian）鱼粉使用量或者饲料蛋白水平（Ren et al.，2018；Ahmed et al.，2019a，b）。同时，近年来还研究了不同蛋白源对养殖动物蛋白质代谢、氨基酸转运和消化酶活力等相关基因表达的影响，从而提高水产养殖动物对替代蛋白源的利用率，为开发新型蛋白源提供了有力的理论依据。

**2. 脂类营养和鱼油替代研究也取得一系列新发现**

脂类包括脂肪和类脂，脂肪是甘油和脂肪酸组成的甘油三酯，类脂则指胆固醇、磷脂、糖脂等。脂类对于维持鱼体生长、发育和繁殖起到重要作用。脂肪不仅是机体重要的能量来源，可以起到节约蛋白质的作用，还能为其提供生长所必需的脂肪酸，参与鱼体生理功能的调节。同时，脂肪还可以作为脂溶性维生素的载体为机体运输必需的维生素。胆固醇、磷脂等类脂是鱼体细胞重要组成部分，对于维持鱼体新陈代谢起着重要调节作用。

近两年，我国水产动物营养研究人员补充完善了我国主要养殖品种的脂类需求量。脂肪需求量主要包括：圆斑星鲽（*Verasper variegatus*），8%（吕云云等，2018）、大鳞鲃（*Barbus capito*），7.99%—8.76%（张媛媛等，2018）、血鹦鹉幼鱼（*Cichlasoma synspilum*♀×*Cichlasoma citrinellum*♂），15.80%—16.75%（薛晓强等，2018）、大刺鳅（*Mastacembelus aculeatus*），8.0%（张坤等，2018）、红螯螯虾（*Cherax quadricarinatus*），

7%—9%（鲁耀鹏等，2018）、匙吻鲟，7.88%—9.69%（刘阳洋，2018）、方正银鲫，7.10%—7.56%（桑永明，2018）、洛氏鱥幼鱼，7.30%—9.26%（周锴，2018）；类脂需要量主要包括：大菱鲆，胆固醇 4%（Zhu et al.，2018）、拟穴青蟹（*Scylla paramamosain*），胆固醇 1.11%（Zheng et al.，2018a）。

鱼油是传统的水产饲料中最重要的脂肪源。鱼油资源的短缺加上全球鱼油价格的上涨，使得陆生脂肪源在水产饲料中得到了广泛的使用。近两年，水产动物营养研究人员完善了部分养殖品种的陆生脂肪源替代鱼油研究，一定量的陆生脂肪源替代鱼油，不会显著影响水产动物的生长和发育，但是高比例鱼油替代后会导致水产动物生长和免疫力下降。亚麻籽油和豆油完全替代鱼油对大黄鱼生长具有不利影响，亚麻籽油和豆油替代鱼油降低了肝脏和肌肉中 LC-PUFA 的含量，影响肌肉品质（李经奇等，2018）。亚麻籽油和豆油完全替代鱼油对大黄鱼生长具有不利影响，亚麻籽油和豆油替代鱼油降低了肝脏和肌肉中 LC-PUFA 的含量，提高了 Δ6Fad 基因的表达量（李经奇等，2018）。郑建明等（2018）研究表明，豆油替代鱼油后显著圆斑星鲽肌肉中 EPA 和 DHA 含量，降低肌肉脂肪酸营养品质。Zhu 等（2018）研究表明，使用植物油替代鱼油，显著改变了血清中脂肪酸的组成，尤其是 TAG/PC。橡胶籽油替代 25%—75% 鱼油对罗非鱼幼鱼生长性能和抗氧化功能均无明显负面影响，而橡胶籽油替代 25% 鱼油有利于改善罗非鱼幼鱼肠道消化酶活性（张新党等，2018）。而在鲤鱼中研究表明，饲料中橡胶籽油替代 25% 鱼油对鲤鱼生长性能和饲料利用率等均无不良影响，但当替代比例超过 50% 时会影响生长（詹瑰然等，2018）。在添加豆油的基础上，椰子油、苏子油、葵花籽油和鱼油与葵花籽油 1∶1 混合油都可以用作黄颡鱼饲料的脂肪源（陆游等，2018）。

### （五）海水养殖病害防控

#### 1. 水产重大和新发疫病病原学与流行病学研究取得重要进展

在水产病原学和流行病学研究方面，通过人工感染实验研究了脊尾白虾、卤虫、青龙虾、寄居蟹、天津厚蟹和梭子蟹对 SHIV 的易感性，最终确认脊尾白虾和梭子蟹是 SHIV 的易感宿主，而卤虫、青龙虾、寄居蟹、天津厚蟹不是 SHIV 的易感宿主（Chen et al.，2019）；对采集自我国沿海省市虾类样品中偷死野田村病毒及其变异的行动障碍野田村病毒（movement disorder nodavirus，MDNV）的流行情况进行了系统分析，发现 CMNV 作为一种新发病毒，其流行范围广、宿主种类多、流行率高，并且发现危害产业的虾类野田村病毒，除了 CMNV 外，还存在新的变异株系的流行（李小平等，2019）。持续开展了以对虾病毒病为主的流行病学调查，2018 年覆盖地区包括我国的广东、广西、广州、海南、河北、江苏、山东、上海、天津等 9 个省市，也从马来西亚、印尼和古巴等国家收集了部分样品，共采集样品 381 份，分析发现样品中偷死野田村病毒（CMNV）、虾肝肠胞虫（EHP）、致急性肝胰腺坏死病弧菌（VAHPND）、传染性皮下及造血组织坏死病毒（IHHNV）、白斑综合征病毒（WSSV）、桃拉综合征病毒（TSV）、虾血细胞虹彩病毒（SHIV）、黄头病毒（YHV）和传染性肌坏死病毒（IMNV）的阳性检出率分别为 29.15%、17.07%、13.21%、8.7%、6.82%、6.82%、5.66%、0 和 0（引自《2018 年国家虾蟹产业体系报告》）。除上述报道外，国内多家单位还就严重危害养殖甲壳类的病毒性病原包括 CMNV、SHIV 和 YHV 等的遗传变异、病原生态学等开展了较为系统的研究（Liu et al.，2018a；Chen et al.，2018；Zhang et al.，2018；Wang et al.，2019；Qiu et al.，2018，2019）。从湖北荆门患病黄鳝苗种体内分离鉴定了一株弹状病毒，大小约 53 纳米 × 140 纳米，暂命名为黄鳝弹状病毒（Chinese rice-field eel rhabdovirus，CrERV）（Liu et al.，2019）。

在细菌病研究方面，基于微生物多样性对罗氏沼虾溞状幼体大批死亡的病因进行了分析，发现罗氏沼虾虾苗培育过程中出苗率低的原因可能主要为细菌（弧菌和肠杆菌）所致。使用凡纳滨对虾以及悉生卤虫为实验动物，对不同 VpAHPND 菌株的致病性进行分析，结果显示不同 VpAHPND 菌株对两种实验动物的致病力具有很高的相似性，VpAHPND 基因组与毒力元件存在一定的关联（Yang et al.，2019）。同时，有关 VAHPND 的基因组、接合转移与致病机制等方面也取得了较好的研究进展（贾丹等，2018；Zheng et al.，2018b；Lin et al.，2019；Dong et al.，2019）。首次报道了国内养殖鲆鲽类中两种新细菌性病原，包括半滑舌鳎脾肾结节病病原 – 海分枝杆菌和圆斑星鲽脱鳞病病原 – 鳗败血假单胞菌（Li et al.，2018；Luo et al.，2018）。

在寄生虫疾病研究方面，开展广西沿海贝类派琴虫地理区系分布，派琴虫对宿主种类的寄生偏好性，不同种类派琴虫在同一宿主种群中的关系研究。在调查的 14 种贝类中，有 13 种感染了奥尔森派琴虫，8 种感染了北海派琴虫，7 种同时感染了这两种派琴虫。奥尔森派琴虫在尖紫蛤、棕带仙女蛤、菲律宾蛤仔、毛蚶 4 种贝类的感染率显著高于其他 10 种贝类，而北海派琴虫在香港牡蛎和翡翠贻贝的感染率显著高于其他 12 种贝类。香港巨牡蛎寄生北海派琴虫的感染率显著高于奥尔森派琴虫。菲律宾蛤仔寄生奥尔森派琴虫的感染率显著高于北海派琴虫（吴霖等，2018；Cui et al.，2019）。

在病原风险引入途径分析方面，利用高通量测序技术对育苗期的无节幼体 5 期（N5）、溞状幼体 2 期（Z2）、糠虾幼体 2 期（M2）和仔虾 2 期（P2）采集虾苗、育苗水沉积物（SM2 和 SP2）、藻（A）和卤虫（LC）样品内的微生物群的结构与组成进行了分析，初步判定 N5、Z2 和 P2 是育苗生产过程的重要风险控制点，是控制潜在细菌病原传入生产区域并在生产区内定殖和传播的关键过程（引自《2018 年国家虾蟹产业体系报告》）。

**2. 多种水产病原的多重、定量和快速检测技术研发取得突破**

在疫病快速检测技术研究方面，建立了梭子蟹肌孢虫的常规和定量 PCR 检测技术，并在生长实践和流行病学调查中广泛长期验证与应用。建立了一种能同时检测三种基因型草鱼呼肠孤病毒（GCRV）的通用 RT–PCR 检测方法，具有通用性好、省时高效的突出特点，同时还兼具较高的灵敏度和特异性（范玉顶等，2018）。建立了 CMNV 的一步法实时荧光定量 RT-PCR（TaqMan RT-qPCR）检测方法，该方法能实现对 CMNV 的特异性检测，检测结果的批内及批间重复性好，能够在 $5.7 \times 10^8$ 标准质粒浓度范围内实现对 CMNV 的准确定量检测（Li et al., 2018）。同时，国内多家研究单位还分别开发了草鱼出血病病毒 Ⅱ 型（GCR Ⅶ）的 Ielasa 检测方法（Zeng et al., 2018）、鲤疱疹病毒 Ⅱ 型的快速试纸条检测方法（Wang et al., 2018）、罗非鱼湖病毒的 RT-LAMP 检测方法（Yin et al., 2019）、同时检测石斑鱼神经坏死病毒（Grouper nervous necrosis virus，GNNV）和虹彩病毒的多重 PCR 检测方法（Grouper iridovirus，GIV）（Yu et al., 2019）、锦鲤疱疹病毒（KHV）的 ELASA 检测方法（Yu et al., 2019）。

在病原检测试剂盒研发方面，开发了对虾新发疫病病原 CMNV、SHIV 和 MDNV 等的现场快速检测试剂盒，并在国内沿海省市推广使用 1400 多套；通过举办国际水产疫病病原现场检测技术培训班，向亚太 12 个国家学员赠送试剂盒 257 套。开发了基于三色传感器的现场快速检测试剂盒配套的恒温扩增检测仪，通过分析和优化恒温扩增仪的振动频率与次数、评价外部光线对检测结果判读的影响，来实现恒温扩增仪对目标基因的精确检测。开发了一套玻片微量检测系统，其包括设有 48 孔检测池并在其中预包被了除样品核酸外的所有检测试剂的微量检测玻片、微量移液器以及用于可视化扩增检测结果的成像设备。

### 3. 水产病原侵染及宿主免疫机制研究取得突破性进展

对拟穴青蟹体内 Crustin 和 ALF 两个家族主要抗菌肽的表达调控机制及抗微生物功能进行了系统研究，阐明了两类抗菌肽组织分布和功能差异的分子基础。阐明了传染性脾肾坏死病毒（ISKNV）诱导 CPB 细胞葡萄糖代谢重构机制，证实 ISKNV 感染会导致 CPB 细胞葡萄糖代谢重构；发现鳜 p53 调控谷氨酰胺途径抑制 ISKNV 及鳜鱼弹状病毒（SCRV）增殖，发现 miR-122 通过靶向 IRF-1 基因调控 SCRV 的复制增殖（Zhao et al., 2019）。对杀鱼爱德华氏菌关键的毒力调控蛋白 EsrB 的上游调节因子进行全面的筛选研究发现，受调控基因启动子的转录鉴别器区域（discriminator）的 -6 位鸟嘌呤与 RpoS 的 99 位精氨酸残基之间的互作决定了 RpoS 的调控作用和基因表达命运，并在其他病原菌的毒力调控机制中具有普适性（Yin et al., 2018）。研究证实，牙鲆体内存在由 IgM 介导的免疫清除系统，pIgR 通过转胞吞作用介导免疫复合物从肠固有层穿过肠上皮细胞分泌到体外，从而将循环系统中的抗原清除出去，该结果首次阐明了牙鲆体内 pIgR 介导的 IgM– 抗原复合物的清除过程，提供了 pIgR 对黏膜抗体 IgM 免疫复合物的转胞吞作用的直接证据（Sheng et al., 2018）。由流式细胞术分选得到，对长牡蛎吞噬细胞进行流式细胞术筛选并开展转录组和蛋白组测序分析发现，长牡蛎血淋巴细胞的吞噬作用能够启动氧化还原反应、溶酶体蛋白水解等抗细菌免疫反应，cathepsin Ls 等溶酶体半胱氨酸蛋白酶在颗粒细胞中高表达，表明长牡蛎血淋巴细胞的吞噬活性主要依赖氧化杀伤和溶菌作用（Jiang et al., 2018）。研究发现海洋细菌物质有氧氧化不是遵循已知的 TCA 循环进行代谢，而是在草酰乙酸的基础上逐步生成磷酸烯醇丙酮酸、丙酮酸、乙酰辅酶 A 再从柠檬酸进入三羧酸循环，即柠檬酸 – 异柠檬酸 – 酮戊二酸 – 琥珀酸辅酶 A– 琥珀酸 – 延胡索酸 – 苹果酸 – 草酰乙酸 – 磷酸烯醇丙酮酸 – 丙酮酸 – 乙酰辅酶 A– 柠檬酸，形成一个全新的循环，特命名为丙酮酸循环（P 循环），上述代谢通路也在模式菌大肠杆菌和海水养殖病原弧菌中得以证实（Su et al.，2018）。

### 4. 水产疫苗研发和药物学筛选研究有了新的进展

在渔用疫苗研究及产业化推广方面，筛选了四种常用油佐剂，完成基因 Ⅱ 型草鱼出血病佐剂灭活疫苗的效力和安全性评价；构建了表达 GCRV–VP4/VP7 的枯草杆菌芽孢口服疫苗，采用口服免疫方式，完成了草鱼疫苗的实验室效力评价（Jiang et al.，2019；Wang et al.，2018）；从大量的弹状病毒分离株中筛选出一株天然弱毒株，通过安全性与有效性评价证实可作为鱼类弹状病毒活疫苗候选菌株；开展了维氏气单胞菌灭活疫苗保存期实验。结果表明，存放 3 个月、6 个月、12 个月的维氏气单胞菌灭活疫苗蜂胶佐剂组的相对免疫保护率分别为 85%、50%、40%（任燕等，2018；孙承文等，2019）。针对草鱼细菌二联灭活疫苗，对发酵工艺和灭活工艺进行优化，确定使用参数，在广东、山东、山西等地区开展了草鱼细菌二联灭活疫苗临床试验。

开展水产养殖用生物肥产品的耐药性研究，发现生物肥产品中的耐药基因（PMQR 基因）存在着向水产养殖动物弧菌转移的风险，进而对食品安全和人类公共卫生产生一定的危害（Zhang et al.，2019）。开展了广东省不同水产养殖区主要病原菌（气单胞菌）的细菌耐药性调查分析，发现四环素和复方新诺明耐药率分别为 43.15% 和 26.61%，其他药物的耐药率均低于 20%（Zhou et al.，2019）。对假交替单胞菌为主体的复合益生菌在对虾养殖中的应用效果进行了研究，结果证实了水体中添加芽孢杆菌、假交替单胞菌、乳酸杆菌等的复合益生菌可显著提高对虾抗副溶血弧菌感染能力，对虾抗病力的提高可能与细菌间的拮抗作用以及抗病相关基因的表达水平相关。通过体外抑菌试验，获取实际生产中常用消毒剂和新型消毒剂产品的应用参数，为实际生产中消毒剂的使用提供参考，筛选出聚六亚甲基双胍盐酸盐、过氧化氢、聚维酮碘为水产养殖生产实践中可以使用的、安全性较好的消毒剂。

## （六）水产生物技术

### 1. 完成 20 余个水产生物全基因组图谱绘制

随着高通量测序技术的快速发展，基因组测序成本显著下降，越来越多水产生物的遗传研究进入基因组时代。自 2002 年完成红鳍东方鲀基因组测序以来，迄今为止共计完成水产生物基因组测序高达百种以上，其中仅鱼类基因组图谱就有 69 种。近 3 年来，加拿大和挪威的科学家领衔完成了大西洋鲑的全基因组测序，揭示了在两次染色体加倍过程中转座子介导的重复序列扩张爆发等重要的基因组进化事件（Lian et al.，2016）；新加坡科学家绘制了高质量的亚洲鲈鱼基因组图谱，结合不同地理群体的全基因组重测序证实了早期的群体分层现象（Vij et al., 2016）；美国科学家完成了斑点叉尾鲴的基因组图谱，通过对有鳞和无鳞鱼类的比较基因组学研究，揭示了斑点叉尾鲴由于分泌钙结合磷蛋白的缺乏而导致鳞片缺失的进化机制（Liu et al., 2016）。我国科学家先后完成了牙鲆、海马、黑鲷、黄鳝、花鲈、虾夷扇贝、栉孔扇贝、中华绒螯蟹、海参、海带等 20 余个水产生物的全基因组图谱。其中，中国水产科学研究院黄海水产研究所完成了牙鲆基因组图谱绘制，发现视磺酸和甲状腺激素在比目鱼眼睛移动过程中的拮抗调控现象，揭示了比目鱼变态发育的分子机制（Shao et al., 2017）；中国海洋大学完成了栉孔扇贝和虾夷扇贝的全基因组测序，两篇文章分别聚焦于眼睛进化、半附着生活方式和神经毒素耐受性的组学调控等科学问题，为理解双壳贝类适应性性状的进化起源提供了新的思路（Wang et al., 2017；Li et al., 2017）。上述水产生物全基因组结构的解析为筛选重要性状相关基因以及分子育种技术的建立奠定了基础。

### 2. 水产生物性别、抗病、生长发育等经济性状遗传解析

水产生物基因组的完成为重要经济性状的遗传解析提供了大量基因资源。近几年，国内外在水产生物性别、抗病、生长发育等重要经济性状遗传解析方面取得了重要进展。在性别决定和分化方面，截至目前共计鉴定出青鳉、河豚、罗非鱼、虹鳟、银汉鱼等 12 种鱼类的性别决定基因，揭示了欧洲鲈鱼、罗非鱼、河豚等鱼类性别分化的分子调控机制。其中通过组学分析、TELAN 等技术证明 $dmrt1$ 基因是半滑舌鳎的性别决定基因（Cui et al., 2017）。在抗病免疫方面，围绕细菌病、病毒病等主要疾病，系统分析了主要组织相容性复合体基因、免疫球蛋白基因、补体基因、干扰素基因、凝集素基因、白细胞介素基因、抗菌肽基因、p53 基因、溶菌酶基因等多种水产生物的非特异性免疫因子和抗病因子的调控机制。例如在大黄鱼中，研究发现 miR-122 通过调控靶基因 $tlr14$，miR-200a-5p 通过调控 $tlr1$ 参与了 TLR 信号通路响应鳗弧菌感染的免疫应答，证实了 miRNA 在鱼类免疫中的重要作用（Cui et al., 2016）。在生长发育方面，目前的研究进展仍然集中在生长轴的生长激素、生长激素结合蛋白、生长激素受体、类胰岛素生长因子、生长激素释放激素和瘦素等基因，但在其他通路中也发现一些新的生长相关基因。在罗非鱼中，通过生长快慢个体的比较转录组分析，发现 $foxk1$、$sparc$、$samd3$ 等 10 个候选基因位于生长的 QTL 区间（Grace et al., 2019）。

### 3. 建立多种水产生物生殖干细胞移植技术

鱼类生殖细胞技术是将供体鱼的外源生殖细胞移植到宿主鱼中，利用宿主鱼繁育供体鱼的后代。2004 年日本东京海洋大学首次将供体虹鳟的生殖干细胞移植到了宿主大马哈鱼的仔鱼体内，成功建立了一个鱼类生殖细胞移植技术系统，并形象地称这一技术为"借腹生子"或代孕亲鱼技术，开启了鱼类生殖细胞移植研究的序幕。该技术在缩短鱼类性成熟周期、鱼类性控育种、濒危物种的保护和基因资源的保存等方面都具有巨大的应用前

景。国际上，该技术已在金鱼、虹鳟、金枪鱼、大马哈鱼、泥鳅等多种鱼类中成功应用。Lee 等向山女鳟的精巢注入保存液，然后用液氮冷冻，解冻后提取精原细胞注入虹鳟幼鱼的精巢和卵巢内，结果表明随着虹鳟幼鱼的生长，雄虹鳟的精巢内出现了山女鳟的精子，雌虹鳟的卵巢内出现了山女鳟的卵子（Lee et al.，2013）。Majhi 等从银汉鱼中分离出供体卵原细胞移植到同属的另一种银汉鱼中，后裔检测表明生殖腺出现嵌合体现象（Majhi et al.，2014）。国内在中华鲟、草鱼、青鳉等鱼类中也进行了生殖干细胞移植的研究。在青鳉中，Li 等通过囊胚细胞移植能够实现高效的生殖细胞置换，产生生殖嵌合体达到异体移植的目的（Li et al.，2016）。在中华鲟中，研究人员建立了一种分别使用中华鲟和达氏鲟作为供体和受体的腹膜内生殖细胞移植方法，为濒临灭绝的中华鲟建立了一种生殖细胞移植技术（Ye et al.，2017）。

### 4. 水产生物基因组编辑技术得到应用

基因组编辑技术是近年来发展起来的对基因组进行精确修饰的一种先进技术，主要包括 ZFNs、TALEN 和 CRISPR/CAS9 等。目前，基因组编辑技术已广泛应用于动植物和模式鱼类的基因功能研究中，并在水产生物经济性状遗传改良方面呈现出显著优势。国外已在海胆、海七鳃鳗、大西洋鲑、斑点叉尾鮰、真鲷等多种水产生物中成功实现基因编辑。例如 Qin 等利用 ZNF 技术对斑点叉尾鮰促黄体素基因 *lh* 进行基因编辑，成功在该物种中建立了基因编辑技术（Qin et al.，2016）；Kishimoto 等利用 CRISPR/Cas9 技术，对真鲷生长相关基因 MSTN 进行基因编辑，证明了其在骨骼肌含量和体长等生长性状调节中的作用（Kishimoto et al.，2018）。国内则在罗非鱼、鲤鱼、黄颡鱼、南方鲇、瓯江彩鲤、半滑舌鳎、脊尾白虾等水产生物中成功建立了基因组编辑技术。Li 等在罗非鱼中利用 CRISPR/Cas9 技术成功敲除 *amhy* 基因，证明该基因为罗非鱼雄性决定基因（Li et al.，2015）。Zhong 等利用 TELAN 和 CRISPR/Cas9 技术实现了鲤鱼 *sp7* 和 *mstnba* 基因的定点突变，分析了鲤鱼肌间刺形成的分子机制（Zhong et al.，2016）。近期，Chen 等利用 CRISPR/Cas9 技术完成了瓯江彩鲤 *asip* 基因编辑，阐明了该基因在瓯江彩鲤体色发生过程中的作用机制。

### 5. 建立了几种鱼类和贝类基因组选择育种技术

基因组选择（Genomic Selection）由挪威科学家 Meuwissen 于 2001 年提出，该技术以覆盖全基因组的 SNP 信息为基础，鉴定基因组上表型性状的所有遗传变异，进而计算基因组估计育种值（GEBV）。该技术特别适合于低遗传力的数量性状，例如抗病、抗逆等性状，目前，已在禽、牛和猪等养殖动物上得到广泛应用并产生了很好效果。在水产生物中，该技术业已展示出强大的应用潜力。国际上已经在大西洋鲑鱼、虹鳟、欧洲鲈鱼等水产生物中成功建立基因组选择育种技术。尤其在大西洋鲑鱼中，Bangera 等采用 GBLUP、BayesC 和 Bayesian Lasso 等算法对鲑鱼立克次氏体抗性开展基因组选择研究，结果表明基因组选择能够加快抗鲑鱼立克次氏体综合征优良苗种的筛选（Bangera et al.，2017）。Robledo 等利用基因组选择和全基因组关联两种方法，分别对大西洋鲑的大西洋鲑阿米巴鳃病进行研究，结果表明基因组选择在大西洋鲑抗病育种中具有更好的应用潜力（Robledo et al.，2018）。国内则在扇贝、牙鲆、大黄鱼等水产生物中建立了基因组选择育种技术。中国海洋大学建成国际上第一个水生生物的全基因组选择育种平台，并率先应用全基因组选择育成"蓬莱红 2 号"栉孔扇贝新品种，使水产动物全基因组选择育种走在国际前列。2017 年，中国海洋大学利用基因组选择育种技术培育出海湾扇贝新品种"海益丰 12"。黄海水产研究所利用 Bayes C π 和 GBLUP 两种算法，建立了牙鲆抗病性状的基因组选择育种技术（Liu et al.，2018b），培育出"鲆优 2 号"牙鲆新品种。

## 三、国内外发展水平比较

### （一）欧美渔业管理和养护政策

#### 1. 渔业管理政策

1995 年，联合国世界粮农组织（FAO）通过了《负责任渔业的行为守则》后，世界海洋渔业管理正逐步向责任制管理方向发展，负责任捕捞已成为世界各国捕捞技术和渔业管理的重点。为此，世界各国在管理方面，实行了渔船吨位与功率限制、准入限制、可捕量和配额控制等。目前，国际上很多发达国家均采取以"产出控制"为主导的渔业管理方式。以美国为例，美国海洋渔业捕捞配额制度是依托美国海洋渔业管理计划来开展的，由各区域渔业管理委员会负责实施。根据《马格努森－史蒂文斯渔业养护和管理法案》，共设立 8 大区域海洋渔业管理委员会。美国渔业捕捞配额制度主要涵盖了包括渔业部门、合作社和渔民等所有渔业利益相关者的限制准入权计划（Limited Access Privilege Programs，LAPPs）中的三个项目：个体捕捞配额（Individual Fishing Quotas，IFQs）、个体可转让配额（Individual Transferable Quotas，ITQs）和渔业社区发展捕捞份额（Fishing Community Development Quota Programs，CDQs）（韩杨等，2017）。限制准入权是指允许渔业利益相关者获取某类渔业资源总可捕捞量中一定比例的捕捞数量，以联邦许可证的形式进行管理。个体捕捞配额是指在确定的时期和指定的区域内，赋予特定的捕捞主体，如渔民、渔船或渔业企业允许其从总可捕捞量中分配一定比例的捕捞指标来捕捞一定数量的鱼类品种的权利。个体可转让配额是个体捕捞配额的一种特殊形式，个体捕捞配额拥有者可以将其持有的固定配额在市场进行交易。社区发展配额是从总可捕捞量中留取一定的份额分配给依赖渔业为生的近海社区，其主体包括社区中的渔船所有者、渔业经营者及加工者、船员（杨琴，2018）。

捕捞配额制度的实施是以总可捕量（Total Allowable Catch，TAC）的确定为前提条件的。美国 TAC 制度采取各鱼种和渔业种类分开管理，单独制定详细的渔业捕捞计划。除阿拉斯加州以外，其他四个海区所有经济种类均实行 TAC 制度。为评估海洋渔业资源的开发状态，科学地制定出每个经济物种的总可捕量，美国国家海洋和大气局（NOAA）在每个季度均会发布季度报告，季度报告是年度报告的基础，依据这两类报告来对渔业资源的开发状态进行评估定级；并进一步将各经济种类的评估报告提交给区域渔业管理委员会，由区域渔业管理委员会确定恢复重建的具体等级，然后采取具体的恢复重建计划，以最大限度地确保渔业资源的可持续开发利用（韩杨，2017）。

对渔具渔法的限制措施主要有：禁止破坏性捕捞作业，禁止运输、销售不符规格的渔获物，禁捕非目标或不符合规格的种类，禁止不带海龟、副渔获物分离装置的拖网作业，甚至禁止近岸海区拖网渔业等。美国 SmartCatch 公司即将推出的"智能捕捞技术"产品，不仅可以让渔民能够远程监控渔网内的实况，还可为他们提供控制位于网内的逃逸面板的操控方法，从而实现更为精准的目标物种捕捞。这一更具捕捞选择性的方法让渔民既可将目标物种渔获量增至最大，同时又可将非目标物种的误捕量降至最低。该公司的另一款智能捕捞产品 SmartNet，目前仍处在开发中，它是一款革命性的拖网系统，其特色之一是一套能使船长让非目标捕捞物种以低死亡率游出拖网、可远程控制的变向装置。此"预捕捞渔获释放系统"设计成与该公司的实时视频系统一起配合运行，以便船长不仅能够实时观察网内情况，而且能够有选择性地打开逃逸面板，实现对网内渔获情况的控制。

此外，欧美各国严格的国家渔业观察员制度和捕捞统计制度为渔业资源的科学评估提供了有效的数据支撑。观察员制度是通过渔业科学观察员收集与监测商业捕捞、误捕及渔业加工数据。捕捞统计制度则要求船员必须填写捕捞日志等一套详细的生产统计表，为海事执法检查和返回渔港时上交进行汇总做准备，未填写或填写不正确者被视为违规并受到处罚。准确的渔业统计数据进一步推动了捕捞限额制度的有效实施。

### 2. 渔业资源养护

（1）渔业资源增殖放流。国际社会对增殖放流高度重视。2015 年，全球有 94 个国家开展了增殖放流活动，其中开展海洋增殖放流活动的国家有 64 个，增殖放流种类达 180 多种，并建立了良好的增殖放流管理机制。日本、美国、苏联、挪威、西班牙、法国、英国、德国等先后开展了增殖放流及其效果评价等工作，且均把增殖放流作为今后资源养护和生态修复的发展方向。这些国家某些放流种类回捕率高达 20%，人工放流群体在捕捞群体中所占的比例逐年增加。增殖放流已成为各国优化资源结构、增加优质种类、恢复衰退渔业资源的重要途径。

实践证明，增殖放流可以显著增加放流海域生物量，效果十分显著。例如，中韩两国于 2018—2019 年连续两年进行联合增殖放流活动，放流种类包括褐牙鲆、中国对虾和三疣梭子蟹等重要经济性种类，体现了两国对养护黄海渔业资源的高度重视。日本濑户内海在开展资源增殖试验后，该海域渔业产量迅速增加，年产量从 20 多万吨增加至 125.2 万吨。俄罗斯开展鲟鱼（*Acipenser* spp.）鱼苗增殖放流后，使里海鲟鱼产量增加了 1.5 倍，亚速海的鲟鱼种群数量增加了 9 倍。然而，也存在某些国家的增殖放流未取得预期效果的现象，例如美国威廉王子湾的细鳞大麻哈鱼（*Oncorhynchus gorbuscha*）、挪威的鳕鱼

（*Gadus morhua*）等。部分增殖放流活动非但没有达到恢复资源量的目的，还对野生群体带来了许多负面效应，如疾病传播、与野生群体竞争、引起该水域野生种群遗传多样性明显下降等。当放流群体进入开放水域后，会影响其他物种的习性和规模，主要是由于放流群体与相同生态位的其他生物竞争食物空间等生存资源。例如，新西兰的 Taieri 河和 Shag 河中褐鳟（*Salmo trutta*）的放流影响了河流中原有鱼类及大型无脊椎动物的分布，甚至在有的水域取代了具有相同生态位的土生的南乳鱼科鱼类。当水域中生物密度达到或接近放流水域的最大生态容纳量时，放流群体会与野生种群发生竞争，进而影响野生种群的生长、生存，甚至会取而代之。例如，美国阿拉斯加威廉王子湾进行细鳞大马哈鱼放流非但没有使野生种群的数量增加，反而放流群体部分取代了野生种群。日本真鲷放流研究结果也表明当其放流量超过环境承载能力时会取代野生群体。

（2）人工鱼礁和海洋牧场。海洋牧场已经成为世界发达国家发展渔业、保护资源的主攻方向之一，各国均把海洋牧场作为振兴海洋渔业经济的战略对策，投入大量资金，并取得了显著成效。1963 年，黄海水产研究所所长朱树屏提出"耕海牧渔"、建设"海洋牧场"的构想。1971 年，日本水产厅把海洋牧场作为未来渔业的基本技术体系，认为海洋牧场可以从海洋生物资源中持续生产食物。目前，日本沿岸 20% 的海床已建成人工鱼礁区。韩国和美国也广泛开展了海洋牧场的建设工作，并且在海洋牧场工程与鱼礁投放、放流技术、放流效果评价、人工鱼礁投放效果评价、牧场运行与监测、设施管理、牧场的经济效益评价、牧场建成后的管理、维护和开发模式等研究方面取得了一系列研究成果，支撑了海洋牧场产业的健康发展。人工鱼礁应用和研究最活跃的国家主要集中在日本、美国、韩国以及欧洲各国。

## （二）海水养殖新品种培育

### 1. 重视种质资源管理与评价

随着水产养殖业的广泛开展，越来越多的适合不同生态环境的水产种质资源得到开发和利用，包括水生生物种质资源在内的种质资源和生物多样性问题日益受到国际社会的重视，世界各国尤其是发达国家均设立了各种专业或综合性的生物种质资源保藏、评价和发掘机构，制订了不同形式的重大计划。

### 2. 育种策略与方向

未来世界水产养殖业发展的主要推动力依然是针对生长、饲料转化率、抗病、性别控制等重要经济性状的遗传改良。美国、英国、日本、澳大利亚等国家纷纷明确了适应本国特点的水产经济重点发展方向，并已在水产遗传育种研究相关领域取得了技术突破，形成了产业优势。美国早在 2003 年就培育出了高抗尼氏明钦虫（Msx）病和中抗海水肤囊菌（Dermo）病的牡蛎品系。目前，培育的三倍体牡蛎已占美国牡蛎苗种来源的 70% 左右；培育的凡纳滨对虾良种因其高产抗逆的特性，已占领并垄断国际养虾产业。挪威从

1972 年以来一直坚持鲑鳟选育，研究了鲑鳟生长速度、性成熟年龄、抗病毒病和抗细菌病能力、肉色和肌肉中脂肪含量等的机制，并在此基础上进行良种选育，现已培育出了一批鲑鳟鱼类的优良品种，大大缩短了育种周期并降低了饵料系数。世界鱼类中心与挪威、菲律宾有关研究机构协作实施了罗非鱼遗传改良（GIFT）计划，在完成 6 代选育后取得了生长速度比基础群体提高 85% 的品种，在多个国家养殖并进行遗传和经济性状评估后广泛推广。通过牙鲆抗淋巴囊肿病分子标记辅助育种研究，日本东京海洋大学 Nobuaki Okamoto 教授率领的团队培育出了抗淋巴囊肿病牙鲆，该品种在日本市场上的占有率已达到了 35%。

### 3. 育种模式与对象

世界主要养殖国家的育种模式主要以选择育种和杂交优势利用为主，研究对象集中在鲑鳟鱼、罗非鱼、对虾、牡蛎和鲍鱼等养殖种类上，评估技术主要采用以多性状复合评价方法为基础的多性状复合育种技术。美国从 20 世纪 90 年代开始，针对凡纳滨对虾的生长性能和桃拉综合征病毒（TSV）的抗性开展选择育种，经连续 4 代选择后，凡纳滨对虾抗桃拉综合征病毒的存活率高达 92%—100%。越南和泰国分别从 2007 年和 2010 年起，利用多性状复合评价方法开展多代罗氏沼虾选择育种研究。澳大利亚联邦科学与工业研究组织（CSIRO）利用选择育种技术结合分子标记辅助系谱识别，连续多世代改良斑节对虾，繁殖率和生长速度比野生群体提高了 200%。

细胞工程育种、性控育种和多倍体育种也一直是水产育种领域关注的重点之一。日本、印度尼西亚、菲律宾、美国等国家利用组织无性繁殖、染色体组操作、干细胞移植和借腹怀胎等细胞工程技术在长心卡帕藻、虹鳟鱼等育种方面取得了进展；美国成功培育了四倍体牡蛎，并与正常二倍体杂交获得了三倍体牡蛎苗种。在转基因育种方面，虹鳟、鳅、罗非鱼、斑点叉尾、草鱼等经济鱼类的转基因研究主要集中在生长、抗寒及抗病等性状上。目前美国最先批准了转基因鱼产品上市，各国也都或多或少地进行了战略技术储备研究。随着测序相关技术的发展和测序平台的不断完善，全基因组序列的解析使研究人员可以从基因组水平来认识和理解生物的各种生命过程，为设计和优化生物性状提供了可能。分子设计育种和全基因组选择育种在世界各国都呈现方兴未艾的状态。目前，全基因组选择育种主要集中在抗病性状育种方面，如挪威正在开展鲑鳟鱼和鳕鱼的抗弧菌病和病毒性神经坏死（VNN）病毒病的全基因组选育，美国在进行斑点叉尾鲴抗弧菌病的全基因组选育。

## （三）海水养殖装备与技术

### 1. 注重池塘养殖基础理论和生态净化机理

国外许多专家和学者在养殖生态基础、水质和底质调控、模式构建等各个基础方面都开展了深入的研究，提出了池塘建设的基本要求，包括池塘结构、土质条件、池塘形状、维持池塘水质最好的办法等。研究建立了南美白对虾生态工程化循环水养殖系统，有效提高了饲料利用率，减少了养殖污染。研究构建的虾－藻－轮虫复合养殖系统，提高了系统对营养物质的转化效率。同时，他们也十分重视对减少污染物的研究，在半封闭的池塘养殖系统中建立了一种物理沉积、贝、藻混合处理系统；研究基于表面流和潜流湿地的循环水养殖系统，并应用于对虾养殖；研究建立了基于湿地净化养殖排放水的养殖系统，以及开展了人工湿地对养殖排放水体中总悬浮物、三态氮有较高的去除效果。

与国外相比，我国池塘生态形成与变化机制、关键因子影响机制研究不深，还不能很好地把握控制的时效，养殖过程中的信息采集手段和控制手段比较薄弱，除增氧和投饲以外的机械设备也非常欠缺。

### 2. 工厂化养殖装备和技术较为成熟

欧美发达国家将当今前沿的生物工程、微生物、自动化技术运用到工厂化养殖中，并将循环水养殖作为研究与应用的重点，在优化设施系统、完善和提升管理系统效率、节能减排等方面走在世界前列。目前欧美等国家普遍将水处理技术、生物技术、工程技术、自动化技术融合到养殖系统中，主养种类为大西洋鲑、欧洲鲷等，品种相对比较固定，养殖单产超过 200 千克 / 立方米。同时，在精准投喂、鱼类行为学、饲料配方和养殖环境的优化、消毒对鱼类影响、换水量的优化、鱼类福利养殖等开展了大量的研究。在快速排污技术、环境监控技术、生物滤器自清洗及其管理技术和养殖废水的综合利用技术取得了较大的进展。与国际先进水平相比，我国在工厂化循环水养殖设施技术已在全国各地得到广泛使用，在循环水率等一些关键性能已基本接近国际水平，但是在系统集成和构建、稳定性以及标准化等方面还存在着一定差距。

### 3. 网箱分析理论和设计技术先进

从设计建造能力来看，全球网箱养殖装备领域基本形成了"挪威设计 + 欧洲关键配套 + 中国总装制造"的产业格局。我国相关研发设计工作刚刚起步，本土化配套能力严重不足，核心装备和系统主要依赖进口。

近三年来，我国瞄准深远海养殖产业发展态势，利用承担挪威等发达国家大型渔场平台建造的机遇，通过消化吸收，根据我国不同海域环境特点，设计建造了具有自主知识产权的大型养殖渔场，目前正在开展养殖示范的包括"深蓝 1 号""德海 1 号""振渔 1 号"以及"长鲸 1 号"等，为进一步拓展海洋养殖空间、提升深远海开发利用水平起到了加速推进作用。但由于基础动力学理论和设计、建造、运行工艺的限制，我国深远海养殖渔场平台设计缺乏关键数据的支撑，更多的是参照现有船舶设计相关规范，数字化设计技术有待进一步提升优化。

### 4. 深水网箱智能化养殖技术领先世界

深远海养殖是一项多学科、多产业交叉融合的综合性系统工程。挪威等深海养殖发达国家非常注重将现代工业、电子信息、海洋工程、生物与养殖等多项技术进行融合、集成和应用。深海渔场、养殖工船、养殖平台等大型设施的规模化、智能化养殖是近年来世界渔业强国发展深远海养殖的新方向。如中国为挪威建造的"半潜式深海渔场（Ocean Fram 1）"，挪威试验中的自翻转网箱、封闭式"巨蛋"养殖设施、智能深海养殖工船等。中国的深远海养殖虽然起步发展较晚，也受到了诸多不利海况条件的制约，但我国政产学研各界已充分认识到发展深远海养殖的重要性，并协力推进深远海养殖工程科技的进步与产业发展。仅 2017 年 7 月—2019 年 6 月，我国自主研发并投入使用（试用）的大型养殖工船、大型养殖围栏和大型养殖网箱等深远海养殖装备就达 10 余种，共计 30 余套。通过几年的努力，以名优海水鱼类养殖为先导的我国深远海养殖必将迈出更加坚实的步伐。

### （四）国内外水产动物营养与饲料研究比较

近年来由于国家产业政策正确引导、科研经费的大力支持和产业的巨大需求，我国水产动物营养研究与水产饲料工业高速发展，在大多数领域都已经达到了国际领先水平。但我国水产动物营养研究起步较晚，直到 20 世纪 80 年代，才把水产动物营养与饲料配方研究列入国家饲料开发项目，比发达国家足足晚了 40 年，在研究的系统性、行业运行与监管及观念等方面仍与国外先进水平存在一定差距。

### （五）养殖病害防控

2018—2019 年，我国水产病害防治学科的科研工作取得了较大进展，但与国外高水平研究机构的工作相比，与水产养殖"绿色发展"的迫切要求相比，我们在水产病害防控理论与基础研究、关键技术创新与综合防控能力提升、预警免疫防控产品研制与应用等方面还存在较大差距。

**1. 全球渔业技术发达国家引领着渔业健康管理理论和基础研究的方向，作为渔业大国，我国相关领域的研究紧随其后**

渔业技术发达国家在基础研究方面重点关注了主要水产养殖种类新发疫病病原鉴定与风险防控基础理论研究，充分利用了生命科学领域基因组学、分子生物学和免疫学的成果，在病原鉴定、流行病学和传播机制研究方面进展迅速，基本掌握了重要养殖种类新发疫病的病原生态学特征，并跟踪了重大和新发疫病病原的遗传和演进规律，为相关防控技术研发奠定了良好基础。我国针对危害产业发展的主要养殖种类，围绕重大和新发疫病也开展了多方面的研究工作，在细菌性和病毒性疫病的病原鉴定、分子流行病学和宿主免疫机制方面取得了长足进步，病原学和流行病学的相关成果为疫病诊断技术和免疫制剂研发提供了基础信息和理论支撑，但病原起源进化与疫病传播机制方面的研究尚不充分，水产动物免疫机制方面跟踪和重复性研究较多，揭示重要免疫机制或重大免疫现象的研究还较少。

**2. 渔业技术发达国家在水产疫病监测预警和防控技术研发方面走在世界前列，我国在该领域业已取得众多突破**

国际上水产疫病诊断预警研究集中在利用分子生物学手段开发水产动物病原快速、定量和高灵敏检测技术方面，目前已基本建立了各种重要水产疫病病原的 PCR、荧光定量 PCR、环介导等温扩增（LAMP）、胶体金和微流控检测技术；在水产疫病防控技术研究方面，则主要是从分析养殖系统疫病风险引入途径角度，构建基于风险分析、评估和管控的生物安保防控技术体系，并应用于无特定病原（SPF）种苗培育和水产养殖健康管理过程中。我国水产病害防控技术研究在病原检测技术开发方面进展显著，基于 PCR、定量 PCR、核酸探针和 LAMP 研发的水产病原现场快速检测技术已成为产业广泛使用的水产动物疫病诊断预警方法。最近我国也开始引入水产疫病生物安保技术防控理念，积极探索新时期水产疫病防控的新思路。由于检测技术原始性创新和自动化研发能力的不足，目前我国在水产疫病新型检测技术和诊断技术自动化技术领域还有较大的进步空间。

**3. 渔业技术发达国家在水产疫病预警、免疫防控产品研制和应用领域处于领先地位，我国在该领域已取得突破并逐步达到世界先进水平**

发达国家凭借在分子生物学领域的技术和产品优势，较早完成了水产重大疫病诊断技术和产品研发，并在全球推广使用；我国在这方面则主要根据国内产业现状研发了适于现场应用的水产重大疫病病原快速检测技术和产品，并取得了较好的应用效果。疫苗免疫被认为是养殖鱼类病害最有效的方法，目前欧美重要养殖鱼类主要疫病的疫苗基本都完成了从研发到产业应用的转化过程，截至 2017 年，全球渔用疫苗产品超过 154 种。欧美发达国家已通过成熟的多联疫苗产品和完善的佐剂生产工艺，实现了一针疫苗防控多种主要病原，免疫效力覆盖整个养殖周期的目标，并借助全自动渔用疫苗注射机实现了自动注射免疫，大大提高了工作效率。我国正在开发的水产疫苗种类有 50 多种，从数量看并未落后于欧美渔业发达国家太多，但截至目前仅有 4 种渔用疫苗获得国家新兽药证书和商业化生产，我国在水产疫苗的产业应用上仍严重落后于欧美发达国家。

## （六）水产生物技术

**1. 我国在水产经济生物基因组研究领域已处于领跑地位，但功能基因组研究相对滞后**

自 2012 年牡蛎基因组测序完成以来，我国先后完成了半滑舌鳎、牙鲆、海马、黑鲷、黄鳝、花鲈、虾夷扇贝、栉孔扇贝、中华绒螯蟹、海参、海带等 20 余种水产生物的基因组测序，测序物种的数量已居于世界前列。仅以鱼类基因组为例，2014 年我国完成首个鱼类（半滑舌鳎）基因组以来，国内外共计完成 57 种鱼类基因组测序，其中我国完成主导完成的达 24 种，上述水产生物基因组研究成果相继发表在诸如 *Nature*，*Nature Genetics* 等高水平期刊上，研究水平获得了国际广泛认可。然而，尽管我国在相关物种获得的基因组列资源已经处于国际领先水平，但功能基因组研究相对滞后。其主要原因在于水产经济生物不同于模式生物，其自身复杂的生物学特征决定了模式生物的基因功能研究体系及平台不能完全适用于水产经济生物，导致基因功能精细研究相对滞后。

**2. 我国在水产生物基因资源发掘方面已跻身国际领先行列，但在大数据分析方面存在不足**

由于水产生物基因组的快速发展，我国在水产生物重要经济性状基因资源发掘方面取得了重要进展。在扇贝、半滑舌鳎、大黄鱼、三疣梭子蟹、中国对虾等多个水产生物中获得了海量 SNP 标记；完成了半滑舌鳎、牙鲆、罗非鱼、牡蛎、海带等多个水产生物性别、抗病、生长、发育相关基因的发掘和功能解析。但是我国在生物大数据分析方面相对国际发达国家存在明显不足，其表现为：一是缺乏高水平生物信息分析人才，不能满足水产生物海量数据快速产出的需求；二是生物信息分析算法及软件开发原创不足，导致大数据分析的深度不够；三是数据大规模开发依托的测序平台尚未完全国产化，其核心技术依然掌握在美国因美纳（Illumina）等少数国外公司手中。

**3. 我国在新一代育种技术应用方面与国际发达国家齐头并进，但育种技术的理论基础尚显薄弱**

生殖干细胞移植、基因组编辑、基因组选择等新一代育种技术日益成为水产生物种质创制的主流技术。在上述技术的应用方面，我国已经取得了较好的研究进展。我国科学家建立了青鳉囊胚细胞移植生产嵌合体的技术，建立了中华鲟腹膜内生殖细胞移植方法；先后在罗非鱼、半滑舌鳎、鲤鱼、黄颡鱼、南方鲇、瓯江彩鲤、脊尾白虾等多个水产生物建立了基因组编辑技术；在大黄鱼、牙鲆、扇贝等水产生物中开展了全基因组选择育种研究，培育出"鲆优 2 号"和"海益丰 12"两个水产新品种。但我国在上述技术的基础理论研究方面稍显薄弱，尤其是在生殖干细胞移植的排异性、基因组编辑的脱靶效应、基因组选择的算法等方面，我国缺乏原创成果，基本上处于跟跑阶段。

## 四、主要挑战及问题

目前，我国水产良种对渔业增产的贡献率达 35%，创新驱动的潜力巨大。作为世界第一大水产品生产国和消费国，我国正在成为世界水产科技的发展中心，承担着引领世界水产科技发展的重任。虽然我国水产种业科技取得了长足进步，但我国水产种业的发展仍面临一些严峻挑战，其主要表现在：育种基础研究投入较低，满足不了良种培育的需要；优异种质资源挖掘深度和广度不够；具有重要育种价值的基因和分子标记少；重要性状的遗传机制解析不够深入；基因组编辑等新技术尚未应用；分子设计、全基因组选择等育种技术体系尚不完善；一些大规模养殖种，如"四大家鱼"等优良品种缺乏；具有质优、抗病、抗逆等多个优良性状综合的新品种极少；大多数养殖种良种覆盖率和遗传改良率水平不高；规模化种苗生产技术滞后；尚未形成全产业链科技创新链条，水产种业体系有待完

善。上述诸多问题严重制约着我国水产种业的持续、健康、快速地发展。

## （一）资源增殖养护缺乏科学指导和效果评估

### 1. 增殖放流缺乏科学、系统的规划和管理

我国的增殖放流缺乏科学、系统的规划和管理明显滞后，很多品种在放流前缺乏对放流水域敌害、饵料、容量，放流时间、地点、规格等必要的科学论证和评估，具有一定的盲目性。增殖放流效果评价体系严重缺失，优良品质的苗种供应不足，种质资源保护亟待加强，人工苗种种质检验缺乏规范的标准。另外，将放流增殖当成生产手段。目前我国的增殖放流，基本上都是"生产性放流"。这种模式的放流增殖，从理论上来说，是不可持续的，因为它对于自然资源的恢复不但无益，而且还会加快自然资源的衰退。增殖放流是一项复杂的系统工程，需要海洋、国土、财政、科研等众多部门的协调与合作。由于没有明确而完善的法律制度，往往容易出现部门之间的职责范围和责任不明确的现象，很多时候不仅浪费了人力、财力，而且给环境带来了潜在的破坏，这在很大程度上制约了增殖放流的发展。我国目前对于增殖放流的相关科技支撑不足，主要表现在：一是放流物种的生物学及规模化繁育技术研究不足，二是对放流水域的本底研究欠缺，三是种苗标记技术发展滞后。我国增殖放流评估体系不完善，前期试验性放流及后期配套管理措施缺乏。

### 2. 资源保护和监管水平有待提高

经过数十年的发展，我国自然保护区的建设进入科学建设和集约化经营管理阶段，自然保护区已由数量型建设向质量型建设转变。但与国外自然保护区的建设相比，我国仍存在不足之处，主要包括：①保护区建立起步较晚；②适合我国国情的自然保护区分类经营管理体系亟待制定和完善；③保护区管理人员业务水平有待提高；④对保护物种资源动态的长期监测，保护物种的基础生物学、生态学、生活史研究，濒危机制，濒危物种种群恢复技术等方面的研究应加强。

### 3. 珍稀濒危水生野生保护动物的基础研究滞后

濒危水生野生动物保护是一项技术性强的工作，要对它实行科学、有效的管理，就必须对水生野生动物进行全面的考查，包括其生活习性、生态习性、资源分布以及受环境条件变迁影响的程度等。由于水生野生动物保护经费投入有限，许多地方没有把此项资金纳入地方财政预算，使得水生野生动物保护研究工作困难。因此，对于水生野生保护动物的基础性研究工作还不够深入。另外，我国珍稀濒危水生野生动物养护工作不规范。对珍稀濒危水生野生动物增殖放流重视不够，放流品种不符合要求，大部分种类或地区没有制定长期增殖放流的规划，放流的重要意义和作用宣传不够，资金支持不足，缺乏统一的规范和科学指导。

## （二）保育种技术不足以支撑现代种业体系

### 1. 种质资源保存与创新利用有待提高

水产生物胚胎干细胞分离培养和胚胎冷冻保存技术还未突破，重要养殖种类野生资源遭到严重破坏，原种保存和维护技术亟须建立，活体种质资源库建设有待完善。部分重要海水养殖种类种质资源研究基础薄弱，种质经济性状和遗传背景不清，种质评价、鉴定和种质创新利用技术有待提高。

### 2. 育种新技术集成与应用尚需加强

我国水产遗传育种工作经过近二十年的发展，逐步形成了由传统选育、杂交育种、细胞工程育种到前沿的 BLUP 选择育种、分子标记辅助育种、基因组选择育种等丰富全面的水产育种技术体系，其中依靠群体选育和杂交育种培育出的新品种已达 100 多个，成为名副其实的主流技术。不过，这两项技术育种周期长、效率低，尚难以满足我国渔业对大批量、高品质、多性状和适应能力强的新品种的需求。到目前为止，我国还没有培育出真正意义上的抗病品种，基因组编辑技术才开始起步，缩短育种周期的新技术还有待开发。

### 3. 水产良种审定和检测技术标准与规范有待完善

我国从 1996 年恢复水产新品种审定后，已有 201 个新品种通过审定，目前已经形成了较为成熟的水产品种培育技术。但在相关标准的制定上却远远落后，除"水产新品种审定技术规范"外，相应的遗传育种规程、性状评价及养殖技术规范等标准空缺；目前农业农村部在新品种审定过程中存在着许多需要解决的问题，如：经济性状数据只能依靠送审单位提供的数据，缺乏公正性，需要建立标准统一的第三方测试和检验机构；新品种的优良品质需在一定的养殖条件下实现，亟待制定与新品种配套的系列养殖技术规范。

### 4. 育、繁、推一体化的现代种业体系尚处于起步阶段

近年来，以凡纳滨对虾、罗氏沼虾等为代表的物种正在逐步形成我国自主的种业体系。不过，我国批准推广的水产新品种绝大部分由科研机构主导研发，企业的育种能力不足、种苗繁育规模有限，尚缺乏保种场、性状测试中心等育、繁、推一体化的完善种业体系，无法满足产业需要。对种业具有引领和带动作用的大型龙头种业企业较少，以企业为主体的商业化育种体系尚未形成；种业企业在保种、亲本培育、良种扩繁、良种评估等方面的技术与工艺的标准化程度很低；专门化、规模化的水产种业公司还处于起步建设阶段。部分种业企业、原良种场繁育基础设施薄弱、装备落后，自动化、标准化、信息化、设施装备化程度较低，综合育种能力和生产能力不强。

## （三）海水养殖装备技术亟待升级

### 1. 技术问题

我国池塘生态形成与变化机制、关键因子影响机制研究不深，还不能很好地把握控制

的时效，养殖主要依靠人力、机械化程度比较低，除增氧和投饲以外的机械设备也非常欠缺。我国在工厂化循环水养殖设施技术已在全国各地得到广泛使用，在循环水率等一些关键性能已基本接近国际水平，但与国际先进水平相比，在系统集成、稳定性以及标准化等方面还存在着一定差距。

我国近海养殖设施缺乏标准化设计，给养殖机械化带来了很大的困难，虽然部分工序由机械替代人工，但总体还是以手工方式，劳动强度大，生产效率低。深远海海况特殊，偏离海岸，大洋性海流、风暴潮等灾害性天气对设施的适应性能、结构布装的可靠性以及拦网水体的交换性能等提出了更为严峻的挑战，高海况下的网箱基础研究和实践还相当欠缺，盲目地将近海养殖网箱应用于深远海必然会造成难以估计的损耗，也不利于我国深远海养殖稳步向前发展。

### 2. 管理问题

我国即将开展包括近海的国土空间规划，而水产养殖也是空间规划的重要内容。如何在兼顾生态、经济布局的前提下，合理布局池塘、工厂化、近海和深远海养殖，是我们面临的一项重要任务。渔业管理部门应高度重视，提前制定实施方案；凭借国土空间规划的契机，理顺水产养殖与地方经济、社会和生态发展之间的关系。

深远海养殖定位于远离大陆的开放海域，大型养殖平台是一个相当复杂的生产和管理系统，如何在搭建的平台上实施有效的管控，是深远海养殖的又一考验。目前，很多沿海省市和企业都在积极推进深远海养殖。深远海养殖发展应该是一个综合考虑海域空间、市场空间的平衡有序的发展过程，需要在统一规划指导下发展。开放海域的水文环境复杂多变，养殖区域需要有合理的布局规划，从而有效降低复杂环境带来的影响；需要有海域环境监测和预警，掌握灾害性天气的动态，及时采取避防措施；需要制定健康养殖行为规范，保障深远海养殖的合理性和科学性。由于深远海养殖远离大陆，抵岸的便利性大大降低，涉及养殖管理过程中具体的操作，需要有效的管理方式，包括建设和维护远海养殖配套装备、设施在线实时监控、灾害天气应对措施等相关问题。

### （四）饲料营养研究与生产工艺有待提高

#### 1. 研究的系统性尚不足

我国水产养殖品种众多，主要养殖品种达 50 多个。而欧美等发达国家养殖品种相对单一，如挪威一直以大西洋鲑作为主要养殖品种，养殖产量达到水产总产量的 80% 以上。欧美国家能够在较少的养殖品种上多年开展系统的研究，尤其是挪威在大西洋鲑，欧美国家在虹鳟、鲶鱼上的研究系统而深入，保持了研究领域的领先，引领世界鱼类营养研究的发展。欧美国家水产动物营养从大量营养素到微量营养素，再到替代蛋白源、替代脂肪源、营养与品质关系、营养免疫学、外源酶和促生长添加剂等研究较为系统；并且针对仔稚鱼、幼鱼、成鱼、亲鱼等不同生长阶段，均有营养学的深入研究。这些研究成果为精确设计饲料配方奠定了理论基础。另外发达国家还对饲料营养素利用和代谢调控进行了深入研究，不仅从生理生化水平，而且从分子水平探明相关营养素的代谢机制。

水产动物营养研究必须经过系统的、长期的积累，因此，针对某个养殖品种，需要几年甚至是几十年的系统研究，才能比较完整地解决产业面临的问题。而我国的科技研发经费有时过于强调有"新意"，而忽视系统长期的经费支持，不利于彻底解决产业技术问题。国内多数研究关注于短线的成果，而忽视鱼类营养学的基础工作，如基本的营养需求数据、消化率数据等，难以从根本上解决问题。

### 2. 饲料加工工艺研究有待进一步提高

水产饲料产业的蓬勃发展带动了相关产业的发展，尤其带动了饲料机械制造业进步。近年来，我国科技人员在消化吸收国外先进技术的基础上，迅速完成了从无到有的水产饲料设备研发，改变了饲料机械依靠进口的局面，已能实现大型饲料成套设备国产化。我国已经建成水产饲料加工成套设备制造的工业体系，不仅能基本满足国内水产饲料生产的需要，而且也外销国际市场，饲料产品品质也得到不断提升。但目前我国水产饲料生产设备的质量、规模、自主创新能力仍有不足。尤其是水产饲料膨化设备生产性能相对国际最高水平仍有差距，饲料厂所需的成套设备生产能力欠缺。许多饲料企业仍然依靠从国外引进相关设备，从而使生产成本显著上升；而一些小型企业则由于资金有限，无法从国外进口相关设备，因此，所生产的产品质量较低，市场竞争力弱，从而逐渐被淘汰。

### 3. 高效环保配合饲料研发有待升级

近年来，我国大力推进水产养殖模式升级，但在部分地区水产养殖生产仍较为粗放，高效环保配合饲料普及率低。我国水产养殖每年直接用于投喂的鲜杂鱼400万—500万吨，另有3000万吨直接以饲料原料的方式投喂，这种养殖模式不仅是对有限资源的巨大浪费，更是环境污染、病害发生和影响可持续发展的重要因素。另外，目前饲料配方普遍存在过高蛋白和矿物盐的倾向，这也进一步加剧了富营养化水体氮、磷等的产生。近年来，我国提出了生态优先的发展战略，"环保风暴"倒逼产业升级，但目前水产饲料和养殖水环境的监管和与其相关法律法规制定的相对不够完善，导致了水产动物营养研究注重养殖动物生长，而忽视了环保的要求。

欧美等发达国家水产养殖水平较为先进，主要以集约化的工厂化养殖为主，配合饲料的普及率相当高，避免了在国内水产业中出现的因直接投喂闲杂鱼和饲料原料而带来的资源和环境问题。欧美等水产养殖技术水平较高的国家，针对饲料安全、污水处理均出台了严苛的法律和法规。如在养殖和饲料生产中执行严格的《危害分析和关键控制点》（Hazard Analysis and Critical Control Point，HACCP）。每年都根据实际情况修订有关养殖用水、养殖废水中的氨氮（NH）、悬浮性固体物质及总磷的排放的立法规定。因此，这些国家饲料企业与科研方向也不仅关注于水产饲料高效性，而且更倾向于环保饲料的研发。

#### 4. 水产品安全和质量的营养调控研究不足

规模化、集约化养殖标志着行业技术水平的发展，同时也带来了一些不可回避的问题。在最近几十年，各种食品安全问题已经引起了消费者、政府部门和执法机构对动物源食品生产过程的关注和高度重视。人们对食品安全、环境保护、营养与健康的要求正在不断提高。水产品必须从水产动物养殖的源头抓起；水产动物营养与健康的管理必须从整个食品链的需求入手。西方发达国家的水产养殖早在 20 多年前就开始研究养殖产品的调控问题，而在我国相关研究还明显滞后，科研投入明显不足。利用植物蛋白源、脂肪源替代鱼粉和鱼油是解决我国鱼粉资源短缺的有效方式，但伴随而来水产养殖产品的风味、营养价值的变化这一新问题又摆在科学家面前，而我国在此方面研究还未深入和系统化。

水产品安全受到环境污染、污染迁移、食物链富集或是在养殖管理过程中的化学消毒、病害防治等影响。把好原料质量关，实现无公害饲料生产，从饲料安全角度来保证水产品安全是至关重要的一环。在我国，大型水产饲料企业已经开始建立从生产建筑设施、原料采购、生产过程、销售系统和人员管理及终端用户的可追溯信息管理系统等方面的 GMP 体系。但在个别区域仍存在相关法律和规范得不到有效执行、激素和抗生素滥用、药物残留、原料掺假等不良行为，不但影响了产品出口，束缚了行业发展，而且对资源和环境造成了严重的损害。欧美等发达国家在科研上大力投入，已经建立了从鱼卵孵化到餐桌的生产全程可追溯系统。

### （五）病害诊断和防控基础研究相对落后

#### 1. 我国水产动物疫病发生的基础研究相对滞后

当前我国在水产病害的分子免疫学、基因组和转录组学方面研究较为系统和深入，但在重大和新发病原的起源和传播、流行病学以及其结构分子生物学、分子毒理学和病原生态学等研究方面尚存在空白或不足。在流行病学方面，大范围和长时间的流行病学监测数据缺乏，部分新发疫病肆虐但其产业危害状况未被监测，由于缺乏大量可靠的监测数据资料，尚难以预测重大和新发疾病的流行趋势，进而制定相应的高效防控策略。在疫病防控基础理论方面，因我国水产养殖种类繁多、养殖模式多样、养殖地域广阔，水产疫病发生和传播的条件相对复杂，针对水产疫病缘起、发生、传播、危害及防控相关基础理论的研究不足，在一定程度上制约了我国水产养殖病害防治研究水平的整体提升。

#### 2. 我国水产疫病诊断及综合防控技术原始性创新缺乏

我国水产动物疫病的检测和诊断技术虽然取得了多方面的突破，但基础技术创新整体上仍较薄弱，前沿高新研究技术和方法在水产动物疫病诊断上应用较晚，国内缺乏检测或诊断技术的原始性创新或重大自主创新，取得的部分技术成果尚未进行系统性和科学性的评估。在水产疫病防控技术方面，我国多依靠兽医药物和应用技术，缺少水产专用药物的技术开发体系，且生产中长期用药、大量用药的现象在部分地区仍较为普遍，缺乏从改善环境、提高机体健康水平等方面考虑的病害综合防控技术体系；生物药物研发尚不能满足产业需求，活性生物分子药物研究相对落后，天然植物药物开发进程缓慢，病害防控技术片段化、单一化情况严重；水产健康管理尚停留在大量依赖药物防控的水平，缺乏从生物安全角度开展风险识别、评估和管控的水产疫病生物安保综合防控理念。

### 3. 我国水产疫病专用高效疫苗数量和质量尚不能满足产业需求

国外研究水产疫苗已经有近 80 年的历史，我国也已有近 40 年历史。从养殖品种、疫病种类、危害程度等方面进行比较，国内较之国外更加迫切需要水产疫苗来防控水产病害的发生和流行。但我国在水产养殖动物免疫系统发生、结构与功能基础研究落后于发达国家，缺乏基于宿主免疫机制的新疫苗创制技术。从总体上看，我国水产疫苗研究和开发关键技术还相对落后，实验室研究的疫苗品种多，但疫苗研究的深度与系统性有待加强；疫苗产业化工艺距离国外先进水平还有差距，疫苗的商品化进程耗时较长，不能满足我国水产病害防治的需求。水产疫苗的研制需扎实系统的基础研究为支撑，其难度大、耗时长，需要大的投入和持续稳定支持，这必须纳入国家长期发展战略才能取得突破。

## （六）水产生物技术尚存薄弱环节

近两年以来，我国水产生物技术科研取得了快速发展和长足进步，在水产生物全基因组精细图谱构建、基因资源发掘、新一代育种技术应用等方面已经处于国际先进水平，但仍存在很多薄弱环节，主要体现如下：

### 1. 水产生物技术缺乏原始创新的驱动力

我国在水产生物技术研究领域缺乏前瞻性，关键领域原始创新不够，尽管在基因组测序、育种技术等方面取得了重要突破，但主要依赖于国外技术平台的升级以及政府的大规模投入，关键科学问题和核心技术仍然处于跟踪水平，尚未实现从 0 到 1 的突破。

### 2. 水产生物高通量表型组学研究成为育种技术的瓶颈

随着测序技术的飞速发展，水产生物重要经济性状的高通量基因分型技术已经相对成熟，但是由于水产生物种类繁多，表型特征千差万别，很难像水稻、小麦等大宗作物实现表型的高通量分析，导致表型的精准鉴定和规模化分析成为育种技术的瓶颈之一。

### 3. 新一代育种技术面临水产生物适用性问题

尽管基因组编辑和基因组选择等新一代育种技术已经相对成熟，但是在水产生物中仍然存在适用性问题。以基因编辑为例，由于水产生物自身的特性，有的物种卵膜较脆，有的物种有抱卵繁殖的特性等，导致基因编辑的效率低下，严重影响了基因编辑在水产生物中的推广应用。

### 4. 水产生物技术成果转化较慢，支撑产业发展的应用成果较少

我国水产生物技术整体研究系统性相对较差，制约研究水平和研究进度的"短板"仍然较多，"产学研"脱钩现象突出，难以对良种选育、病害防治、高效饲料开发等产业重

大需求形成良好的支撑。此外，水产生物技术产业化出口较为单一，主要以育种为目的，有必要开拓水产生物技术的应用终端。

### 5. 水产生物技术领域高层次人才缺乏，中青年骨干力量不足

作为一个相对年轻的学科，本领域新技术层出不穷，交叉的科研领域也越来越广泛，与其他水产科研领域相比，前沿生物技术领域对高层次人才和青年科研骨干提出了更高的挑战和要求。目前，针对水产业面临的重大尖端问题，能提出新的研究思想，开展原创性研究的青年人才相对缺乏。

## 五、未来发展趋势与对策建议

### （一）完善渔业权和渔业统计制度，构建基于生态系统的渔业管理

#### 1. 引入渔业权制度，夯实中国渔业管理

海洋渔业具有竞争性，为典型的共享资源（陈新军，2004）。由于我国近海渔业资源产权并未明晰，渔民之间没有排他的权利，持有捕捞许可证的渔民可以自由进入渔场从事捕捞作业，加上近海捕捞监督、执法和查处力度不足，"三无"渔船等违规作业船只的机会成本极其低下，造成捕捞强度远远超过渔业资源承载力，最终导致近海捕捞渔业资源的"公地悲剧"（刘子飞，2017；2018）。引入海洋渔业资源产权制度不仅能够激励广大渔民合理开发渔业资源，提升渔业管理的效率，而且也是解决我国近海渔业资源开发过度问题的关键（韩杨，2018）。目前，国际上很多发达国家如日本、韩国、美国、加拿大等都在实施渔业权制度。中国渔业权的确立处于初级阶段，可借鉴其他国家的有益经验，结合中国国情，完善我国渔业权制度体系，使渔业权制度继续走上法制化、制度化、规范化的轨道。

#### 2. 完善海洋渔业数据统计制度，建立海洋渔业资源评估管理体系

"产出控制"制度必须以资源调查总量为基础。目前我国海洋渔业资源基础数据、评估管理体系还不够完善，无法准确评估渔业资源的开发状况。我国海洋捕捞总量控制制度的实施，虽然大体上可以控制总捕捞量，减缓渔业资源过度捕捞的程度；但捕捞总量的确定主要依据渔业资源生物量与历史捕捞量，缺乏动态持续的海洋渔业资源评估（王亚楠等，2018），时效性不强。此外，我国渔业统计主要依赖于地方主管部门上报的数据，尤其是捕捞、养殖、市场交易的数据，地方主管部门也不能实施动态监测，只能进行抽样调查，导致渔业资源的统计数据存在偏差（付秀梅等，2017）。科学准确地评估我国海域渔业资源开发状态，并进一步根据海洋渔业资源开发状态采取不同的渔业资源开发手段与养护措施，才能确保我国海洋渔业的可持续发展。

#### 3. 发展基于生态系统的渔业管理与资源增殖措施

海洋生态系统错综复杂，若渔业活动无法均衡影响不同营养层次的种群，就可能会

改变生态系统的结构和功能，造成海洋生态系统退化且越发脆弱（Pikitch et al., 2004；史磊等，2018）。目前我国海洋捕捞管理措施大都为针对单一物种的管理措施，而缺乏基于生态系统的渔业管理。仅注重目标物种的可持续性是不够的，还必须考虑捕捞活动给更大范围生态系统带来的影响（Pinsky et al., 2011；Szuwalski et al., 2017）。今后，我国渔业管理需要从保护生态系统的健康与完整性的角度考虑不同类型的渔业、均衡捕捞等相关问题。以增殖渔业为例，我国在增殖对象的基础生物学、标志技术等方面取得了长足发展和进步；不过，为实现基于生态系统的资源养护目标，我们应在上述研究基础上注重更深层次科学问题的研究，如生态增殖容量 / 承载力评估技术、放流种群及自然种群变动和生物遗传多样性影响的评价技术、增殖放流的经济 – 生态 – 社会复合效应的评价技术等。

### 4. 提升科学、技术和管理水平，建设现代化海洋牧场

海洋牧场建设是实现海洋经济可持续发展的重要手段。但是，目前我国海洋牧场建设中还存在海洋牧场的含义应用过于宽泛、缺乏统筹规划和科学论证、忽视海洋牧场生态作用、忽视项目评估和系统管理等问题（杨红生，2016；2019）。实现海洋牧场理念现代化、设备现代化、技术现代化和管理现代化，科学地规划、建设和管理现代海洋牧场，对于保障我国海洋生态环境、海洋生物资源与渔业的和谐发展具有重要的现实意义。由于海洋牧场建设注重局部海洋生态系统的构建，强调工程与生物的和谐统一，追求牧业化人为调控管理，以实现资源可持续开发利用的目标，因此应综合研发上述关键技术，科学构建海洋牧场建设技术体系；同时还需要加强海洋牧场建设的宏观引导，着力开展海洋牧场生态和经济效益监测与评估，推动落实海洋牧场企业化运营。

## （二）解析遗传性状和生理调控机理，推动水产种业技术再创新

### 1. 水产养殖生物重要经济性状的遗传基础解析

解析水产养殖动物主要经济性状的遗传基础，重点包括揭示生殖质发生和原始生殖细胞特化与迁移、性别决定和分化、配子发生与成熟的分子机制；阐明性成熟和生长、应激内分泌和生长的相互协调及其调控机理以及肌肉细胞增殖和蛋白 / 脂肪平衡的作用机理；揭示先天免疫系统的信号通路、重要病原与宿主免疫系统的作用机制；揭示耐受低氧或低温的信号通路和表达调控机理，为培育高产、抗病或抗逆水产养殖动物新品种提供理论基础和基因资源。

### 2. 重大育种技术创新和新品种培育

建立遗传性别鉴定的分子技术和控制鱼类生殖（育性或性别）开关新技术，开展或研发适合水产养殖生物的全基因组选择育种、分子模块设计育种和基因组编辑育种，并集成和创新选择育种、倍性育种、性控育种、分子标记辅助育种、借腹怀胎等育种方法，培育适合集约化工厂养殖或适合综合生态化养殖的优质、抗病、抗逆、高产的水产新品种，进行种业技术集成和示范。

### 3. "育繁推"一体化水产种业设施和平台创建

为避免恶劣天气和外敌侵害带来的损失，应集成并创制全天候室内保种系统，建立活体核心种质资源库；建立全天候室内孵化培育系统，实现养殖鱼类、虾蟹类、贝类、棘皮动物和龟鳖类 SPF 亲本培育与扩繁、人工繁育和 SPF 苗种培育的精确控制。同时，应建立水产动物基因组、功能基因组和蛋白质组研究平台以及水产生物分子育种技术平台；建立生态可控、环境友好的水生动植物经济性状第三方评估机构（水产新品种经济性能测试中心），以评价培育的新品种在不同养殖模式下的生长性状、营养需求、抗病或抗逆能力等。要建立联合育种平台，提升新品种培育能力。以凡纳滨对虾为例，当前国内水产种业相关个体企业的育种力量单薄，选育的新品种优良性状不突出，难以满足产业的需求。通过建立联合育种平台，实现种质储存、家系交互、性状测试与遗传评估等任务，整合国内各育种单位的力量，开展联合育种，有力推动我国对虾产业再上新台阶。

### 4. 加快种业技术标准制定

针对水产良种审定和检测技术标准与规范严重滞后的问题，应尽快制定水产遗传育种规程、新品种经济性状评价等系列标准；新品种的优良性状需在一定的养殖条件下实现，亟待制定与新品种配套的养殖技术规范。目前国家对水产种质资源保护日益重视，今后标准制定的工作重点之一将是我国水产原种种质标准的制定，特别是用于增殖放流和资源保护的水产种质标准的制定。在制定标准和良种评价的基础上，应加大政府对现代种业的扶持力度，引导扶持水产种质保护、水产优良品种引进和繁育、种业科技创新、种业经营机制创新等重点项目和工作。

## （三）加强养殖设施装备技术研究，全面提升机械化水平

池塘养殖装备方面，以养殖环境调控技术、生态工程技术和设施工程化为研究重点，推进养殖的可持续发展。工厂化养殖装备方面，以养殖生境和营养控制、辅助装备和无害化处理研发为重点，构建标准化循环水养殖系统模式。浅海养殖装备方面，以设施安全性和标准化、过程化机械装备研究为重点，提升整个养殖作业的机械化水平。深远海养殖装备方面，以远海大型设施装备研发为技术创新重要途径，形成新型海洋渔业生产方式。开展生态高效设施化系统构建、养殖环境调控、污染物资源化利用和生产机械化、管理智慧化等一体化系统性关键装备及技术，促进养殖的向高效生产目标发展。利用前沿的信息化技术，研制精准投喂、自动化起捕、分级、水下清洁以及养殖过程自动化管控系统。

## （四）强化营养素需要量与配比研究，做好水产动物精准饲养

### 1. 水产动物精准营养

我们首先需要考虑两件事，即原料的营养参数和水产动物营养需求参数。饲料原料营养参数：原料中营养物质的含量因品种、产地、加工工艺而有所不同，不同水产动物对同

一原料的利用情况也不同。同时水产养殖动物在不同生长阶段、养殖环境时对营养需求有哪些差异？需要建立一个庞大的可共享的基础数据库。确定水产动物在各种养殖环境、生理状态和发育阶段对营养素精准的需要量和配比是集约化水产养殖的基础。

经过近三十年的努力，我国主要代表种类的"营养需要参数与饲料原料生物利用率数据库"已初步构建。我们应在已有研究的基础上，继续对我国代表种的营养需要，尤其是微量营养素的需要量进行系统研究，再对不同发育阶段（如亲鱼和仔稚鱼阶段）的营养需要进行研究，以掌握代表种不同发育阶段精准营养需要参数。同时，继续对我国主要代表种配方中常用的饲料原料进行消化率数据的测定以完善我国主要代表种类"营养需要参数与饲料原料生物利用率数据库"公益性平台，为我国水产饲料的配制提供充足的理论依据。此外，我国的研究起步晚，投入少，早年的研究数据比较粗糙，需要进一步重复研究、确认或修订，使配方更加科学合理，以适应现代化水产养殖。

### 2. 营养代谢及调控机理研究

有关水产动物营养利用、蛋白源、脂肪源替代的研究已有大量相关报道，但实际应用效果并不理想，主要原因是对水产动物营养代谢机制了解并不深入。近年来分子技术在水产动物营养研究的广泛应用，为阐释营养素在水产动物体内的吸收、转运和代谢机制带来便利。因此我们应该把握机遇，积极探索并阐明水生动物营养学的重要前沿科学问题，把基因组学和生物信息学等现代生物技术应用到水产动物营养学研究中，积极开展营养基因组学研究，研究营养物质在基因学范畴对细胞、组织、器官或生物体的转录组、蛋白质组和代谢组的影响，探索并阐明水生动物营养学的重要前沿科学问题。

水产动物普遍对蛋白质需求量高，而对糖类的利用率则相对低下，有关该方面的研究已有相关的报道。但真正的机制如何，具体受哪些功能基因调控尚未完全弄清楚。水产动物对脂类的研究相对较为深入，然而不同种类的代谢路径、必需脂肪酸的种类均存在较大差异。如淡水鱼能够通过去饱和和碳链延长酶合成 EPA 和 DHA，而海水鱼则缺乏该能力，深入的机制有待进一步研究。一些功能性的营养物质（如牛磺酸、核苷酸等）是通过何种分子途径来发挥其生物学效应的，这些问题还有待进一步探讨。弄清这些问题也是解决目前水产动物营养与饲料行业问题的基础。

今后，我们应结合基因操作等现代分子生物学手段，对营养物质在水产动物机体内的代谢及调控机制进行系统研究，进一步弄清楚营养素在水产动物主要代表种中吸收、转运和代谢的分子调控机制。为全方位开发精准营养调控技术，为我国健康、高效、优质、安全和持续发展的水产养殖做出贡献，从而实现我国水产动物营养研究与饲料工业的跨越式发展。

### 3. 开发新型蛋白源、脂肪源和添加剂

在优质蛋白源、脂肪源短缺的今天，国内外研究工作者一直在寻找合适的原料来替代鱼粉和鱼油。到目前为止，植物蛋白源包括豆粕、菜粕、棉粕、藻粉等，陆生脂肪源豆

油、菜籽油等均在水产饲料中得到了广泛的利用。提高非鱼粉蛋白源等廉价蛋白源的利用率，减少鱼粉在配方中的使用量是当务之急。一方面我们应该集成降低或剔除抗营养因子技术、氨基酸平衡技术、无机盐平衡技术、生长因子（如牛磺酸、核苷酸、胆固醇等）平衡技术等各项技术，开发超低鱼粉饲料，减少鱼粉使用量；另一方面，我们也应注重开发新型蛋白源，如低分子水解蛋白等，拓宽水产饲料蛋白来源。

要摆脱水产动物饲料对鱼油原料的依赖，首先要深入开展水生动物脂肪代谢与调控机理研究。在弄清楚水产动物脂肪（酸）代谢和调控机制的基础上，降低水产动物对鱼油依赖。另外，应加大替代性脂肪源研究和开发。非鱼油脂肪源为何无法替代鱼油，其对水产动物代谢的深层次影响及机制目前知之甚少。因此，非鱼油脂肪源对水产动物代谢及机制解析是今后研究重点。此外，应运用现代生物技术，开发新型脂肪源，如通过转基因技术提高植物油或微藻中必需脂肪酸含量，缩小非鱼油脂肪源和鱼油之间营养差异。最后，投喂策略研究也有助于解决鱼油资源短缺。

根据我国饲料添加剂工业的现状，增加薄弱环节的研发投入，加快适用于水产动物的新型专用饲料添加剂的开发与生产，改变长期以来借用畜禽饲料添加剂的局面。具体应重点投入以下几个方面：①新型添加剂品种开发、添加剂原料生产技术研究，提高饲料添加剂质量和产量。②增加添加剂开发投入、规范添加剂行业管理。基于饲料添加剂对于饲料工业的重要作用，发达国家将其作为高科技项目，十分重视其研究与开发工作。我国经济及技术力量相对发达国家明显落后，高技术、高附加值的技术密集型产品，如氨基酸、维生素、抗生素等仍未摆脱成本高、依赖进口的局面。③加强创新。由于缺乏相关的基础研究，我国目前生产的品种，主要以仿制为主，极少创新。④促摄食物质的开发。由于水产饲料中越来越多地使用植物蛋白源，为了提高饲料的适口性，降低植物蛋白源中抗营养因子的拮抗作用，开发高效的促摄食物质势在必行，这一方面有助于提高饲料的摄食量，提高养殖动物的生长；另一方面又能减少饲料损失，降低水体污染。

### 4. 以饲料安全确保水产品质量安全

水产饲料安全是保障水产品质量安全的根本。近年来，药物残留超标等养殖产品质量安全问题时有发生，质量安全门槛已成为世界各国养殖产品贸易的主要技术壁垒。通过科技攻关，解决饲料产品的安全问题，是从根本上解决养殖产品的安全的关键。研究存在于水产饲料源中的抗营养因子的结构、功能和毒理作用机制，通过有效调控抗营养因子使之失活或使不良影响降低，以保障在扩大水产养殖饲料来源情况下的饲料质量安全；开展水产饲料有毒有害物质对养殖对象的毒副作用、体内残留及食用安全性研究，对水产养殖产品安全特别敏感的饲料和饲料添加剂进行生物学安全评价，为水产养殖产品生产的危害风险分析和安全管理提供科学依据。

随着人们生活质量的提高，人们对水产品品质要求越来越高。随着集约化养殖技术的提高，养殖密度的增加，养殖鱼的生长速度、养殖产量有了大幅度提高。但是与天然鱼比较，养殖鱼类出现了体色变灰暗、肉质变差、鱼肉的香甜度降低等现象，也造成了养殖鱼与天然鱼市售价格上的巨大差异。同时不合理的投喂方式又对养殖生态环境造成严重污染，使成分在饲料中的作用。通过营养调控，改善养殖鱼的体色与肉质，是营养学界长期水产品品质进一步下降，这就需要进一步研究饲料的营养平衡和微量营养以来努力解决的问题。有关营养调控水产品品质的研究是今后应是重点开展的研究方向。

随着水产集约化养殖程度的升高，水生动物受到营养、环境、代谢等各种胁迫，因此容易诱发各种疾病，给养殖业造成巨大经济损失。通过调控营养，提高水产动物的免疫力和抗病力，从而达到减少用药是水产养殖绿色健康发展的重要途径。近年来科研工作者也在相关领域开展了大量研究，开发出了一定数量的免疫增强剂和微生态制剂用于实际的饲料工业生产并取得了一定的成效。但是，有关营养免疫的机制尚未完全弄清楚，今后我们应着重于研究与营养免疫和抗病相关的基因功能及相关的信号通路。在深入了解营养素对免疫功能调控机制的基础上，设计合理的饲料配方，提高水生动物免疫力。

### 5. 亲鱼和仔稚鱼营养与饲料研究

亲本的营养是影响其繁殖力的重要因素，如果亲代营养不当，亲代的繁殖和子代的健康都会受到很大的影响。为获得大量的优质苗种，亲鱼的培育显得尤为重要，而使亲鱼获得足够的营养物质又是关键。因此，研究优质的亲鱼饲料是亟待解决的重要课题，但目前水产动物亲本营养研究还未系统开展。尤其对于一些微量营养物质如微量矿物元素、维生素、功能性添加剂对于繁殖的重要性还需要进一步研究。亲鱼营养的研究需要政府的支持和各方的协作，这对科学配制亲鱼饲料、大规模人工培育优质亲鱼、提高人工鱼苗效率具有重要的实践意义。

随着集约化养殖业的迅猛发展，苗种的需要量日益上升，这对苗种的培育提出了更高的要求。传统的水产动物苗种培育主要依赖于生物饵料，其缺点主要有育苗成本高、供应不稳定、易传播疾病和营养不均衡等。因此，开发优质的幼苗微颗粒饲料非常重要。我国在仔稚鱼的摄食行为、消化生理和营养需要和利用的研究相对薄弱，已有的人工微颗粒饲料，其品质与国外知名品牌相比，存在较大差异。其主要表现在水中稳定性低、溶失率高、诱食性差、可消化率低等。因此，今后应大力开展仔稚鱼的营养生理研究，开发出高效的人工微颗粒饲料。

### 6. 安全高效、环境友好型水产配合饲料研发

饲料中营养物质搭配合理、品质优良，有利于维持水产动物生理健康，并能减少污染、保护养殖水环境。而饲料营养物质在水产养殖动物免疫机制发挥着重要作用，通过营养调控从根本上增强养殖动物的免疫能力，预防疾病的暴发是保证水产养殖可持续发展的重要策略之一。具有安全、高效、环境友好等多重功效的新型配合饲料研发成为国内外研

究的重点，也是未来水产饲料的发展方向。通过合理设计的饲料配方，不仅可以使鱼类获得均衡的营养，还可以降低饲料浪费，减少饲料和排泄物对水体的污染，减少有毒有害物质在鱼体的积累，生产出安全的水产品。

加强科研投入，就重点研发问题开展攻关，是我们水产饲料产业发展的必由之路。因此，应加强产学研结合，保证科研工作积极有序进行，使科研成果落实于产业的发展上，确保科研成果及时产业化。同时，通过科研成果来指导实际的饲料工业生产。这样，我国的水产动物营养与饲料的研究才能有强大的经济支撑，同时为水产饲料工业的进一步发展奠定坚实的理论基础。

## （五）推进疫病综合防控和免疫研究，构建渔业健康管理技术体系

在基础理论与应用基础理论方面，深入系统地研究水产养殖病害的发生发展规律、研究病原生物感染致病的机理、研究宿主免疫系统结构功能以及宿主抗感染免疫防御机制等重大基础理论问题是未来发展的趋势之一。在关键技术创新方面，重点突破疾病的高灵敏度快速实用化诊断技术、水产专用药物创制与安全使用技术、渔用疫苗研制与产业化工程技术，构建适合我国不同地区不同模式主导品种的重大疾病区域化综合控制技术体系或模式是未来重要的发展方向。

因此，在基础前沿创新方面，鉴于我国与全球渔业发达国家在水产疫病病原生态学、风险防控基础理论与技术研究应用方面的差距，未来需要重点针对严重危害我国主要水产养殖种类的新发疫病开展病原学、流行病学和传播机制研究，掌握新发疫病病原种类、起源和传播扩散规律，并构建基于GIS的水产养殖动物流行病学信息平台；针对水产养殖主要品种及模式，分析病原生物风险引入养殖系统的具体途径，研究生物风险引入管控的关键技术，建立水产养殖健康管理的风险分析理论与技术体系；着力研发基于新技术原理的水产疫病病原快速、定量和高通量检测技术，突破水产新型疫苗、免疫制剂研发和大规模应用的技术瓶颈；通过上述基础理论创新和技术攻关，形成能够保障我国水产养殖业绿色发展的现代渔业健康管理创新技术体系。

同时，在产业应用创新方面，面对我国经济社会开始迈向"绿色发展"和"生态文明"阶段的新形势，亟须从根本上变革水产养殖健康管理理念，从方式、方法和模式上提升我国水产养殖健康管理水平。因此，针对危害我国水产养殖业的重大和新发疫病，创制和推广一批新型监测、预警技术产品，研发一批新型、高效疫苗以及疫苗自动化注射设备，并在产业中广泛应用，以绿色防控技术力促水产养殖业绿色发展，已成为水产病害防治学科面临的急迫任务。围绕我国主要水产养殖种类，建立不同养殖模式的生物安保技术规范和标准，构建国家、地区和企业水平的水产养殖生物安保技术体系，促进水产养殖健康管理理念与实践的变革，为我国未来水产养殖业的绿色发展保驾护航。

### （六）拓展和深化水产生物技术基础研究，为产业发展提供后劲

#### 1. 水产生物大数据存储与分析平台是水产生物技术发展的必要条件

截至目前，完成全基因组测序的水产生物已有 100 余种。在千种鱼类基因组等大计划的推动下，将破译越来越多的水产生物基因组，同时水产生物转录组、蛋白组、表观组等各种组学数据正呈现指数级增长。因此，采用超级计算机和物联网等新一代信息技术对水生生物遗传资源进行数字化贮藏、分析、管理应用，建立和完善我国水生生物遗传资源数据库和基础条件平台，推动水生生物遗传资源的保存、利用和共享是水产生物技术发展的必要条件。

#### 2. 更加精细的功能基因组研究是水产生物技术发展的重要内容

基因功能和调控机制的研究是水产生物生长、抗病、性别等重要经济性状遗传解析的前提。随着基因资源发掘的越来越多，如何高效鉴定基因的功能并进行利用，特别是对一些具有育种价值、工业用、农业用和药用基因的功能研究将是摆在我们面前的重大课题。因此，利用多组学数据结合基因组编辑、转基因过表达、RNA 干扰等技术手段实现关键基因的功能解析及其调控网络的全面揭示，仍将是水产生物技术未来发展的重要内容。

#### 3. 新一代育种技术将发展成为水产生物育种的主流技术

新一代育种技术包括基因组编辑育种、基因组选择育种和基于生殖干细胞移植的借腹怀胎技术等。基因组编辑育种在小麦、水稻等作物中已实现了巨大成功，基因组选择育种在水产育种中也进行了成功实践，已培育出"鲆优 2 号"和"海益丰 12"两个水产新品种，而借腹怀胎技术针对生殖周期长、性别比例失衡的水产生物具有显著优势。因此，以基因组编辑、基因组选择、借腹怀胎等为代表的新一代育种技术将成为水产生物育种的主流。

#### 4. 水产生物表观遗传研究是水产生物育种技术发展的必然趋势

大多水产生物属于变温生物，由于生活在水环境中，其性别、生长、发育等重要经济性状往往不是遗传因素独立作用的，而是受到遗传和环境的双重调控。目前的分子育种技术大多基于遗传操作，而忽略了环境效应，导致育种效率相对较低。因此，解析环境因素介导的重要经济性状形成的表观遗传调控机制，建立基于 epiQTL，EWAS、ES 和 epiGE 等核心技术为主的表观遗传育种技术体系是水产生物育种技术发展的必然趋势。

#### 5. 水产合成生物学是水产生物技术产业化拓展的重要保障

水产合成生物学是综合地利用分子生物学、生物信息学、系统生物学、工程学等多学科知识，对水产生命的基础物质 DNA 施以改造，进而对原有生物系统进行重塑或设计全新的生物系统。水产生物的复杂性和多样性决定了水产生物拥有特殊性质的基因。因此，开展水产生物特有基因人工合成与功能通路分析，构建高效底盘细胞进而合成水产生物基产品对于拓展水产生物技术下游产业具有重要意义。此外，基于合成生物学，研发水产生物经济性状基因回路设计与合成育种技术也是重要的产业化途径之一。

# 参考文献

［1］陈梦然，沈勇，朱锦裕，等. 花生粕替代鱼粉对黄颡鱼生长及饲料表观消化率的影响［J］. 水产养殖，2018，39（1）：24-28.

［2］陈晴，马倩倩，沈振华，等. 低鱼粉饲料中补充蛋氨酸、胆汁酸、牛磺酸对中华绒螯蟹幼蟹生长、饲料利用及抗氧化能力的影响［J］. 海洋渔业，2018，40（1）：65-75.

［3］陈涛，王爱民，胡毅，等. 饲料蛋白水平对梭鱼形体指标及血液生化指标的影响［J］. 江苏农业科学，2018，46（12）：125-129.

［4］陈新军. 渔业资源可持续利用评价理论和方法［M］. 北京：中国农业出版社. 2004.

［5］曹英志，翟伟康，张建辉，等. 我国海洋渔业发展现状及问题研究［J］. 中国渔业经济，2015，33（5）：41-46.

［6］杜雪地，薛文，华杰，等. 酶解鸡血粉替代鱼粉对异育银鲫生长性能及鱼体组成的影响［J］. 科学养鱼，2018（1）：28-29.

［7］范玉顶，马杰，周勇，等. 不同基因型草鱼呼肠孤病毒通用 RT-PCR 检测方法的建立及应用［J］. 淡水渔业，2018（6）：9-16.

［8］付秀梅，王晓瑜，薛振凯. 中国近海渔业资源保护与海洋渔业发展的博弈分析［J］. 海洋经济，2017（2）：9-16.

［9］公绪鹏，李宝山，张利民，等. 饲料蛋白质和能量含量对云纹龙胆石斑鱼幼鱼生长、体组成及消化酶活力的影响［J］. 渔业科学进展，2018，39（2）：85-95.

［10］桂建芳，包振民，张晓娟. 水产遗传育种与水产种业发展战略研究. 中国工程科学. 2016，18（3）：8-14.

［11］何远法，郭勇，迟淑艳，等. 低鱼粉饲料中补充蛋氨酸对军曹鱼生长性能、体成分及肌肉氨基酸组成的影响［J］. 动物营养学报，2018（2）：624-634.

［12］侯景新，冯小妹. 海洋渔业资源可持续利用的经济管理［J］. 山东经济，2010（4）：48-54.

［13］胡沈玉，王立改，楼宝，等. 发酵豆粕替代鱼粉对黄姑鱼幼鱼肌肉氨基酸，IGF-I 基因相对表达量及肝脏组织结构的影响［J］. 浙江海洋大学学报（自然科学版），2018，37（3）：196-202.

［14］韩杨，李应仁，马卓君，等. 美国海洋渔业捕捞份额管理——兼论其对中国海洋渔业管理的启示［J］. 世界农业，2017a（3）：78-84.

［15］韩杨. 美国海洋渔业资源开发的主要政策与启示［J］. 农业经济问题，2017b（8）：103-109.

［16］韩杨. 1949 年以来中国海洋渔业资源治理与政策调整［J］. 中国农村经济，2018（9）：14-28.

［17］黄硕琳，唐议. 渔业管理理论与中国实践的回顾与展望［J］. 水产学报，2019，43（1）：211-231.

［18］贾丹，史成银，黄健，等. 凡纳滨对虾急性肝胰腺坏死病（AHPND）病原分离鉴定及其致病性分析［J］. 渔业科学进展，2018（3）：103-111.

［19］李成，秦溱，李金龙，等. 不同蛋白水平饲料对光倒刺鲃幼鱼生长、消化酶及体成分的影响［J］. 饲料工业，2018，39（24）：39-44.

［20］李经奇，李学山，姬仁磊，等. 亚麻籽油和豆油替代鱼油对大黄鱼肝脏和肌肉脂肪酸组成及 Δ6Fad 基因表达的影响［J］. 水生生物学报，2018，42（2）：232-239.

［21］李小平，万晓媛，张庆利，等. 2016—2017 年中国沿海省市虾类偷死野田村病毒（CMNV）分子流行病学调查. 渔业科学进展，2019，40（2）：65-73.

［22］梁萍，秦志清，林建斌，等. 饲料中不同蛋白质水平对半刺厚唇鱼幼鱼生长性能及消化酶活性的影响［J］. 中国农学通报，2018，34（2）：136-140.

［23］林一帆，邵仙萍，金燕，等. 复合动植物蛋白质源替代鱼粉对青鱼幼鱼形体指标、组织脂肪酸组成、血清生化指标及肝脏组织形态的影响［J］. 动物营养学报，2019，31（02）：249-262.

［24］刘洪滨，孙丽，齐俊婷，等. 中韩两国海洋渔业管理政策的比较研究［J］. 太平洋学报，2007（12）：69-77.

［25］刘阳洋. 匙吻鲟对蛋白质和脂肪营养需求量的研究［D］. 杨凌：西北农林科技大学，2018.

［26］刘子飞. 我国近海捕捞渔业管理政策困境、逻辑与取向［J］. 生态经济，2018，34（11）：47-53.

［27］刘子飞，孙慧武，岳冬冬，等. 中国新时代近海捕捞渔业资源养护政策研究［J］. 中国农业科技导报，2018，20（12）：1-8.

［28］鲁耀鹏，汪蕾，张秀霞，等. 饲料脂肪水平对红螯螯虾幼虾生长、肌肉组分、消化酶活力和免疫力的影响［J］. 饲料工业，2018，39（24）：17-23.

［29］陆游，金敏，袁野，等. 不同脂肪源对黄颡鱼幼鱼生长性能、体成分、血清生化指标、体组织脂肪酸组成及抗氧化能力的影响［J］. 水产学报，2018，42（07）：89-105.

［30］吕云云，常青，陈四清，等. 不同脂肪水平的饲料对圆斑星鲽生长及表观消化率的影响［J］. 河北渔业，2018（2）：15-17.

［31］农业农村部渔业渔政管理局. 2017中国渔业统计年鉴［M］. 北京：中国农业出版社. 2018.

［32］任燕，时云朵，石存斌，等. 一种佐剂新材料在嗜水气单胞菌灭活疫苗浸泡免疫鲫中的效果研究［J］. 水产学报，2018，42（1）：112-119.

［33］桑永明. 方正银鲫幼鱼对饲料蛋白质和脂肪需求量的研究［D］. 哈尔滨：东北农业大学，2018.

［34］申建飞，陈铭灿，刘泓宇，等. 浓缩棉籽蛋白替代鱼粉对卵形鲳鲹幼鱼生长性能、血清生化指标、肝脏抗氧化指标及胃肠道蛋白酶活性的影响［J］. 动物营养学报，2019，31（2）：263-273.

［35］孙承文，赖迎迢，任小波，等. 草鱼铜绿假单胞菌灭活疫苗发酵培养基的优化及其在发酵罐的生长试验［J］. 大连海洋大学学报，2019，34（1）：15-20.

［36］唐启升. 渔业资源增殖、海洋牧场、增殖渔业及其发展定位［J］. 中国水产，2019（5）：28-29.

［37］唐涛，钟蕾，郜志利，等. 3种大豆产品替代鱼粉对黄鳝生长性能、肠道消化酶活性和血清生化指标的影响［J］. 动物营养学报，2019，31（02）：487-497.

［38］唐议，邹伟红. 中国渔业资源养护与管理的法律制度评析［J］. 资源科学，2010，32（1）：28-34.

［39］史磊，秦宏，刘龙腾. 世界海洋捕捞业发展概况、趋势及对我国的启示［J］. 海洋科学，2018，42（11）：126-134.

［40］宋颖，唐议. 海洋保护区与渔业管理的关系及其在渔业管理中的应用［J］. 上海海洋大学学报，2010，19（5）：668-673.

［41］王常安，徐奇友，刘红柏，等. 大豆分离蛋白替代鱼粉对哲罗鱼氨基酸沉积率的影响［J］. 水产学杂志，2018，31（2）：25-30.

［42］王萍，娄宇栋，冯建，等. 小麦蛋白粉替代鱼粉对大黄鱼幼鱼生长，血清生化指标及抗氧化能力的影响［J］. 水产学报，2018，42（5）：733-743.

［43］王亚楠，韩杨. 国际海洋渔业资源管理体制与主要政策——美国，加拿大，欧盟，日本，韩国与中国比较及启示［J］. 世界农业，2018（3）：78-85.

［44］吴凡，陆星，文华，等. 饲料蛋白质和脂肪水平对中华鳖生长性能、肌肉质构指标及肝脏相关基因表达的影响［J］. 淡水渔业，2018a，48（1）：47-54.

［45］吴霖，叶灵通，崔颖溢，等. 广西沿海贝类寄生帕金虫的宿主多样性及季节动态［J］. 南方水产科学，2018，14（6）：110-114.

［46］薛晓强，赵月，王帅，等. 饲料脂肪水平对血鹦鹉幼鱼肝脏免疫及抗氧化酶的影响［J］. 中国渔业质量与标准，2018，8（03）：61-67.

［47］杨红生. 我国海洋牧场建设回顾与展望［J］. 水产学报，2016，40（7）：1133-1140.

［48］ 杨红生. 中国现代化海洋牧场建设的战略思考［J］. 水产学报，2019，43（4）：1254-1262.

［49］ 杨兰，吴莉芳，瞿子惠，等. 饲料蛋白质水平对洛氏鱥生长、非特异性免疫及蛋白质合成的影响［J］. 水生生物学报，2018，42（04）：49-58.

［50］ 杨琴. 美国海洋渔业资源开发政策分析及与中国的比较［J］. 世界农业，2018（5）：73-78.

［51］ 詹瑰然，王坤，张新党，等. 橡胶籽油替代鱼油对鲤鱼生长、体成分和生化指标的影响［J］. 云南农业大学学报（自然科学版），2018，33（01）：63-71.

［52］ 张蕉南. 饲料蛋白质水平对大刺鳅幼鱼生长性能、消化酶和肝转氨酶活性的影响［J］. 饲料工业，2018（6）：19-25.

［53］ 张坤，樊海平，张蕉南，等. 大刺鳅幼鱼配合饲料中适宜蛋白质、蛋氨酸和脂肪水平研究［J］. 中国饲料，2018，605（9）：70-74.

［54］ 张秋华，程家骅，徐汉祥，等. 东海区渔业资源及其可持续利用［M］. 上海：复旦大学出版社. 2007.

［55］ 张新党，张曦，陶琳丽，等. 橡胶籽油替代鱼油对吉富罗非鱼幼鱼生长性能、消化酶活性、脂蛋白含量和抗氧化功能的影响［J］. 动物营养学报，2018，30（3）：1007-1018.

［56］ 张媛媛，朱永安，宋理平. 大鳞鲃幼鱼对脂肪的适宜需要量研究［J］. 淡水渔业，2018，48（05）：86-92.

［57］ 赵林林，程梦旎，应佩璇，等. 我国海洋保护地现状、问题及发展对策［J］. 海洋开发与管理，2019（5）：3-7.

［58］ 郑建明，赵捷杰，陈四清，等. 豆油替代鱼油对圆斑星鲽（*Verasper variegatus*）幼鱼生长和肌肉脂肪酸的影响［J］. 渔业科学进展，2019，40（4）：1-8.

［59］ 周朝伟，朱龙，曾本和，等. 饲料蛋白水平对台湾泥鳅幼鱼生长、饲料利用率及免疫酶活性的影响［J］. 渔业科学进展，2018，39（3）：72-79.

［60］ 周锴. 饲料脂肪水平对洛氏鱥生长、抗氧化能力及脂肪酸组成的影响［D］. 长春：吉林农业大学，2018.

［61］ 朱坚真，师银燕. 北部湾渔民转产转业的政策分析［J］. 太平洋学报，2009（8）：77-82.

［62］ Ahmed M, Liang H, Ji K, et al. Essential amino acids supplementation to practical diets affects growth, feed utilization and glucose metabolism - related signaling molecules of blunt snout bream (*Megalobrama amblycephala*)［J］. Aquaculture Research, 2019a（50）：557-565.

［63］ Ahmed M, Liang H, Chisomo-Kasiya H, et al. Complete replacement of fish meal by plant protein ingredients with dietary essential amino acids supplementation for juvenile blunt snout bream (*Megalobrama amblycephala*)［J］. Aquaculture Nutrition, 2019b（25）：205-214.

［64］ Bangera, R., Correa, K., Lhorente, JP., et al. Genomic predictions can accelerate selection for resistance against *Piscirickettsia salmonis* in Atlantic salmon (*Salmo salar*)［J］. BMC Genomics, 2017.18（1）：121.

［65］ Chen J, Wang W, Wang X, et al. First detection of yellow head virus genotype 3（YHV-3）in cultured Penaeus monodon, mainland China. Journal of Fish Diseases［J］. J Fish Dis., 2018, 41（9）：1449-1451.

［66］ Chen, X., Qiu, L., Wang, H., et al. Susceptibility of Exopalaemon carinicauda to the Infection with Shrimp Hemocyte Iridescent Virus（SHIV 20141215），a Strain of Decapod Iridescent Virus 1（DIV1）.Viruses, 2019, 11：387.

［67］ Costello C, Ovando D, Hilborn R, et al. Status and solutions for the world's unassessed fisheries［J］. Science, 2012, 338（6106）：517-520.

［68］ Cui, Y. Y., Ye, L. T., Wu, L., et al. Seasonal occurrence of Perkinsus spp.and tissue distribution of P. olseni in clam Soletellina acuta from coastal waters of Wuchuan County, southern China［J］. Aquaculture, 2018, 492：300-305.

［69］ Cui, Z., Liu, Y., Wang, W., et al. Genome editing reveals dmrt1 as an essential male sex-determining gene in Chinese tongue sole (*Cynoglossus semilaevis*)［J］. Scientific Reports, 2017, 7：42213.

［70］ Cui, J., Chu, Q., Xu, T. MIR-122 involved in the regulation of toll-like receptor signaling pathway after *Vibrio anguillarum* infection by targeting TLR14 in miiuy croaker, Fish and Shellfish Immunology, 58: 67.

［71］ Cai WC, Jiang GZ, Li XF, et al. Effects of complete fish meal replacement by rice protein concentrate with or without lysine supplement on growth performance, muscle development and flesh quality of blunt snout bream ( *Megalobrama amblycephala* ) ［J］. Aquaculture Nutrition, 2018, 24: 481-491.

［72］ Cao S, Zhang P, Zou T, et al. Replacement of fishmeal by spirulina, Arthrospira platensis, affects growth, immune related-gene expression in gibel carp ( *Carassius auratus gibelio*, var. CAS Ⅲ ), and its challenge against, Aeromonas hydrophila, infection ［J］. Fish & Shellfish Immunology, 2018, 79: 265-273.

［73］ Dong X, Song J, Chen J, et al. Conjugative Transfer of the pVA1-Type Plasmid Carrying the pirAB vp Genes Results in the Formation of New AHPND-Causing Vibrio ［J］. Front Cell Infect Microbiol. 2019, 9: 195.

［74］ Edgar G J, Stuart-Smith R D, Willis T J, et al. Global conservation outcomes depend on marine protected areas with five key features ［J］. Nature, 2014, 506 ( 7487 ): 216.

［75］ FAO. The state of world fisheries and aquaculture 2018.FAO, Rome. 2018.

［76］ Jiang H, Bian Q, Zeng W, et al. Oral delivery of Bacillus subtilis spores expressing grass carp reovirus VP4 protein produces protection against grass carp reovirus infection ［J］. Fish & Shellfish Immunology. 2019, 84: 768-780.

［77］ Jiang Shuai, Qiu Limei, Wang Lingling, et al. Transcriptomic and quantitative proteomic analyses provide insights into the phagocytic killing of hemocytes in the Oyster Crassostrea gigas ［J］. Front Immunol, 2018, 9: 1280.

［78］ Kishimoto, K., Washio, Y., Yoshiura, Y., et al. Production of a breed of red sea bream *Pagrus major* with an increase of skeletal muscle mass and reduced body length by genome editing with CRISPR/Cas9 ［J］. Aquaculture, 2018, 495: 415-427.

［79］ Lee, S., Iwasaki, Y., Shikina, S., et al. Generation of functional eggs and sperm from cryopreserved whole testes ［J］. Proc Natl Acad Sci, 2013 ( 110 ): 1640-1645.

［80］ Li, J., Chen, S, Liu, C., et al. Association of Pseudomonas anguilliseptica with mortalities in cultured spotted halibut *Verasper variegatus* ( Temminck & Schlegel, 1846 ) in China ［J］. Aquaculture research, 2018, 49 ( 5 ): 2078-2080.

［81］ Li, M., Sun, Y., Zhao, J., et al. A tandem duplicate of anti-Mullerian hormone with a missense SNP on the Y Chromosome is essential for male sex determination in Nile tilapia, *Oreochromis niloticus* ［J］. PLoS Genetics, 2015, 11 ( 11 ).

［82］ Li, M., Hong, N., Xu H., et al. Germline replacement by blastula cell transplantation in the fish medaka ［J］. Scientific Reports, 2016, 29658.

［83］ Li, Y., Sun, X., Hu, X., et al. Scallop genome reveals molecular adaptations to semi-sessile life and neurotoxins ［J］. Nat Commun, 2017, ( 1 ): 1721.

［84］ Li XP, Wan XY, Xu TT, et al. Development and validation of a TaqMan RT-qPCR for the detection of convert mortality nodavirus ( CMNV ) ［J］. J Virol Methods, 2018, 262: 65-71.

［85］ Li Y, Wang Q, Bergmann SM, et al. Preparation of monoclonal antibodies against KHV and establishment of an antigen sandwich ELISA for KHV detection ［J］. Microb Pathog, 2019, 128: 36-40.

［86］ Lian, S., Koop, BF., Sandve, SR., et al. The Atlantic salmon genome provides insights into rediploidization ［J］. Nature, 2016, 533 ( 7602 ): 200-205.

［87］ Lin SJ, Chen YF, Hsu KC, et al. Structural Insights to the Heterotetrameric Interaction between the Vibrio parahaemolyticus PirAvp and PirBvp Toxins and Activation of the Cry-Like Pore-Forming Domain ［J］. Toxins ( Basel ), 2019, 22: 11 ( 4 ).

［88］ Liu J Y. Status of marine biodiversity of the China Seas ［J］. PLoS One, 2013.8 ( 1 ): e50719.

［89］ Liu, Z., Liu, S., Yao, J., et al. The channel catfish genome sequence provides insights into the evolution of scale formation in teleosts ［J］. Nature Communications, 2016, 7: 11757.

［90］ Liu L, Xiao J, Zhang M, et al. A Vibrio owensii strain as the causative agent of AHPND in cultured shrimp, *Litopenaeus vannamei* ［J］. J Invertebr Pathol, 2018a, 153: 156-164.

［91］ Liu, Y., Lu, S., Liu, F., et al. Genomic Selection Using BayesCpi and GBLUP for Resistance Against *Edwardsiella tarda* in Japanese Flounder (*Paralichthys olivaceus*) ［J］. Marine Biotechnology, 2018b. 20 (5): 559-565.

［92］ Liu, W., Fan, Y., Li, Z., et al. Isolation, identification, and classification of a novel rhabdovirus from diseased Chinese rice-field eels (*Monopterus albus*) ［J］. Archives of Virology, 2019, 164 (1): 105-116.

［93］ Luo, Z., Li, J., Zhang, Z., et al. Mycobacterium marinum is the causative agent of splenic and renal granulomas in half-smooth tongue sole (*Cynoglossus semilaevis* Günther) in China ［J］. Aquaculture, 2018, 490: 203-207.

［94］ Majhi, SK., Hattori, RS., Rahman, SM., et al. Surrogate production of eggs and sperm by intrapapillary transplantation of germ cells in cytoablated adult fish ［J］. PLoS One, 2014, 9 (4): e95294.

［95］ McClanahan T, Allison E H, Cinner J E. Managing fisheries for human and food security. Fish and Fisheries, 2015, 16 (1): 78-103.

［96］ Pikitch EK, Santora C, Babcock EA, et al. Ecosystem-based fishery management ［J］. Science, 2004.305 (5682): 346-347.

［97］ Pinsky M L, Jensen O P, Ricard D, et al. Unexpected patterns of fisheries collapse in the world's oceans ［J］. Proceedings of the National Academy of Sciences, 2011, 108 (20): 8317-8322.

［98］ Qin, Z., Li, Y., Su, B., et al. Editing of the luteinizing hormone gene to sterilize channel catfish, *Ictalurus punctatus*, using a modified zinc finger nuclease technology with electroporation ［J］. Marine Biotechnology, 2016, 18 (2): 255-263.

［99］ Qiu L, Chen M-M, Wang R-Y, et al. Complete genome sequence of shrimp hemocyte iridescent virus (SHIV) isolated from white leg shrimp, Litopenaeus vanname ［J］ Archives of Virology, 2018.163 (3): 781-785.

［100］ Qiu L, Chen X, Zhao RH, et al. Description of a Natural Infection with Decapod Iridescent Virus 1 in Farmed Giant Freshwater Prawn, Macrobrachium rosenbergii ［J］. Viruses, 2019.11 (4), 354.

［101］ Ren MC, He JY, Liang HL, et al. Use of supplemental amino acids on the success of reducing dietary protein levels for Jian carp (Cyprinus carpio var. Jian) ［J］. Aquaculture Nutrition, 2018, DOI: 10.1111/anu. 12879.

［102］ Robledo, D., Matika, O., Hamilton, A., et al. Genome-wide association and genomic selection for resistance to amoebic gill disease in Atlantic salmon. G3 (Bethesda), 2018, 8 (4): 1195-1203.

［103］ Shao, C., Bao, B., Xie, Z., et al. The genome and transcriptome of Japanese flounder provide insights into flatfish asymmetry ［J］. Nature Genetics, 2017.49 (1): 119-124.

［104］ Shen G, Heino M. An overview of marine fisheries management in China ［J］. Marine Policy, 2014, 44: 265-272.

［105］ Su YB, Peng B, Li H. Pyruvate cycle increases aminoglycoside efficacy and provides respiratory energy in bacteria ［J］. Proc Natl Acad Sci U S A., 2018, 115 (7): E1578-E1587.

［106］ Szuwalski C S, Burgess M G, Costello C, et al. High fishery catches through trophic cascades in China ［J］. Proceedings of the National Academy of Sciences, 2017, 114 (4): 717-721.

［107］ Vij, S., Kuhl, H., Kuznetsova, I. S, et al. Chromosomal-level assembly of the Asian seabass genome using long sequence reads and multi-layered scaffolding ［J］. PLoS genetics, 2016, 12 (4): e1005954.

［108］ Wang C, Liu S, Li X, et al. Infection of covert mortality nodavirus in Japanese flounder reveals host jump of the emerging alphanodavirus ［J］. J Gen Virol., 2019, 100 (2): 166-175.

［109］ Wang H，Sun M，Xu D，et al. Rapid visual detection of cyprinid herpesvirus 2 by recombinase polymerase amplification combined with a lateral flow dipstick［J］. J Fish Dis.doi：201810.1111/jfd. 12808.

［110］ Wang Q，Xie H，Zeng W，et al. Development of indirect immunofluorescence assay for TCID50 measurement of grass carp reovirus genotype Ⅱ without cytopathic effect onto cells［J］. Microbial Pathogenesis，2018，114：68-74.

［111］ Wang, S., Zhang, J., Jiao, W., et al. Scallop genome provides insights into evolution of bilaterian karyotype and development［J］. Nat Ecol Evol，2017，1（5）：120.

［112］ Xiuzhen Sheng，Xiaoyu Qian，et al. Polymeric immunoglobulin receptor mediates immune excretion of mucosal IgM-antigen complexes across intestinal epithelium in Flounder（Paralichthys olivaceus）［J］. Frontiers in Immunology. 2018，1562.

［113］ Yang, Q., Dong, X., Xie, G., et al. Comparative genomic analysis unravels the transmission pattern and intra-species divergence of acute hepatopancreatic necrosis disease（AHPND）-causing Vibrio［J］. Molecular Genetics and Genomics. 2019.https：//doi.org/10.1007/s00438-019-01559-7.

［114］ Ye, H., Li, CJ., Yue, HM., et al. Establishment of intraperitoneal germ cell transplantation for critically endangered Chinese sturgeon *Acipenser sinensis*［J］. Theriogenology，2017，94：37-47.

［115］ Yin J，Wang Q，Wang Y，et al. Development of a simple and rapid reverse transcription-loopmediated isothermal amplification（RT-LAMP）assay for sensitive detection of tilapia lake virus［J］. J Fish Dis.，2019，42（6）：817-824.

［116］ Yin K，Guan Y，Ma R，et al. Critical role for a promoter discriminator in RpoS control of virulence in *Edwardsiella piscicida*. PLoS Pathog，2018，14（8）：e1007272.

［117］ Yu NT，Zhang YL，Xiong Z，et al. A simplified method for the simultaneous detection of nervous necrosis virus and iridovirus in grouper *Epinephelus* spp［J］. Acta Virol.，2019，63（1）：80-87.

［118］ Zeng W，Wang Y，Guo Y，et al. Development of a VP38 recombinant protein-based indirect ELISA for detection of antibodies against grass carp reovirus genotype Ⅱ（iELISA for detection of antibodies against GCRV Ⅱ）［J］. J Fish Dis.，2018，41（12）：1811-1819.

［119］ Zhang CZ，Ding XM，Lin XL，et al. The Emergence of Chromosomally Located bla CTX-M-55 in Salmonella From Foodborne Animals in China［J］. Front Microbiol.，2019，10：1268.

［120］ Zhang QL，Liu S，Li J，et al. Evidence for Cross-Species Transmission of Covert Mortality Nodavirus to New Host of *Mugilogobius abei*［J］. Front. Microbiol，2018，9：1447.

［121］ Zhang, X, Yuan, J, Sun. Y, et al. Penaeid shrimp genome provides insights into benthic adaptation and frequent molting［J］. Nature Communications，2019，10：356

［122］ Zhao, Y., Lin, Q., Li N., et al. MicroRNAs profiles of Chinese Perch Brain（CPB）cells infected with *Siniperca chuatsi* rhabdovirus（SCRV）［J］. Fish and Shellfish Immunology，2019（84）：1075-1082.

［123］ Zheng P，Wang J，Han T，et al. Effect of dietary cholesterol levels on growth performance，body composition and gene expression of juvenile mud crab *Scylla paramamosain*［J］. Aquaculture Research，2018a，49（10）：3434-3441.

［124］ Zheng Z，Aweya JJ，Wang F，et al. Acute Hepatopancreatic Necrosis Disease（AHPND）related microRNAs in *Litopenaeus vannamei* infected with AHPND-causing strain of Vibrio parahemolyticus［J］，BMC Genomics，2018b，19（1）：335.

［125］ Zhong, Z., Niu, P., Wang, M., et al. Targeted disruption of sp7 and myostatin with CRISPR-Cas9 results in severe bone defects and more muscular cells in common carp［J］. Scientific Reports，2016，6：22953.

［126］ Zhou Q，Wang M，Zhong X，et al. Dissemination of resistance genes in duck/fish polyculture ponds in Guangdong Province：correlations between Cu and Zn and antibiotic resistance genes［J］. Environ Sci Pollut Res Int.，

2019，26（8）：8182-8193.

［127］ Zhou QL，Habte-Tsion HM，Ge XP，et al. Graded replacing fishmeal with canola meal in diets affects growth and target of rapamycin pathway gene expression of juvenile blunt snout bream，*Megalobrama amblycephala*［J］. Aquaculture Nutrition，2018，24：300-309.

［128］ Zhu TF，Mai KS，Xu W，et al. Effect of dietary cholesterol and phospholipids on feed intake，growth performance and cholesterol metabolism in juvenile turbot（*Scophthalmus maximus*，L.）［J］. Aquaculture，2018，495：443-451.

撰稿人：王清印

专题报告

# 水产生物技术学科发展研究

## 一、引言

本专题报告介绍了 2016—2018 年国内外水产生物技术前沿领域取得的最新研究进展和代表性成果，主要包括水产动物全基因组测序及精细图谱绘制、水产动物高密度遗传连锁图谱构建及重要经济性状定位、水产动物基因编辑技术、水产动物基因组选择育种技术等。通过比较近年来国内外在上述领域的发展现状，总结了国内近四年来在水产生物技术研究与应用中的长足进步，同时也指出了存在的不足与问题，并对水产生物技术今后的发展趋势进行展望。

## 二、水产生物技术学科的最新进展

### （一）水产动物基因组精细图谱绘制

自基因组测序技术出现以来，测序成本一直在以超过摩尔定律的速度下降。随着国内外对水产动物基因组测序的重视和投入，适逢二代测序技术的普及和三代测序技术的兴起，基因组测序技术正处于高速发展时期。以此为契机涌现出众多高质量的水产动物基因组测序及精细图谱绘制结果，使得基因组学研究成为近年来水产生物技术最活跃的领域之一。

国外研究的进展主要包括：挪威科学家 Lien 等完成了大西洋鲑的全基因组测序工作，为鲑科鱼类的广泛研究提供了优质的参考基因组。同时，文章聚焦于鱼类进化过程中出现的染色体加倍事件，揭示了在两次倍化过程中大量的基因组重复和转座子介导的重复序列扩张爆发等重要的基因组进化事件（Lien S et al, 2016）。Liu 等绘制了美国重要的养殖鱼类斑点叉尾鮰的基因组精细图谱，通过对有鳞和无鳞鱼类的比较基因组学研究，揭示了斑点叉尾鮰由于分泌钙结合磷蛋白的基因缺乏而导致鳞片缺失的进化机制（Liu Z et al,

2016）。Smith 等绘制了海七鳃鳗的基因组精细图谱，为脊椎动物进化和基因组重排等相关研究提供了比较材料。此外，在海湾龙鱼、亚洲鲈鱼、墨瑞鳕、鲸鲨、扁嘴副带腭鱼、海参、秀美花鳉、五条鰤等水产生物中，也有全基因组测序及精细图谱相关的研究报道，共测序物种 11 种，包括鱼类 9 种，棘皮类 1 种，圆口类 1 种（表 1）。

表 1　国外水产动物全基因组测序和精细图谱绘制一览表

| 物种名称 | 基因组大小（bp） | Contig N50（bp） | Scaffold N50（bp） | 作者（年份） | 发表刊物 |
|---|---|---|---|---|---|
| 大西洋鲑 | 2.97G | 57.6K | 2.97M | Lien et al.，2016 | *Nature* |
| 斑点叉尾鲴 | 783M | 77 K | 7.72M | Liu et al.，2016 | *Nature Communications* |
| 海七鳃鳗 | 1.13G | 170K | 12M | Smith et al.，2018 | *Nature Genetics* |
| 海湾龙鱼 | 351.44 M | 32.24K | 640.41K | Smith et al.，2016 | *Genome Biology* |
| 亚洲鲈鱼 | 670M | 1M | 25M | Vij et al.，2016 | *PLoS Genetics* |
| 墨瑞鳕 | 633M | 55.68K | 109.9K | Austin et al.，2017 | *GigaScience* |
| 鲸鲨 | 3.44G | 5.3K | 5.4K | Read et al.，2017 | *BMC Genomics* |
| 扁嘴副带腭鱼 | 805M | 6.14 | 178.36 | Ahn et al.，2017 | *GigaScience* |
| 海参 | 0.66G | 5.5K | 10.5K | Jo et al.，2017 | *GigaScience* |
| 秀美花鳉 | 714.2M | 57K | 1.57M | Warren et al.，2018 | *Nature Ecology & Evolution* |
| 五条鰤 | 627.2M | / | 1.43M | Yasuike et al.，2018 | *DNA Research* |

国内研究的主要进展：我国科技工作者，近年来在水产生物全基因组测序方面，也取得了一系列重要进展。其主要包括：中国水产科学研究院黄海水产研究所陈松林团队完成了牙鲆全基因组测序工作，并在此基础上，对比目鱼类的变态机制进行了解析，发现视黄酸与甲状腺激素在变态过程中相互拮抗，通过双重调控来共同实现这一比目鱼类特有的生物学现象。中国科学院南海海洋研究所林强团队，绘制了海马的基因组精细图谱，揭示了海马在海洋近岸和岛礁栖息过程中的长期适应性进化特征。中国海洋大学主持完成了栉孔扇贝和虾夷扇贝的全基因组测序工作，两篇文章分别聚焦于眼睛进化、半附着生活方式和神经毒素耐受性的组学调控等科学问题，为理解双壳贝类适应性性状的进化起源提供了新的思路。此外，我国还完成了鮸鱼、亚洲龙鱼、翻车鱼、洞穴鱼、中华绒螯蟹、银鱼、直立海马、团头鲂、乌鳢、雅罗鱼、海湾扇贝、珍珠贝、海参、脊尾白虾、黑鲷、中国鲟、花鲈、黑斑原鮡、黄颡鱼、紫扇贝等水产生物的全基因组测序工作，共测序物种 24 种，包括鱼类 16 种，贝类 5 种，虾蟹类 2 种，棘皮类 1 种（表 2）。

表2　国内水产动物全基因组测序和精细图谱绘制一览表

| 物种名称 | 基因组大小（bp） | Contig N50（bp） | Scaffold N50（bp） | 第一单位 | 作者（年份） | 发表刊物 |
|---|---|---|---|---|---|---|
| 牙鲆 | 546M | 30.5 K | 3.9 M | 中国水科院黄海水产研究所 | Shao et al.，2017 | *Nature Genetics* |
| 海马 | 501.6M | 34.7 K | 1.8 M | 中科院南海所 | Lin et al.，2016 | *Nature* |
| 栉孔扇贝 | 779.9M | 21.5K | 602K | 中国海洋大学 | Li et al.，2017 | *Nature Communications* |
| 虾夷扇贝 | 988M | 38K | 804K | 中国海洋大学 | Wang et al.，2017 | *Nature Ecology & Evolution* |
| 鲵鱼 | 636.22M | 73.32 K | 1.15 M | 浙江海洋大学 | Xu et al.，2016 | *Scientific Reports* |
| 亚洲龙鱼 | 金色 780M | 30.73 K | 5.97 M | 深圳海洋基因组学重点实验室 | Bian et al.，2016 | *Scientific Reports* |
|  | 红色 750M | 60.19 K | 1.63 M |  |  |  |
|  | 绿色 760M | 62.80 K | 1.85 M |  |  |  |
| 翻车鱼 | 730M | 20K | 9M | 中科院昆明动物研究所 | Pan et al.，2016 | *GigaScience* |
| 三种洞穴鱼 | 1.75G | 29.3K | 1.15M | 中科院昆明动物研究所 | Yang et al.，2016 | *BMC Biology* |
|  | 1.73G | 17.6K | 894.6K |  |  |  |
|  | 1.68G | 16.7K | 1.25M |  |  |  |
| 中华绒螯蟹 | 1.12G | 6.02K | 224K | 大连海洋大学 | Song et al.，2016 | *GigaScience* |
| 银鱼 | 525M | 17.2K | 1.16M | 中国水科院淡水渔业研究中心 | Liu et al.，2017 | *GigaScience* |
| 直立海马 | 489 M | 14.57K | 1.97M | 中科院南海所 | Lin et al.，2017 | *GigaScience* |
| 团头鲂 | 1.11G | 49K | 839K | 华中农业大学 | Liu et al.，2017 | *GigaScience* |
| 乌鳢 | 670.4M | 81.4K | 4.5M | 中国水科院 | Xu et al.，2017 | *GigaScience* |
| 雅罗鱼 | 752 M | 37.3 K | 447.7 K | 中国水科院 | Xu et al.，2017 | *Molecular Biology and Evolution* |
| 海湾扇贝 | 700.3M | / | 628M | 中科院海洋所 | Du et al.，2017 | *Journal of Genomics* |
| 珍珠贝 | 990M | 21K | 324K | 广东海洋大学 | Du et al.，2017 | *GigaScience* |
| 海参 | 805M | 190K | 486K | 中科院海洋所 | Zhang et al.，2017 | *PLoS Biology* |
| 脊尾白虾 | 5.56G | 263K | 816K | 中科院海洋所 | Yuan et al.，2017 | *Marine Drugs* |
| 黑鲷 | 688M | 17.2K | 7.6M | 江苏海洋水产研究所 | Zhang et al.，2018 | *GigaScience* |
| 中国鲻 | 534M | / | 2.6M | 浙江海洋大学 | Xu et al.，2018 | *GigaScience* |
| 花鲈 | 0.62G | 31K | 1040K | 中国水科院黄海水产研究所 | Shao et al.，2018 | *GigaScience* |

续表

| 物种名称 | 基因组大小（bp） | Contig N50（bp） | Scaffold N50（bp） | 第一单位 | 作者（年份） | 发表刊物 |
|---|---|---|---|---|---|---|
| 黑斑原鮡 | 662.3M | 993K | 20.9M | 西藏自治区农科院水产所 | Liu et al.，2018 | *GigaScience* |
| 黄颡鱼 | 732.8M | 1.1M | 25.8M | 华中农业大学 | Gong et al.，2018 | *GigaScience* |
| 紫扇贝 | 724.78 M | 80.11 K | 1.02M | 青岛农业大学 | Li et al.，2018 | *GigaScience* |
| 海参 | 952M | 45K | 196K | 中国海洋大学 | Li et al.，2018 | *Cell Discovery* |

## （二）水产动物高密度遗传连锁图谱的构建

在利用第二代测序技术进行基因组组装中，高密度遗传连锁图谱起了重要作用。随着三代测序技术的兴起和普及，基因组的组装不再依赖于遗传连锁图谱的辅助，但是，在已有的研究基础上，针对特定的表型性状建立家系，构建特定的遗传图谱进行定位，仍然是水产动物分子标记辅助育种的重要手段。近年来，得益于基因分型技术的发展，SNP已经成为图谱构建中所使用的主流分子标记，凭借着其在基因组上的广泛分布，使得遗传连锁图谱的密度有了显著的提高，实用性也大大增强。

国外遗传连锁图谱的主要进展包括：大西洋鲑是重要的经济鱼类，对其遗传相关的研究起步较早，已经有了高密度遗传连锁图谱的相关报道，在此基础上，Tsai等构建了新一代的大西洋鲑高密度遗传连锁图谱，共使用了60个家系的622尾大西洋鲑个体，将96000多个SNP标记有序排列在29个连锁群上，为鲑科鱼类的遗传学和基因组学研究提供了有力的工具。Liu等构建了亚洲鲈鱼的高密度遗传连锁图谱，针对病毒性神经坏病毒（VNN）相关QTL位点进行了定位，发现VNN抗性相关候选基因 *Pcdhac*2，推动了亚洲鲈鱼分子标记辅助育种工作的进步。此外，在凡纳滨对虾、大麻哈鱼、大菱鲆、罗非鱼、黄尾鲫等水产动物中，也有高密度遗传连锁图谱构建的研究。2016—2018年，国外构建高密度遗传连锁图谱的物种7个，鱼类6种，虾类1种（表3）。

表3　国外水产动物高密度遗传连锁图谱构建一览表

| 物种名称 | 标记类型 | 标记数量 | 图谱大小（cM） | 连锁群数目 | 标记间平均间隔（cM） | 作者（年份） |
|---|---|---|---|---|---|---|
| 大西洋鲑 | SNP | 96396 | 雄 4769.0/ 雌 7153.2 | 29 | 雄 0.81/ 雌 0.92 | Tsai et al.，2016 |
| 亚洲鲈鱼 | SSR SNP | 3000 | 2957.79 | 24 | 1.27 | Liu et al.，2016 |
| 凡纳滨对虾 | SNP | 4370 | 4552.5 | 44 | 0.97 | Jones et al.，2017 |

续表

| 物种名称 | 标记类型 | 标记数量 | 图谱大小（cM） | 连锁群数目 | 标记间平均间隔（cM） | 作者（年份） |
|---|---|---|---|---|---|---|
| 大麻哈鱼 | SNP | 3075 | 3728 | 37 | 1.6 | Waples et al.，2016 |
| 大菱鲆 | SNP | 11846 | 8532.6 | 22 | 0.72 | Maroso et al.，2018 |
| 罗非鱼 | SNP | 40186 | 1469.69 | 22 | — | Joshi et al.，2018 |
| 黄尾鰤 | SNP | 3998 | 1166 | 24 | 0.3 | Nguyen et al.，2018 |

　　为满足基因组组装和经济性状 QTL 定位工作的需要，国内近年来在遗传连锁图谱构建方面取得了长足的进步，主要成果包括：Peng 等构建了新一代的鲤鱼 SNP 遗传连锁图谱，并在此基础上对性别和生长相关的基因座进行了定位。Wang 等完成的团头鲂高密度遗传连锁图谱包含 SNP 标记 14648 个，平均标记间距为 0.57cM，并定位到了 8 个生长相关的 QTL 区间。除此之外，在鳙鱼、鲫鱼、南方鲇、金鲳鱼、中华鲟等鱼类和牡蛎、三疣梭子蟹等其他水产动物中，也分别构建了遗传连锁图谱。2016—2018 年，国内构建高密度遗传连锁图谱的物种 9 个，包括鱼类 7 种，贝类 1 种，蟹类 1 种（表 4）。

**表 4　国内水产动物高密度遗传连锁图谱构建一览表**

| 物种名称 | 标记类型 | 标记数量 | 图谱大小（cM） | 连锁群数目 | 标记间平均间隔（cM） | 作者（年份） |
|---|---|---|---|---|---|---|
| 鲤鱼 | SNP | 28194 | 10595.94 | 50 | 0.75 | Peng et al.，2016 |
| 团头鲂 | SNP | 14648 | 6258.39 | 24 | 0.58 | Wan et al.，2017 |
| 鳙鱼 | SNP | 3121 | 2341.27 | 24 | 0.75 | Fu et al.，2016 |
| 鲫鱼 | SNP | 8487 | 3762.88 | 50 | 0.44 | Liu et al.，2017 |
| 南方鲇 | SNP | 26714 | 5918.31 | 29 | 0.89 | Xie et al.，2018 |
| 金鲳鱼 | SNP | 12358 | 3810.3 | 24 | 0.307 | Zhang et al.，2018 |
| 中华鲟 | SLAF | 2560 | 10001.32 | 60 | 4 | Yue et al.，2018 |
| 牡蛎 | SNP | 1694 | 1084.3 | 10 | 0.8 | Wang et al.，2016 |
| 三疣梭子蟹 | SLAF | 10963 | 5557.85 | 53 | 0.51 | Lv et al.，2017 |

## （三）水产动物基因编辑技术的研究与应用

　　基因编辑是当前发展最快的生物技术之一。从早期的锌指核酸酶（ZFN）系统，到近期的类转录激活因子效应物核酸酶（TALEN）和人工核酸酶成簇规律间隔短回文重复序列及其相关蛋白 9（CRISPR/Cas9）等技术，快速发展的基因编辑技术已广泛应用于动植物

和模式鱼类的基因功能研究中，并随着技术平台的日益完善逐步在养殖鱼类中应用。

2018 年，国外在水产动物基因编辑方面的主要进展集中在鱼类上，其中 Qin 等尝试使用 ZNF 技术对斑点叉尾鮰促黄体素基因 LH 进行了编辑，成功在该物种中建立了基因编辑技术。Kishimoto 在真鲷中使用 CRISPR/Cas9 技术，对生长相关基因 MSTN 进行了编辑，验证了其在骨骼肌含量和体长等生长性状调节中的作用。

国内在三种淡水养殖鱼类（鲤鱼、南方鲇、瓯江彩鲤），一种海水养殖鱼类（半滑舌鳎）和一种甲壳动物（脊尾白虾）中成功建立了基因组编辑技术。其中，西南大学在南方鲇中建立了 CRISPR/Cas9 技术，并应用于 *cyp26a1* 基因在减数分裂中的功能研究。苏州大学建立了鲤鱼 TALEN 和 CRISPR/Cas9 基因组编辑技术，并对 *sp7* 和 *mstnba* 基因进行了定点突变，进而研究了鲤鱼肌间刺的形成机制。上海海洋大学使用 CRISPR/Cas9 技术，成功敲除了瓯江彩鲤的 *ASIP* 基因，对其在体色形成过程中的作用进行了研究。相比之下，由于受精卵显微注射难度大、胚胎和仔鱼成活率低等问题，海水养殖鱼类基因组编辑研究进展较为缓慢。中国水产科学研究院黄海水产研究所以半滑舌鳎为对象突破了海水鱼类胚胎的显微注射技术瓶颈，在国际上率先建立 TALEN 基因编辑技术并应用于半滑舌鳎雄性决定基因 *dmrt*1 的功能研究。发现 *dmrt*1 基因敲除后，雄性性腺发育受阻，不能形成精子，而是发育成卵巢腔样结构，同时 *dmrt*1 突变后的雄鱼生长变快。Gui 等在脊尾白虾中建立了 CRISPR/Cas9 技术平台，并对蜕皮抑制激素，几丁质基因等在生长、免疫中的功能进行了研究。

（四）水产动物基因组选择育种技术的研究与应用

基因组选择育种技术是通过使用覆盖全基因组的 SNP 来获取整个基因组上针对表型性状的所有遗传变异，直接计算出未知表型的候选群体中个体的基因组估计育种值（GEBV），选择 GEBV 高的个体应用于实际育种中，起到遗传改良的效果的一种基于基因组信息的育种技术。基因组选择育种的原理最早由挪威科学家 Meuwissen 提出，至今已经广泛应用于畜牧业育种中，取得了极大的成功。基因组选择育种的主要优点包括：①通过全基因组水平的遗传变异得到个体的 GEBV 作为选种的参考值，跳过了对性状相关位点的发掘和研究环节，更加高效直接，并且适合于由微效多基因控制的大多数经济性状的选育工作。②基因组选择育种技术基于全基因组重测序，可以在候选群体的培育早起进行较为准确的选择，免去了养殖、繁育、筛选等过程，极大节省了育种的成本。③基因组选择育种技术通过采集参考群体的表型性状即可计算预测候选群体的育种潜力，无需对候选群体进行破坏性采样，适用于难以测量的经济性状的育种工作。

国际上，基因组选择育种技术提出之后，随即在畜牧业中开展了应用，尤其是在奶牛育种中取得了非常好的效果。在水产动物中，有关研究相对较少，主要包括大西洋鲑、虹鳟和欧洲鲈：在大西洋鲑中，Tsai 等使用 GBLUP 算法，对抗病性状分别展开研究，发现无论采用何种模型和标记密度，基因组选择育种方法的预测效果均优于基于系谱的传统方法。Bangera 等采用 GBLUP、BayesC 和 Bayesian Lasso 等方法对大西洋鲑中的三文鱼的鲑鱼立克次氏体抗性展开研究。其研究结果发现，使用基因组选择育种方法能够加快抗鲑鱼立克次氏体综合征优良苗种的筛选；在选用较低密度的标记（小于 3 k）开展基因组选择的工作时，其准确性仍然优于传统 BLUP 方法。Robledo 等通过基因组选择和全基因组关联分析两种方法，分别对大西洋鲑的大西洋鲑阿米巴鳃病进行研究，表明基因组选择在大西洋鲑抗病育种中的适合性与潜力。Vallejo 等使用 ssGBLUP、wssGBLUP 和 BayesB 等算法对虹鳟抗细菌性冷水病抗性进行研究通过三种算法的比较，体现了 ssGBLUP 的优势。Palaiokostas 等采用 RAD 测序获取基因型，使用 weighted GBLUP、BayesA、BayesB 和 BayesC 等多种基因组选择育种方法对欧洲鲈鱼神经坏死病毒病抗性进行了分析。

在国内，我国近年来主要在牙鲆、大黄鱼和扇贝等水产动物上开展了基因组选择育种技术的研究。中国海洋大学作为主要育种单位，在 2017 年完成了海湾扇贝新品种"海益丰 12"的培育，在培育过程中，使用了贝类基因组选择育种评估系统，以壳高为目标性状，计算个体的遗传参数，选取亲本，开展连续 4 代的群体最佳效应全基因组选育，该新品种与普通海湾扇贝相比，浮筏贝壳高提高 13.91%，鲜重提高 15.29%；同时，该团队还通过四种基因组选择育种算法，对栉孔扇贝个体的壳长、壳高、壳宽、全重等经济性状进行研究，首次将线性模型和神经网络应用到扇贝中。集美大学通过重测序数据，结合生长和肌肉中的不饱和脂肪酸含量等相关表型性状，对适用的表型性状类型、群体大小、基因组选择育种算法等进行了研究，为基因组选择育种技术在大黄鱼育种中的实际应用创造了条件。黄海水产研究所针对牙鲆抗迟缓爱德华氏菌病性状进行了基因组选择育种技术的研究，通过对多年建立的牙鲆家系进行病原菌感染，采用这些家系构建参考群体，进行基因组重测序，使用 Bayes C π 和 GBLUP 两种算法，建立了牙鲆抗病性状的基因组选择育种技术，并将其应用到候选群体的 GEBV 估算中，并采用这项技术培育出"鲆优 2 号"牙鲆新品种，与对照组相比"鲆优 2 号"的生长速度平均提高 20.46%，感染存活率平均提高 30.20%，养殖存活率平均提高 20.98%。

### （五）水产动物细胞工程育种

水产动物细胞工程育种是指在细胞水平对水产动物进行遗传改良，获得优良表型个体的一种育种技术，主要包括人工雌核发育技术、人工雄核发育技术、多倍体诱导技术、生殖干细胞移植等。细胞工程育种在单性苗种培育、遗传资源保护和苗种繁育等方面应用广泛。据不完全统计，迄今国内外已在 40 余种鱼类中成功建立人工雌核发育技术，在 30 余种鱼类，30 余种贝类和 10 余种虾蟹类中获得人工诱导多倍体，在 10 余种鱼类中开展人工雄核发育研究。其中，2016—2018 年取得的主要进展包括：我国科学家 Hou 等人在牙鲆中建立了雄核冷休克诱导的雄核发育技术并获得双单倍体，首次在海水鱼类中成功建立雄核发育技术。Meng 等人在大菱鲆中成功建立雌核发育技术，为大菱鲆性别决定机制研究和全雌苗种培育提供了基础。

### （六）水产动物胚胎冷冻保存

胚胎冷冻保存是指在低温（0—–80℃）或超低温（–196℃）下进行种质资源保存的技术，对于种质资源保护、遗传物质多样性保存具有重要的意义。全球范围内关于水产动物胚胎的冷冻保存方面的研究一直进展缓慢，目前鲤鱼、牡蛎、牙鲆等十余种水产动物中取得比较理想的冷冻保存存活率和孵化率。2016—2018 年，Keivanloo 等在波斯鲟鱼（*Acipenser persicus*）建立了胚胎冷冻保存技术，冷冻存活率可达 45.45%。国内，Tian 等在云纹石斑鱼（*Epinephelus moara*）建立的石斑鱼胚胎冷冻保技术，存活率可达 63.36%。

## 三、本学科前沿领域国内外发展比较分析

### （一）我国水产生物技术前沿领域的研究与国外相比总体处于并跑状态，部分领域领跑

水产生物技术是水产动物研究中最为活跃的领域，自 21 世纪伊始，国内外在水产动物全基因组测序、BAC 文库测序、遗传图谱构建、重要经济性状相关基因克隆及分析、分子标记辅助育种等方向均取得了令人瞩目的成绩，而其中的基因组学和基因组育种技术研究则是水产生物技术的前沿阵地（Xu W et al，2017）。尽管我们有关水产基因组学和基因组育种技术研究起步较晚，但得益于国家持续有力的支持，自 2016 年进展迅猛，与国外同行相比，无论从开展研究的水产物种数量，还是研究深度及文章产出方面，总体处于并跑状态，个别领域已经达到了领跑水平。在高密度遗传连锁图谱构建方面，国外发表了 7 种水产动物的高密度遗传连锁图谱，我国发表了 9 种水产经济动物的高密度遗传连锁图谱，整体处于并跑状态。在全基因组测序和精细图谱绘制方面，从 2016—2018 年，国外完成了包括大西洋鲑在内的 11 个物种的全基因组测序和精细图谱绘制，而我国完成了 24 种水产动物的全基因组测序工作，总体处于并跑状态，其中在鲆鲽鱼类、海马、扇贝等基因组的解析方面处于领跑水平。2016—2018 年，在养殖鱼类基因组编辑方面，国外在两种养殖鱼类上有相关的研究报道，我国则是在 4 种养殖鱼类和 1 种甲壳动物中建立了基因组编辑技术，并进行了基因功能分析，总体上也是处于并跑状态。基因组选择育种方面在本文综述时间段内，国外主要在 3 种鱼类上开展了基因组选择育种研究，我国则主要在大黄鱼、牙鲆两种鱼类和海湾扇贝、栉孔扇贝两种贝类上分别针对生长、脂肪酸含量和抗病性状展开了基因组选择育种技术研究，并培育出牙鲆"鲆优 2 号"和海湾扇贝"海益丰 12"两个水产新品种，总体处于并跑状态（陈松林等，2019）。

（二）水产生物功能基因组领域的研究任重道远

在水产养殖动物全基因组测序和精细图谱绘制的数量方面，我国已达到国际先进水平，然而这只是基因组学研究的第一步，后基因组暨功能基因组时代的研究则需要阐明基因功能和调控机制，尤其是围绕水产生物重要经济性状进行遗传解析是研究的重点。目前我国只是在半滑舌鳎、罗非鱼、海马、扇贝等少数物种的性别、生长和抗病等方面取得一些重要进展。相比之下，由于国外经济性状的遗传性状解析工作开展较早，在种质材料和表型数据方面有雄厚的积累，将有助于抗病、抗逆、品质等多个性状的解析工作。此外，基因组中非编码序列的存在、多层次的表观以及动态调控（转录、翻译水平）方式，都增加了功能基因组的研究难度。如何在功能基因组研究时代继续占据研究高地，我国水产工作者未来的研究任重而道远。

（三）开展基因组育种技术研究的水产动物种类还十分有限

基因组育种技术（基因组选择和基因组编辑）进行遗传改良操作，可以显著缩短育种周期，实现性状精确改良，其优势是传统育种技术无法比拟的。现阶段，全球范围内开展基因组育种技术研究的水产动物种类还十分有限，国外主要包括大西洋鲑、虹鳟、欧洲鲈鱼、洞穴鱼、斑点叉尾鮰、真鲷，而国内主要是在大黄鱼、牙鲆、罗非鱼、鲤鱼、黄颡鱼、南方鲇、半滑舌鳎、栉孔扇贝、海湾扇贝等。相较于我国数百种水产养殖生物而言，基因组育种技术的开展远远滞后于育种产业的需求，迫切需要在多个物种中突破基因组育种技术并推广到更多重要养殖生物中，推动育种技术的更新换代和水产业发展，而基因组育种技术的推行，则需要依赖水产生物技术综合基础的全面提高，这也为我国水产生物技术领域的发展提出了更高的要求。

## 四、发展趋势和展望

（一）建立以基因组数据为核心的养殖水产动物综合大数据平台势在必行

随着测序技术的飞速发展，将会有更多的养殖水产动物基因组得以破译。笔者乐观估计，在未来 10 年，重要养殖水产动物中完成全基因组测序和精细图谱绘制的比例可达90% 以上。然而，仅有基因组数据是远远不够的，基因组数据在水产育种中的最终应用，还要依靠实验材料的培育，种质资源参数的整合，家系的构建，表型性状的采集，通过上述手段的综合运用，才能真正有效利用基因组信息，为水产动物遗传育种提供有力支持。因此，构建以基因组数据为核心的养殖水产动物综合大数据平台将成为今后几年的发展趋势。

### （二）重要经济性状的遗传解析工作将是水产生物技术领域的研究核心

经济性状遗传改良是良种培育的关键，全基因组测序和精细图谱绘制为全面解析经济性状遗传基础和发掘具有育种价值的分子标记和基因提供了遗传基础。我国现阶段在基因组测序、水产遗传图谱构建等方向成果显著，但生物技术的发展速度之快，使得国内在新技术的应用方面，存在一定的滞后。例如，基于大群体，摆脱了家系和遗传图谱限制的全基因组关联分析技术，为更多水产动物经济性状的定位提供了可能，水产动物的 GWAS 研究在世界范围内已经逐渐开始应用，在虹鳟鱼生长性状相关位点筛选、亚洲鲈鱼抗神经坏死病毒相关位点筛选以及斑点叉尾鮰生长性状、肠道败血症相关位点筛选等研究中，均有 GWAS 技术使用的报道，而国内近年来在该领域刚刚起步，仅有少数成果如鲤鱼的肌肉和腹部脂肪含量等相关研究等可见报道，但多项相关研究已经展开，相信未来几年，GWAS 将成为国内水产动物经济性状定位的主流技术之一。由于生物过程的复杂性和水产动物经济性状影响因素的多样化，基因组层面的研究，往往不能满足经济性状遗传解析的需要，结合了基因组、转录组、蛋白组、代谢组等多组学的联合分析技术，或将成为今后水产动物经济性状解析的重要手段。我们相信，针对抗病、抗逆、性别、发育、生长和品质等重要经济性状开展遗传解析工作，会成为未来几年水产基因组研究和遗传育种领域的工作重点，随着对各种经济性状解析的深入和成果的应用，水产动物抗病高产育种工作将会得到更多的理论支持和技术指导。

### （三）基因组选择育种技术将加速水产动物良种培育

基因组选择育种技术是基于覆盖全基因组的高密度遗传标记进行育种值估计，与传统育种技术相比，可显著提高育种效率，在针对微效多基因控制的数量性状（如抗病、生长）和整合多个优良性状的育种中具有无法比拟的优势。然而，国内目前还只是在牙鲆、大黄鱼、栉孔扇贝、海外扇贝和半滑舌鳎等少数几种水产养殖生物中开展了基因组选择育种的有关研究，并且现阶段国内的研究还主要集中在不同水产物种基因组选择育种技术的建立、应用条件的摸索、参考群体的验证等方面，只有在牙鲆和扇贝等少数物种上，有了实际应用的相关报道。由此可见，现阶段我国基因组选择育种技术在水产动物育种中应用的规模和深度都远远不够，今后的发展有赖于水产动物数量遗传学方向工作人员的培训、各物种基因组测序、基于表型性状和基因组重测序的养殖水产动物综合大数据平台的建立，其中基因组选择育种技术标准的优化和建立，是未来良种培育的关键。相信在未来5—10年里基因组选择将成为育种的重要手段，随着基因组选择育种技术所需数据和实验材料的积累，我国将在8—10种水产生物中开展生长、抗病、抗逆等经济性状基因组选择育种的研究，为优质水产新品种提供助力。

## （四）基因组编辑将成为水产动物遗传改良的重要技术

与转基因技术中导入外源基因不同，基因组编辑技术只是定点敲除鱼体自有的基因，因此基因组编辑育种技术和转基因技术具有本质上的差别，应该较易得到消费者的认可和接受。但基因组编辑技术在养殖水产动物中的应用才刚刚起步，尤其在海水养殖水产动物中亟待改进和推广。我们相信，作为一种可以对水产动物进行精确遗传改良的分子育种技术，基因组编辑技术应用潜力巨大，成了水产动物遗传改良的重要手段和新途径。

## （五）生殖干细胞移植和"借腹怀胎"技术在水产业中应用前景广泛

"借腹怀胎"技术是指通过显微注射等方法，将供体的生殖干细胞移植到宿主内，最终形成生殖细胞的过程，本技术在濒危物种拯救和基因资源保存方面已有广泛应用。而在水产领域，以性成熟周期短的小型鱼类代替重要大型经济鱼类的亲本来获得配子，则能够明显提高育种效率，缩短育种周期。目前，国内外已在虹鳟、大马哈鱼、罗非鱼、草鱼等多个物种中展开了相关研究并取得了可喜进展。相信随着技术的日臻完善，"借腹怀胎"必将走出实验室，在水产业中发挥巨大的作用。

# 参考文献

［1］ Lien S, Koop B F, Sandve S R, et al. The Atlantic salmon genome provides insights into rediploidization［J］. Nature, 2016, 533（7602）: 200–205.

［2］ Liu Z, Liu S, Yao J, et al. The channel catfish genome sequence provides insights into the evolution of scale formation in teleosts［J］. Nature Communications, 2016, 7: 11757.

［3］ Smith JJ, et al. The sea lamprey germline genome provides insights into programmed genome rearrangement and vertebrate evolution［J］. Nature Genetics. 2018, 50（2）: 270–277.

［4］ Small C M, Bassham S, Catchen J, et al. The genome of the Gulf pipefish enables understanding of evolutionary innovations［J］. Genome Biology, 2016, 17（1）: 258.

［5］ Vij S, Kuhl H, Kuznetsova I S, et al. Chromosomal–level assembly of the Asian seabass genome using long sequence reads and multi–layered scaffolding［J］. PLoS Genetics, 2016, 12（4）: e1005954.

［6］ Austin C M, Tan M H, Harrisson K A, et al. De novo genome assembly and annotation of Australia's largest freshwater fish, the Murray cod（*Maccullochella peelii*）, from Illumina and Nanopore sequencing read［J］. Gigascience, 2017, 6（8）: 1.

［7］ Read T D, Rd P R, Joseph S J, et al. Draft sequencing and assembly of the genome of the world's largest fish, the whale shark: *Rhincodon typus* Smith 1828.［J］. BMC Genomics, 2017, 18（1）: 532.

［8］ Ahn, D. H., et al. Draft genome of the Antarctic dragonfish, *Parachaenichthys charcoti*［J］. Gigascience. 2017, 6（8）: 1–6.

［9］ Jo J, Oh J, Lee H G, et al. Draft genome of the sea cucumber Apostichopus japonicus and genetic polymorphism

among color variants［J］. GigaScience，2017，6（1）：1–6.

［10］Warren WC，et al. Clonal polymorphism and high heterozygosity in the celibate genome of the Amazon molly［J］. Nature Ecology & Evolution. 2018；2（4）：669–679.

［11］Yasuike M，et al. The yellowtail（*Seriola quinqueradiata*）genome and transcriptome atlas of the digestive tract［J］. DNA Research. 2018；25（5）：547–560.

［12］Shao C，Bao B，Xie Z，et al. The genome and transcriptome of Japanese flounder provide insights into flatfish asymmetry［J］. Nature Genetics，2017，49（1）：119–124.

［13］Lin Q，Fan S，Zhang Y，et al. The seahorse genome and the evolution of its specialized morphology［J］. Nature，2016，540（7633）：395.

［14］Wang S，et al. Scallop genome provides insights into evolution of bilaterian karyotype and development［J］. Nature Ecology & Evolution，2017，1（5）：120.

［15］Li Y，et al. Scallop genome reveals molecular adaptations to semi–sessile life and neurotoxins［J］. Nature Communications. 2017，（1）：1721.

［16］Xu T，et al. The genome of the miiuy croaker reveals well–developed innate immune and sensory systems［J］. Scientific Reports. 2016，6：21902.

［17］Bian C，et al. The Asian arowana（*Scleropages formosus*）genome provides new insights into the evolution of an early lineage of teleosts［J］. Scientific Reports. 2016，6：24501.

［18］Pan H，et al. The genome of the largest bony fish，ocean sunfish（*Mola mola*），provides insights into its fast growth rate［J］. Gigascience，2016，5（1）：36.

［19］Yang J，Chen X，Bai J，et al. The *Sinocyclocheilus* cavefish genome provides insights into cave adaptation［J］. BMC Biology，2016，14：1.

［20］Song L，et al. Draft genome of the Chinese mitten crab，*Eriocheir sinensis*［J］. Gigascience，2016，5：5.

［21］Liu K，et al. Whole genome sequencing of Chinese clearhead icefish，*Protosalanx hyalocranius*［J］. Gigascience. 2017，6（4）：1–6.

［22］Lin Q，Qiu Y，Gu R，et al. Draft genome of the lined seahorse，*Hippocampus erectus*［J］. GigaScience，2017，6（6）：1–6.

［23］Liu H，et al. The draft genome of blunt snout bream（*Megalobrama amblycephala*）reveals the development of intermuscular bone and adaptation to herbivorous diet［J］. Gigascience. 2017，6（7）：1–13.

［24］Xu J，et al. Draft genome of the Northern snakehead，*Channa argus*［J］. Gigascience. 2017，6（4）：1–5.

［25］Xu J，et al. Genomic Basis of Adaptive Evolution：The Survival of Amur Ide（Leuciscus waleckii）in an Extremely Alkaline Environment［J］. Mol Biol Evol. 2017，34（1）：145–159.

［26］Du X，et al. Draft genome and SNPs associated with carotenoid accumulation in adductor muscles of bay scallop（Argopecten irradians）［J］. J Genomics. 2017，5：83–90.

［27］Du X，et al. The pearl oyster Pinctada fucata martensii genome and multi–omic analyses provide insights into biomineralization［J］. Gigascience. 2017，6（8）：1–12.

［28］Zhang X，et al. The sea cucumber genome provides insights into morphological evolution and visceral regeneration［J］. PloS Biol. 2017，15（10）：e2003790.

［29］Li Y，et al. Sea cucumber genome provides insights into saponin biosynthesis and aestivation regulation［J］. Cell Discov. 2018，4：29.

［30］Yuan J，et al. Genome sequences of marine shrimp *Exopalaemon carinicauda* Holthuis provide insights into genome size evolution of Caridea［J］. Mar Drugs，2017，15（7）.pii：E213.

［31］Zhang Z，et al. Draft genome of the protandrous Chinese black porgy，*Acanthopagrus schlegelii*［J］. Gigascience. 2018，7（4）：1–7.

［32］ Xu S, et al. A draft genome assembly of the Chinese sillago (*Sillago sinica*), the first reference genome for Sillaginidae fishes ［J］. Gigascience. 2018, 7 (9).

［33］ Shao C, Li C, Wang N, et al. Chromosome-level genome assembly of the spotted sea bass, *Lateolabrax maculatus* ［J］. GigaScience, 2018, 7 (11): giy114.

［34］ Liu H, et al. Draft genome of *Glyptosternon maculatum*, an endemic fish from Tibet Plateau ［J］. Gigascience, 2018, 7 (9).

［35］ Gong G, Dan C, Xiao S, et al. Chromosomal-level assembly of yellow catfish genome using third-generation DNA sequencing and Hi-C analysis ［J］. GigaScience, 2018, 7 (11): giy120.

［36］ Li C, Liu X, Liu B, et al. Draft genome of the Peruvian scallop *Argopecten purpuratus* ［J］. GigaScience, 2018, 7 (4).

［37］ Tsai H Y, Diego R, Lowe N R, et al. Construction and Annotation of a High Density SNP Linkage Map of the Atlantic Salmon (*Salmo salar*) Genome: ［J］. G3 Genesgenetics, 2016, 6 (7): 2173-2179.

［38］ Liu P, Wang L, Wong S M, et al. Fine mapping QTL for resistance to VNN disease using a high-density linkage map in Asian seabass ［J］. Scientific Reports, 2016, 6 (1): 32122.

［39］ Jones D B, Jerry D R, Khatkar M S, et al. A comparative integrated gene-based linkage and locus ordering by linkage disequilibrium map for the Pacific white shrimp, *Litopenaeus vannamei* ［J］. Scientific Reports, 2017, 7 (1).

［40］ Waples R K, Seeb L W, Seeb J E. Linkage mapping with paralogs exposes regions of residual tetrasomic inheritance in chum salmon (*Oncorhynchus keta*). ［J］. Molecular Ecology Resources, 2016, 16 (1): 17-28.

［41］ Maroso F, Hermida M, Millán A, et al. Highly dense linkage maps from 31 full-sibling families of turbot (*Scophthalmus maximus*) provide insights into recombination patterns and chromosome rearrangements throughout a newly refined genome assembly. ［J］. DNA Research, 2018, 25 (4): 439-450.

［42］ Joshi R, Arnyasi M, Lien S, et al. Development and validation of 58K SNP-array and high-density linkage map in Nile tilapia (*O. niloticus*) ［J］. Frontiers in Genetics. 2018, 9: 472.

［43］ Nguyen N H, Rastas P M A, Premachandra H K A, et al. First high-density linkage map and single nucleotide polymorphisms significantly associated with traits of economic importance in yellowtail king fish *Seriola lalandi* ［J］. Frontiers in Genetics, 2018, 9: 127.

［44］ Peng W, Xu J, Zhang Y, et al. An ultra-high density linkage map and QTL mapping for sex and growth-related traits of common carp (*Cyprinus carpio*) ［J］. Scientific Reports, 2016, 6: 26693.

［45］ Wan S M, Liu H, Zhao B W, et al. Construction of a high-density linkage map and fine mapping of QTLs for growth and gonad related traits in blunt snout bream ［J］. Scientific Reports, 2017, 7: 46509.

［46］ Fu B, Liu H, Yu X, et al. A high-density genetic map and growth related QTL mapping in bighead carp (*Hypophthalmichthys nobilis*) ［J］. Scientific Reports, 2016, 6: 28679.

［47］ Liu H, Fu B, Pang M, et al. A High-Density Genetic Linkage Map and QTL Fine Mapping for Body Weight in Crucian Carp (*Carassius auratus*) Using 2b-RAD Sequencing: ［J］. G3 Genesgenetics, 2017, 7 (8): 2473-2487.

［48］ Xie, M., Ming, Y., Shao, F., et al. (2018).Restriction site-associated DNA sequencing for SNP discovery and high-density genetic map construction in southern catfish (*Silurus meridionalis*) ［J］. Royal Society open science, 5 (5), 172054.

［49］ Zhang G Q, Zhang X H, Ye H Z, et al. Construction of high-density genetic linkage maps and QTL mapping in the golden pompano ［J］. Aquaculture, 2018, 482: 90-95.

［50］ Yue H, Li C, Du H, et al. A first attempt for genetic linkage map construction and growth related QTL mapping in *Acipenser sinensis* using Specific Length Amplified Fragment Sequencing (SLAF-seq) ［J］. Journal of Applied Ichthyology, 2018 (6).

［51］ Wang J, Li Q, Zhong X, et al. An integrated genetic map based on EST-SNPs and QTL analysis of shell color

traits in Pacific oyster *Crassostrea gigas* ［J］. Aquaculture，2018.

［52］ Lv J，Gao B，Ping L，et al. Linkage mapping aided by de novo genome and transcriptome assembly in *Portunus trituberculatus*：applications in growth-related QTL and gene identification ［J］. Scientific Reports，2017，7（1）：78

［53］ Gaj T，Gersbach C A，Barbas 3rd，C F. ZFN，TALEN，and CRISPR/Cas-based methods for genome engineering ［J］. Trends Biotechnology，2013，31（7）：397-405.

［54］ Qin Z，Li Y，Su B，et al. Editing of the luteinizing hormone gene to sterilize channel catfish，*Ictalurus punctatus*，using a modified zinc finger nuclease technology with electroporation ［J］. Marine Biotechnology（NY），2016，18（2）：255-263.

［55］ Kishimoto K，Washio Y，Yoshiura Y，et al. Production of a breed of red sea bream *Pagrus major* with an increase of skeletal muscle mass and reduced body length by genome editing with CRISPR/Cas9 ［J］. Aquaculture，2018，495：415-427.

［56］ Li M，Feng R，Ma H，et al. Retinoic acid triggers meiosis initiation via stra8-dependent pathway in Southern catfish，*Silurus meridionalis* ［J］. General and Comparative Endocrinology，2016，232：191-198.

［57］ Zhong Z，Niu P，Wang M，et al. Targeted disruption of sp7 and myostatin with CRISPR-Cas9 results in severe bone defects and more muscular cells in common carp ［J］. Scientific Reports，2016，6：22953.

［58］ Chen H，Wang J，Du J，et al. ASIP disruption via CRISPR/Cas9 system induces black patches dispersion in Oujiang color common carp ［J］. Aquaculture，2019，498：230-235.

［59］ Cui Z，Liu Y，Wang W，et al. Genome editing reveals dmrt1 as an essential male sex-determining gene in Chinese tongue sole（*Cynoglossus semilaevis*）［J］. Scientific Reports，2017，7：42213.

［60］ Gui T，Zhang J，Song F，et al. CRISPR/Cas9-mediated Genome Editing and Mutagenesis of EcChi4 in *Exopalaemon carinicauda* ［J］. G3（Bethesda），2016，6（11）：3757-3764.

［61］ Sun Y，Zhang J，Xiang J. A CRISPR/Cas9-mediated mutation in chitinase changes immune response to bacteria in *Exopalaemon carinicauda* ［J］. Fish Shellfish Immunol，2017，71：43.

［62］ Zhang J，Song F，Sun Y，et al. CRISPR/Cas9-mediated deletion of，EcMIH，shortens metamorphosis time from mysis larva to post larva of，*Exopalaemon carinicauda* ［J］. Fish & Shellfish Immunology，2018，77：244-251.

［63］ Meuwissen T H，Hayes B J，Goddard M E. Prediction of total genetic value using genome-wide dense marker maps ［J］. Genetics，2001，157（4）：1819-1829.

［64］ Tsai H Y，Hamilton A，Tinch A E，et al. Genomic prediction of host resistance to sea lice in farmed Atlantic salmon populations ［J］. Genetics Selection Evolution，2016，48（1）：1-11.

［65］ Bangera R，Correa K，Lhorente J P，et al. Genomic predictions can accelerate selection for resistance against *Piscirickettsia salmonis* in Atlantic salmon（*Salmo salar*）［J］. Bmc Genomics，2017，18（1）：121.

［66］ Robledo D，Matika O，Hamilton A，et al. Genome-wide association and genomic selection for resistance to amoebic gill disease in Atlantic salmon ［J］. G3（Bethesda），2018，8（4）：1195-1203.

［67］ Vallejo R L，Leeds T D，Fragomeni B O，et al. Evaluation of genome-enabled selection for bacterial cold water disease resistance using progeny performance data in rainbow trout：insights on genotyping methods and genomic prediction models：［J］. Frontiers in Genetics，2016，7：96.

［68］ Palaiokostas C，Cariou S，Bestin A，et al. Genome-wide association and genomic prediction of resistance to viral nervous necrosis in European sea bass（*Dicentrarchus labrax*）using RAD sequencing ［J］. Genetics Selection Evolution，2018，50（1）：30.

［69］ 包振民，黄晓婷，邢强，等. 海湾扇贝"海益丰12"［J］. 中国水产，2017（06）：80-83.

［70］ Wang Y，Sun G，Zeng Q，et al. Predicting Growth Traits with Genomic Selection Methods in Zhikong Scallop（*Chlamys farreri*）［J］. Marine Biotechnology，2018（1）：1–11.

［71］ Dong L，Fang M，Wang Z. Prediction of genomic breeding values using new computing strategies for the implementation of MixP［J］. Scientific Reports，2017，7（1）：17200.

［72］ Dong L，Xiao S，Chen J，et al. Genomic selection using extreme phenotypes and pre–Selection of SNPs in large yellow croaker（*Larimichthys crocea*）［J］. Marine Biotechnology（NY），2016，18（5）：575–583.

［73］ Liu Y，Lu S，Liu F，et al. Genomic selection using BayesCpi and GBLUP for resistance against *Edwardsiella tarda* in Japanese flounder（*Paralichthys olivaceus*）［J］. Marine Biotechnology（NY），2018，20（5）：559–565.

［74］ 陈松林，李仰真. 牙鲆"鲆优2号". 2017水产新品种推广指南［M］. 北京：海洋出版社，2017.

［75］ 陈松林. 鱼类基因组学及基因组育种技术［B］. 北京：科学出版社，2017.

［76］ Hou J，Wang G，Zhang X，Sun Z，Liu H，Wang Y. Cold–shock induced androgenesis without egg irradiation and subsequent production of doubled haploids and a clonal line in Japanese flounder，*Paralichthys olivaceus*［J］. Aquaculture，（2016），464：642–646.

［77］ Meng Z，Liu X，Liu B，Hu P，Jia Y，Yang Z，Zhang H，Liu X，Lei J. Induction of mitotic gynogenesis in turbot *Scophthalmus maximus*［J］. Aquaculture，（2016），451：429–435.

［78］ Keivanloo S，Sudagar M. Cryopreservation of Persian sturgeon（*Acipenser persicus*）embryos by DMSO–based vitrificant solutions［J］. Theriogenology，2016，85（5）：1013–1018.

［79］ Tian YS，Zhang JJ，Li ZT，Tang J，Cheng ML，Wu YP，Ma WH，Pang ZF，Li WS，Zhai JM，Li B. Effect of vitrification solutions on survival rate of cryopreserved *Epinephelus moara* embryos［J］. Theriogenology，2018，113：183–191.

［80］ Xu W，Chen S. Genomics and genetic breeding in aquatic animals：progress and prospects［J］. Frontiers in Agricultural Science and Engineering，2017，4（3）：305–318.

［81］ 陈松林，徐文腾，刘洋. 鱼类基因组研究十年回顾与展望［J］. 水产学报，2019，43（1）：1–14.

［82］ Gonzalez–Pena D，Gao G T，Baranski M，et al. Genome–wide association study for identifying loci that affect fillet yield，carcass，and body weight traits in rainbow trout（*Oncorhynchus mykiss*）［J］. Frontiers in Genetics，2016，7：203.

［83］ Wang L，Liu P，Huang S Q，et al. Genome–wide association study identifies loci associated with resistance to viral nervous necrosis disease in Asian seabass［J］. Marine Biotechnology，2017，19（3）：255–265.

［84］ Geng X，Liu S，Yao J，et al. A genome–wide association study identifies multiple regions associated with head size in catfish［J］. G3：genes，genomes，genetics，2016，6（10）：3389–3398.

［85］ Geng X，Liu S，Yuan Z，et al. A genome–wide association study reveals that genes with functions for bone development are associated with body conformation in catfish［J］. Marine biotechnology，2017，19（6）：570–578.

［86］ Tan S，Zhou T，Wang W，et al. GWAS analysis using interspecific backcross progenies reveals superior blue catfish alleles responsible for strong resistance against enteric septicemia of catfish［J］. Molecular genetics and genomics，2018，293（5）：1107–1120.

［87］ Zheng X，Kuang Y，Lv W，et al. Genome–wide association study for muscle fat content and abdominal fat traits in common carp（*Cyprinus carpio*）［J］. PLoS One，2016，11（12）：e0169127.

撰稿人：陈松林　徐文腾　刘　洋

# 海水养殖学科发展研究

## 一、引言

本专题报告重点介绍了 2016—2018 年国内外海水养殖领域的最新研究进展和取得的成绩，从基础研究和应用技术研发两个方面分别论述，包括主要养殖模式、养殖品种和养殖技术等。近三年我国在海水养殖领域比较突出的成果包括：培育了 25 个海水养殖新品种；在池塘、工厂化、盐碱水、滩涂、浅海和网箱养殖以及养殖工艺和设施优化等方面也取得显著进展。本报告通过对国内外海水养殖学科发展对比分析，围绕海水养殖种业建设、新养殖模式开发、产出质量保障、科学技术产业化等方面分析我国海水养殖科研工作的薄弱环节，并提出围绕推动水产养殖绿色发展，从强化基础研究，提高种业原始创新能力和绿色生态养殖模式研发等方面提出了未来发展趋势与对策。

## 二、2016—2018 年国内海水养殖学科研究进展

近三年来，我国海水养殖领域取得了显著进展。在海水养殖生物的池塘养殖、工厂化养殖、盐碱水养殖、滩涂养殖、浅海养殖和网箱养殖等方面开展了广泛而深入的研究工作，取得一批核心技术、专利和成果，有力地推动了产业发展。现将主要工作成果介绍如下。

### （一）海水池塘养殖

#### 1. 基础研究

随着我国经济和社会快速发展以及人们对于食品安全、环境保护的日益重视，以虾蟹类为主要养殖对象的传统海水池塘养殖正朝着"高效、优质、生态、健康、安全"的方向转变，多营养层次生态健康养殖、工厂化循环水高效养殖等新生产模式逐渐引领着海水池塘养殖的绿色发展。与此同时，关于池塘养殖生态系统结构与功能的相关基础性研究也更

加深入，借助于高通量测序、宏基因组学、代谢组学和稳定同位素等现代检测分析技术，系统揭示了生态养殖系统的食物网关系和物质循环过程以及微生物、微藻等重要生物群落的结构和功能。多营养层次生态养殖池塘中混养贝、藻等能够有效提高整个养殖系统的营养物质利用效率，丰富底泥微生物群落，使得其组成结构更加有利于维持养殖环境的持续稳定。对养殖池塘生态系统水体、对虾肠道、底泥的微生物群落结构的比较分析结果揭示了三种环境微生物的相互关系，发现氨氧化古菌（AMOA）和细菌（AMOB）等池塘底泥微生物在不同养殖阶段具有阶段性变化特征，不同空间距离的对虾养殖池塘底泥微生物群落支配对虾肠道微生物，而肠道微生物群落结构、功能基因和代谢产物的改变又会导致白便综合征等疾病的产生，这为养殖动物的生物学特性、养殖管理和消化道疾病防控提供了科学参考。此外，有学者利用生态学研究中常用的 EwE（Ecopath with Ecosim）模型对典型池塘生态养殖系统的能量流动和物质循环进行评价，分析系统中不同生物类群的营养传输效率，为进一步优化养殖系统结构，提高养殖效率，减少污染排放，提供了科学依据。

### 2. 应用技术

应用技术研发围绕海水池塘养殖全过程深入展开，主要涉及养殖水环境调控、疾病发生与生物防控、营养与饲料开发、生态养殖新模式创建、尾水处理、养殖装备与工程等方面，其中，应用功能性的微藻、微生物调控养殖环境和防控养殖病害持续成为研究热点。筛选建立了以小球藻、牟氏角毛藻和青岛大扁藻等为核心的有益微藻调控技术，显著降低养殖水体中氨氮、亚硝酸盐等有害物质浓度，抑制弧菌增殖，提高对虾产量 1.6—1.8 倍。重点针对芽孢杆菌、乳酸菌、硝化细菌等有益微生物开展了大量的菌种分离鉴定、应用效果评价及复合制剂开发等研究工作，通过强化水体有益微生物群落的生态功能，实现了对有害藻、菌的有效抑制，防止养殖病害发生。同时也开发了以维生素和微量元素等为主要成分的养殖池塘环境改良理化调控剂产品，形成"活力 100""解毒王""利生康宝 V""强效应激灵"等产品，取得良好应用效果。此外，还调查了池塘养殖环境中常见病原微生物的耐药情况，探讨了抗生素耐药基因在养殖环境及养殖过程中的传播途径及潜在风险，为实施海水池塘健康养殖提供参考。

生物絮团养殖技术水平不断提高。生物絮团养殖技术主要利用异养微生物的生长和繁殖来转化利用养殖系统中的氮素营养，达到改善养殖水质，提高饲料蛋白利用率的效果，在我国南方、北方地区均有应用，近年来随着相关工程设施的配套和优化，该技术应用水平不断提升。我国学者针对配合饲料种类、添加碳源物质的营养水平和碳氮比、功能微生物等关键调控因素，通过比较分析养殖水质指标、絮团组成和养殖效果，系统研究并优化了生物絮团养殖技术参数，研发了生物絮团系统翻板式推水装置和螺旋桨式推水装置，建立了脱氮益生菌联合生物絮团技术养殖对虾的技术，并探索了生物絮团系统异养转自养过程，通过试验和应用，取得良好效果。

生态养殖模式引领产业绿色发展。根据不同养殖地区的环境生态条件，开展新模式与新技术的研究与示范，通过不断优化养殖品种和结构，构建了包含虾、蟹、鱼、贝、参、藻等不同营养层级生物的多种海水池塘生态养殖模式，以提高养殖效益，保护生态环境。例如，山东日照地区在传统虾蟹池塘中搭配菲律宾蛤仔和半滑舌鳎等的"虾-蟹-贝-鱼"模式实现产值近 2 万元/亩（1 亩≈666.67 平方米，下同）；浙江、福建等地将海水围塘虾蟹养殖区与贝类养殖区相对隔离，构建了虾蟹贝循环水养殖新模式，以保证贝类能获得充足饵料，全年总产出达 27950 元/亩；南方地区在稻田中养殖虾蟹，建立"虾稻共作"或"蟹稻"共作模式，促进了养殖废物的循环利用。此外，应用于滨海盐碱地区的脊尾白虾盐碱水生态养殖模式实现总产值 8000 元/亩，有效利用了盐碱水土资源。2016 年以来，"海水池塘多营养层次生态健康养殖技术""海水池塘立体养殖技术""海参池塘安全度夏及健康养殖技术""刺参的北参南养技术"等一系列生态养殖技术被遴选为农业主推技术，并通过生产示范与推广，取得了良好的经济、社会和生态效益。

### （二）工厂化循环水养殖

#### 1. 基础研究

（1）海水生物滤器环境精准调控。生物滤器生物膜净化系统是养殖水循环利用的核心和关键，探明了硝化细菌、芽孢杆菌、硫化细菌等是循环水养殖系统内固定床生物膜中主要的水质净化微生物；明确了温度、盐度、pH 值、溶解氧、氮磷营养盐、充气量以及水力停留时间等对生物膜形成、微生物群落结构和功能的影响，揭示了不同生物滤料、初始氨氮浓度、有机碳源及碳氮比等调控方式对生物膜培养的影响机理；获得了海水生物滤器中氨氮和亚硝氮浓度随时间的变化曲线，建立了生物滤器硝化反应动力学模型，为生物滤器的设计、管理与精准调控奠定了理论基础。

（2）营养元素的收支与转化。基于物质平衡原理，构建了鱼和对虾循环水养殖系统中碳、氮、磷 3 种元素的收支模型，探明了系统内重要营养元素的输入、利用、转化和输出的影响因素，揭示了海水循环水养殖系统中重要营养元素的收支机制。分析了海水人工湿地处理系统氮去除率与微生物群落结构、酶活性的关系，揭示了不同形态氮在复合垂直流人工湿地处理系统中的分布、迁移和转化规律，明确了人工湿地植物、微生物和基质在营养物质迁移转化过程中的功能和作用机制。

#### 2. 应用技术

（1）水处理关键技术与装备。研发了固液分离、杀菌消毒、高效增氧、重金属去除等水处理装置与设备，多项技术填补国内空白。发明的环流式养殖水固液分离装置、多功能回水装置、等固液分离装备，颗粒悬浮物（SS）<10 毫克/升，实现了循环水体中的固液快速有效分离；发明的中压紫外线处理装置具有设计结构简单、成本低、杀菌效果达 100%；提出的海水中重金属的电化学去除方法、重金属现场快速检测方法、无机砷的去除方法、超标铁锰的去除方法经济实用，出水水质符合渔业水质标准，突破了重金属污染

长期影响陆基工厂化养殖的技术瓶颈。

（2）养殖源水预处理工艺。针对我国近岸自然海水及地下水污染严重，水中部分重金属、氨氮、亚硝酸盐、硫化氢等有毒、有害物质超标的问题，根据不同地区水源特点和养殖生物对养殖用水的不同要求，从节能、功能和水处理技术等方面，优化了养殖用水中固体颗粒物、有机物、可溶性无机盐、重金属、致病微生物等预处理工艺，建立由土池沉淀、沙滤井（坝）、室内暗沉淀池、无阀过滤罐、蛋白分离、紫外消毒、控温等水处理设施设备组成的养殖水预处理系统，源水预处理结果达到：颗粒物 <5 毫克 / 升，COD<0.15 毫克 / 升，大肠菌群 <1000 个细胞 / 毫升，溶氧 >5 毫克 / 升，铁、锰、铜、硫化氢等指标均满足养殖要求。

（3）节能环保优化技术。集成了水源热泵、太阳能等新能源利用技术，完成了循环水养殖系统节能改造。利用双层塑料膜、聚氨酯喷涂、加装岩棉或玻璃丝绵保温层等多种材料、多种形式的大棚保温方法，结合水源热泵和养殖外排水热源回收装置，使养殖车间的控温成本降低了57%；完成了固液分离设备、蛋白分离设备、增氧设备、脱气设备的设施化改造，优化了工厂化循环水养殖工艺，降低了系统造价，使系统运行能耗降低21.3%，水循环频次提高27%；研发了多级、波浪流生物净化设施，优化了各级生物填料的选择和布设方法，提出了生物滤器高效脱气与高效排污的工程构建方法，提高了生物净化效率和系统运行稳定性；发明了一种生物膜负荷培养方法，有效解决了循环水养殖系统生物膜培养难、系统启动慢和运行不稳定等问题，为产业化推广铺平了道路。

（4）海水工厂化养殖技术标准体系。针对国内工厂化水产养殖标准化、规范化程度相对较低的问题，开展了工厂化循环水养殖设施设备、养殖车间与管理、养殖系统运行与管理等方面的标准化研究，建立工厂化循环水养殖标准化工艺，形成《养殖水处理设备微滤机》《水产品工厂化养殖装备安全卫生要求》《高效溶氧器》《微气泡增氧装置》《海水鱼循环水养殖操作技术规程》《工厂化循环水养殖车间设计规范》《渔用臭氧杀菌装置安全技术要求》《海水循环水养殖系统构建规范》等相关标准、规范，促进海水循环水高效养殖技术在国内快速推广。

（5）养殖尾水资源化、无害化利用技术。创建了海水人工湿地水处理系统、序批式间歇反应器、贝藻综合生物滤器、"微藻 + 大型藻类"处理系统、蟹贝混合处理系统、鱼藻混合处理系统、"沉淀池 – 牡蛎 – 人工湿地"复合系统等多种海水养殖尾水的资源化综合利用技术，有效降低了水体中的氮、磷、有机物等营养物质。其中，构建的日处理能力2000立方米的工厂化海水养殖人工湿地生态净化系统一直运行良好，养殖外排水经处理后其氨氮、磷酸盐去除率分别在88%和90%以上；建立的50立方米序批式间歇反应器，日处理养殖废水400立方米，鱼类养殖排放水水质指标达到：COD<5 毫克 / 升，SS<10 毫克 / 升，非离子氨 <0.02 毫克 / 升，总大肠菌群 <5000 个 / 升，符合渔业水质标准。创建的"一级筛滤 + 四级藻贝参生物净化"养殖排放水综合利用系统，利用藻贝参池净化鲆鲽类养殖排放水的同时，每年实现综合利用池养殖海参单产800斤 / 亩，取得良好经济效益。

（三）盐碱水养殖

1. 基础研究

我国有 14.87 亿亩盐碱地和 6.9 亿亩盐碱水资源，遍及我国 19 个省（直辖市、自治区），现有利用率不足 2%，大多处于荒置状态。盐碱胁迫是制约养殖动物生长发育的主要非生物胁迫之一，研究水生动物的耐盐碱机理，对开发和有效利用盐碱地有重要的现实意义，水生生物的盐碱耐受性是环境和遗传因素共同作用的结果，涉及生理生化等多个方面。通过对盐碱水域土著鱼类青海湖裸鲤、模式动物青鳉和经济动物凡纳滨对虾的盐碱适应机制研究，发现了水生动物适应高盐碱环境的四条途径：氮废物排泄、酸碱调控、渗透调节以及繁殖策略。以青海湖裸鲤为例，当青海湖盐碱度升高时，青海湖裸鲤体内渗透压升高 43%，pH 升高到 8.02 来应对渗透失衡和呼吸性碱中毒的双重胁迫，并通过降低碳酸酐酶这一特殊功能基因的表达来补偿盐碱环境下的呼吸性碱中毒并参与渗透调节；在高碱环境下青海湖裸鲤通过重建氨分压梯度排泄氨氮，即通过启动 Rh、Ut、VHA、NKA 基因高表达来主动运输体内积累的氨氮，同时增加尿素排泄来进行氮废物排泄，此项研究成果为"青海湖裸鲤资源保护和增殖放流"提供了技术支撑，获得 2017 年度青海省科学技术进步奖一等奖。中国水产科学研究院黑龙江水产研究所等单位引进和收集了来自国内外天然盐碱湖泊的大鳞鲃、雅罗鱼、鲫鱼、鲈鱼等耐盐碱鱼种在我国东北盐碱池塘开展养殖推广，挖掘了一批与雅罗鱼、鲫鱼盐碱适应相关的候选基因。

2. 应用技术

其主要围绕着盐碱水质改良调控和盐碱池塘健康养殖，并进行了渔农综合利用试验：在盐碱水质改良调控技术方面，主要针对盐碱水质的高碱性特点，不仅发现了高碱性的复合成因，先后研发了测水定向施肥控藻法、生石灰降碱法、物理增氧稳碱法、增菌压藻降碱法以及盐碱池塘底部改良、稻田浸泡盐碱水调控、地下盐碱水改良等多项盐碱水质改良调控技术，使盐碱池塘养殖水质 pH 稳定在 9.0 以下。

在盐碱池塘健康养殖方面，为解决养殖苗种入塘成活率低的技术瓶颈，创建了盐碱水体苗种驯养技术，通过盐度驯化、离子驯化、水质驯化三步法，使苗种入塘成活率提高至 70% 以上。以凡纳滨对虾为对象，优化了罗非鱼、鲤鱼、异育银鲫、草鱼等生态混养种类和多生态位养殖技术，因地制宜地创建了盐碱地池塘单养、大棚集约化养殖、大水面生态养殖等绿色养殖模式；以异育银鲫为对象，通过毒理学及生理学方法，确定了溶解氧、pH、温度等关键水质参数阈值范围，构建盐碱水质生长曲线，初步建成专家管理系统以及手机软件（APP），为盐碱池塘智能化和标准化发展提供支撑。相关技术在河北、江苏、宁夏、甘肃等地形成核心示范区 15.55 万亩；累计技术推广 64.76 万亩，总产值 75.51 亿元，总收益 16.96 亿元，带动贫困户 1049 户，每户平均增收 2400 元。

在渔农综合利用方面，先后在江苏东台、河北唐山、宁夏石嘴山、甘肃景泰、黑龙江肇东等地进行了探索。根据盐碱地土壤性质和盐碱水质类型，因地制宜地构建了池塘－稻田、池塘－抬田、池塘－旱田等综合利用生态系统，利用稻田浸泡水、盐碱渗透水和洗盐排碱水开展水产养殖，将水产养殖与农业种植、盐碱地治理有机结合，在唐山池塘－稻田试验点，仅一年土壤盐度由13.7克／千克下降到4.8克／千克，并进行了水稻种植，平均每亩收获水稻500千克；在宁夏池塘－旱田试验点，旱田土壤盐度从37.7克／千克下降到6.1克／千克，原先无法种植的盐碱土壤可以栽种枸杞，成活率达41%；在甘肃池塘－抬田试验点，通过"挖塘降水、抬土造田、渔农并重、治理盐碱"，次生盐碱土壤盐度下降至2.43，退耕土地重新种植了枸杞、啤酒大麦、西红柿、芹菜、花葵、苜蓿、红枣、甜高粱等耐盐碱作物。通过渔农综合利用，有效降低了周边土壤的盐碱程度，改善了脆弱的生态环境，使2.5万亩土壤复耕或用于农业种植。

### （四）滩涂养殖

#### 1. 基础研究

我国滩涂面积广阔，滩涂总面积超240万公顷。根据中国渔业统计年鉴（2017），2017年我国海水养殖总面积208万公顷，海水养殖总产量2000万吨，其中滩涂养殖总面积66万公顷，滩涂养殖总产量620万吨，但目前滩涂养殖的总利用面积率仅为27.5%。

我国滩涂养殖面积主要分布在河北、辽宁、江苏、浙江、福建、山东、广东、广西和海南。其中山东、江苏和辽宁滩涂养殖面积较大，滩涂养殖面积为45.8万公顷，约占总养殖面积的69.6%。滩涂养殖种类主要包括蛤、蚶、蛏、牡蛎等滩涂贝类和紫菜等大型藻类，2017年滩涂贝类（蛤、蚶、蛏）养殖产量为539.3万吨，占贝类养殖总产量的37.5%，其中山东、辽宁和福建产量较高，分别占滩涂贝类总产量的29.7%，25.5%和12.9%（见图1）。紫菜是滩涂养殖的主要大型藻类，2017年紫菜产量为4.19万吨，福建、浙江和江苏是紫菜养殖产量较高的省份。

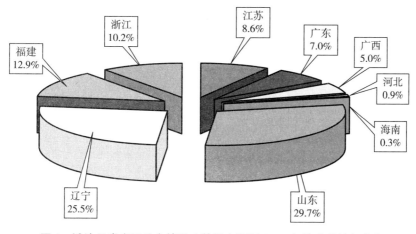

图1　滩涂贝类产量分布情况（数据来源于2018年渔业统计年鉴）

在过去二三十年间，养殖容量与生态容量问题已成为水产养殖业可持续发展中迫切需要解决的问题。方建光等（1996）以现场叶绿素 a 为指标检测了山东桑沟湾栉孔扇贝及其他野生滤食性附着动物的滤水率，并建立了栉孔扇贝的养殖容量估算模型。张继红等（2016）对国内外海水网箱、贝类、藻类等养殖容量研究进展、存在的问题进行了总结，并指出未来开展养殖容量研究应建立养殖水域的容量评估制度、设立近海养殖结构与养殖容量评估的长期监测实验站、设立养殖容量研究和布局与结构调整专项，以建立生态系统水平的养殖管理策略。李磊等（2014）对江苏如东滩涂贝类养殖区叶绿素 a 含量、初级生产力、浮游植物有机碳含量等一系列模型参数进行了 4 个季度的调查检测，并采用 Parsons T R 和 Takahashii M 营养动态模型、Tait 沿岸海域能流分析模型和前述方建光模型估算滩涂养殖文蛤（*Meretrix meretrix L*）的养殖容量，填补了我国针对开放性滩涂海域贝类养殖容量研究的空白。杨淑芳等（2016）利用同样方法对莆田后海垦区菲律宾蛤仔养殖池的养殖容量进行了估算，并为蛤仔增养殖提供了指导。

近年来，国内外滩涂贝类的基础研究主要集中于生长发育调控、免疫机制和环境响应等方面，这为高产良种选育及生长调控的分子机制的研究奠定了基础。2016—2018 年通过全国水产原种和良种审定委员会审定的滩涂养殖新品种有 6 个，包括"华南 1 号"牡蛎、"万里 2 号"文蛤、"申浙 1 号"缢蛏、"海大 2 号"长牡蛎、"金蛎 1 号"葡萄牙牡蛎和"白斑马蛤"菲律宾蛤仔。

（1）滩涂贝类的生长发育调控。在蛤类的研究中，文蛤（*M. meretrix L*）作为滩涂贝类主要经济种，研究与关注相对较多。据报道文蛤 *SRBI*、*Smad*1/5（*Mm-Smad*1/5）和 *MmCPOX* 等基因在贝类壳色形成和生长发育调控等过程中发挥了重要作用（崔宝月等，2018；池秋蝶等，2018；詹艳玲等，2017），可作为分子标记育种研究和高产良种选育的重要基础。此外，段强等（2018）研究了菲律宾蛤仔（*Ruditapes philipinarum*）基因型和环境的互作效应，采用双列杂交方法以壳长生长为指标分析基因型与环境互作遗传效应，得出了不同基因型的壳长增长率对环境的响应方法，为蛤类遗传育种工作提供了参考依据。

牡蛎作为河口和潮间带区域典型双壳贝类，具有重要的生态地位和经济价值。许飞等（2016）对牡蛎进行了全基因组测序、基因组结构分析、基因注释、重要功能基因发掘和 SNP 标记等，并发现性别决定基因 *Sox9*、*SRY* 等基因在牡蛎雄性性腺中特异表达，可能是决定牡蛎雄性转变的重要调控基因，为生物多样性和进化生物学研究提供了重要数据。为牡蛎高度适应潮间带环境的分子机制研究提供了重要基础。孙兆跃等（2019）对近江牡蛎（*Crassostrea ariakensis*）的人工繁育进行了研究，采用室内培育模拟野外近江牡蛎的生命过程，系统描述了近江牡蛎的亲本育肥、加温催产、产卵、幼虫培育、附着及稚贝生长等过程。周祖阳等（2108）通过 RACE 技术获得了长牡蛎（*Crassostrea gigas*）*Fem-1b* 和 *Fem-1c* 基因 cDNA 全长序列，并利用 RT-PCR 技术对性腺等组织样品进行了表达分析，研究显示，*Fem-1b* 和 *Fem-1c* 可能参与了性别决定和性别分化的过程。杨梅等（2015）利用 RACE 技术克隆了长牡蛎 *Wnt4* 基因 cDNA 全长序列，并发现长牡蛎的 *Wnt4* 基因在多种组织中（外套膜、鳃、唇瓣、消化腺、雄性性腺、雌性性腺）均有表达，推测长牡蛎的 *Wnt4* 以信号分子的形式参与多种组织细胞的生命过程，可能在早期发育阶段参与了某些器官的形成。

在蚶类的研究中，任付真等（2017）克隆获得泥蚶（*Tegillarca granosa*）IGF1R 基因（Tg-IGF1R），并发现其在泥蚶成体不同组织及幼体不同发育时期具有广泛的组织表达性，推测其以信号分子的形式参与多种组织细胞的生命过程，并且可能在早期发育阶段参与器官的形成。

在蛏类的研究中，赵家熙等（2018）克隆了缢蛏（*Sinonovacula constricta*）GRB2（Sc-GRB2）基因，并初步解析了该基因在缢蛏生长发育过程中的作用，为筛选生长相关候选基因和研究生长调控的分子机制奠定了基础。

（2）滩涂贝类的免疫机制。在蛤类中，沟纹蛤仔（*Ruditapes decussatus*）是欧洲养殖的主要原生双壳类动物之一。葡萄牙阿尔加维大学（Batista et al., 2019）通过转录组学方法研究了沟纹蛤仔的免疫学谱，揭示了 146 个与免疫相关的基因，共鉴定出 5359 个推定的单核苷酸多态性（SNP）。其中，基于蛋白质结构域组织鉴定的 10 种 Toll 样受体（TLR），只有 3 个与其他双壳类物种中已知免疫功能的 TLR 具有直系同源性。

刘映等（2017）通过基因克隆、序列比对分析、原位杂交、重组蛋白细胞体外处理等方法，对一种在胚胎发育时期显著高表达的香港牡蛎新型 LRR 受体进行了功能探究，发现并命名了香港牡蛎含 LRRs 和 IG-like 结构域受体（ChLIGR），其在囊胚期显著高表达，而且表达信号富集于胚胎局部，证明了 ChLIGR 参与胚胎原肠胚化相关上皮间质细胞转换过程的猜想。另外，在抗逆性研究方面，王富轩等（2018）发现盐度胁迫下香港牡蛎 *Ch Commd1* 基因的 mRNA 表达量在鳃和血淋巴中均明显增加，表明 *Commd1* 基因在发育和渗透压调节中可能发挥作用，为深入研究该基因在广盐适应性软体动物中的功能提供了依据。梁建光等（2014）以太平洋牡蛎为材料，研究了重金属汞对其早期发育阶段与免疫防御等功能相关酶活力的影响，试验结果显示重金属对酸性磷酸酶、碱性磷酸酶及过氧化物酶活力的影响可能是导致双壳贝类胚胎和幼虫毒性的原因之一。

在蚶类的研究中，沈淑芳等（2018）通过 cDNA 末端快速扩增技术克隆得到魁蚶（*Scapharca broughtonii*）C 型凝集素基因。该基因在肝胰腺、血淋巴、鳃、外套膜、闭壳肌、斧足中均有表达，菌刺激表明，魁蚶 *Sb-Lec1* 基因在机体免疫防御方面发挥重要功能。张顺琴等（2018）利用 $Cu^{2+}$ 处理泥蚶血红蛋白（Tg-Hb II），分别检测了 $Cu^{2+}$ 对 Tg-Hb II 的过氧化物酶活性及其结构的影响以及脯氨酸（Pro）对 $Cu^{2+}$ 作用下 Tg-Hb II 的保护作用。随着 $Cu^{2+}$ 浓度的增加，Tg-Hb II 的过氧化物酶活性逐渐丧失，Pro 对 Tg-Hb II 的空间结构及其过氧化物酶活性具有保护作用，能阻止 Tg-Hb II 的聚沉、恢复 Tg-Hb II 的结

构与过氧化物酶活性。

在蛏类研究方面，上海海洋大学（Niu et al.，2018）测量了多个物理和化学条件对缢蛏（*Sinonovacula constricta*）补体溶血的影响，研究发现脂多糖（LPS）、鞭毛蛋白、酵母多糖和肽聚糖（PGN）可以激活缢蛏血浆的补体样活性，引起溶血；苯基甲磺酰氟（PMSF）和甲胺抑制补体活性，导致溶血消失。当反应温度低于50℃时，随着温度的升高溶血活性会增加。另外，低速振荡孵育可以改善溶血率。该结果有助于进一步研究双壳类补体的免疫功能。

（3）滩涂贝类的环境响应。滩涂贝类养殖面临的挑战众多，例如沿海工业发展带来的滩涂面积减少、陆源污染物，以及海水富营养化引起的有害藻类繁殖（HAB）等环境威胁。滩涂贝类对环境胁迫的响应方面引起越来越多的关注与研究，如李阳等（2018）研究了持续暴露96小时不同浓度$Cu^{2+}$胁迫对魁蚶生理代谢、组织结构及酶活力的影响，研究显示持续暴露96小时$Cu^{2+}$浓度≥0.05毫克/升显著影响魁蚶生理代谢及组织结构，0.10毫克/升$Cu^{2+}$浓度显著影响魁蚶组织中ACP、ALP、GPX和GST的活力，为认知魁蚶等滩涂贝类对$Cu^{2+}$胁迫的响应机制提供基础数据，为预防滩涂潜在重金属污染风险及生物修复提供参考。大连海洋大学杨国军等（Yang et al.，2017）研究了悬浮固体对缢蛏鳃和内脏团超氧化物歧化酶（SOD）、过氧化氢酶（CAT）、三磷酸腺苷和氢-钾ATP酶（$H^+ K^+$-ATPase）活性的影响，长期暴露于导致抗氧化酶失活，干扰缢蛏渗透调节、胃酸分泌和消化，影响食物的摄入和转化并最终导致个体死亡。葡萄牙海洋与大气研究所（Joaquim et al.，2016）研究了欧洲两种重要经济贝类坚固马珂蛤（*Spisula solida*）和鸡帘蛤（*Chamelea gallina*）人工育苗的可行性，其中鸡帘蛤幼虫在15摄氏度和17摄氏度时存活率较高，饲喂等鞭金藻可提高幼虫存活率和生长率，而马珂蛤幼虫变态后存活率较低。因此在水产养殖方面鸡帘蛤更有经济价值。据美国石溪大学海洋与大气科学学院（Griffith et al.，2019）的研究，多环旋藻（*Cochlodinium polykrikoides*）的大量繁殖对养殖双壳贝类如硬壳蛤（*Mercenaria mercenaria*）、海湾扇贝（*Argopecten irradians*）具有显著的年龄和物种特异性威胁。

### 2. 应用技术

（1）养殖方式的改进。滩涂贝类养殖主要分为围塘养殖和围网养殖。其中围塘养殖的生产方式与池塘养殖基本相同，主要开展甲壳类、贝类和海参等养殖。围网养殖分为直接围栏养殖和低坝高围式滩涂网栏养殖两种形式，开展鱼类、贝类、甲壳类、藻类和其他类（如海参、海蜇等）水产品种类的养殖。

直接围栏养殖是在滩涂中利用网片围成一个养殖水体，并利用绳、锚、柱、桩或竹竿等进行网片固定的养殖方式，该类型的特点是：设施简易；投资成本低；抗台风能力差等。低坝高围式滩涂网栏养殖的特征在于"低坝"和"高网"。其中，低坝表示利用堤坝维持一定的池塘水位高度，在潮位不高时可以保证正常养殖的水量；高网可以在海水潮位较高时候进行泄洪，不影响正常养殖。滩涂网栏养殖的优点有：①滩涂网栏简便易行；

②养殖生物活动空间较大，成鱼品质较好；③部分利用自然饵料，节约养殖成本等。

近五年来，国内外滩涂贝类研究工作均取得了巨大进展。在滩涂养殖方面，生态友好型养殖模式成为研究的热点。由于我国滩涂养殖规模的日益扩大与强度的不断增加，特别是文蛤等贝类养殖业的迅猛发展，养殖活动所产生的有机物（如残饵和养殖品种的排泄物等）导致海域有机污染越来越严重（江航等，2014）。生态友好型养殖模式如虾贝生态养殖模式如今已广泛应用于我国江浙闽沿海水产养殖，它利用了各养殖品种生态习性的互补原理，放养品种中以滩涂贝类（缢蛏、青蛤、泥蚶）为主，各品种互利共生。不仅能充分利用池塘的滩涂与水体，而且通过贝类滤食水体中过多的浮游生物和虾类的残饵及排泄物，有效改善了养殖水质和池塘生态环境，从而确保海水池塘养殖的低风险、多产出、高效益。例如象山县形成的较为成熟的"梭子蟹—缢蛏—脊尾白虾"生态健康养殖模式，单位利润稳定在 6 万元 / 公顷以上（刘长军等，2018）；盘锦市二界沟开展的菲律宾蛤仔、海蜇、斑节对虾生态综合养殖，起捕规格及品质均良好，提高了养殖的经济效益（张美玲，2018）。张书臣等（2017）于盘山县三道沟进行了海蜇与菲律宾蛤仔、对虾和鱼耦合养殖研究，5 月中旬放养的个体质量 10—15 克的幼蜇经 45—50 天的饲养，个体质量可达 5—7 千克 / 头。体质量（湿重，$y$）与伞径（$x$）呈指数增长，方程为 $y=0.185 \times 2.7814$（$R_2=0.8901$）；郑春波等（2017）进行的红鳍东方鲀与三疣梭子蟹、中国对虾、菲律宾蛤仔池塘生态养殖试验，两年平均利润可达 12.97 万元 / 公顷。

据陈琦（2018）对我国海水养殖产量的波动特征及影响因素分析，海水养殖面积和专业劳动力投入是影响产量波动的主要因素，长期而言海水养殖产量对养殖面积变动的敏感度相对更大。沿海工业快速发展带来的对于传统养殖空间的挤压促使了科研人员探究开辟新的养殖空间。如唐山地区有大面积的盐田晾水池，几年来唐山市水产技术推广站（蒋丹，2018）探索出南美白对虾单养和南美白对虾 – 杂色蛤混养的生态养殖模式，并在唐山沿海开展了示范推广，2014—2017 年累计推广面积 99 万亩，养殖效果和经济效益显著。盐田晾水池生态养殖综合利用技术优化了养殖结构，且盐田养殖不需清塘、投喂鱼药使用，符合无公害养殖要求。此外，滤食性贝类参与水体氮循环的相关研究为养殖废水的处理带来了新思路。美国弗吉尼亚海洋科学研究所（Murphy et al., 2018）调查了意大利菲律宾蛤仔和美国东海岸硬壳蛤（Mercenaria mercenaria）两种蛤类养殖相关的氮循环。研究指出蛤类水产养殖可促进氮循环，且蛤的物种差异直接影响水体溶解氧和铵；菲律宾蛤仔消耗的氧气比硬壳蛤多 6 倍，排出的 $NH_4^+$ 比硬壳蛤多 5 倍；蛤对反硝化或异化硝酸盐还原为铵（DNRA）没有直接影响。这一研究为蛤类养殖对底质氮循环的影响提供了理论基础。

周婷婷等（2017）研究了不同密度光滑河蓝蛤（Potamocorbula laevis）对大棚对虾养殖尾水的净化效果，结果表明光滑河蓝蛤 4 个（0.5 只 / 升、1.0 只 / 升、2.0 只 / 升、3.0只 / 升）养殖密度对氨氮（$NH_4^+$–N）、总磷（TP）、硝酸盐均有显著的去除效果（$P<0.05$），

其中，1.0 只 / 升处理净化效果最佳，对废水中硝酸盐的去除效率为 62% ± 15.06%，$NH_4^+$–N 的去除效率为 48% ± 9.41%，TP 去除率为 99% ± 17.78%，总氮（TN）的去除率为 60% ± 3.74%。空白对照组的净化效果最低，对废水中 $NH_4^+$–N、TP、TN 硝酸盐的去除率分别为 15% ± 3.36%、16% ± 0.58%、38% ± 6.86%、33% ± 1.58%。文章指出，光滑河蓝蛤的最佳养殖密度为 1.0 只 / 升。

李媛媛等（2018）研究了池塘生物复合利用模式对养殖排放水的净化作用，通过栽培大型藻类（鼠尾藻、海黍子、脆江蓠）、底播菲律宾蛤仔和刺参、混养中国对虾等建立新型生态化养殖模式。试验结果表明：养殖排放水通过复合利用模式系统净化后氨氮降低 29.62%、底质硫化物降低 36.11%。菲律宾蛤仔、中国对虾、鼠尾藻、刺参等生长健康，生物学特征正常、无病害发生。净化养殖池塘对养殖排放水水质净化效果显著，经净化处理后的养殖排放水水质达到国家二级排放水水质要求。

（2）滩涂贝类采收。贝类是滩涂养殖的主要品种，目前贝类的采收主要靠人工，效率低、成本高。中国水产科学研究院渔业机械仪器研究所发明了滩涂养殖文蛤的机械化采收工艺与装置（徐文其等，2017）和智能滩涂文蛤采捕小车（倪锦等，2017）。前者利用超声波振动，刺激文蛤钻出沙土，进行收集。后者采用电脉冲刺激诱捕文蛤，并通过图像识别，自动调节采收滚筒和输送装置的运行速度。福建农林大学陆续发明了多功能浅海滩涂采贝车（张问采等，2018a）、滩涂多功能采蛏车（张问采等，2018b）和滩涂翻耕车（张问采等，2018c）。利用水流冲洗滩涂，并用采集铲对贝类进行收集。

江苏省海洋水产研究所在滩涂上采用地膜等简易材料，构建了兼具滩涂贝苗培育和养殖水处理的系统（吉红九等，2017），能够高效地培育贝类幼苗。针对滩涂互花米草的入侵，大连海洋大学和上海园林（集团）有限公司分别发明了滩涂互花米草收割机（张国琛等，2018）和履带式刈割机（陈伟良等，2017）。以上滩涂养殖设备提升了我国滩涂养殖机械化和自动化水平。

（3）滩涂大型藻类养殖。滩涂大型藻类养殖的主要品种为紫菜。目前世界上人工栽培的紫菜仅有 3 种，分别为条斑紫菜（*Porphyra yezoensis*），甘紫菜（*P. tenera*）及坛紫菜（*P. haitanensis*），且 99.99% 产于中国、日本和韩国（FAO，2017）。在开放水域的栽培方式主要包括固定撑杆式（fixed pole）、半浮筏式（semifloating raft）及全浮筏式（floating raft）。海藻养殖技术在过去 70 年间已经在亚洲得到迅速发展，最近在欧美也取得了一些进展。目前，养殖技术改进的重点在于坚固性和低成本设施的研发，干露可控的栽培系统开发，发展新材料、新工艺，运用自动化装置，实现实时监控（Kim et al.，2017）。

近年来，我国正在积极探索改进紫菜栽培模式及栽培密度。如于 2017 年通过现场验收的"紫菜栽培模式研究与新种质创制"工作中，采用了翻板式—酸处理—全浮流综合栽培方式，将条斑紫菜栽培生产空间从潮间带推向深水区（李倚慰，2017）；在藻类栽培过程中，海藻密度会随栽培时间的推移而变大，导致无机碳的供应不足。因此建议宜采用相对较小的坛紫菜栽培密度，以获得持续快速的生物量累积（Jiang et al.，2017）。受全球气候变暖的影响，条斑紫菜栽培北移现象明显，均采用插竿模式养殖，且大多以竹竿作为支撑，同时也有部分养殖企业进行小规模翻板式栽培模式的试验。江苏连云港地区条斑紫菜栽培面积增加明显，多数采用玻璃钢撑杆。盐城大丰地区延续传统的半浮式栽培模式，但2017年，当地养殖企业有意识地降低了栽培密度，同时，在对网帘杂藻的处理上除使用传统的冷藏网技术外，也有人引入了酸处理的方法。

条斑紫菜在山东沿海的栽培面积可能出现大规模的增加，养殖区域继续向深水区推进，同时，由于深水区筏架设置密度的增加，导致潮间带水循环受到限制，营养供给不足，半浮式栽培模式将会受到更为严重的影响。坛紫菜由于受"塑料紫菜"以及2017年减产的影响，栽培面积可能出现萎缩。

（4）滩涂其他种类的养殖。近年来，滩涂养殖星虫的技术逐渐成熟，效益良好。莫新（2017）总结了可口革囊星虫（*Phascolosoma esculenta*）的高密度养殖技术，福建泉州市水产技术站开展了高潮区滩涂进行青蛤与可口革囊星虫的混合养殖（张克烽，2019），放养规格为400粒/千克的青蛤苗种80万粒与规格为1667条/千克的可口革囊星虫苗种408万条，经过11个月左右的养殖，共收获青蛤和可口革囊星虫总产量15.66吨。平均产值为2.05万元/亩，平均利润1.13万元/亩，投入与产出比为1:2.2，经济效益显著。另外，阮瑞龙（2014）、蒋兴艺等（2013）对大弹涂鱼养殖技术在苗种培育、饵料来源和采收技术等方面进行了总结，大弹涂鱼因鱼病少、肉质鲜美深受广大消费者青睐，具有良好的养殖前景。

## （五）浅海养殖

### 1. 基础研究

浅海是海水养殖的主战场，在快速发展的同时，也面临着养殖空间被挤压、超容量养殖、养殖环境恶化、养殖方式粗放、生产效率低下等诸多问题和挑战。养殖容量评估是科学规划海水养殖规模、合理调整养殖结构、推进现代化发展的重要依据。近些年来，养殖容量的估算方法随着研究内容的充实和数值模型的广泛应用得到不断的改进和提升，估算方法从经验法、瞬时生长率、能量收支法发展到一维、二维的数值模型，进而到耦合水动力过程的生态系统动力学模型方法。在算法上逐渐将养殖物种和养殖区的物理、生物和化学环境耦合起来，不仅考虑养殖生物受到的物理环境影响，而且越加重视养殖生物的反馈机制以及不同养殖生物之间的关系（刘慧等，2018）。浅海生态养殖模式内在机制不断完善，多营养层次综合养殖系统生源要素的关键生物地球化学过程及其资源环境效应研究不断深入，不同种类间的互利关系逐渐明了。此外，浅海养殖机械化、智能化呈现良好发展势头。传统浅海养殖的作业任务主要依靠人工完成，劳动强度大，危险性高，浅海养殖面临严峻的劳动力短缺危机。筏式养殖机械化采收装备初步应用，推动了传统养殖方式变革（常宗瑜等，2018）。随着技术进步和制造成本的降低，水下机器人—机械手系统

（underwater vehicle–manipulator system，UVMS）正在研发弱光照、强耦合、非结构化海洋环境下 UVMS 的精准捕捞作业目标识别、时变多体捡拾作业条件下水下机器人—机械手系统动力学模型、多扰动条件下目标动物位置识别与定位模型、多约束条件下浅海养殖精准捡拾作业的优化控制等（李道亮和包建华，2018）。养殖区生物和环境实时监测系统与技术不断成熟，养殖区管理水平大大提高，养殖风险显著降低，初步形成了浅海海底观测网络，推动离岸型智能化浅海养殖围网、深远海养殖智能化网箱蓬勃发展。林可等（2017）论述了离岸型智能化浅海围网的结构、养殖模式和智能化都具有一定的先进性，推广这种养殖围网能够降低养殖所带来的海洋污染，推动渔业向智能化方向发展。在未来的海水养殖业发展中，浅海养殖围网将会起到重要的作用。

### 2. 应用技术

我国的浅海养殖因受养殖器材和技术的限制，港湾内仍然是浅海养殖的重要区域，随着抗风浪养殖器材的应用和养殖技术的提升，海上养殖逐渐拓展至湾外，并逐步向深水区发展，养殖技术不断提高，生态养殖理念深入人心，多营养层次综合养殖成为实现浅海养殖绿色发展的重要途径。①内湾养殖规模居高不下，养殖问题不断出现，通过养殖容量评估技术，对浅海养殖海域进行合理规划，国家和地方于 2018 年出台了海域功能区划，对养殖海域功能进行了定位，一定程度上控制了浅海养殖的无序发展。②浅海绿色生态养殖新模式不断涌现，推广规模扩大。出现了浅海筏式贝藻标准化生态养殖模式，并得到大面积推广；鳗草 – 菲律宾蛤仔 – 脉红螺增养殖模式取得成功，实现了鳗草床的保护性开发。③养殖海域不断向外扩展，养殖方式呈现多样化。如黄海北部的虾夷扇贝底播养殖，山东沿海、海州湾等的浮筏养殖，已经拓展至 50 米水深；"振鲍 1 号"鲍机械化养殖平台在福建海域下水投产，让鲍养殖的范围从离岸 200 米的近岸区域开始向 3 千米外的外海区域发展，有效拓展了养殖空间；在南方海区，工厂化育苗 + 海区网箱养殖接力养殖模式在卵形鲳鲹、石斑鱼等取得了较好养殖效果。④为降低劳动力成本，浅海养殖机械化智能化装备初步应用，养殖企业自主研发了针对海带、牡蛎、贻贝等重要浅海养殖种类的机械化装备。⑤山东率先在全国开展了海底观测网络建设，提高了浅海养殖环境预警能力。基于养殖生物状态监测、养殖环境实时监测的物联网平台正在推广应用。在绿色发展理念引领下，浅海养殖整体向结构合理、生产高效、品质提高的绿色、高效的方向发展。

### （六）"工厂化育苗 + 网箱养殖"接力养殖模式

#### 1. 基础研究

近年来，随着海水工厂化养殖规模的不断扩大和养殖种类的不断增加，我国海水工厂化养殖的基础性研究不断深入，应用技术研究不断加强，其中卵形鲳鲹是我国南方网箱养殖的主要品种，也是发展深远海养殖的优选品种，年产量已超过 10 万吨。工厂化苗种培育技术因占地面积少、环境可控、对环境无压力或很小、可实现常年生产等特点，已为海水鱼类的养殖提供了一种全新的养殖模式。在卵形鲳鲹"工厂化育苗＋网箱养殖"接力养殖方面，研究确定了不同苗种培育时期饵料种类和投喂密度、培育温度和盐度，制定了工厂化苗种投喂策略，优化了工厂化苗种培育流程，构建了卵形鲳鲹工厂化苗种培育技术体系，实现了卵形鲳鲹单位水体高密度养殖。结合卵形鲳鲹网箱养殖技术，确定了卵形鲳鲹最适养殖盐度、养殖密度和颗粒饲料投喂频率；研究了发酵豆粕替代鱼粉以及不同脂肪源对卵形鲳鲹生长的影响，为优化饲料配方提供理论依据；综合相关技术并通过优化养殖日常管理，构建了与卵形鲳鲹新种质配套的深水抗风浪网箱高效健康养殖技术。

**2. 应用技术**

近年来，我国针对深水网箱养殖开发了自动投饵、水下洗网装置、自动监控系统，大大提高了深水网箱养殖机械化、自动化水平。在卵形鲳鲹养殖技术方面，通过在广东、广西以及海南等地建立示范基地和开展技术培训等进行推广养殖，取得了显著的经济、社会和生态效益。2012—2019 年，累计推广养殖卵形鲳鲹优质苗种 8763 万尾，推广池塘养殖面积达 5354 亩，网箱养殖面积达 158.48 万立方米水体，新增产值 8.42 亿元，新增纯收入 2.39 亿元。推广示范结果表明，构建的卵形鲳鲹"工厂化育苗＋网箱养殖"接力养殖模式，显著提高卵形鲳鲹养殖产量和成功率，提高养殖经济效益，带动农户增产增效，大大提高农户养殖卵形鲳鲹优质苗种的积极性。除了在养殖苗种质量得到有效保障外，在养殖病害防控技术、营养需求等方面的研究进一步深入。确定了卵形鲳鲹网箱养殖的细菌性病原、寄生虫以及病害，并有针对性地开发了中药制剂、免疫增强剂等，为卵形鲳鲹健康养殖提供了保障；开展了不同脂肪源、不同蛋白源、必需氨基酸、微量元素等营养需求研究，为卵形鲳鲹养殖饲料配方设计提供了技术基础。综合相关技术，该模式符合全国大部分地区环境特点，解决了陆地面积有限、近海环境压力大、深远海区利用有限等生产问题。

# 三、本学科国内外发展状况比较

## （一）养殖模式

近些年来，国内外在海水养殖的信息化、智能化监控、管理等方面进行了一些探索和应用研究。钟兴等（2018）基于 ZigBee 无线传感网络技术设计了一套基于物联网的海水养殖智能监控系统。但目前国内智能化海水养殖方面的研究大多都集中在单个指标控制、无线传感器网络信息等研究和应用，缺乏系统性和整体性，且研发的监测和控制系统的精准化和智能化程度较低。欧美国家在大力发展传感器感知、信息融合传输和互联网等技术的基础上，结合庞大的资源卫星，用于获取、传输和分析各类农业信息，再通过决策系统，实现了大区域农业环境监控和统筹规划。像挪威的大型养殖场在人力成本高昂的情况下，通过集成现代信息技术，构建养殖物联网平台，实现三文鱼饲料投喂、收获、洗网、加工的完全自动化，只要定期维护便可实现 1—2 人管理全场所有事务。未来海水养殖业将向着规模化、集约化、设施化、现代化的方向发展，传统的海水养殖管理模式已经难以满足现代海水养殖业的发展需求，推动物联网、互联网等现代技术与海水养殖业的有机融合是实现海水养殖现代化的有效途径。

## （二）养殖品种

"发展养殖，种业先行"是种养殖业一条亘古不变的法则。水产新品种是科技创新成果和未来保障水产绿色养殖、提质增效的关键。据统计从 1996—2018 年，通过全国水产原良种审定委员会审定、由农业部发布公告推广养殖的水产新品种达 215 个，覆盖了鱼、虾、蟹、贝、藻、鳖、参等我国的主要水产养殖种类。其中，鱼类新品种 110 个、虾蟹类新品种 33 个、贝类新品种 39 个、藻类新品种 21 个、两栖类新品种 4 个、其他类新品种 8 个。仅 2016—2018 年中，有 45 个水产新品种（其中海水养殖品种 25 个）通过了全国水产原种和良种审定委员会审定（表 1），已经由农业部发布公告推广养殖。基本实现了重要养殖经济物种的全覆盖。品种改良的目标性状亦呈现多元化，主要包括生长、抗病、抗逆、性别和品质等，很大程度上满足了生产者和消费者的需求。虽然我国种业科技取得了巨大进步，但种业仍是发达国家对我国进行科技入侵的主战场。国外选育种工作最为出色的养殖鱼类仍是大西洋鲑和虹鳟等鲑属鱼类，已开展了全基因组选择育种，成为挪威重要的经济支柱之一。美国 SIS 公司等培育的高产抗逆凡纳滨对虾良种仍然大份额地占据我国优质苗种市场；世界渔业中心培育出的 GIFT 罗非鱼品种，畅销亚洲各国。以色列恩佐泰公司培育的全雌罗氏沼虾已被我国引进并规模化生产。

表 1　经全国水产原种和良种审定委员会审（认）定通过的水产良种名录（2016—2018 年）

| 类别<br>年份 | 培育种 | 杂交种及其他良种 | 年份合计 |
|---|---|---|---|
| 2016 | 白金丰产鲫、香鱼"浙闽 1 号"、扇贝"渤海红"、虾夷扇贝"獐子岛红"、马氏珠母贝"南珍 1 号"、马氏珠母贝"南科 1 号"（6） | 赣昌鲤鲫、莫荷罗非鱼"广福 1 号"、中华绒螯蟹"江海 21"、牡蛎"华南 1 号"、中华鳖"新浙花鳖"、长丰鲫（6） | 12 |
| 2017 | 团头鲂"华海 1 号"、黄姑鱼"金鳞 1 号"、中华绒螯蟹"诺亚 1 号"、海湾扇贝"海益丰 12"、长牡蛎"海大 2 号"、葡萄牙牡蛎"金蛎 1 号"、菲律宾蛤仔"白斑马蛤"（7） | 凡纳滨对虾"广泰 1 号"、凡纳滨对虾"海兴农 2 号"、合方鲫、杂交鲟"鲟龙 1 号"、长珠杂交鳜、虎龙杂交斑、牙鲆"鲆优 2 号"（7） | 14 |
| 2018 | 滇池金线鲃"鲃优 1 号"、脊尾白虾"科苏红 1 号"、脊尾白虾"黄育 1 号"、中国对虾"黄海 5 号"、青虾"太湖 2 号"、虾夷扇贝"明月贝"、三角帆蚌"申紫 1 号"、文蛤"万里 2 号"、缢蛏"申浙 1 号"、刺参"安源 1 号"、刺参"东科 1 号"、刺参"参优 1 号"（12） | 异育银鲫"中科 5 号""福瑞鲤 2 号"、凡纳滨对虾"正金阳 1 号"、凡纳滨对虾"兴海 1 号"、太湖鲂鲌、斑节对虾"南海 2 号"、扇贝"青农 2 号"（7） | 19 |

（三）养殖技术

海水养殖技术主要包括池塘养殖技术、工厂化养殖技术、网箱养殖技术等，其中工厂化循环水养殖技术集现代工程、机电、生物、环保及饲料等多学科于一体，在相对封闭空间内，利用过滤、曝气、生物净化、杀菌消毒等物理、化学及生物手段，处理、去除养殖对象的代谢产物和饵料残渣，使水质净化并循环使用，少量补水（5% 左右），进行水产动物高密度强化培育。节能环保型海水鱼类循环水高效养殖系统（图 2）主要由固液分离装置（微滤机或弧形筛），蛋白分离装置（蛋白质泡沫分离器或潜水式多向射流气浮泵），多级、波浪流高效生物净化池，杀菌消毒装置（臭氧与紫外线），增氧装置（气水对流增氧池与微孔曝气管）和控温系统（养殖车间保温、养殖外排水热回收装置与水源热泵）组成。该系统循环水水质指标达到：$DO \geq 6$ 毫克 / 升，$NH_4-N \leq 0.15$ 毫克 / 升，$NO_2-N<0.02$ 毫克 / 升，$COD<2$ 毫克 / 升，具有造价低、功能完善、运行能耗低、操作管理简单、运行平稳等显著特点，系统内水循环频次 1 次 / 小时以上，水循环利用率达到95%，日新水补充量小于 5%，鲆鲽鱼养殖产量达到 40 千克 / 立方米，游泳性鱼类养殖产量 40 千克 / 立方米，养殖成活率 96% 以上（曲克明等，2018）。对虾工厂化循环水养殖具有节水、稳定、安全、环保等优势，对这种新型高效养殖生态系统的结构分析和硝化细菌等功能微生物的解析也是近年来的主要研究方向。循环水养殖系统生物滤池对养殖水体无机氮组成的调控效果较好，可将 76% 以上的有害无机氮转化为低毒性的硝酸盐，循环量、碳氮比组成等是影响循环水养殖系统微生物群落结构和多样性、水质环境指标和生产性能等的重要因素，这些研究结果为进一步提高养殖系统物质转化利用效率，改善水质环境提供了科学依据。国外的循环水养殖系统属设备型，每个水质指标控制均需设备和动力，其系统除了具有本项目循环水系统所涉及的设备外，还额外配备 pH 和 $CO_2$ 调节设备。国内研发的循环水养殖系统属设施型，利用一次提水阶梯自流，最大程度节省了动力；采用固定床生物滤器替代大流量大功率流化床，充分发挥了系统生态调节的功能，具有有效

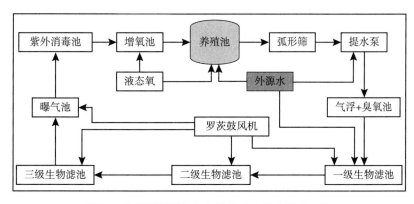

图 2  节能环保型海水鱼类循环水养殖系统工艺

吸收、去除氮磷营养盐功能，调节 pH 和吸收 $CO_2$，截留颗粒物和自动排污等功能；系统运行能耗仅为国外同类产品 2/5。

## 四、本学科问题分析与建议

### （一）加强育种基础研究，加速海水新品种培育

虽然我国水产种业科技取得了长足进步，但我国水产种业的发展仍面临一些严峻挑战，主要表现在：育种基础研究投入较低，难以满足良种培育的需要；优异种质资源挖掘深度和广度不够；具有重要育种价值的基因和分子标记少；重要性状的遗传机制解析不够深入；基因组编辑等新技术尚未应用；分子设计、全基因组选择等育种技术体系尚不完善；一些大规模养殖种，如"四大家鱼"等优良品种缺乏；具有质优、抗病、抗逆等多个优良性状综合的新品种极少；大多数养殖种良种覆盖率和遗传改良率水平不高；规模化种苗生产技术滞后；尚未形成全产业链科技创新链条，水产种业体系有待完善。上述诸多问题严重制约着我国水产种业的持续、健康、快速地发展。建议加强育种基础研究，重点突破经济性状遗传解析、全基因组选择、分子设计和基因组编辑等核心技术，培育优质、高产、抗病、抗逆且具有市场竞争力的突破性水产新品种，提升水产育种自主创新能力。

### （二）创新养殖模式，实现绿色生态养殖

多年来，我国的海水养殖业在很大程度上是以浪费资源和牺牲环境为代价。虽然我国规模化海水养殖已有三十余年，但产业可持续发展面临着养殖生态系统结构简单，氮磷等营养物质利用率不足，生态适应机制研究薄弱，抗逆养殖品种缺乏，养殖模式粗放，疾病频发，养殖成功率不稳定等问题。绿色生态养殖可以使养殖系统内部的营养物质循环重复利用，最大限度减少养殖废弃物的产生，获得最佳的生产和环境生态效益，近年来被广泛认可，是实现产业可持续发展的重要方式。建议开展池塘综合养殖技术（包括多品种混养模式）、池塘设施化升级养殖技术研发，以便解析海水养殖生态系统特征，阐明主要营养物质高效利用途径，进一步提升养殖环境优化技术，提高海水养殖健康管理水平。水产健康养殖涉及生态学、动物营养学、环境科学等，本质是要对养殖动物和人类健康负责，这意味着水产健康养殖最终要为人类提供安全、健康的水产品，因此海水养殖必须要走健康绿色发展之路。

### （三）加快养殖设施装备研发，提升海水养殖工业化水平

由现代科技支撑的海水养殖装备与工程技术，对养殖业而言，可提高养殖生产的集约化程度，降低养殖成本，实现健康养殖。近年来在国家政策的积极引导和大力支持下，以循环水养殖模式为代表的现代化工厂养殖已迎来快速发展的机遇期，同时也面临更多的创

新挑战和更高要求。目前，我国循环水养殖技术的推广与应用一定程度上受到养殖系统造价的限制。由于我国没有制定养殖废水排放的强制性标准，致使养殖废水乱排的现象比较严重；另外，近年来水产品的价格有所降低，由于循环水养殖的设施设备需要较高的前期投入，因而，循环水养殖技术主要应用于价格较高的海水鱼类养殖。法国、美国、日本和以色列等国家的循环水养殖的技术体系已日趋成熟，养殖对象研究已从鱼类苗种孵化和繁育扩展到虾、贝、藻、软体动物等经济品种的养殖。与国外发达国家相比，我国的工厂化循环养殖还存在净水装备智能化程度低；过度依赖矿物燃料和地下水等能源，能源供给体系不完善；大规格苗种全季节生产难以实现，虾、参等工厂化循环水养殖模式尚未建立等制约产业发展的技术瓶颈。建议结合我国国情和产业现状，积极借鉴国外先进经验，制造具有经济适用、管理方便、节水、节地、节能等特性的实用型循环水养殖设施装备。

（四）实现养殖技术升级，实现智能化水产养殖

水产养殖信息化是行业发展的需求，也是发展的推动力。由养殖企业为核心节点的行业信息化，不管是对于政府，还是对于养殖户、基层人员，都起到良好的带动和辐射作用。目前水产养殖智能化所面临着基础研究不足、信息采集手段落后、信息分析手段无法有效运用等主要问题。继续解决养殖信息多维度实时获取技术、面向养殖生产全过程的企业级信息化管控和智慧渔业服务等。建议开展海水养殖知识经验的数字化和智能化，创建养殖信息多维度实时获取技术体系，实现养殖生产互联网检测、智能决策和精准管控，以精准化养殖、可视化管理、智能化决策为手段，面向智能化、自动化、集约化、可持续发展为目标的现代渔业综合生态体系。

## 五、本学科发展趋势与对策

2019 年 1 月，农业农村部等十部委联合印发了《关于加快推进水产养殖业绿色发展的若干意见》，这是新中国成立以来首个经国务院同意、专门针对水产养殖业的指导性文件，是新时代中国水产养殖业发展的纲领性文件，具有划时代的意义。党的十八届五中全会提出"创新、协调、绿色、开放、共享"五大发展理念，将绿色发展作为"十三五"乃至更长时期经济社会发展的一个重要理念。党的十九大报告提出，必须坚定不移贯彻五大发展理念，坚持人与自然和谐共生，加快生态文明体制改革，建设美丽中国，要求推进绿色发展。新时代渔业高质量发展需要新的理论支撑，渔业现代化和建设渔业强国建设需要有一个旗帜鲜明的大方向、大目标，绿色发展是渔业未来发展的必然选择。

（一）现代水产种业是引领海水养殖绿色发展的关键

现代水产种业对水产养殖绿色发展具有重要的促进和推动作用。发展现代水产种业，

引领水产养殖绿色发展，成为未来保障现代渔业又快又好发展的重要手段。当前欧美等发达经济体正积极进行一场以生物种业为核心的农业绿色革命，孟山都、杜邦先锋、先正达等跨国种业集团都是现代生物种业集群发展的代表。我国《"十三五"生物产业发展规划》提出，"加强生物种业自主创新，加速生物农业产业化发展，构建现代农业高效绿色发展新体系"。现代水产种业是现代种业的重要组成部分。因此抓住生物科技发展机遇，发展现代水产种业，对于缓解水产养殖业发展瓶颈制约，走出一条绿色安全、产出高效、资源节约和环境友好的现代化水产养殖道路具有十分重要的意义。

### （二）实施养殖容量规划管理是实现海水养殖业绿色发展的关键

建设环境友好型水产养殖业，实施养殖容量规划管理是实现水产养殖业绿色发展的关键。主要措施包括建立区域养殖容量评估体系；建立水产养殖容量管理制度；建立持续发展规模化生态健康养殖新生产模式；提升水产养殖的现代化工信技术水平等。实施养殖容量管理是解决水产养殖发展与生态环境保护矛盾、实施绿色可持续发展的重大举措，是一项十分艰巨的科技与管理任务。

### （三）推进智慧渔业和智能化工厂化养殖是推动海水养殖绿色发展的关键

集成模块式、一体化的苗种、鱼、虾、参工厂化循环水养殖技术与工艺。集成循环水自动排污、高效过滤、水质净化、杀菌消毒、脱气增氧等关键技术与工艺，集成适用于水产养殖的水源热泵、太阳能、风能等新型清洁能源利用技术，优化海水循环水养殖工艺。集成生物滤器、人工湿地等生态型养殖排放废水资源化、无害化处理技术与工艺。基于物联网技术，研发、集成自动化、智能化的循环水养殖环境调控、饲喂与疾病控制系统和数据库，构建数字化的循环水养殖与管理系统。通过对陆基工厂化、规模化养殖技术的示范、应用与推广，建立符合"蓝色粮仓"工业化养殖构想的现代海水陆基养殖新模式。

# 参考文献

［1］Batista FM, Churcher AM, Manchado M, et al. Uncovering the immunological repertoire of the carpet shell clam *Ruditapes decussatus* through a transcriptomic-based approach［J］. Aquaculture and Fisheries, 2019, 4（1）: 37-42.

［2］Chen Z, Ge H, Chang Z, Song X, et al. Nitrogen budget in recirculating aquaculture and water exchange systems for culturing *Litopenaeus vannamei*［J］. J. Ocean Univ. China, 2018, 17（4）: 905-912.

［3］Griffith AW, Shumway SE, Gobler CJ. Differential mortality of North Atlantic bivalve molluscs during harmful algal blooms caused by the dinoflagellate, *Cochlodinium*（*a.k.a. Margalefidinium*）*polykrikoides*［J］. Estuaries and Coasts, 2019, 42（1）: 190-203.

［4］ Hou D, Huang Z, Zeng S, et al. Comparative analysis of the bacterial community compositions of the shrimp intestine, surrounding water and sediment［J］. J Appl Microbiol, doi: 10.1111/jam/13919.2018.

［5］ Hou D, Huang Z, Zeng S, et al. Intestinal bacterial signatures of white feces syndrome in shrimp［J］. Applied Microbiology and Biotechnology, 2018, 102: 3701–3709.

［6］ Jiang H, Zou DH, Lou WY, et al. Effects of stocking density and decreased carbon supply on the growth and photosynthesis in the farmed seaweed, *Pyropia haitanensis*（Bangiales, Rhodophyta）［J］. Journal of Applied Phycology. 2017, 29（6）: 3057–3065.

［7］ Joaquim S, Matias D, Matias AM, et al. New species in aquaculture: are the striped venus clam *Chamelea gallina*（Linnaeus, 1758）and the surf clam *Spisula solida*（Linnaeus 1758）potential candidates for diversification in shellfish aquaculture?［J］. Aquaculture Research. 2016, 47（4）: 1327–1340.

［8］ Kim JK, Charles Y, Hwang EK. Seaweed aquaculture: cultivation technologies, challenges and its ecosystem services［J］. ALGAE, 2017, 32（1）: 1–13.

［9］ Li L., Yan B., Li S., et al. A comparison of bacterial community structure in seawater pond with shrimp, crab, and shellfish cultures and in non–cultured pond in Ganyu, Eastern China［J］. Annals of Microbiology, 2016, 66（1）: 317–328.

［10］ Li XL, Liu BS, Liu B, et al. Growth Performance, Lipid Deposition and Serum Biochemistry in Golden Pompano Trachinotus Ovatus（Linnaeus, 1758）Fed Diets with Various Fish Oil Substitutes［J］. The Israeli Journal of Aquaculture–Bamidgeh, IJA_71.2019.1589

［11］ Murphy AE, Nizzoli D, Bartoli M, et al. Variation in benthic metabolism and nitrogen cycling across clam aquaculture sites［J］. Marine Pollution Bulletin, 2018, 127: 524–535.

［12］ Niu DH, Xiong Y, Peng MX, et al. Hemolytic reactions in the hemolymph of bivalve Sinonovacula constricta show complement–like activity［J］. Fish and Shellfish Immunology, 2018, 79: 11–17.

［13］ Song G, Mo Z, Zheng W, et al. Isolation and pathogenicity of Streptococcus iniae in offshore cage–cultured Trachinotus ovatus in China［J］. Aquaculture, 2018, 492.

［14］ Yang GJ, Song L, Lu XQ, et al. Effect of the exposure to suspended solids on the enzymatic activity in the bivalve Sinonovacula constricta［J］. Aquaculture and Fisheries, 2017, 2（1）: 10–17.

［15］ 常宗瑜, 张扬, 郑中强, 等. 筏式养殖海带收获装置的发展现状［J］. 渔业现代化, 2018, 45（1）: 40–48.

［16］ 陈琦. 我国海水养殖产量的波动特征及影响因素分析［J］. 统计与决策, 2018, 34（21）: 98–102.

［17］ 陈伟良, 杨晓末, 浦维兴, 等. 一种用于治理滩涂互花米草的履带式刈割机及其治理方法［P］. 上海: CN106304940A, 2017–01–11.

［18］ 池秋蝶, 董迎辉, 姚韩韩, 等. 文蛤Smad1/5基因克隆、时空表达及生长相关SNP位点筛查［J］. 水生生物学报, 2018, 42（2）: 277–283.

［19］ 崔宝月, 董迎辉, 赵家熙, 等. 文蛤SRBI基因克隆及其在不同壳色群体中的差异表达［J］. 水生生物学报, 2018, 42（3）: 488–493.

［20］ 丁理法. 海水池塘高效养殖实例［J］. 科学养鱼, 2011,（6）: 39–40.

［21］ 段强, 田静, 曹纬楠, 等. 菲律宾蛤仔生长性状基因型与环境互作研究［J］. 大连海洋大学学报, 2018, 33（2）: 197–202.

［22］ 方建光, 张爱君. 桑沟湾栉孔扇贝养殖容量的研究［J］. 海洋水产研究, 1996, 17（2）: 18–31.

［23］ 耿鸽. 网箱养殖低功耗无线远程监控系统［D］. 杭州: 浙江理工大学, 2017.

［24］ 江航, 沈新强, 蒋玫. 文蛤滩涂养殖海域水体有机污染综合评价［J］. 安徽农业科学, 2014, 42（10）: 2927–2930, 2933.

［25］ 蒋丹. 唐山地区盐田生态养殖综合利用现状［J］. 江西水产科技, 2018,（1）: 38–39, 44.

［26］蒋湘，张土华，桂华．金鲳鱼网箱养殖常见病害防治技术［J］．海洋与渔业，2017（8）：71-72.

［27］蒋兴艺，秦普亿，黄德生，等．大弹涂鱼养殖技术［J］．广西水产科技，2013，（1）：19-28.

［28］吉红九，赵永超，钟非，等．兼具滩涂贝苗培育和养殖水处理的系统及运行方法［P］．江苏：CN107258634A，2017-10-20.

［29］梁建光，白雪峰，巩淇，等．汞对太平洋牡蛎早期发育阶段三种防御相关酶活力的影响［J］．水产科学，2014，（1）：35-39.

［30］李道亮，包建华．水产养殖水下作业机器人关键技术研究进展［J］．农业工程学报，2018，34（16）：1-9.

［31］李秀玲，刘宝锁，张楠，等．发酵豆粕替代鱼粉对卵形鲳鲹生长和血清生化的影响［J］．南方水产科学，2019，5（4）：69-76.

［32］林川，何永姑，王小兵．卵形鲳鲹深海网箱养殖渔获模式的研究［J］．热带生物学报，2018，9（04）：4-10.

［33］林可，王飞，马家志，等．离岸型智能化浅海养殖围网应用及效益分析［J］．水产科技情报，2017，44（5）：268-272.

［34］林可，王飞，马家志，等．离岸型智能化浅海养殖围网应用及效益分析［J］．水产科技情报，2017，44（5），268-272.

［35］林川，王小兵，黄海．卵形鲳鲹鱼种大型网箱阶梯式中间培育技术［J］．热带生物学报，2017，8（4）：383-389.

［36］刘长军，蒋一鸣，龚小敏，等．梭子蟹、缢蛏与脊尾白虾稳产高效养殖技术探讨［J］．科学养鱼，2018，（9）：29-31.

［37］刘慧，蔡碧莹．水产养殖容量研究进展及应用［J］．渔业科学进展，2018，39（3）：158-166.

［38］刘映，李军，张跃环，等．香港牡蛎新型LRR受体克隆与功能分析［J］．水产学报，2017，41（3）：347-357.

［39］李阳，薛素燕，李加琦，等．$Cu^{2+}$胁迫对魁蚶生理生化和组织结构的影响［J］．水产学报，2018，42（10）：1531-1540.

［40］李倚慰．黄海水产研究所打造条斑紫菜养殖新模式［EB/OL］．中国青岛：青岛财经日报，2017［2019-03-20］．http://www.qdcaijing.com/2017/0320/214075.shtml.

［41］李媛媛，田璐，王君霞，等．池塘生物复合利用模式对养殖排放水的净化作用［J］．河北渔业，2018，（3）：29-32.

［42］莫新．可口革囊星虫高密度养殖技术［J］．科学养鱼，2017，01：47.

［43］倪锦，沈建，徐文其．一种智能滩涂文蛤采捕小车［P］．上海：CN107156079A，2017-09-15.

［44］曲克明，杜守恩，崔正国．海水工厂化高效养殖体系构建工程技术（修订版）［M］．北京：海洋出版社，2018.

［45］孙兆跃，王桃妮，范瑞良，等．近江牡蛎人工繁育研究［J］．渔业信息与战略，2019，34（2）：121-127.

［46］李磊，蒋玫，沈新强，等．江苏如东滩涂文蛤养殖区养殖容量［J］．海洋环境科学，2014，33（5）：752-756.

［47］阮瑞龙．大弹涂鱼规范化养殖技术［J］．渔业致富指南，2014，（19）：43-44.

［48］任付真，姚韩韩，钱雪骏，等．泥蚶胰岛素生长因子1受体基因的cDNA全长克隆及表达分析［J］．水产学报，2017，41（1）：40-51.

［49］沈淑芳，朱玲，李加琦，等．魁蚶C型凝集素基因cDNA的克隆及表达分析［J］．渔业科学进展，2018，39（01）：128-136.

［50］唐启升．水产养殖绿色发展咨询研究报告［M］．北京：海洋出版社，2017.

［51］王富轩，肖述，向志明，等．香港牡蛎（Crassostrea hongkongensis）Commd1基因的分子克隆及其在盐度胁迫下的表达分析［J］．热带海洋学报，2017，36（1）：48-55.

［52］王小兵，林川，杨湘勤，等．养殖密度对卵形鲳鲹离岸大型抗风浪网箱养殖效果的影响［J］．热带生物学报，2017，8（1）：1–6.

［53］杨梅，许飞，刘俊，等．长牡蛎（Crassostrea gigas）Wnt4基因cDNA克隆与表达分析［J］．海洋与湖沼，2015，（1）：35–42.

［54］杨淑芳，张磊，阎希柱．莆田后海垦区菲律宾蛤仔养殖池养殖容量的估算［J］．环境科学导刊，2016，35（6）：30–34.

［55］许飞，孔令锋，张扬，等．牡蛎全基因组测序与功能解析［J］．科技资讯，2016，14（7）：162–163.

［56］徐文其，倪锦，沈建．一种滩涂文蛤的机械化采收工艺与装备［P］．上海：CN106508834A，2017–03–22.

［57］张继红，蔺凡，方建光．海水养殖容量评估方法及在养殖管理上的应用［J］．中国工程科学，2016，18（3）：85–89.

［58］张克烽．高潮区滩涂青蛤和可口革囊星虫混养试验［J］．科学养鱼，2018，02：50–51.

［59］张美玲．菲律宾蛤仔、海蜇、斑节对虾生态综合养殖试验［J］．科学养鱼，2018，（11）：50–51.

［60］张书臣，陈娣，王树元，等．海蜇与菲律宾蛤仔、对虾和鱼耦合养殖的关键技术［J］．科学养鱼，2017，（8）：50–51.

［61］张顺琴，王素芳，陈梦玫，等．Cu²⁺对泥蚶血红蛋白（Tg Hb Ⅱ）的过氧化物酶活性与结构的影响［J］．海洋学报，2018，40（1）：106–114.

［62］张问采，贾文月，孙潇鹏，等．一种多功能浅海滩涂采贝车［P］．福建：CN206866421U，2018–01–12a.

［63］张问采，贾文月，孙潇鹏，等．一种滩涂多功能采蛏车［P］．福建：CN206866419U，2018–01–12b.

［64］张问采，贾文月，孙潇鹏，等．滩涂翻耕车［P］．福建：CN207040603U，2018–02–27c.

［65］詹艳玲，董迎辉，何琳，等．文蛤粪卟啉原Ⅲ氧化酶基因克隆及与壳色性状的相关性分析［J］．水产学报，2017，41（7）：1054–1063.

［66］赵家熙，崔宝月，董迎辉，等．缢蛏生长因子受体结合蛋白2基因克隆、时空表达及SNP筛查［J］．海洋学报，2018，（2）：87–94.

［67］庄集超，庞洪臣，刘子浪，等．一种新型深海网箱网衣清洗机器人设计［J］．机械，2018（1）：72–75.

［68］郑春波，王海涛，于夕有，等．红鳍东方鲀与三疣梭子蟹、中国对虾、菲律宾蛤仔池塘生态养殖试验［J］．水产养殖，2017，38（5）：14–16.

［69］朱鸣山．水产自动投饵机器人在工厂化养殖中的应用［J］．福建农机，2018，No.151（1）：9–12.

［70］周婷婷，郑荣泉，林志华，等．光滑河蓝蛤对净化养殖废水的净化效果［J］．安徽农业科学，2017，45（32）：57–60，64.

［71］周祖阳，李琪，于红，等．长牡蛎Fem-1基因cDNA克隆和表达分析［J］．中国海洋大学学报（自然科学版），2018，48（6）：45–54.

撰稿人：李　健　　张天时　　曲克明　　荣小军　　毛玉泽

　　　　蒋增杰　　常志强　　吕建建　　来琦芳　　张殿昌

# 淡水养殖学科发展研究

## 一、引言

淡水养殖是指利用池塘、水库、湖泊、江河、水田以及其他内陆水域（含微咸水）等淡水环境，通过人为控制来饲养和繁殖水产经济动物（鱼、虾、蟹、贝等）以及水生经济植物的生产活动。通常包括在人工饲养管理下从苗种养成水产品的全过程。广义上水产资源增殖也属于该范畴。淡水养殖业在我国有悠久的历史，可追溯到公元前 11 世纪，公元前 5 世纪即出现了第一本养鱼著作《养鱼经》。

20 世纪 70 年代以来世界淡水水产养殖产量增长迅速，在水产业中的比重也正在日益提高。我国是世界第一淡水养殖大国。据农业农村部统计，2018 年全国水产品总产量为 6457.66 万吨，其中淡水养殖产量为 2959.84 万吨，比上年增长 1.88%，占养殖总产量的 59.3%。全国水产品人均占有量 46.28 千克，其中人均占有淡水养殖产品 21.21 千克，淡水养殖对保障食物安全发挥着重要作用。随着人口的增长、社会的进步和人民生活水平的提高，食品与膳食结构不断变化，动物源食品需求呈刚性增长，动物蛋白逐步成为居民蛋白摄入的重要来源，蛋白质供给也越来越成为食品安全的重要内容。其中，淡水养殖所提供蛋白占我国居民摄入动物蛋白的比例已超过 11%。

我国内陆水域众多，总面积为 2.6 亿亩。2018 年用于淡水养殖的面积约 5146.46 千公顷，其中池塘养殖面积 2666.84 千公顷、水库 1441.67 千公顷、湖泊 746.16 千公顷、河沟养殖面积 179.41 千公顷、其他水体 112.38 千公顷。池塘、湖泊、水库、河沟和其他养殖方式面积分别占淡水养殖总面积的 51.82%、14.50%、28.01%、3.49%、2.18%。另外，稻渔综合种养在我国长江经济带、东北地区等区域得到较大推广，2018 年稻田养殖面积 1682.7 千公顷，比 2017 年增加 198.7 千公顷、增长 13.4%。

党的十九大以来，淡水养殖科技投入持续增长，科研条件不断完善，现代养殖技术创新体系不断涌现，科技协作改革机制开始建立，人才队伍建设不断加强，渔业重点领域的科技创新和关键技术推广应用取得明显成效。淡水养殖业在节能减排、工厂化循环水养殖、稻渔综合种养、池塘工程化循环水养殖等技术方面进展顺利。近年来，随着国家扶贫攻坚、精准扶贫以及乡村振兴战略的实施，多地（河南、河北、江西、西藏等）政府已将淡水养殖作为农民脱贫致富、振兴渔业经济的一项重要工作，目前已经有多个贫困县（市）通过淡水养殖实现了脱贫。

## 二、淡水养殖学科研究进展

淡水养殖学科以现代水产种业科技创新为引领，以增强淡水养殖科技创新与应用能力为目标，其建设发展符合绿色优质和质量安全要求，是淡水养殖产业走"环境友好、资源节约和高质量发展"之路的基础。3 年多来，我国淡水养殖学科取得了显著进展，在淡水养殖动物种质资源与遗传育种、水产动物营养饲料和病害防控等方面开展了广泛而深入的研究工作，种、饵和病防等生产要素发展将在相应学科分报告详细阐述，本分报告将以养殖模式发展态势阐述淡水养殖产业的发展情况。随着环境保护和生态文明建设持续推进，生态优先和供给侧结构调整已导致水产养殖模式发生了重大变化。当前，水产养殖模式变革已朝向两个主要发展态势：①向集约化，即设施化和智能化方向发展；②向绿色有机和生态环保方向发展。近年来，围绕渔业发展"提质增效、减量增收、绿色发展、富裕渔民"的总体要求，对水产养殖技术模式进行转型升级，坚持做好"地、水、饲、种、洁、防、安、工"八个关键环节。为此，农业农村部与 2019 年 4 月发布了7 项水产养殖主推技术，其中，有 5 项涉及淡水养殖（对虾工厂化循环水高效生态养殖技术、池塘"鱼－水生植物"生态循环技术、淡水池塘养殖尾水生态化综合治理技术、稻渔综合种养技术、淡水工厂化循环水健康养殖技术），要求各地淡水养殖产区结合农业农村部发布的农业主推技术，根据地方特色和需求引导广大农业生产经营者科学应用先进适用技术，更好地服务于"精准扶贫"战略，推动农业转型升级和高质量发展。现将主要工作成果介绍如下。

### （一）池塘生态化养殖模式

我国淡水池塘养殖模式正朝着绿色生态、安全可控、健康可持续的方向发展。近年来，逐渐开展了"鱼－水生植物"生态循环、多营养层次养殖、多级人工湿地养殖以及盐碱地渔农综合利用等淡水池塘生态化养殖典型模式的研究、推广和应用。

#### 1. 池塘"鱼－水生植物"生态循环技术

即基于生态共生原理，在养殖池塘水面无土栽培蔬菜，将水产养殖与蔬菜种植有机结合，进行池塘鱼菜生态系统内物质循环，实现养鱼不换水、种菜不施肥和资源可循环利用。该模式主要通过在鱼类养殖池塘水面种植空心菜、菱角、水芹菜、茭白等，利用蔬菜根系发达、生长时对氮、磷需求高等特性，在池塘内形成"鱼肥水、菜净水、水养鱼"的循环系统，达到鱼－水生植物和谐共生的状态。该模式与传统养殖模式相比，增加了水体透明度，减少了氨氮含量和养殖病害的发生，改善鱼类品质，在收获安全水产品的同时收获了蔬菜，提高了池塘养殖的综合生产效益。目前，我国已形成莲（藕）－鱼虾共生、茭白－鱼鳖共生、鳖－空心菜共生、西葫芦－凡纳滨对虾轮作等多种鱼菜共生模式。

### 2. 多营养层次养殖模式

即在充分利用空间的同时，基于水质调控、生态位互补、营养物质循环利用、生物防病、质量安全控制、废物减排等，建立生态调控健康养殖方式。淡水池塘多营养层次综合养殖，即由不同营养级生物（主要包括投饵类动物、滤食性蚌类、挺水性经济植物等）组成的综合养殖系统，充分利用一些生物排泄到水体中的废物成为另一些生物的营养物质来源。目前，淡水多层次营养模式主要集中在"滤食性鱼类－吃食性鱼类、鱼－虾－鳖"等，搭配形成"鱼－鳖、青虾－中华绒螯蟹、鲢鳙鱼－名优鱼类"等模式，此外还可利用淡水蚌类的滤食浮游植物能力，实现饵料生物的能动循环转化。此模式能充分利用输入养殖系统中的营养物质和能量，可把营养损耗及潜在的经济损耗降到最低，从而使系统具有较高的容纳量和可持续食物产出。

### 3. 多级人工湿地养殖模式

即人为将砂石、土壤、煤渣等一种或几种介质按特定比例构成基质，填充到类似于沼泽的湿地上，并有选择性地种植芦苇、莲藕、蒲草等水生植物，形成一个由独特的"土壤基质—水生植物—微生物"组成的动态生态系统，当养殖废水流经该生态系统时，通过土壤吸收、植物的光合作用以及微生物的分解对废水进行净化处理的一种新型生态处理系统。多级人工湿地养殖模式通过设计适宜的流向、流速和曝气方法，栽种适宜的湿地植物，通过多级净化，有效去除养殖水体中的氮、磷等污染物，基本实现养殖废弃物的零排放。该模式与传统池塘养殖模式相比，可节约养殖用水，减少氮、磷和COD的排放，随着水生植物的生长和生态效率的提高，生物净化效率还会逐步提高，还可以增加额外的景观效益和生态效益。

### 4. 盐碱地渔农综合利用模式

即选择盐碱地和次生盐渍化土地集中区域，通过挖塘抬田，将盐碱定向入水，迁移出来的盐碱水用于水产养殖，有机物质返土培肥，改良后的土地用于种植耐盐植物如大麦等，形成"以渔治碱、改土造田、种养结合、生态循环"的盐碱地高效开发利用模式。例如，在甘肃白银地区，形成了"井排结合、抬田造地、挖塘降水、渔农并重"的碱水渔业发展思路，充分利用盐碱水资源，逐步开展了草鱼、鲤、鲫等大宗淡水鱼以及凡纳滨对虾等耐盐碱养殖对象的养殖研究、示范和推广，既发展了渔业和种植业，又修复了生态，在盐碱地上实现了种植业、水产养殖业两相宜的生态发展模式。

### （二）池塘工程化循环水养殖模式

当前我国水产养殖业已进入转型升级的关键时期，迫切需求集成示范一批具有前瞻性、引领性的新技术来破解发展瓶颈，引领水产养殖转型升级、助力渔业绿色发展。

池塘工程化循环水养殖依据水生生态学原理，以节能、减排、优质、高效为目标，结合物理、化学和生物学过程，将整个池塘分为鱼类养殖区（一般为总面积的10%—20%），气体交换区、藻类生长和废弃物处理等功能区，利用外部动力实现各功能区间的水体流动，仅在养殖区供氧，既提高了氧气使用效率，又充分发挥和挖掘藻类水体净化和增氧功能，通过不断优化养殖设施，结合在线监测和智能控制等实现精准投喂，提高饲料利用率。对该模式涉及的主要装备，包括螺旋桨式、水车式推流装置以及吸污装置等进行了研发、集成和优化，已取得水质管理、饲料投喂、病害防治等关键技术参数和决策模型，为池塘循环水养殖系统的标准化构建提供了技术支撑。今后尚需大力开展以多营养级的氮磷收支为基础的各净水区的生物量配比、大水面低扬程的推流水流体力学特征与养殖固体废弃物的迁移转化以及养殖区的自排污能力研究。

目前池塘工程化养殖的养殖区主要为跑道式设计，以水泥池结构为主，部分采用了铺设 HDPE 膜的方式，以利于残饵粪便的收集和排放。现有研究和实践表明，养殖区的自排污效果并不理想。且养殖区多为露天，缺乏对台风、酸雨、气温剧烈波动等灾害性天气的抵御能力。已成功养殖草鱼、鲢、鳙、鲤、鳊、大口黑鲈、黄颡鱼、罗非鱼、斑点叉尾鮰等，其中尼罗罗非鱼的平均单产可达 136 千克 / 立方米、斑点叉尾鮰产量已超过 200 千克 / 立方米，饲料系数 1.5，养殖 1 千克鱼耗电量 0.33 千瓦时—0.37 千瓦时，综合生产成本低于当前池塘养殖平均水平。

池塘工程化循环水养殖模式（又称"跑道鱼"养殖模式）示范推广项目实施以来，各示范单位积极开展技术试验示范，取得了新进展，截至 2018 年年底，已在全国 10 多个省（直辖区、自治市）示范应用流水养殖槽 2000 多条，覆盖池塘近 4 万亩。根据模式工程改造技术要求，小水体推水养殖区应占池塘面积 3%—5%，大水体生态净化区应占池塘面积95%—97%。目前该养殖模式存在以下尚需进一步规范的地方：严格落实推水养殖区的占比要求，示范推广中推水养殖区占池塘面积不得超过 5%；养殖粪污高效收集是实现养殖尾水达标排放、集约高效养殖的关键。但目前在示范应用中总体粪污收集率仅为 20% 左右，与预期效果有较大差距。目前普遍缺乏优化粪污收集、熟化提升的配套关键设备和技术，以及粪污收集率测算标准方法，应力争将粪污收集率提升至 70% 以上。另外，需着力集成水生生物净水技术，加强鱼菜共生、鲢、鳙、珍珠蚌、螺蛳等滤食性动物套养，合理配备人工生物浮床、涌浪机、耕水机、生物转刷、底排污、微孔曝气等设施设备，通过技术应用，提升生态净化效能。

### （三）淡水工厂化循环水健康养殖技术

工厂化循环水养殖模式是建立在生物学、环境科学、工程科学、信息科学等多学科交叉融合基础上发展起来的一种高度集约化的水产养殖模式。我国在淡水养殖动物工厂化育苗方面处在世界前列，实现了淡水鱼类、虾蟹蚌等重要养殖对象的工厂化繁苗，苗种生产基本满足养殖需要。目前国外工厂化循环水养殖技术比较发达的国家有北美的加拿大、美国，欧洲的法国、德国、丹麦、西班牙、日本和以色列等国家。国内循环水养殖模式已在河鲀、罗非鱼、虹鳟等物种的养殖上有很好的应用。除了鱼类之外，已经越来越多地将此种养殖模式应用于凡纳滨对虾、罗氏沼虾和淡水贝类等品种。总体上，当前我国在淡水鱼类工厂化循环水养殖正处于蓬勃发展阶段。

在论证多个品种循环水养殖可行性的基础上，近年来开始对系统中的土腥素、环境激素等潜在污染物的产生机理及可能影响进行了研究和评估，为全面评价循环水养殖产品的质量和经济效益提供更加完善的指标体系。借助于高通量等新一代测序技术对系统中的菌群结构和变化规律开展了初步的测定，为水处理设备的工艺优化提供指导。对固液分离机排出的固体废弃物的资源化利用以及产生的硝酸盐和磷酸盐的处理技术和工艺进行了研究和开发，真正实现了循环水养殖系统的污染零排放。将在生物絮团养殖中应用较为成熟的悬浮式微生物处理技术与浅水跑道式养殖槽相结合，研制了基于悬浮式生物处理技术的浅水跑道循环水养殖系统，可省去典型循环水养殖系统中的固液分离装置，明显降低投资成本和运行成本，已成功养殖了花鳗鲡（*Anguilla marmorata*）、吉富罗非鱼、高体革鯻（*Scortum harco*）和墨瑞鳕（*Maccullochella peelii*）。

我国循环水设施设备已全部实现国产化，设备稳定性和智能化水平尚须提升。在节水节能技术、养殖标准和设备工艺环节等方面还有待进一步提高。在养殖技术方面的研究深度不足，积累的基础工作少，尚不能对规模化循环水养殖提供足够的技术支撑。我国淡水养殖在指导其工业化发展的思想理念，支持其工业化的科技创新能力、基础设施、制度的有效供给、标准化生产以及专业化分工与协作等方面还存在不足，需要予以推进和完善。淡水名特优鱼类肉质好，养殖经济效益高，适合工厂化和集约化养殖，有望培育成新兴产业，有效解决了我国水产品的需求与水产养殖水质性缺水的局面。

### （四）受控式集装箱循环水绿色生态养殖模式

受控式集装箱循环水绿色生态养殖模式不断完善，2018 年成为农业农村部十项重大引领性农业技术之一。该技术将池塘养殖变为"离塘养殖"，创新性地采用标准定制的集装箱为载体，将鱼类集中于集装箱内，通过应用控温、控水、控苗、控料、控菌、控藻等技术，有效控制箱体内的养殖环境和养殖过程，实现受控式生态循环养殖。根据水体循环和生态调控方式不同，可分为"陆基推水式"和"一拖二式"两种模式。同时围绕提质增效、尾水生态治理等相关要求，集成了养殖粪污集中收集处理、循环水系统标准化构建、适养品种筛选及驯养、箱式生态高效养殖、物联网精准控制、便捷化捕捞、生物净水、养殖尾水监测预警、病害生态防治、水产品质量安全、品质控制等10项配套关键技术。从技术示范效果看，具有节地节水、品质可控、智能标准、生态环保、集约高效等显著优势，符合水产养殖绿色发方向。目前，相关技术已在全国19个省（区）示范推广集装箱1300多个，而且在埃及和缅甸两个国家也得到应用。集装箱式养殖平台为各地优化产业结构及发展水产业带来新契机，也为不发达地区脱贫攻坚树立产业扶贫亮点模式。

## （五）稻渔综合种养技术

我国稻田养鱼历史悠久，稻渔综合种养技术是在传统稻田养鱼模式基础上逐步发展起来的生态循环农业模式，是农业绿色发展的有效途径。我国水稻种植面积约4.5亿亩，适宜发展综合种养的水网稻田和冬闲稻田面积接近1亿亩。稻渔综合种养，即对稻田浅水生态系统进行工程改造，通过水稻种植与水产养殖、农机和农艺技术的融合，能在水稻稳产的前提开展适宜量水产养殖，大幅度提高稻田经济效益，提升产品质量安全水平，改善稻田的生态环境，有效提高了稻田能量和物质利用效率，减少了农业面源污染、养殖尾水排放和病虫害发生，真正实现种养循环农业的发展。近年来，为适应产业转型升级需要，经过不断技术创新、品种优化和模式探索，我国稻渔综合种养发展走出一条产业高效、产品安全、资源节约、环境友好的发展之路，取得了显著成效，已经集成创新了一大批以水稻为中心，以特种水产品为主导，以产业化经营、规模化开发、标准化生产为特征的新型、高效、生态养殖典型模式不断涌现，从单纯"稻鱼共生"向稻、鱼、虾、蟹、蚌、龟、鳖、蛙等共生或轮作的多种模式发展的趋势，已逐步形成稻－鱼、稻－虾、稻－蟹、稻－龟鳖、稻－贝、稻－蛙及综合类7大类24种典型模式，逐步形成了"以渔促稻、稳粮增效、质量安全、生态环保"的稻渔综合种养新模式，初步实现了第一、第二、第三产融合、生态、社会和经济效益协调发展的新局面。

2017年9月30日，农业农村部公告批准发布了水产行业标准《稻渔综合种养技术规范通则》SC/T 1135.1–1135.1–2017，2018年1月1日正式实施该准则，规范了稻渔综合种养术语和定义、技术指标、技术要求和技术评价等，还提出了规模化经营、标准化生产、品牌化运作、产业化服务的指导性要求，适用于种养的技术规范制度、技术性能评估和综合效益评价。《稻渔综合种养技术规范通则》的制定实施，将为产业提供技术参考和操作准则，进一步推进了稻田绿色种养产业健康发展。

## （六）大水面生态渔业模式

我国内陆水域江河水库湖泊自然条件优越，不仅孕育着丰富的淡水生物资源，还为我国淡水养殖对象提供了丰富的天然基因库，为我国的淡水渔业绿色发展提供了重要的

源泉。2018 年，我国湖泊、水库、河沟的养殖产量为 456.51 万吨，占淡水养殖总产量的
15.42%，养殖面积为 2367.2 万公顷，占淡水养殖总面积的 45.99%。目前，我国大水面渔
业发展也正以充分发挥渔业净水、抑藻、固碳等生态功能和属性的新发展理念为引领，逐
步进行大水面渔业发展转型升级，正逐步由传统的网箱式、粗放式养殖转为生态净水养
殖，也积极鼓励、支持和实施增殖型渔业发展，经积极探索，一些大水面水域充分地协调
好生产与生态的关系，涌现出千岛湖、查干湖、洪泽湖、阳澄湖、微山湖等，比较成功地
将优异的水生生物资源转化为经济优势、发展优势。但从全局来看，不可否认我国有些地
方的大水面渔业生产仍以追求经济利益为主，对江河湖泊和水库过度利用，造成水体富营
养化和水环境质量下降，导致生态系统失衡，生物多样性失衡。因此，如何打造绿色生产
型、生态净水型、旅游观光型等多种渔业发展模式，探索出一条保护水质、适度开发、永
续利用、三产融合的绿色高质量发展好路子，是发展大水面渔业亟待破解的课题。

## 三、国内外淡水养殖学科发展比较

### （一）国内

#### 1. 发展规模、养殖种类

我国是世界第一水产养殖大国，占世界水产养殖产量的 60% 以上，约 30% 的动物蛋
白来自水产品。我国淡水主要养殖对象 30 多种，包括草鱼、青鱼、鲢、鳙、鲤、鲫、鳊、
鲂、鲮、乌鳢、鳜、鮰、黄颡鱼、大口黑鲈、罗非鱼、鲟、鳇、虹鳟、鳗鲡、塘鳢、鲶、
鮊、翘嘴鲌、细鳞斜颌鲴、泥鳅、哲罗鲑、细鳞鱼、中华绒螯蟹、青虾、罗氏沼虾、克
氏原螯虾、三角帆蚌、中华鳖等。2016—2018 年共培育出 6 个大宗淡水养殖鱼类新品种，
包括"中科 5 号"银鲫、鲤鱼"福瑞鲤 2 号"、合方鲫、团头鲂"华海 1 号"、太湖鲂鲌
和长丰鲫；培育淡水名特优鱼类新品种 8 个，包括香鱼"浙闽 1 号"、杂交鲟"鲟龙 1 号"、
长珠杂交鳜、黄颡鱼"黄优 1 号"、莫荷罗非鱼"广福 1 号"、吉富罗非鱼"壮罗 1 号"、
滇池金线鲃"鲃优 1 号"和大口黑鲈"优鲈 3 号"；培育出淡水虾蟹蚌及龟鳖蛙类新品种
6 个，包括中华绒螯蟹"诺亚 1 号"、中华绒螯蟹"江海 21"、青虾"太湖 2 号"、三角
帆蚌"申紫 1 号"、中华鳖"浙新花鳖"和"永章黄金鳖"。

2018 年统计结果显示，大宗淡水鱼类仍是我国淡水养殖主导种类，草鱼最高，产量
550.4 万吨；鲢鱼位居第二，产量 385.9 万吨；鳙鱼位居第三，产量 309.6 万吨。鲤、鲫、
罗非鱼、鲂位居第四到第七。淡水名特优鱼类包括鲈、鳢、鳜、黄颡鱼、鮰、鲟、虹鳟
等，其产量占淡水养殖总产量的 20% 左右。甲壳类产量为 343.8 万吨，比 2017 年增加
51.9 万吨，增长 17.8%。淡水虾蟹类近年来发展较为迅速，目前养殖的对象主要有克氏原
螯虾、中华绒螯蟹、青虾、罗氏沼虾等，其中克氏原螯虾产量 163.9 万吨，主产区在湖北、
安徽、湖南、江苏、江西等 5 省，中华绒螯蟹产量 75.7 万吨，青虾产量 23.4 万吨。贝类

产量 19.6 万吨，河蚌产量 5.9 万吨，珍珠产量 0.07 万吨，中华鳖产量 31.9 万吨。

### 2.产业布局、经营方式

水产养殖业从农村的副业成长为农村经济的支柱产业，淡水养殖业的发展带动了水产苗种、饲料、渔药、养殖设施设备和水产品加工、储运物流、稻田种养等相关产业的发展，不仅形成了完整的产业链，促进了农业产业结构的调整，还转移了大量富余劳动力，相关产业的从业人员已达千万人，增加了农业效益和渔民收入，全国渔民人均纯收入 19885 元，增长 7.76%。2018 年，我国渔业经济总产值 25864.5 亿元，占我国国民经济总产值的 2.9%，其中淡水养殖产值 5884.3 亿元。水产品连续十余年居大宗农产品出口首位。

改革开放 40 年来，我国淡水养殖产业以市场为导向，根据不同的资源优势和区位特点，优势产品区域布局逐渐形成。比如，沿海一些省市已经成为出口水产品产业生产基地，中部以大宗淡水鱼类为主，西部一些地区主要开展冷水鱼和特色水产品种。当前，我国淡水养殖总规模较大，但淡水水产苗种场较分散，产业集中度不高，无序竞争较严重，淡水水产良种覆盖率不高（<45%），苗种质量不稳定，部分淡水养殖动物种类较为单一，遗传育种成果进展缓慢，盈利能力不足，大部分苗种场需要依靠政府资金的补贴才能维持。此外，一些新型的养殖模式如稻田小龙虾养殖的基础理论滞后，加工产品标准、禁用药品目录、多种养殖模式及生产流程等的国家性标准没有出台，导致各生产环节留下了一些隐患。

### （二）国外

据联合国粮农组织最新统计，中国以外的世界各国淡水养殖产量占总产量的 30%。国外淡水养殖发展最快的是印度、越南和巴基斯坦，其淡水养殖技术提升较快。在水产养殖方面，中国无疑是世界上最成功的国家。此外，预计到 2020 年，中国水产养殖业将占世界总产量的 61%。中国淡水养殖，无论是鱼类，还是甲壳类、贝类和其他动物的产量上，中国的排名都在世界第一位，甲壳类、贝类和其他动物的产量占世界的比重均超过 90%。相比之下，美国水产养殖业仅满足该国渔业 5%—7% 的需求（美国农业统计，2018 年）。相反，美国是渔业产品的主要进口国，20% 以上是从中国购买的（FAO，2018）。虽然美国在多个领域成为世界领先者而自豪，但水产养殖肯定不是其中之一。

最近几年，西方发达国家由于其淡水养殖对象相对比较单一，产业科技力量较强，因此产业集中度较高，局部竞争力较强。具体表现在，一是利用其工业高度发展的优势，重视集约化、工厂化、机械化养殖，大力发展生态养殖模式，建立水产可持续发展的技术保障。二是国外非常注重先进科学技术特别是现代化的制种选育技术，培育优良品种。随着消费者对水产品质量的要求越来越高，养殖鱼类的品质方面的研究逐渐增多，主要研究了替代蛋白源和替代脂肪源对水产品的脂肪酸组成、肉品质参数和营养价值等的影响。

### 1. 遗传育种与苗种工程进展

随着生物技术的突飞猛进，分子育种和全基因组关联育种已成为现代生物育种的重要方法。近3年，全球淡水水产种业仍集中斑点叉尾鮰（*Ictalurus Punctatus*）、大西洋鲑（*Salmo salar*）、虹鳟（*Oncorhynchus mykiss*）、罗非鱼等主要养殖鱼类上，在生长、出肉率、饲料转化率、抗病、性别控制等重要经济性状的遗传改良，也大大推进了淡水养殖产业的发展。

斑点叉尾鮰是美国主要淡水养殖鱼类，其产量超过美国水产养殖总产量的60%以上。2016年，美国奥本大学刘占江教授团队完成了斑点叉尾鮰基因组测序、注释和功能解析，随后在此基础上，结合新构建的690K的SNP基因组芯片，利用GWAS技术解析了斑点叉尾鮰、兰叉尾鮰以及斑点叉尾鮰和兰叉尾鮰的杂交种的柱状黄杆菌、运动型气单胞菌败血症、肠道败血症、头部大小、体型、热胁迫、低氧胁迫、生长、胡须发育等重要经济性状QTL位点，以及Y染色体上性别决定基因，并在基因组水平识别和鉴定了这些重要经济性状的关键基因、基因通路或网络，为开展重要经济性状的分子育种奠定了坚实的基础。

甲壳动物雌雄个体差别往往比较大，因此生产中单性别养殖的产量高于两性混合养殖，这在罗氏沼虾中尤其明显。罗氏沼虾是世界上养殖量最高的三种虾类之一，雄性个体明显大于雌性个体，但雌性个体侵略性小、领地行为不突出，具有显著的生长优势，因此罗氏沼虾的全雌养殖在生产实践中是一种较好的模式。2016年，以色列Sagi教授团队将肥大的促雄腺悬浮细胞注射入雌性个体内，可使遗传雌性的罗氏沼虾（ZW）变成生理性雄性个体–假雄虾，然后跟将假雄虾（ZW）与正常雌性个体（ZW）杂交获得WW超雌个体，超雌个体性成熟后与正常雄虾（ZZ）交配，获得了ZW全雌个体后代，成功实现了罗氏沼虾的全雌苗种生产和土池养殖，并进行了商业化苗种繁育和生产。另外，Sagi教授团队利用RNAi技术将长度为518bp的胰岛素样雄激素（insulin–like androgenic gland hormone，IAG）的ORF序列双链RNA（dsRNA）注射入雄性罗氏沼虾体内，可使雄虾的IAG转录水平敲降，实现了完全性反转。2018年9月，首个高质量的罗氏沼虾雌虾基因组组装和注释完成，基因组大小为3.57Gb，scaffold的N50为19.84Mb，进一步揭示了W染色体的重要性及其对雌虾生长性能的潜在影响，为罗氏沼虾全雌化育种提供了理论指导。随后，在2017年推出了凡纳滨对虾全雌化养殖。

### 2. 工厂化车间和室外循环水养殖技术

目前国外工厂化车间和室外循环水养殖技术比较发达的国家有北美的加拿大、美国，欧洲的挪威、法国、德国、丹麦、西班牙、日本和以色列等国家。美国进行的"鱼菜共生"是很有特色的，亚利桑那州鱼菜共生系统每立方米水体可产罗非鱼50千克，上面无土栽培生菜，一年可种十茬。利用冷流水养虹鳟和温流水循环水养殖温水性鱼类都比较发达，如爱达荷州的一个温流水养鱼场，是5层阶梯流水养鱼池，每立方米负载量为160千克，每个池的日流量控制在240立方米以下，一年三茬总产量3000吨，为土池产量的4

倍，流水养鲑虹鳟，单产可达 50—100 千克 / 立方米·年。在亚洲，日本自 20 世纪 60 年代发展工厂化水产养殖系统以来，也取得了突出成绩，目前工厂化养殖各种鱼、虾、贝等鲜活水产品年产达 20 万吨以上，而且技术成熟、产量稳定。日本最早将微生物固定化技术用于养殖生产系统，其系统结构合理集成化程度高。由于注重系统的整体建设，其技术管理简单，能耗和成本更低，综合经济效益高。在欧洲，工厂化车间和室外循环水养殖已经成为一个新型的、发展迅速技术复杂的产业。据不完全统计，目前欧洲的封闭循环水养殖面积约 30 万平方米，且发展势头迅猛，拥有 500 万人口的丹麦现有年产 150—300 吨水产品的工厂化养殖系统 50 余座；德国有工厂化水产养殖系统 70 余座。丹麦 Hallundbak虹鳟循环水养殖场有两个单元，共 12 口池，约 2000 平方米，有自动吸鱼机，只需 1 人管理，年产 300 吨鱼，饲料系数只有 0.85。通过采用现代的水处理技术与生物工程，大量引用前沿技术，国外先进的工厂化养殖模式最高单产可达 100 千克 / 立方米，工厂化水产养殖系统已普及鱼、虾、贝、藻、软体动物的养殖。据报道，目前我国工厂化养殖单产为5—15 千克 / 立方米，单产相差还是比较悬殊。

## 四、本学科发展趋势及展望

目前，我国渔业科技进步贡献率已超过 60%，渔业科技综合实力在国际上总体处于中上水平，有些领域落后于发达国家，但在水产养殖业总体处于世界先进水平。在现有技术的支持下，截至 2018 年，我国淡水养殖良种覆盖率超过 50%。技术创新是种业发展的命脉，种业位于农业产业链的最上游，种业科技则是现代农业科技体系中的龙头，目前农业产业中高科技种业技术与产品的竞争将成为主导。现今国内外水产遗传育种技术和方法，在改良水产动物的遗传性状、培育遗传性状稳定的优良品种的复杂过程中，灵活运用多学科知识和多种现代科学技术，深入研究分子设计育种的理论和方法，加快尝试和发展全基因组育种，将是今后淡水养殖新品种培育技术进一步发展和品种持续改良的必然趋势。在我国现代水产种业"育 – 繁 – 推"的构架中，现代养殖设施装备也必不可少，繁育环境的工程化构建、繁育条件的精准化调控、繁育过程的数字化监控、繁育产品的物联网追溯、繁育生产的标准化建设等也急需科研和技术力量的投入。随着各级财政不断加大对包括渔业在内的农业科研投入，科技体制不断完善，符合现代农业发展要求的产业技术体系逐步建立，相信科技进步对淡水养殖动物种业发展的重大支撑作用将会继续得到发挥。

（一）战略需求

目前，水产品已成为重要的食物来源，约占国民动物蛋白供给的三分之一。随着城市化的发展，城镇人口比重加大，对水产品消费需求必将较大幅度增长。2030 年，我国人口总量将达到 16 亿，比现在增加 3 亿。如按全国人均水产品占有量为 50 千克计，总需求量为 8000 万吨，而 2018 年全国水产品总产量 6457.7 万吨，到 2030 年水产品总产量需要再增加约 1500 万吨，只有通过发展水产养殖才能实现。据联合国粮农组织（FAO）预测，未来二三十年全球水产品消费量将继续保持增长态势，日益扩大的新增市场份额主要靠进口水产品来弥补，这为我国水产品出口提供了广阔的空间。因此，进一步发展水产养殖业，生产更多更好的优质蛋白，满足国家人口增长和社会发展的新需求，保障食物安全，已经是毋庸置疑的选择。同时，大宗淡水养殖鱼类中滤食性、草食性鱼类的养殖量占养殖总量超过 60%，在其生长和养殖过程中，不仅大量使用了碳，同时也大量使用氮、磷等营养物质，实际产生了减缓水域生态系统富营养化进程的重要作用。另外，淡水珍珠贝的适应性广，对水体环境的要求较高，主要以浮游生物为食，是水体环境改善的重要调节生物类群。

## （二）重点发展方向

淡水养殖是我国大农业中发展最快的产业之一，为保障国家食品安全作出了重要贡献。淡水养殖模式的变革，其关键变化主要集中在两个方面。一是朝集约化，即设施化和智能化方向发展，改变我国水产养殖长期以来的粗放式养殖现状，通过关键技术及其技术集成降低养殖过程中的饵料损失和减少用药等，可有效减轻药物残留和富营养化对水环境质量与负载的影响，具有保护水环境和生态优化作用。二是朝生态化和有机化的方向发展，如稻渔综合种养就是在充分利用水生动物生长所需食物链和稻谷生长营养需求的生态功能优势，可有效控制水稻病虫害和稻田杂草，增加水体营养盐，提高稻田土壤肥力，还有利于营养物质的循环利用，提高食物生产力，有利于降低稻田 $CO_2$ 和 $CH_4$ 的排放量，有利于提高稻田蓄水能力，增加稻田的生态服务功能，从而减少化肥和农药使用量、减少面源污染、改善生态环境，生产出更多质量安全的稻米和水产品。因而，稻渔综合种养已成为国家和各级政府积极推广的新的生态农业范式。当前，淡水养殖的发展方向主要集中于如下几个重要方面。

### 1. 提升现代种业核心发展水平

瞄准大宗淡水养殖鱼类中存在良种覆盖率不高、品种种质退化、病害频发等主要问题，以产业发展和市场需求为导向，围绕主养品种，以重要养殖品种全基因组和重要经济性状功能的解析等为原动力，以育种技术创新和新品种培育为抓手，构建现代育种重大共性关键技术体系，在保持高产稳产的前提下，培育出优质、抗逆、生态、安全等的新品种。针对淡水虾蟹类养殖业现状和良种选育过程中遇到的技术难题，优化现有育种技术，重点研究性状测试技术和统计分析方法，培育生长速度快、品质优良、抗逆及抗病性能等优良性状的新品种。广泛收集全国各地龟鳖大鲵类的活体资源，建成龟鳖大鲵活体资源库；评估各种群的遗传背景，测试各项经济指标，建成龟鳖大鲵种质信息数据库，利用上游原良种场提供的优良品种亲本，进行大规模优良品种繁育。开展三角帆蚌和池蝶蚌保种工作，为淡水珍珠蚌种业将来种质可持续性开发和应用奠定基础，建立三角帆蚌和池蝶蚌核心种群和家系，针对三角帆蚌开展不同地理种群的群体间杂交育种，对后代进行生长、抗病和育珠对比实验，筛选出杂交优势好的配对组合，对杂交后代性状提纯和亲本配套系的建立培育出新的良种品系。围绕主要养殖鱼类，开展对苗种繁育技术水平和竞争力整体提升具有显著促进作用的关键技术、共性技术和集成配套技术的研发，主要是亲鱼筛选和培育、人工诱导产卵繁殖、苗种高效培育等。

**2. 发展池塘生态养殖模式**

目前池塘养殖仍处于传统粗放状态，即养殖资源利用粗放、养殖方式粗放和尾水处理粗放等状态，养殖生产的可控性差，生产效率低、设施基础落后、缺少针对性的先进模式的引进，需要对应绿色化发展的要求，围绕现代渔业"减量增收、提质增效、绿色发展"的转变需求，同时提出"以模式构建为核心，集成相关技术，构建良种、良法、良饵、良机为核心的模式化生产系统"的任务，发展池塘循环流活水养鱼系统。针对池塘养殖生产方式区域性特点，以系统功能复合构建为重点，优化养殖池塘标准化改造设施构建技术，开展区域性的水产养殖规划研究与示范改造工程设计，以养殖环境精准调控、生产作业省力省工为目标，开展机械化、智能化、信息化高效养殖装备研发与集成应用。开发高效环保饲料是目前降低农业面源污染的一个重要环节。通过原位修复技术使养殖生物在良性的生态环境中生长发育，最大限度减少池塘养殖对外环境的影响，实现池塘养殖可持续发展。构建水产养殖病害预警体系，增强综合防控能力。开展药代动力学和新渔药研究，消除质量安全的隐患。近年来，动物保护产品在池塘生态养殖的应用广泛，在水质调控方面起到了重要的作用，但存在市场混乱，养殖中滥用和不科学使用的问题、微生物剂制剂产品厂家很多，品种繁杂（国内目前厂家都标榜为动保产品），今后需要规范这些产品质量和使用说明，特别是针对鱼虾蟹类池塘养殖不同季节，不同气候，不同水层，养殖动物不同的状态（正常，应激，发病）动保产品使用的种类、顺序、持续作用的时间。开发用于鱼类抗应激的添加剂，提高鱼体抗病能力。建立全新池塘养殖管理体系，保障水产品质量安全。针对南方、北方和中部不同地域气候环境条件，建立不同类型池塘养殖水生态工程化控制设施系统模式。

同时建议根据现代渔业绿色发展要求，根据常规淡水养殖对象的养殖适度，降低养殖密度，加强优良品种的推广应用、营养调控、水质管理等，显著提高养殖产品的质量，构建科学的池塘生态养殖模式。适度开展常规鱼池塘养殖的结构升级和转型，更具生态、经济和社会效益的虾蟹池塘生态养殖模式（河蟹，青虾等）。

在淡水池塘的生态养殖模式建立方面，强化支持多营养层次生态养殖模式构建，如鱼-虾-蟹-贝-菜/稻/藕等，促进物质高效循环利用，是今后淡水池塘生态养殖的一个重要发展方向。

### 3. 提升池塘工程化生态养殖和工厂化循环水养殖水平

池塘工程化生态养殖是根据功能分区、单独建设的原理，在传统养殖池塘中通过现代土建技术进行改造并生产，是集生物、物理、化学、工程和电子等多门学科于一体的养鱼新技术。具有产量高、技术含量高、劳动强度小、周期短、土地和水资源等特点，是目前国内外淡水养殖业的一种新模式。我国具有大量的传统养殖池塘可供改造，如果能够利用好种生态友好型养殖模式，就能尽可能小的资源消耗和环境成本，获得尽可能大的经济效益和社会效益，从而实现经济活动的生态化，达到降低环境污染、提高经济发展质量的目的，促进资源的持续利用。从成本分析来看，工程化流水养殖对渔药、其他杂支等开支相对减少。由于大宗淡水鱼价格较低，所以池塘工程化生态养殖如何选择适宜养殖品种是我们该考虑的问题，另外，如何解决鱼类在养殖系统中安全越冬、并减少鱼体消瘦等将是下一步重点解决的问题。

工厂化水产养殖是渔业生产新的经营方式，具有占地面积小、生产集中、产量高、效益好等优点，是发展现代渔业生产的现实选择。目前，我国淡水水产养殖业在工厂化发展的思想理念、工业化的科技创新能力、基础设施、制度的有效供给、标准化生产以及专业化分工与协作等方面还存在诸多不足，需要予以推进和完善。到 2020 年，我国淡水工业化循环水养殖水处理系统的稳定性、可靠性能得到加强，设施设备实现产业化生产，并部分达到国外领先和先进水平；工业化循环水养殖系统精准管理技术标准、生产体系基本建立；工业化循环水养殖系统的生产应用范围不断扩大，突破 500 万平方米；循环水育苗系统在生产中得到推广应用；工业化循环水养殖系统的推广应用不再依靠政府和科技人员的推动，而成为养殖企业自发的需求。养殖用水循环使用和尾水集中处理，实现尾水达标排放。

### 4. 优化稻田绿色种养模式

要坚持以粮为先，始终坚持"以渔促稻、稳粮增效、质量安全、生态环保"发展方针，推动种养循环农业发展，不断提高稻田绿色种养模式发展水平。如何改变目前稻田绿色种养模式下渔强稻弱的问题，提升水稻的生产效益和附加值，提高农民种稻积极性，实现稻田综合种养模式"稻渔双轮驱动、协调发展"，是目前亟须解决的问题。另外，在稻田绿色种养快速发展的背景下，与产业发展规模相适应的种业及技术体系尚不完善，小龙虾白斑综合征病毒病等养殖病害发生率呈上升趋势且尚无有效治疗方法。稻田绿色种养模式总体上多停留在传统经验积累上，相关的关键参数构建、技术体系集成以及基础理论研究有待加强。

总之，通过加强稻田绿色种养理论研究和技术开发，逐步实现稻田绿色种养模式规范化、标准化和专业化，使之成为乡村振兴、三产融合、渔业精准扶贫和美丽乡村建设的重要抓手。

### 5. 探索大水面生态渔业发展模式

近期，农业农村部等十部委联合印发的《关于加快推进水产养殖业绿色发展的意见》

（以下简称《意见》），强调要发挥水产养殖的生态属性，鼓励发展不投饵的滤食性鱼类。这是新中国成立以来第一个经国务院同意、专门针对水产养殖业的指导性文件，是当前和今后一个时期指导我国水产养殖业绿色发展的纲领性文件，对水产养殖业的转型升级、绿色高质量发展都具有重大而深远的意义。

大水面生态渔业发展模式可以很好地贯彻落实《意见》的主旨，这要求广大淡水养殖从业者按照生态优先、科学利用、创新机制、融合发展的原则，总结推广已经成功的大水面渔业先进经验和创新模式（如千岛湖、查干湖模式），探索制定出一套适合大水面渔业的增殖容量标准和养殖技术规范，对共性关键技术进行总结，促进大水面渔业的可复制性，加快技术成果转化效率，大胆创新管理运行和利益分享机制，各地制定出适合当地特点的发展政策，不断促进大水面渔业增养殖、捕捞、加工、冷链物流、休闲旅游等多产业实现无缝连接。以大水面生态渔业为抓手，推进渔业融合发展。突出大水面渔业的生态属性、美化效果、富民功能，把大水面生态渔业打造成渔业第一、第二、第三产业融合发展、绿色发展的样板。

## 五、针对淡水养殖产业发展的政策建议

### （一）紧跟国家政策，大力发展安全高效的池塘生态和工厂化养殖模式

党的十九大以来，党中央国务院提出了水环境保护和生态文明建设的重大决策，在政府和市场的双重驱动下，生态优先和供给侧结构调整已经促使水产养殖模式发生了重大变化，这些变化已在保护水环境健康，保证生态可持续发展和生态文明建设中起了重要作用。推进产业化进程中注重本地资源、物种多样性和生态环境的保护，避免无节制开发和浪费，走可持续发展的健康养殖之路。尽快制定或完善淡水养殖产业技术标准，引入食品安全和生态安全评价，制定种苗市场的准入和退出制度，完善市场监管体系和信贷保险等保障体系建设；加大公共财政对淡水养殖种业的扶持政策力度，对公益性种业实施良种补贴政策、对商业化种业实施税负减免政策；发展集约化水产养殖系统技术，包含养殖的信息化、精细化、集约化。通过最新的物联网等技术，实现精确测量、实时监控、智能化分析及控制，从而达到集约化、无人化、精确智能的科学养殖。

### （二）加强科技创新体系建设，开创技术研发新局面

要积极发挥各地渔业主管部门的中间调度作用，充分整合国内水产高校、科研院所中研究平台及科研团队的优势力量，调动各个重点实验室及骨干企业等的模范创新作用，继续推进产学研一体化合作；充分调动渔业科技人员的积极性，实施科研成果权益收入分配和依法依规适度兼职兼薪制度，促进科技成果转化；鼓励民间及社会资本投入渔业科技创新中来。

要加快建立以重点水产类高校和科研院所为主体的知识创新体系。加强水产领域的国家实验室、育种中心、工程中心和重点实验室建设，加快改善科研设施和条件。依托技术创新引导工程以及农业科技计划和工程，促进产学研相结合，组建国家重点实验室工程类、行业工程技术研究中心或技术创新中心，建立以水产品加工流通企业等产业主体为主的技术创新体系。鼓励水产技术推广人员以技术、资金参股从事经营性服务，领办、联办各类专业协会、服务实体、渔业科技示范园区，组建股份制的渔业科技企业、渔业中介服务组织等。

### （三）加快公益性育种中心、完善水产种业体系建设

近年来，水产养殖在水产种质资源保存与利用、遗传机制解析与功能基因挖掘、优良性状新品种选育、水产种业体系建设、水产养殖模式等方面取得了一系列进展。已建立从水产遗传育种（遗传育种中心）、良种保存扩繁（水产原/良种场）到苗种生产供应（水产种苗繁育场）的水产种业生产保障体系；已育成涵盖了鱼、虾、贝、蟹、藻等主要养殖种类的水产新品种 200 多个。

加强水产原良种体系建设。有效发挥以国家级水产良种场和水产动物遗传育种中心为核心的现代育种体系，以及以原种场和种质资源保护区为主体的种质资源保护体系。大力培育一批具有创新能力的科研平台及研究团队。充分发挥国家级大宗淡水鱼和特色淡水鱼产业技术体系的技术及平台优势，积极培育和引进具有优良经济性状且适合国内养殖的新品种，逐步提升水产良种在淡水养殖中的覆盖率。

我国淡水水产种业目前基本形成了由水产遗传育种中心、原种场、良种场等组成的全国水产原良种繁育体系框架。目前在大宗淡水鱼类、名特优鱼类和淡水虾蟹类方面建设鲢、草鱼、鲫、鲂、罗氏沼虾、河蟹等多个国家级遗传育种中心，良种体系（国家级遗传育种中心—国家级原良种场—地方原良种场和繁殖场—养殖企业或养殖户组成）相对完善，但苗种养殖装备的产业水平整体上处于设施化生产的初始阶段，养殖设施与装备有待加强。国家级的良种场存在重硬件轻育种，低水平，资金不到位的问题，各省（直辖市、自治区）良种场繁育场和推广站等不管从数量上还是技术水平或者生产能力上都与现代化淡水种业有一定的距离。在淡水现代化种业之路中，多级公益性的良种体系建设能需加强。

### （四）推进企业为主体的多元化种业新机制，推进知识产权保护和商业化运作

现代水产种业是以现代设施装备为基础，以现代科学与育种技术为支撑，采用现代的生产管理、经营管理和示范推广模式，实现"产学研－育繁推"一体化的水产种苗生产产业。2017 年，在水产领域推进了知识产权保护和商业化运作。专业合作社，少数非水产企业，甚至国联水产、安井食品、美好置业等上市公司、京东生鲜网络、盒马鲜生等企业，均不同程度地投入了水产行业中如小龙虾、河蟹等。2017 年，仅湖北省电商平台交

易额就达 5 亿元，其中潜江市"虾谷 360"垂直电商平台的"互联网 + 小龙虾"运营模式，吸纳的采购大户和交易商户达 300 多家，小龙虾物流配送辐射全国 300 多个城市、3000 多客户终端，年小龙虾交易额达 3.59 亿元。现代育种技术突飞猛进，推动水产行业育繁推全产业链各环节更紧密衔接在一起。政府、产业、科技与资本有机融合，国内与国际产学研深度协同，给水产种业做大做强提供了难得契机。

扶持企业壮大是强大国家种业的必由之路，必须坚持和巩固企业的主体地位，创建民族品牌，建立并发挥行业协会的引导作用，营造种业企业发展的良好环境，开展种苗和养殖的市场信息化平台建设，强化行业管理标准化，培育出了一批具有一定的科研能力、有标准化和规模化生产能力及商业化育繁推的龙头企业。此外，要大力培育多元化的渔业社会化服务组织，支持渔民专业合作社、渔业技术协会、渔业龙头企业及科研院校等提供各种形式的服务，形成公益性服务和经营性服务相结合的格局。提升企业自主创新能力，造就一批技术水平高、生产管理完善、质量检验严格的养殖鱼类苗种繁育龙头企业，形成集"种业 - 养殖 - 加工 - 物流营销 - 餐桌安全 - 产业经济与文化（品牌建设）"的中国特色的企业，达到高收入、高产出、高效益的养殖鱼类苗种规模化繁育的现代产业体系。

### （五）注重人才队伍建设

人才是强农、兴农之本。加强人才队伍建设在现代淡水养殖发展中具有重要作用。要多出台人才奖励政策，建立多模式创新人才培养体系，面向淡水养殖业需求，确立多渠道培养、多方向评价、多层次并举、多方位服务的人才特色培养机制。紧密结合现代淡水养殖发展需求，有目的性地加强淡水养殖管理、科技、生产、经营等各方面高层次人才队伍建设和引进。增强高校、科研院所、推广站与淡水养殖协会、淡水养殖企业、淡水养殖合作社的交流沟通。开设新型渔民养殖技能培训等专业培训班，培养一大批具有先进养殖技能的养殖能手，增强渔民创业能力和行业技能，全面提升渔业从业人员素质。着重培养一部分养殖技术水平高、大胆创业、敢于带领渔民脱贫致富的模范带头人。

### （六）加大对本学科发展的扶持力度，在一些公益性技术方面给予重点支持

各级渔业行政主管部门要积极健全财政资金扶持体系，加大财政资金整合力度，发挥财政资金引导和杠杆作用，推进淡水养殖产业转型升级的引导、扶持和撬动作用，设立省部级、市级淡水养殖业发展专项资金，着重向农业农村部主推的工厂化循环水高效生态养殖技术、池塘"鱼 - 水生植物"生态循环技术、淡水池塘养殖尾水生态化综合治理技术、稻田绿色种养技术等重点发展方向倾斜，并根据各地淡水养殖产业的发展特色及新要求，有目的有方向地增加资金投入。

注重对淡水养殖领域公益性技术方面的支持，尤其是对服务于"精准扶贫""一带一路"等重大战略的公益性技术给予重点支持。按照国家赋予公益类科研机构的职责定位，

进一步加大财政投入力度，建立稳定支持机制，大幅度提高公益类科研机构的创新和服务
能力。通过扶持，逐步形成一批服务于国家战略、解决淡水养殖重大科学问题的重点公益
类科研机构和一批高水平的公益性人才队伍。

# 参考文献

［1］ 王成龙，郑国栋，陈杰，等. ENU 诱变草鱼及其雌核发育后代的微卫星遗传分析［J］. 中国水产科学，
      2017，24（5）：31-39.

［2］ 农业部渔业渔政管理局. 2017 年全国渔业经济统计公报［B］. 2018.

［3］ 杨天毅，熊阳，丹成，等. 利用鱼类性逆转技术创制黄颡鱼 XX 雄鱼的方法［J］. 水生生物学报，2018，
      42（5）：871-878.

［4］ 何中央，张海琪，周凡，等. 中华鳖"浙新花鳖"［J］. 中国水产，2017，（3）：80-83.

［5］ 李福贵，郑国栋，吴成宾，等. 团头鲂耐低氧 F3 的建立及其在低氧环境下的生长差异［J］. 水产学报，
      2018，42（2）：236-245.

［6］ 桂建芳，张晓娟. 新时代水产养殖模式的变革［J］. 长江技术经济，2018，（1）：25-29.

［7］ 桂建芳，周莉，张晓娟. 鱼类遗传育种发展现状与展望［J］. 中国科学院院刊，2018，33（9）：932-939.

［8］ 桂建芳，包振民，张晓娟. 水产遗传育种与水产种业发展战略研究［J］. 中国工程科学，2016，18（3）：
      8-14.

［9］ 闫雪，程锦祥，欧阳海鹰，等. 中国水产遗传育种基础研究国际竞争力分析［J］. 农业图书情报学刊，
      2018，30（6）：57-62.

［10］ 李家乐，王德芬，白志毅，等. 中国淡水珍珠养殖产业发展报告——坚持绿色发展 实现淡水珍珠养殖产
      业转型升级［J］. 中国水产，2019，3：23-29.

［11］ 张振东，肖友红，范玉华，等. 池塘工程化循环水养殖模式发展现状简析［J］. 中国水产，2019（5）：
      34-37.

［12］ 张韦，王永辰，蔡超，等. 天津地区池塘工程化循环水养殖技术试验［J］. 河北渔业，2018，297（9）：
      27-28，55.

［13］ JF Gui，QS Tang，ZJ Li，et al. Aquaculture in China：Success Stories and Modern Trends［M］. Oxford：John
      Wiley & Sons，2018.

［14］ L Zhou，JF Gui. Applications of genetic breeding biotechnologies in Chinese aquaculture//Gui J F，Tang Q S，Li Z J，
      et al，eds. Aquaculture in China：Success Stories and Modern Trends. Oxford：John Wiley & Sons，2018：465-
      496.

［15］ L Zhou，JF Gui. Natural and artificial polyploids in aquaculture［J］. Aquaculture & Fisheries，2017，2：103-
      111.

［16］ HH Guo，GD Zheng，CB Wu，et al. Comparative analysis of the growth performance and intermuscular bone traits
      in F1 hybrids of black bream（*Megalobrama terminalis*）（♀）× topmouth culter（*Culter alburnus*）（♂）［J］.
      Aquaculture，2018，492：15-23.

［17］ GD Zheng，CL Wang，DD Guo，et al. Ploidy level and performance in meiotic gynogenetic offsprings of grass carp
      using UV-irradiated blunt snout bream sperm［J］. Aquaculture and Fisheries，2017，2：213-219.

［18］ CB Wu，ZY Liu，FG Li，et al. Gill remodeling in response to hypoxia and temperature occurs in the hypoxia
      sensitive blunt snout bream（*Megalobrama amblycephala*）［J］. Aquaculture，2017，479-486.

［19］ L Chen，R Huang，D Zhu，et al. Cloning of six serpin genes and their responses to GCRV infection in grass carp （*Ctenopharyngodon idella*）［J］. Fish Shellfish Immunol，2019，86：93–100.

［20］ XY Jiang，CX Huang，S Zhong，et al. Transgenic overexpression of follistatin 2 in blunt snout bream results in increased muscle mass caused by hypertrophy［J］. Aquaculture，2017，468：442–450.

［21］ S Liu，J Luo，J Chai，et al. Genomic incompatibilities in the diploid and tetraploid offspring of the goldfish × common carp cross［J］. Proceedings of the National Academy of Sciences，2016：201512955.

［22］ CY Lu，MY Laghari，XH Zheng，et al. Mapping quantitative trait loci and identifying candidate genes affecting feed conversion ratio based onto two linkage maps in common carp（*Cyprinus carpio* L）［J］. Aquaculture，2017，468：585–596.

［23］ S Wang，XL Ye，YD Wang，et al. A new type of homodiploid fish derived from the interspecific hybridization of female common carp x male blunt snout bream［J］. Sci Rep–Uk，2017，7.

［24］ LH Ye，C Zhang，XJ Tang，et al. Variations in 5S rDNAs in diploid and tetraploid offspring of red crucian carp × common carp［J］. BMC Genetics，2017，18.

［25］ HH Zhao，JG Xia，X Zhang，et al. Diet Affects Muscle Quality and Growth Traits of Grass Carp（*Ctenopharyngodon idellus*）：A Comparison Between Grass and Artificial Feed［J］. Front Physiol，2018，9.

［26］ ZY Bai，X K Han，XJ Liu，et al. Construction of a high–density genetic map and QTL mapping for pearl quality-related traits in *Hyriopsis cumingii*［J］. Scientific Reports，2016：32608.

［27］ WW Wang，SX Tan，J Luo，et al. GWAS Analysis Indicated Importance of NF–κB Signaling Pathway in Host Resistance Against Motile Aeromonas Septicemia Disease in Catfish［J］. Marine biotechnology，2019，

［28］ LS Bao，CX Tian，SK Liu，et al. The Y chromosome sequence of the channel catfish suggests novel sex determination mechanisms in teleost［J］. BMC Biology，2019，17：6.

［29］ X Geng，J Sha，SK Liu，et al. A genome–wide association study in catfish reveals the presence of functional hubs of related genes within QTLs for columnaris disease resistance［J］. BMC Genomics，2015，16：196.

［30］ YL Jin，T Zhou，X Geng，et al. A genome–wide association study of heat stress–associated SNPs in catfish［J］. Animal Genetics，2016，48：233–236.

［31］ N Li，T Zhou，X Geng，et al. Identification of novel genes significantly affecting growth in catfish through GWAS analysis［J］. Molecular Genetics Genomics，2018，293：587–599.

［32］ HT Shi，T Zhou，XZ Wang，et al. Genome–wide association analysis of intra–specific QTL associated with the resistance for enteric septicemia of catfish［J］. Molecular Genetics Genomics，2018，293：1365–1378.

［33］ SX Tan，T Zhou，WW Wang，et al. GWAS analysis using interspecific backcross progenies reveals superior blue catfish alleles responsible for strong resistance against enteric septicemia of catfish［J］. Mol Gen Genomics，2018，293：1107–1120.

［34］ XZ Wang，Liu SK，Jiang C，et al. Multiple across–strain and within–strain QTLs suggest highly complex genetic architecture for hypoxia tolerance in channel catfish［J］. Mol Genet Genomics，2017a，292：63–76.

［35］ QF Zeng，Q Fu，Y Li，et al. Development of a 690 K SNP array in catfish and its application for genetic mapping and validation of the reference genome sequence［J］. Sci Rep，2017，7：40347.

［36］ XX Zhong，Wang XZ，Zhou T，et al. Genome–wide association study reveals multiple novel QTL associated with low oxygen tolerance in hybrid catfish［J］. Marine Biotechnology，2017，19：379–390.

［37］ T Zhou，SK Liu，X Geng，et al. GWAS analysis of QTL for enteric septicemia of catfish and their involved genes suggest evolutionary conservation of a molecular mechanism of disease resistance［J］. Mol Gen Genomics，2017，292：231–242.

［38］ T Zhou，N Li，YL Jin，et al. Chemokine C–C motif ligand 33 is a key regulator of teleost fish barbel development［J］. Proc Natl Acad Sci USA，2018，115：5018–5027.

［39］ AP Gurierrez, JM YANez, S Fukui, et al. Genome-wide association study（GWAS）for growth rate and age at sexual maturation in Atlantic salmon（Salmo salar）［J］. PLoS One, 2015, 10（3）: e0119730.

［40］ T Levy, O Rosen, B Eilam, et al. A single Injection of hypertrophied androgenic gland cells produces all-female aquaculture［J］. Marine biotechnology, 2016, 18: 554-563.

［41］ T Levy, O Rosen, B Eilam, et al. All-female monosex culture in the freshwater prawn *Macrobrachium rosenbergii*-a comparative larger-scale field study［J］. Aquaculture, 2016, 479: 857-862.

［42］ N Shpak, R Manor, L K Abilevich, et al. Short versus long double-stranded RNA activation of a post-transcriptional gene knockdown pathway［J］. RNA biology, 2017（1）: 1-10.

［43］ JL Vega-Alpizar, J Alfaro-Montoya, L Hernandes-noguera, et al. Implant recognition and gender expression following ampoule-androgenic gland implantation in *Litopenaeus vannamei* females（Penaeidae）［J］. Aquaculture, 2017, 468: 471-480.

［44］ CF Sun, YC Niu, X Ye, et al. Construction of a high-density linkage map and mapping of sex determination and growth-related loci in the mandarin fish（*Siniperca chuatsi*）［J］. BMC genomics, 2017, 18: 446.

［45］ L Wang, N Xie, Y Shen, et al. Construction high-density genetic maps and developing sex markers in northern snakehead（*Channa argus*）［J］. Marine biotechnology, 2019, 19.

［46］ J Xu, C Bian, KC Chen, et al. Draft genome of the Northern snakehead, *Channa argus*［J］. GigaSience, 2017, 6（4）: 1-5.

［47］ GR Gong, C Dan, SJ Xiao, et al. Chromosomal-level assembly of yellow catfish genome using third-generation DNA sequencing and Hi-C analysis［J］. GigaScience, 2018, 7: 1-9.

［48］ C Dan, QH Lin, GR Gong, et al. A novel PDZ domain-containing gene is essential for male sex differentiation and maintenance in yellow catfish（*Pelteobagrus fulvidraco*）［J］. Science bulletin, 2018, 63（21）: 1420-1430.

［49］ H Qiao, HT Fu, YW Xiong, et al. Molecular insights into reproduction regulation of female Oriental River prawns *Macrobrachium nipponense* through comparative transcriptomic analysis［J］. Scientific reports, 2017, 7（1）: 12161.

［50］ CT Ge, J Ye, C Weber, et al. The histone demethylase KDM6B regulates temperature-dependent sex determination in a turtle species［J］. Science, 2018, 360（6389）: 645-648.

［51］ Gz Luo, N Zhang, HX Tan, et al. Efficiency of producing bioflocs with aquaculture waste by using poly-hydroxybutyric acid as a carbon source in suspended growth bioreactors［J］. Aquacultural Engineering, 2017, 76: 36-40.

［52］ GZ Luo, J Wang, N Ma, et al. Effects of Inoculated Bacillus subtilis on Geosmin and 2-Methylisoborneol Removal in Suspended Growth Reactors Using Aquacultural Waste for Biofloc Production［J］. Journal Microbiology Biotechnology, 2016, 26: 1-8.

［53］ LS Song, C Bian, YJ Luo, et al. Draft genome of the Chinese mitten crab Eriocheir sinensis［J］. Gigascience, 2016, 5: 5.

［54］ H Wang, L Wang, WJ Shi, et al. Estimates of heritability based on additive-dominance genetic analysis model in red swamp crayfish Procambarus clarkii［J］. Aquaculture, 2019, 504: 1-6.

［55］ LL Shi, SK Yi, YH Li. Genome survey sequencing of red swamp crayfish Procambarus clarkia［J］. Molecular Biology Reports, 2018, 45（5）: 799-806.

［56］ SH Chu, L Liu, MN Abbas, et al. Peroxiredoxin 6 modulates toll signaling pathway and protect DNA damage against oxidative stress in red swamp crayfish Procambarus clarkia［J］. Fish and shellfish immunology, 2019, 89: 170-178.

［57］ D Zhao, XN Zhang, DS Liu, et al. Cu accumulation, detoxification and tolerance in the red swamp crayfish Procambarus clarkii［J］. Ecotoxicology and Environmental Safety, 2019, 175: 201-207.

［58］ PF Kang，B Mao，C Fan，et al. Transcriptomic information from the ovaries of red swamp crayfish Procambarus clarkia provides new insights into development of ovaries and embryos ［J］. Aquaculture，2019，505：333–343.

［59］ SH Chu，L Liu，MN Abbas，et al. Gardenia jasminoides Ellis inhibit white spot syndrome virus replication in red swamp crayfish Procambarus clarkia ［J］. Aquaculture，2019，504：239–247.

撰稿人：李家乐　邹曙明　刘其根　成永旭　谭洪新

黄旭雄　罗国芝　白志毅　吴旭干　冯建彬

# 水产动物疾病学科发展研究

## 一、引言

中华人民共和国成立后，鱼病学，或者说水产动物病害病原生物学和防治的研究在我国得以起步，经过 70 年的发展，全国已拥有隶属于地区以上水产部门的科研机构 100 多个，研究队伍规模 1 万人左右，有些重点渔业县和少数水产企业也建立了相应的研究机构。我国绝大多数的农业院校以及一些分布在水产资源丰富地区的综合性院校也设立了与水产相关的专业，建立了独立的专业教师和相关研究队伍。水产科研队伍的建立和发展，促进了我国水产科学技术的繁荣与进步。以鱼、虾、贝等水产养殖动物为主要对象的病害防治取得了丰硕成果，有力地保证了水产品的食品安全，推动了我国水产业的持续健康发展。

近年来，随着分子生物学和基因水平研究手段的快速发展，研究队伍的不断发展壮大，水产动物病害与免疫学研究的深度得到了不断拓展，在寄生虫的物种多样性、重要寄生虫的感染模型以及生活史和综合防治、病原微生物的效应分子与致病机理、对虾病毒病的流行病学、鱼类病毒病原的入侵与繁殖及其免疫逃逸机制、水产养殖生物的免疫系统组成与免疫功能等方面都取得了突出的研究成绩。下面将分别从寄生虫、细菌性病原、病毒性病毒和免疫学四个方面，对我国学者在近三年中取得的研究成绩进行总结。

## 二、寄生虫的物种多样性、感染模型与防治

### （一）单殖吸虫的生态学、感染模型与生态和药物防治

养殖条件下，单殖吸虫的种群数量往往会快速上升，引起养殖鱼类病害发生。在单殖吸虫的生态学、药物筛选，以及单殖吸虫系统分类方面开展了系统的研究。调查了野生和养殖条件下鲫鱼鳃部寄生指环虫的种类和群落结构特点，分析了宿主因素和环境因子对指

环虫感染的影响（Li WX et al.，2018a）；通过调查养殖条件下草鱼鳃部两种指环虫，皖指环虫（*Dactylogyrus ctenopharyngodonis*）和鳃片指环虫（*D. lamellatus*）的季节动态，及其对鳃部的选择性和两者的竞争关系（Yang et al.，2016）。建立了三代虫的人工感染系统，在实验室条件下，研究了金鱼宿主种群大小和健康状况对三代虫传播的影响，在高密度下，三代虫是密度制约的传播；宿主的易感性也是决定三代虫传播的重要因子（Zhou et al.，2017）。利用三代虫的人工感染系统，发现小林三代虫（*Gyrodactylus kobayashii*）在感染金鱼的前两周，可引起炎症相关免疫基因表达的显著升高，且在消除三代虫20天后，宿主的抗性会消失（Zhou et al.，2018）；利用该感染系统，进行了杀虫药物筛选，发现博落回的甲醇提取物有较好的驱虫效果，也评价了福尔马林的驱虫效果（Zhou et al.，2017）；常用消毒剂次氯酸钠和二氧化氯对小林三代虫有较好的杀灭效果（周顺等，2016）。

罗非鱼是我国引进的重要养殖对象，在引进的过程中，外来的寄生虫也同样被引进。在我国南方的一些地区，罗非鱼甚至形成了野生种群。近来的研究揭示了野生罗非鱼的单殖吸虫区系，包括 *Enterogyrus coronatus*，*E. malmbergi*，*Cichlidogyrus cirratus*，*C. halli*，*C. sclerosus*，*C. thurstonae*，*C. tilapiae*，*Scutogyrus longicornis*，*Gyrodactylus cichlidarum* 以及一种三代虫未定种（Zhang et al.，2019）。此外，测序分析了3种双身虫，华双身虫（*Sindiplozoon sp.*），真双身虫（*Eudiplozoon sp.*），马口鱼拟双身虫（*Paradiplozoon opsariichthydis*）的线粒体基因组，系统发育分析和碱基组成与偏好性分析都显示双身虫并没有与其他单殖吸虫（多钩亚纲）聚在一起，而是被绦虫和吸虫隔开（Zhang et al.，2018）。

## （二）鲤蠢目单节绦虫的多样性

鲤蠢绦虫是一个独特的绦虫类群，在我国还存在相当程度的物种认知空白。近年来，首次确认和报道宽头鲤蠢绦虫（*Caryophyllaeus laticeps*）在额尔齐斯河水系东方欧鳊肠道感染分布（Xi et al.，2016a）；在青藏高原雅鲁藏布江水系裂腹鱼肠道新发现报道1个绦虫新种并建立1个分类新属，*Parabreviscolex niepini* n.g.，n.sp.（Xi et al.，2018）。

测定了休伦形纽带绦虫（*Atractolytocestus huronensis*）、中华许氏绦虫（*Khawia sinensis*）和东方短节绦虫（*Breviscolex orientalis*）的线粒体基因组，不分节绦虫与分节绦虫的线粒体基因排列存在一个长距离的移位事件，不分节的鲤蠢目绦虫是真绦虫中最原始的一类（Li WX et al.，2017）。

此外，阐明了鲤科鱼类重要寄生虫病原头槽绦虫在国内宿主地理分布和系统地理分布特征（Xi et al.，2016b），测定了双线绦虫和舌状绦虫的线粒体基因组全长，线粒体比较基因组学支持双线绦虫和舌状绦虫为同属物种（Li WX et al.，2018b）。

## （三）寄生纤毛虫系统发育与感染模型建立

针对水产养殖鱼类和两栖类，较为系统地开展了肠道寄生原虫，包括肠肾

虫、肠袋虫、蛙片虫的分类和系统发育研究，鉴定了肠肾虫的 4 个属，拟肠肾虫属
（*Nyctotheroides*）、侧管肠肾虫属（*Parasicuophra*）、旋咽肠肾虫属（*Spirocytopharynxa*）、
韦氏肠肾虫属（*Wichtermania*），共 17 种，其中新种 1 个，取缔了肠肾虫的 1 个属，即巨
咽肠肾虫属。通过大量银染标本的比较并结合分子信息，认为虫体缝线结构是非常稳定的
属级分类特征（Li M et al., 2016, 2017; Li C et al., 2018）。完成了蛙片虫属（*Opalina*）、
原蛙片虫属（*Protoopalina*）、棍形蛙片虫属（*Cepedea*）3 个属 14 种形态学刻画；同时
成功获得了它们的 rDNA 全序列，填补了国际间本类群分子序列信息的空白（高 AT 含
量，常超过 70%）（Li C et al., 2017; Li M et al., 2018）。发现肠袋虫 1 新种，*Balantidium
grimi*；主张将肠袋虫属的分类阶元提升为科，将鱼类寄生肠袋虫与其他宿主来源的肠袋
虫（两栖类、爬行类、哺乳类）分开并建立新属（Sun et al., 2017; Zhao et al., 2018）。

筛选有重要科研价值和经济意义的寄生虫种，建立其实验室内离体培养体系和人工感
染模型：①肠袋虫：研究了鲩肠袋虫的发育特点和生长条件，通过观察鲩肠袋虫在培养基
中的状态及数量变化确定了其最佳培养基组成成分，建立了其离体培养体系，这也是首例
成功实现离体培养的鱼类寄生纤毛虫。②斜管虫：从形态学（体纤毛列）、流行病学（水
温、海拔）、分子信息（rDNA）等确认了十六线斜管虫和鱼斜管虫是对鱼类有严重危害的
两个完全不同的种；利用金鱼构建了斜管虫室内传代体系（Li M et al., 2018）。

### （四）粘孢子虫物种多样性、生活史与综合防治

粘孢子虫是鱼类重要的寄生虫病原，因其具有坚硬的几丁质外壳且在宿主体内形成孢
囊，加之大部分粘孢子虫的生活史不清楚，目前粘孢子虫病尚无有效防控方法。针对粘孢
子虫病防控困难的问题，建立粘孢子虫早期诊断方法、解析重要粘孢子虫病原的生活史、
完善重要经济鱼类寄生粘孢子虫的物种组成是近几年的研究重点。

在粘孢子虫早期诊断方面，建立了异育银鲫寄生粘孢子虫的多重 PCR 检测方法，可
以同时检测四种寄生异育银鲫的粘孢子虫，包括武汉单极虫（*Thelohanellus wuhanensis*）、
洪湖碘泡虫（*Myxobolus honghuensis*）、吴李碘泡虫（*M. wulii*）、丑陋圆形碘泡虫
（*M. turpisrotundus*）（Li D et al., 2017）。在粘孢子虫生活史研究方面，解析了寄生鲤的吉
陶单极虫（*Thelohanellus kitauei*）和寄生异育银鲫的龟壳单极虫（*T. testudineus*）的生活史
（Zhao et al., 2016, 2017）。

在粘孢子虫病原鉴定方面，鉴定了寄生鲤的巨泡单极虫新种（*T. macrovacuolaris
n.sp.*）和寄生黄颡鱼的拟吴李碘泡虫新种（*Myxobolus pseudowulii sp.n.*）（Liu et al., 2016;
Zhang et al., 2017），同时对其他粘孢子虫病原的形态特征、组织病理特征、超微结构特征
和分子序列特征也进行了研究，如寄生异育银鲫的丑陋圆形碘泡虫（*M. turpisrotundus*）、
荆州碘泡虫（*M. kingchowensis*）、中华单极虫（暂定种）（*T. cf.sinensis*），寄生黄颡鱼的
弗氏碘泡虫（*M. voremkhai*），寄生鲢的巨间碘泡虫（*M. abitus*），寄生鳙的九州碘泡虫

（*M. kiuchowensis*），以及同时寄生鲢和鳙的巴氏碘泡虫（*M. pavlovskii*）（Guo et al., 2016；Zhang et al., 2018a，b）。初步研究发现复方青蒿素对鲫粘孢子虫病有较好预防治疗效果，利用对粘孢子虫生活史的认识，可以在一定程度上控制粘孢子虫病的发生（习丙文等 2016，Li et al., 2017；Xi et al., 2017，2019）。

## 三、细菌性病原的致病机理与防治

近年来，水产动物细菌性病害的发生依然频繁，而且危害严重。对其中的一些病原的致病机理的研究吸引了许多学者兴趣，有关爱德华氏菌、柱状黄杆菌、诺卡氏菌等细菌致病的分子机制被不断揭示。

### （一）爱德华氏菌致病的分子机制

鲶爱德华氏菌（*Edwardsiella ictaluri*）是黄颡鱼和斑点叉尾鮰等鲶形目鱼类的重要致病菌，引起出血性败血症、体表溃疡、肝脏囊肿等。Ⅲ型分泌系统和Ⅵ型分泌系统是其最重要的两个毒力岛。病原菌通过分泌系统向宿主细胞转运效应分子，各效应分子的协同作用可阻断或调节宿主免疫相关的信号通路，介导病原对宿主的毒性效应。近年来，国内发展比较迅速的巴沙鱼（*Pangasius bocourti*）的肠败血症的病原也是鲶爱德华氏菌。鲶爱德华氏菌 wzzE 基因编码区缺失的突变株 WzM-L3 以及 wzzE 基因部分缺失的突变株 WzM-S3，可作为弱毒疫苗，通过浸泡免疫对巴沙鱼产生的相对保护率分别为 89.29% 和 90%，可见这两株突变株具备作为鲶爱德华氏菌弱毒活疫苗的潜力。鲶爱德华氏菌Ⅵ型分泌系统 evpB 的缺失突变株的安全性和保护效力，与由 Intervet/Merck Animal Health 生产的商品化疫苗 Aquavac-ESC 进行比较，该突变株没有毒力，以 106 CFU/毫升和 107 CFU/毫升进行浸泡接种可以产生 34.24% 和 80.34% 的存活率，以野生型浸泡攻毒时对照组的存活率仅为 1.79%。跟商品化疫苗 Aquavac-ESC 相比，该突变株能在斑点叉尾鮰幼鱼中显著提高的免疫保护率。

鲶爱德华氏菌特异性裂解性噬菌体 MK7 也被分离到，在体外培养的肉汤培养基中添加该噬菌体 15 小时或者在池塘水中 51 个小时 MK7 可将鲶爱德华氏菌灭活，故 MK7 具有生物治疗的应用潜力（Hoang et al., 2018）。

杀鱼爱德华氏菌（*E. piscicida*）是一种革兰氏阴性病原菌。杀鱼爱德华氏菌是牙鲆、大菱鲆等海水经济鱼类的重要病原菌，其感染能够引起鱼类出血性败血症，体表溃疡，肝脏囊肿等。Ⅲ型分泌系统（Type 3 Secretion System，T3SS）是杀鱼爱德华氏菌两个最重要的毒力岛之一。病原菌通过Ⅲ型分泌系统向宿主细胞注入效应分子（effector），各效应分子的协同作用可阻断或调节宿主免疫相关的信号通路，介导病原对宿主的毒性效应，使宿主致病。

围绕杀鱼爱德华氏菌 T3SS 基因簇上功能未知基因 escE（Orf13）开展研究工作，发现 escE 突变株对蓝曼龙鱼的半数致死剂量（$LD_{50}$）是野生型菌株的约 4 倍，感染后 7 天，感染突变株的蓝曼龙存活率为 69%，而感染野生型的蓝曼龙存活率只有 6%。escE 突变株在巨噬细胞中的繁殖能力明显低于野生型。escE 基因缺失后，杀鱼爱德华氏菌失去自聚集能力，T3SS 的输送器蛋白 EseBCD 和效应分子 EseJ 均不能分泌至胞外，全长 EsaE 的存在是 T3SS 正常分泌输送器蛋白和效应分子蛋白所必需的，EscE 可能在Ⅲ型分泌系统早期蛋白分泌中起作用，在杀鱼爱德华氏菌的致病过程中发挥关键作用（Lu et al.，2016）。

EseB，EseC 和 EseD 是杀鱼爱德华氏菌Ⅲ型分泌系统输送器蛋白，EseB，EseC 和 EseD 分泌至胞外形成 EseBCD 复合物，并在宿主细胞膜上形成孔道，效应分子经由这一孔道被转运至宿主细胞，产生致病作用。EseJ 是杀鱼爱德华氏菌Ⅲ型分泌系统的效应分子，且具有调控功能，能够通过负调控Ⅰ型菌毛抑制爱德华氏菌对宿主上皮细胞的黏附和侵袭（Zhang et al.，2019）。EscH 和 EscS 是效应分子 EseK 的分子伴侣，效应分子 EseK 能够抑制 MAPK 的磷酸化并有利于杀鱼爱德华氏菌在斑马鱼体内的定植（Cao et al.，2018a，b）。效应分子 EseH 为磷酸苏氨酸水解酶家族蛋白，抑制宿主细胞中 ERK1/2，p38α 和 JNK MAPK 的磷酸化（Hou et al.，2017）。

Ⅵ型分泌系统是革兰氏阴性菌的另一类蛋白分泌系统，是由多个蛋白在细菌表明组装而成的类似倒置的噬菌体尾的附属构造，能转运细菌效应分子蛋白进入原核或真核宿主细胞，在细菌间的竞争以及细菌毒力方面发挥作用（Chen et al.，2017）。杀鱼爱德华氏菌Ⅵ型分泌系统效应分子 EvpP 可抑制宿主炎症性细胞死亡通路的激活（Chen et al.，2017），为病原菌成功侵袭宿主赢得时间。

生物被膜的形成能够使细菌在一定程度上抵御宿主的免疫杀伤，并能削弱抗生素的抑菌作用。杀鱼爱德华氏菌Ⅲ型分泌系统输送器蛋白 EseB 可以在菌体表面形成纤丝结构，介导细菌之间的相互作用，促进聚集和生物被膜的形成（Gao et al.，2015）。输送器蛋白 EseC 能够抑制杀鱼爱德华氏菌早期聚集和生物被膜形成，这一抑制作用是由于 EseC 结合了胞内的 EseE 蛋白，负调控 EseB 的表达（Yi et al.，2016；Liu et al.，2019）。

利用疫苗预防和控制养殖鱼类病害具有悠久的历史。近年来杀鱼爱德华氏菌疫苗研发也取得了长足进展。大菱鲆迟钝爱德华氏菌（现已更名为杀鱼爱德华氏菌）病活疫苗已于 2015 年研制成功并已获得了生产批文，目前已应用于杀鱼爱德华氏菌病的防治。

（二）诺卡氏菌研究进展

诺卡氏菌（*Nocardia* sp.）属诺卡氏菌科、诺卡氏菌属，是一种革兰氏阳性丝状杆菌，为慢性条件致病菌。生长较为缓慢，一般需要 5—14 天才能长出肉眼可见菌落。最适生长温度 25 摄氏度，菌落表面粗糙，边缘不整齐，表面皱缩；固着在培养基上成团生长，难以分散。革兰氏染色呈阳性，菌体呈长或短杆状，或细长分枝状，大小（2.0—5.0）微

米 × (0.2—1.0) 微米。鲕鱼诺卡氏菌（*N. seriolae*）、星状诺卡氏菌（*N. asteroides*）、杀鲑诺卡氏菌（*N. salmonicida*）和粗形诺卡氏菌（*N. crassostreae*）对鱼类具有致病性。鲕鱼诺卡氏菌是鱼类诺卡氏菌病的主要病原，其患病率在我国和东南亚地区呈逐年上升趋势且染病鱼种不断增加；据不完全统计，鲕鱼诺卡氏菌能够感染加州鲈、大口黑鲈乌鳢、卵形鲳鲹、布氏鲳鲹、大黄鱼、褐牙鲆、鲻、条纹鲈、红鳍笛鲷、石斑鱼、金钱鱼、海鲈等超过 39 种淡水与海水鱼类，造成了极大的经济损失。春末秋初，水温升至约 22 摄氏度时易发病。病原主要通过口腔、鳃或创伤感染。鱼类诺卡氏菌病主要的病理变化为内脏器官形成直径 1—5 毫米黄色或白色结节（肉芽肿），有的病鱼鳃盖内缘或鳃丝上出现结节，腹腔内有纤维瘤。患诺卡氏菌病的鱼易继发爱德华氏菌或气单胞菌感染，加速死亡。

鲕鱼诺卡氏菌（*N. seriolae*）的基因组草图发现其携带多种抗药基因，在基因组草图中也发现一些毒力相关因子，如哺乳动物侵袭家族蛋白（mammalian cell entry family protein）、夹膜多糖、纤粘蛋白结合蛋白、ESX-1、丝氨酸蛋白酶等（Cai et al., 2015）。通过对鲕鱼诺卡氏菌分泌蛋白质组学鉴定到的六百多个分泌蛋白开展生物信息学分析，并与细菌毒力因子数据库 VFDB 进行比对，筛选获得了异柠檬酸裂解酶、超氧化物歧化酶、泛酸激酶等二十多个潜在的分泌型毒力因子。磷酸酯酶 C（phospholipase C，PLC）是鲕鱼诺卡氏菌的一种分泌蛋白，其在鱼类宿主细胞中的过表达诱导了细胞凋亡的发生（Xia et al., 2017），组氨酸样的 DNA 结合蛋白（histone-like DNA-binding protein，HLP）是鲕鱼诺卡氏菌另一种分泌蛋白，其在鱼类宿主细胞内表达后定位于宿主细胞的细胞核，亦诱导了宿主细胞的凋亡（Wang et al., 2019）。此外夏立群等人还鉴定到了一种线粒体定位的分泌蛋白（mitochondrial-targeting secretory protein）MTSP 3141，该蛋白可以被鲕鱼诺卡氏菌分泌到细菌胞外、并定位于宿主细胞的线粒体上，还可诱导宿主细胞发生凋亡（Chen et al., 2019）。可见，磷酸酯酶 C、组氨酸样的 DNA 结合蛋白、MTSP 3141 均参与了鲕鱼诺卡氏菌致病过程，是鲕鱼诺卡氏菌的毒力因子。索状因子是分支菌酸和海藻糖所形成的一种糖脂，其广泛存在于放线菌中，与菌的生长、存活、毒力以及耐药性相关。从鲕鱼诺卡氏菌提取纯化的索状因子注射卵形鲳鲹引起其肾、脾以及鳃中出现肉芽肿病变，揭示索状因子为诺卡氏菌重要致病因子。

鱼类的诺卡氏菌对多种抗生素存在抗药性，宜在分离地区优势流行株的基础上开展药敏试验，有针对性的用药。疫苗免疫是防控该病的有效方法，但是灭活苗的临床应用效果不理想，牛分枝杆菌卡介苗是一种减毒活疫苗，对哺乳动物的多种传染病（包括诺卡氏菌病）具有免疫保护作用，卡介苗能够诱导褐牙鲆产生非特异性免疫应答，诺卡氏菌攻毒后，免疫保护率达 78.6%。满其蒙等（2013）揭示了鲕鱼诺卡氏菌分枝酸的结构。以此为基础可通过改造分枝酸，扩大其通透性并限制其毒力，筛选诺卡氏菌弱毒活疫苗，用于诺卡氏菌引起的疫苗的防控。夏立群等通过免疫蛋白质组学方法，筛选获得了鲕鱼诺卡氏菌（*N. seriolae*）、星状诺卡氏菌（*N. asteroides*）和杀鲑诺卡氏菌（*N. salmonicida*）的 7 个共同抗原：分子伴侣 DnaK（Molecular chaperone DnaK，DnaK）、分子伴侣 GroEL（Molecular chaperone GroEL，GroEL）、30S 核糖体蛋白 S1（30S ribosomal protein S1，RpsA）、TerD 家族蛋白（TerD family protein，TerD）、FHA 结构域蛋白（FHA domain-containing protein，FHA）、50S 核糖体蛋白 L7/L12（50S ribosomal protein L7/L12，RplL）和 PspA/IM30 家族蛋白（PspA/IM30 family protein，PspA）。并分别将 7 个共同抗原候选基因插入真核表达质粒 pcDNA 3.1-FLAG，制备成鱼类诺卡氏菌病共同抗原 DNA 疫苗，在杂交鳢中开展免疫实验，获得了 53.01%—83.14% 的免疫保护率。

### （三）无乳链球菌

以无乳链球菌（*Streptococcus agalactiae*）为研究对象，对无乳链球菌的病原生物学特性、毒力基因及其致病机制、宿主免疫逃避机制等进行研究。首次鉴定了无乳链球菌的 1981 miRNAs，其中 486 个在已知数据库中具有同源序列（Wang et al.，2017）。构建了无乳链球菌 phoB 的缺失突变株，研究证实其具备作为减毒疫苗候选菌株的能力（Cai et al.，2017）。

### （四）柱状黄杆菌的遗传多样性与分子致病机制

柱状黄杆菌（*Flavobacterium columnare*）引起的柱形病（Columnaris disease）在我国也称细菌性烂鳃病，是严重威胁淡水鱼类的细菌性疾病，能感染几乎所有淡水鱼类。柱状黄杆菌是拟杆菌门的一种重要鱼类病原菌。近三年，有关柱状黄杆菌的研究主要集中在细菌的基因组学和遗传多样性、致病机制等方面。

柱状黄杆菌具有较高的遗传多样性，通常被划分为三个基因组型（genomovar）。随着分离和报道菌株数量的增多，对其遗传多样性也有了更进一步的认识。利用优化的引物序列，可在使用 16S-RFLP 方法对柱状黄杆菌进行基因组分型。有关该菌的基因组分型，有的学者研究发现受试菌株可划分为 9 个不同的序列型（sequence type），而有的学者则建议将柱状黄杆菌划分为 4 个基因组型。随着基因组测序技术的进步和测序成本的下降，得到全基因组测序的柱状黄杆菌菌株也逐渐增多。三年来，共有 6 株柱状黄杆菌的基因组序列被公布，分别是：Pf1（Zhang Y et al.，2016）、C#2、94-081、CSF-298-10、MS-FC-4 和 PH-97028。在此基础上，研究人员采用生物信息学方法对其中的一些菌株进行了分析，预测了一些与菌株的毒力、抗生素耐药性和厌氧生长有关的基因（Zhang Y et al.，2017）。

细菌的 IX 型分泌系统（Type IX secretion system，T9SS）许多病原菌通过分泌系统将自身合成的毒力因子分泌到胞外或宿主细胞中。柱状黄杆菌具有 I 型、II 型、VI 型和 IX 型等多个分泌系统（T1SS，T2SS，T6SS and T9SS）。但是，T9SS 与该菌的毒力关系最为密切。缺失 T9SS 的核心结构蛋白编码基因 gldN，会导致细菌的毒力下降至野生型的 1/100，滑动能力同时消失；缺失核心结构蛋白 porV，会导致细菌毒力显著下降，但菌株仍然具有运动能力（Li et al., 2017）。

柱状黄杆菌有两个编码糖苷水解酶（glycoside hydrolase）的基因。分别将其单独或共同敲除后，细菌的菌落形态发生了假根状和非假根状的分化。其中，非假根状菌株对斑马鱼的毒力明显降低。分析两种形态的菌株的转录组，发现一些编码噬菌体尾部蛋白（phage tail protein）、重组热点蛋白 Vgr（rhs element Vgr protein）、胆固醇依赖的溶细胞素（thiol-activated cytolysin）和 TonB 依赖的外膜受体蛋白前体（Ton B-dependent outer membrane receptor precursor）等蛋白分子的基因在非假根状菌株中表达下调，而在假根状菌株中表达上调。这对揭示柱状黄杆菌的致病机制有很好的借鉴意义（Luo et al., 2016; Zhang et al., 2017）。

### （五）杀鲑气单胞菌研究进展

杀鲑气单胞菌（*Aeromonas salmonicida*）属于气单胞菌科（Aeromonadacea）的一种兼性厌氧的革兰氏阴性菌，其最适生长温度为 22—25 摄氏度，35 摄氏度以上不生长。杀鲑气单胞菌分为 5 个亚种，即杀鲑亚种、无色亚种、杀日本鲑亚种、史氏亚种，以及溶果胶亚种。根据其形态学和生理生化特征将杀鲑亚种称为典型株（typical），其他亚种及不符合 5 种亚种特征的菌株均归为非典型株（atypical）。与杀鲑亚种主要引起鲑科鱼类典型的疖疮病不同，非典型株宿主范围更广，发病症状也以皮肤溃疡或非典型疖疮为主。杀鲑气单胞菌广泛分布于海淡水中，其分布广，致病力强，主要感染鲑鳟等冷水性养殖品种，引起鱼体皮肤脓肿、溃烂等。该病原还可感染大菱鲆等多种养殖鱼类。此外，从患病大鲵中亦分离出了该病原菌（郑松坤等，2019）。

目前已知的杀鲑气单胞菌毒力因子包括溶血素、丝氨酸蛋白酶、金属蛋白酶、A-layer 蛋白、细菌分泌系统等。目前我国水产养殖应对杀鲑气单胞菌感染仍然主要依靠化学药物，没有适合我国水产养殖的商品化杀鲑气单胞菌疫苗。最近，一株杀鲑气单胞菌的烈性噬菌体 Asfd-1 被分离鉴定，该噬菌体以杀鲑气单胞菌 MF663675.1 为宿主菌，专一性对其进行裂解（周燕等，2019）。该研究可为应用噬菌体治疗杀鲑气单胞菌感染提供重要指导。

## 四、对虾、鱼类和蛙病毒病病原生物学研究

病毒感染一直以来都是我国水产养殖业的主要威胁。随着养殖业的不断发展和养殖种类的不断增加，病毒病的危害似乎有愈演愈烈的趋势，一些新的、之前没有认识的病毒在我国水产业中不断被发现。对这些病原的研究，主要集中在诊断和认知、致病机理等方面，期待这些病毒性病原的认识，可以推动对它们引起的流行病学和防治工作的发展和进步。

（一）对虾的病毒感染与流行病学研究

近年来，系统开展了对虾流行病学研究，证实由偷死野田村病毒（convert mortality nodavirus，CMNV）引发的虾类病毒性偷死病（viral covert mortality disease，VCMD）在我国沿海主要养殖对虾中广泛存在和流行，2016年、2017年和2018年的阳性检出率分别为26.8%（68/254）、16.3%（63/387）和29.2%（62/213）。研究发现，CMNV除了能够感染养殖对虾外，还可感染多种养殖和野生鱼类并导致感染发病，该病毒是能够跨物种感染鱼类的虾类病毒（Li XP et al.，2018；Liu S et al.，2018；Zhang et al.，2018）。发现了虾血细胞虹彩病毒（shrimp hemocyte iridescent virus，SHIV），证实其易感宿主包括凡纳滨对虾、罗氏沼虾、青虾、克氏原螯虾和脊尾白虾，明确了罗氏沼虾"白头"是由SHIV感染导致（Chen et al.，2019）。建立了针对SHID的套式PCR、荧光定量PCR、原位杂交、地高辛标记原位环介导等温扩增的检测方法和现场快速高灵敏检测试剂盒；开展了我国白斑综合征病毒（WSSV）主要流行基因型与变异情况的研究，明确wsv001、wsv006等在不同地区分离株的分子变异结构特征。开展宿主对WSSV不同毒株响应核酸组学及蛋白组学的研究，初步阐明不同毒力毒株对宿主相关通路的影响（蔡苗等，2018a，b）。鉴定了多个WSSV功能蛋白，第一次发现WSSV编码的线粒体定位蛋白wsv152（Chen et al.，2017；Sun et al.，2018），发现wsv023通过与γ-微管蛋白复合体相关蛋白2（*Litopenaeus vannamei* γ-tubulin complex associated proteins 2，LvGCP2）结合，减少凡纳滨对虾血细胞微管形成从而有利于WSSV复制（Chen et al.，2017）。

分析测序了黄头病毒新基因型（YHV-8）的全基因组，并通过透射电镜观察到了YHV-8的核衣壳复合结构。从我国养殖斑节对虾中鉴定到黄头病毒基因3型（YHV-3）（Dong et al.，2017）。养殖对虾的病毒病的种类似乎有不断增加的趋势，病毒性病原的复杂性给养殖生产管理和疾病防控也带来了严重的挑战。

（二）鱼类虹彩病毒研究进展

虹彩病毒是水产养殖鱼类的主要病毒性病原，对水产养殖鱼类造成巨大的经济损失。近年来，在鱼类虹彩病毒的致病、侵入、免疫逃逸等的机制和疫苗研发等方面取得了突出的研究成绩，对鱼类虹彩病毒病的防控做出了重大贡献。

在石斑鱼虹彩病毒（Singapore grouper iridovirus，SGIV）的研究方面，研究SGIV编码的一个肿瘤坏死因子受体（tumour necrosis factor receptor，TNFR）类似物SGIV VP51在病毒感染复制过程中的作用机制。SGIV ORF051L全长696 bp，编码231个氨基酸。SGIV VP51含有三个半胱氨酸富集结构域（cysteine-rich domains，CRDs）和一个跨膜结构域（transmembrane domain）。亚细胞定位结果显示SGIV VP51主要定位于细胞质，且CRD1、CRD2和跨膜结构域的缺失对VP51亚细胞定位有较大影响。与对照组相比，

SGIV VP51 的胖头鲤上皮细胞（fathead minnow，FHM）的不仅生长速度显著加快，且细胞周期也发生改变，即 VP51 过表达加速细胞由 G1 期进入 S 期，从而促进了细胞分裂进程，CRD1 缺失对该功能有较大的影响。此外，过表达 VP51 显著抑制病毒诱导的细胞凋亡及 caspase-3 活性，并最终促进病毒复制；并且，过表达 VP51 显著降低病毒凋亡诱导基因 LITAF 的表达（Yu et al.，2015）。应用同源重组技术成功构建 VP51 缺失重组病毒（Δ51-SGIV）。缺失 VP51 后 SGIV 诱导细胞凋亡的能力增强。进一步运用 Δ51-SGIV 进行体内体外感染实验，发现 VP51 缺失后 SGIV 病毒的毒力显著减弱，提示 VP51 是病毒感染复制的重要毒力因子。荧光定量 PCR 对 Δ51-SGIV 感染宿主细胞和鱼体后的宿主因子进行检测，结果揭示 VP51 缺失调节了病毒感染细胞或鱼体后宿主干扰素相关免疫因子或炎症因子的表达。由此我们推测 VP51 作为 SGIV 感染的一个重要毒力因子，可能通过调节宿主细胞凋亡和免疫炎症反应，从而影响病毒的感染与复制（Yu et al.，2017）。

鉴定病毒 SGIV 编码的一个肿瘤坏死因子受体（tumor necrosis factor receptor，TNFR）类似物 VP51 是病毒的一个重要毒力因子，并阐明该基因能够通过调节细胞凋亡和宿主干扰素及炎症免疫反应来影响病毒复制。本研究结果从病毒免疫逃逸的角度在一定程度上阐明了 SGIV 感染致病的分子机制，不仅为石斑鱼虹彩病毒的弱毒疫苗开发奠定了一定理论基础，也为寻找抗病毒药物分子靶标提供重要信息（Yu et al.，2015）。

在蛙虹彩病毒的繁殖、功能基因等方面也取得了良好的研究进展。揭示了虹彩病毒出芽释放机制，明确了虹彩病毒是通过自身编码的病毒蛋白，来挟持宿主的 ESCRT 途径，从而进行病毒的出芽和释放（Mi et al.，2016）；进一步的研究还发现，宿主可以通过细胞膜上的亚细胞结构 -caveolae 来限制虹彩病毒的出芽，该发现定义了一种新的限制病毒粒子出芽的机制（He et al.，2016）。发现蛙虹彩病毒 VP 080L 通过与宿主的 LITAF 蛋白互作调控了宿主内体转运系统，有利于病毒的繁殖（Chen et al.，2016），VP104R 通过与宿主的 VDAC2 蛋白互作，抑制细胞色素 C 的释放，从而抑制细胞凋亡，蛙病毒在感染不同的宿主细胞时，其 microRNA 的表达差异显著（Chen et al.，2016），为研究蛙病毒广泛的宿主适应性，提供了研究重要的线索。

自噬是一种重要的宿主防御方式，研究揭示了 5 种虹彩病毒对宿主自噬的影响，发现石斑鱼虹彩病毒（grouper iridovirus，GIV）和大口鲈病毒（largemouth bass virus，LMBV）能够诱导宿主产生自噬，而传染性脾肾坏死病毒（infectious spleen and kidney necrosis virus，ISKNV）、蛙虹彩病毒（tiger frog virus，TFV）和大鲵虹彩病毒（Chinese giant salamander iridovirus，CGSIV）却无法诱导宿主产生自噬（Qi et al.，2016）。该成果暗示着虹彩病毒可能还有逃逸自噬的方式。另外，伪基底膜是虹彩病毒免疫逃逸的重要机制，研究发现，ISKNV-miR-1 能够靶向伪基底膜的主要结构蛋白 VP08R，从而调控伪基底膜的形成（Yan et al.，2016）；进一步的研究表明，在病毒感染的晚期，细胞内还原性提高，能够促使伪

基地膜解聚，为病毒的成熟释放做好准备（He et al.，2017）。这些发现，完善了虹彩病毒伪基底膜的模型。

### （三）乌鳢水泡病毒反向遗传操作系统

建立了乌鳢水泡病毒（snakehead vesiculovirus，SHVV）的方向遗传操作系统，证实legroup1能与病毒的N蛋白互作调节病毒基因组RNA的转录、复制，从而促进SHVV增殖，而且N蛋白的第1—45位氨基酸和legroup1的第6—12位核苷酸为互作的关键区域（Feng et al.，2019）。此外，乌鳢miR-214能靶向SHVV的N和P基因、宿主的AMP依赖的蛋白激酶基因、糖原合成酶基因，从而抑制SHVV增殖（Zhang et al.，2017a，b，2018）。

### （四）鲤和鲫的病毒病原研究

开展了鲤春病毒血症病毒（spring viremia of carp virus，SVCV）抗病毒免疫研究。发现SVCV可诱导Viperin_sv1 mRNA表达，鱼类Viperin_sv1可通过IRF3/7通路激活IFN进而抑制SVCV的复制，SVCV可调控Viperin_sv1通过蛋白酶体途径降解进而抵消其部分抗病毒作用（Wang F et al.，2019）；TRIM家族中TRIM47可以显著抑制SVCV-G mRNA的合成，在SVCV刺激下可显著上调IFN1 mRNA水平；ftr36可以激活IFN通路并刺激ISGs上调，抑制SVCV复制，RING和B30.2结构域是其主要抗病毒功能域（Wang et al.，2017，2016；Chen et al.，2019）；NIK与IKKα相互作用，NIK通过激活NF-κB和IRF3，上调IFN表达增强宿主抗病毒功能；14-3-3β/α-A蛋白与SVCV Gp发生相互作用，促进SVCV的入侵和黏附（Chen et al.，2018）。此外，SVCV感染引起胞内ROS的蓄积，上调Nrf2的转录，而血红素加氧酶-1（heme oxygenase 1，HO-1）依赖CO抑制SVCV的感染，在ROS引发的Nrf2-ARE抗氧化防御反应中发挥关键抗病毒作用（Li et al.，2018；Shao et al.，2016；Zhao et al.，2018），以上研究为揭示SVCV致病机理和抗病毒药物研发提供了新的理论依据。

锦鲤疱疹病毒是一种锦鲤的重要病毒性病原。目前，已成功制备了鲤疱疹病毒Ⅱ型（CyHV-2）ORF25的单克隆抗体（彭俊杰等，2017）。通过转录组学手段，分析了病毒感染宿主细胞后，宿主免疫系统的变化，并发现了多个调控靶点；还鉴定了28个病毒编码的microRNA（Lee et al.，2016a，b）。

## 五、虾、贝类、鱼类的免疫学与免疫反应

水产养殖生物以及相关模式生物的免疫分子及其免疫功能的研究有着巨大的科学吸引力，我国学者在甲壳动物、软体动物、鱼类以及低等脊椎动物的抗病毒相关的免疫分子及其信号通路中取得了良好的研究成绩。

## （一）对虾先天免疫及其抗感染免疫的研究进展

脊椎动物中，序列非依赖型核酸诱导抗病毒的效应途径为干扰素反应途径。在无脊椎动物中，研究发现对虾是具有序列非依赖型核酸诱导抗病毒现象的物种。因此，不少免疫学家提出无脊椎动物可能具有类似于脊椎动物干扰素反应的效应途径，但该通路研究进展较为缓慢。直到最近几年，我国学者在这方面取得了一系列原创性研究结果，鉴定了对虾 STING–IRF–Vago–JAK/STAT 途径为序列非依赖型抗病毒途径的效应途径之一（Li C et al.，2017），进一步研究表明该途径类似于脊椎动物的干扰素反应途径，打破了长期认为无脊椎动物不具有类干扰素反应的观点（Li & He，2019）。在此基础上发现多个该通路成员，如克隆鉴定负调控蛋白 SOCS2，证实其对 JAK–STAT 通路的抑制有利于 WSSV 的复制（Wang S et al.，2016a）；JAK–STAT 通路的效应因子 SWD3 和 SWD4，均在抗病毒免疫中扮演重要角色（Yang et al.，2018）。

近年来，我国学者在对虾 NF–κB 调控网络方面开展了大量的研究工作，较为系统地解析了对虾 NF–κB 网络的组成及调控机制（Li et al.，2019）。对虾的 NF–κB 网络能够响应细菌如副溶血弧菌的侵染，调控大量的抗微生物肽（antimicrobial peptides，AMPs）表达，以此抵抗入侵的细菌（Li C et al.，2017；Wang S et al.，2016b，2017a，b）。大量研究表明对虾 NF–κB 网络的激活能够促进 WSSV 转录和基因组复制，如 NF–κB 成员 Dorsal 和 Relish 都能够直接结合到 WSSV 极早期基因 IE1 的启动子上，启动 IE1 的转录表达（Huang et al.，2017；Xu et al.，2016）。发现对虾 Toll4 可能是识别 WSSV 的重要分子（Huang et al.，2017）；WSSV 感染后能够激活宿主的 miR1959，通过 miR1959 调节 Dorsal–Cactus 正负反馈回路以促进 WSSV 的转录与复制（Xu et al.，2016；Zuo et al.，2016）；此外，何建国教授团队先后在对虾体内鉴定明星分子 p53 和 NKRF 的同源蛋白，研究它们调控 NF–κB 通路的分子机制，揭示 P53 的抗病毒效应（Huang et al.，2017）和 NKRF 促进 WSSV 复制的分子机制（Qiu et al.，2017）。

在前期对虾先天免疫的研究基础上，根据转录组差异分析的结果，鉴定许多免疫相关蛋白，如低密度脂蛋白受体 A 类结构 C 型凝集素 LdlrCTL、硫氧还原蛋白作用蛋白 TXNIP、单一 C4 型锌指结构蛋白 SZnf，硫氧还原蛋白相关蛋白 TRP14、几丁质酶 Chi5、蜕壳抑制激素 MIH、细胞介素 IL-16、Wnt 通路调节因子 β-catenin，它们在对抗细菌入侵和病毒感染的先天免疫反应中都扮演着重要的角色。

## （二）红螯螯虾先天免疫研究进展

以红螯螯虾为模型，近年来，我国学者对其先天免疫组成和造血组织细胞以及在对虾白斑综合征病毒致病机制等方面的研究，取得了一系列的有价值的进展。通过多组学的研究，揭示病毒感染红螯螯虾后的宿主 microRNAs 转录组、蛋白组和代谢组学等差异，发现若干涉及细胞内吞、自噬、磷脂代谢、泛素化、细胞骨架调控以及细胞凋亡等通路或过程的差异表达 miRNAs，并通过实验证实上调 miRNAs，如 cqu-miR-52 和 cqu-miR-126，以及下调 miRNA，如 cqu-miR-141 的调控病毒感染功能（Zhang et al.，2016），鉴定了 17 和 30 个病毒感染后早期和晚期差异表达细胞蛋白，这些蛋白涉及能量代谢、信号转导和免疫调控等生理过程（Jeswin et al.，2016），获得了多个病毒感染后显著增强的鳃组织和肝胰腺氨基酸、能量与脂质代谢成分关键信息（Fan et al.，2016）。这些多组学研究结果，为分析虾白斑综合征病毒感染机理和甲壳动物免疫防御分子机制提供了翔实数据。

以红螯螯虾为模型，从分子水平揭示了对虾白斑综合征病毒入胞机制。发现对虾白斑综合征病毒能够利用宿主网格蛋白介导的内吞、巨胞饮和膜窖介导的内吞等至少三种不同胞吞方式侵染宿主细胞，且病毒感染能诱导自噬体形成并在感染早期正向调控病毒入胞效率。同时，发现了自噬标志物 GABARAP 介导的细胞自噬和 Rac1 信号通路在依赖于网格蛋白介导的病毒内吞途径中分别发挥正向和负向调控作用。此外，GABARAP 和病毒囊膜蛋白 VP28 与细胞骨架共同协作促进病毒入胞（Chen et al.，2016）。在认识对虾白斑综合征病毒入胞机制的基础上，进一步鉴定了一系列表达上调的潜在细胞受体样基因，包括甲型流感病毒非结构 1A 结合蛋白样基因（Ns1abp-like）和层粘连蛋白受体样基因（CqLR-like），证实它们可作为潜在的细胞受体直接识别病毒囊膜蛋白与病毒粒子结合进而介导病毒入胞（Xie et al.，2018；Liu et al.，2018）。

此外，鉴定了红螯螯虾的多个抗病毒免疫功能基因，包括胸腺素（TRP1）、储铁蛋白（ferritin）、天冬氨酸特异的半胱氨酸蛋白酶（caspase）和抗脂多糖因子（ALF）（Lin et al.，2016；Li YY et al.，2018，2019）。证实 Toll 可直接正向调控 ALF 的表达，并促进 ALF 的抗病毒效应（Li DL et al.，2017）。这些系统性的研究进展，完善了我们对对虾白斑综合征病毒致病机制的认识，将为水产甲壳动物疫病有效防控提供科学依据。

## （三）软体动物长牡蛎免疫功能的主要细胞类型与发生以及免疫功能

近年来，以重要海水养殖贝类长牡蛎（*Crassostrea gigas*）为研究对象，深入研究了免疫系统结构组成、重要免疫应答过程的激活机制及调控机理，探索了软体动物免疫应答的组织、细胞及分子基础。阐释了软体动物造血过程的调控机制，发现颗粒细胞是软体动物执行免疫功能的主要细胞类型，解析了长牡蛎吞噬细胞的特征及吞噬过程的分子机制；发掘了系列新型免疫识别分子和细胞因子，阐明了其作用机制；确认了神经内分泌系统对免疫应答的调控作用，丰富和发展了海洋动物免疫学理论。

对长牡蛎的鳃组织切片发现，在靠近基部的鳃丝中分布着许多核质比相对较大、体积较小的细胞，其形态及组化特征类似于造血干细胞。鳃丝中的这些囊泡状的颗粒呈现 EdU 阳性和 CgClec-4 阳性，进一步明确了该部位为潜在的造血位点（Li Y et al.，2017）。发现造血相关转录因子 CgSCL、CgRunt、CgGATA3、Cgc-Myb 在血淋巴细胞、鳃和外套膜中的表达量较高，在长牡蛎个体发育过程中最早出现在囊胚期，在早期担轮幼虫中表达量最高（Song et al.，2016，2017）。发现长牡蛎细胞因子 CgAstakine 在造血过程中发挥重要作用。鳗弧菌刺激后，血淋巴细胞中 CgAstakine 的表达水平升高，血清中 CgAstakine 蛋白含量显著增加。注射不同剂量重组 CgAstakine 蛋白后发现，长牡蛎血淋巴细胞总数显著增加，长牡蛎 CgAstakine 蛋白能显著诱导血淋巴细胞增殖（Li Y et al.，2016）。

从长牡蛎血淋巴细胞中鉴定出三种类群：无粒细胞（agranulocyte）、半粒细胞（semi-granulocyte）和颗粒细胞（granulocyte），其中颗粒细胞吞噬能力、包囊化活性和胞内溶酶体活性最强，产生的 ROS 及 NO 水平显著高于其他类群，是长牡蛎血淋巴细胞中发挥免疫功能的主要细胞类群（Wang W et al.，2017）。发现免疫致敏后长牡蛎血淋巴细胞总数上升，颗粒细胞比例显著升高，颗粒细胞的吞噬能力和抗凋亡活性显著增强。转录组测序分析发现，致敏后的血淋巴细胞中吞噬及抗凋亡相关基因表达量显著升高。三类血淋巴细胞的转录组分析提示，颗粒细胞具有较强的免疫防御功能，无粒细胞具有较高分化潜能。筛选并鉴定 CgAAtase 和 CgSOX11 可作为颗粒细胞的潜在标记（Dong et al.，2019）。

通过分选，获得了长牡蛎吞噬细胞和非吞噬细胞，通过多组学分析鉴定获得 352 个吞噬细胞中显著高表达的蛋白，其中 262 个分子同时检测到 mRNA 和蛋白的显著高表达。鉴定得到吞噬细胞中显著低表达的 205 个蛋白，其中 140 个分子的 mRNA 转录本检测到显著低表达。对这些差异表达基因和蛋白进行网络分析发现，长牡蛎血淋巴细胞吞噬过程中，氧化还原反应、溶酶体蛋白水解等抗细菌免疫反应显著增强（Jiang et al.，2018）。利用 qRT-PCR 方法检测了氧化酶类、溶菌酶类和模式识别受体的 mRNA 表达水平，发现 cathepsin Ls 等溶酶体半胱氨酸蛋白酶在颗粒细胞中高表达，表明长牡蛎血淋巴细胞的吞噬活性主要依赖氧化杀伤和溶菌作用（Lv et al.，2019）。发现 CgIntegrin-β 可以作为血清 CgC1qDC-5 的受体，介导 CgC1qDC-5 依赖的促吞噬过程（Lv et al.，2019a，b）。

发现软体动物新型免疫识别分子具有识别及结合多种 PAMPs 和微生物，介导吞噬及抑制细菌生长等功能。在长牡蛎血淋巴中分离出与 mannose 具有高亲和性的含 DM9 结构域蛋白（DM9 containing protein，DM9CP），发现 CgDM9CP-1、CgDM9CP-2、CgDM9CP-4 和 CgDM9CP-5 具有较强的甘露糖结合特异性，能够结合多种 PAMPs，凝集多种微生物，介导血淋巴细胞对微生物的吞噬作用。利用晶体结构解析和点突变技术明确了 Asp22/Lys43 对 CgDM9CP-1 甘露糖结合特异性的决定作用（Jiang et al.，2017；Liu et al.，2018）。

长牡蛎 Caspase 家族成员 CgCaspase-3 和 CgCaspase-8 分子在进化上高度保守，具有典型的 CASc 结构域及半胱氨酸水解酶活性，皆可介导细胞凋亡，并可响应不同的免疫刺激。首次发现 Cgcaspase-1、Cgcaspase-3 可作为新型的识别受体，通过 CASc 结构域结合胞内 LPS，并抑制 caspase 活性，在长牡蛎固有免疫应答中发挥重要作用（Lu et al.，2017；Xu et al.，2016）。研究结果为深入研究无脊椎动物 Caspase 家族蛋白功能及凋亡调控机制

奠定了重要基础。

鉴定了长牡蛎烯醇式丙酮酸激酶CgPEPCK，作为整合素 α 亚基的血清配体，具有保守的 GTP 结合活性，在胞内糖异生过程中发挥重要作用。CgPEPCK 具识别 LPS、PGN以及多种病原微生物的功能。发现长牡蛎 CgC1qDC-2、CgC1qDC-3、CgC1qDC-4 和CgC1qDC-7 可作为 PRR 特异性识别 LPS，促进长牡蛎血淋巴细胞对革兰氏阴性菌的吞噬（Lv et al.，2018；Zong et al.，2019）。

发现 LPS 刺激能够诱导长牡蛎血淋巴细胞合成乙酰胆碱和去甲肾上腺素，并显著下调细胞的免疫应答水平。该调控作用由细胞表面的神经递质受体所介导，当用膜受体抑制剂预先封闭受体后，血淋巴细胞自身分泌的神经递质对免疫过程的调控作用也被显著抑制，说明血淋巴细胞自分泌或旁分泌的神经递质可以反馈作用于血淋巴细胞自身，通过与细胞膜表面受体结合，从细胞自身水平调节免疫应答过程（Liu et al.，2018）。该发现首次证明了软体动物的血淋巴细胞不仅是一类重要的免疫细胞，同时也是一种新型的神经内分泌细胞，佐证了神经系统和免疫系统共同起源假说。

### （四）鱼类、蛙、爬行动物的干扰素系统

干扰素（interferon，IFN）是一类在脊椎动物免疫系统中发挥多种功能的重要细胞因子。硬骨鱼类具有Ⅰ型和Ⅱ型干扰素。根据硬骨鱼类的Ⅰ型干扰素半胱氨酸的数目及位置将Ⅰ型干扰素分为 Group Ⅰ 和 Group Ⅱ 两个大类，并进一步分为 7 个亚类，包括 IFNa、IFNb、IFNc、IFNd、IFNe、IFNf 和 IFNh。从大黄鱼（*Larimichthys crocea*）中发现了 3 种Ⅰ型 IFNs，分别为第一组的 IFNd 和 IFNh、第二组的 IFNc，其中 IFNh 是一种新的鱼类Ⅰ型 IFN（Ding et al.，2016，2019）。尽管大黄鱼 IFNc、IFNd 和 IFNh 的表达模式及诱导抗病毒基因的能力存在差异，但它们均可抑制鱼类虹彩病毒（SGIV）的复制，显示出明显的抗病毒活性。大黄鱼 IFNd 可磷酸化激活 IRF3 和 IRF7，并诱导其自身及 IFNh 的表达；IFNc 则可诱导自身及 IFNd 和 IFNh 的表达，而大黄鱼 IFNh 无此功能。进一步研究发现，大黄鱼 IFNd 的诱导表达受到 IRF3/IRF7 异二聚体的协同作用，而 IFNh 的表达主要由IRF3 调节，即活化的 IRF3 和 IRF7 异源二聚体或 IRF7 同源二聚体进入核内与 IFNd 启动子上相应的位点结合，从而启动 IFNd 的表达；活化的 IRF3 进入核内，与大黄鱼 IFNh 启动子上 IRF3 相应位点结合并诱导其表达。新产生的 IFNd 可通过激活 IRF3/IRF7 形成一个正反馈调节进一步诱导自身和 IFNh 的表达，从而使 IFN 反应信号进一步放大，这可能代表了一种鱼类不同于哺乳类的独特的 IFN 反应调控机制。这些结果对于深入认识鱼类不同种Ⅰ型干扰素的调控、功能及进化具有重要意义。

对鳜（*Siniperca chuatsi*）Ⅰ型干扰素基因：IFNc、IFNd 和 IFNh 以及Ⅰ型干扰素受体基因：细胞因子受体家族 B（cytokine receptor family B，CRFB）1、CRFB2 和 CRFB5 功能进行解析（Laghari et al.，2018a，b）。研究表明Ⅰ型干扰素可以被病毒类似物和传染性脾

肾坏死病毒（infectious spleen and kidney necrosis virus，ISKNV）诱导上调表达，同时，重组Ⅰ型干扰素蛋白能够上调干扰素刺激基因（IFN-stimulated genes，ISGs）的表达。体外实验表明，IFNc 和 IFNh 分别利用 CRFB2-CRFB5 和 CRFB1-CRFB5 受体复合物保护细胞抵御 ISKNV 的侵袭。免疫印迹和免疫共沉淀分析表明，鳜干扰素调节因子（IFN regulatory factor，IRF）9、信号转导及转录激活因子（signal transducer and activator of transcription，STAT）1 及 STAT2 之间存在相互作用，可能形成Ⅰ型干扰素信号通路中的关键复合物干扰素刺激基因因子（ISG factor，ISGF）3；CRFB1 和 CRFB2 分别与 STAT1 及 STAT2 具有相互作用。同时发现Ⅰ型干扰素能够分别磷酸化 STAT1 和 STAT2。该研究对于理解鱼类Ⅰ型干扰素系统功能以及在指导鳜健康养殖方面有着重要意义。

干扰素调节因子是一类重要的转录调节因子，参与多种细胞信号传导途径和多种生物过程的调节。对鳜 IRF 家族全部 12 个成员（IRF1、IRF2、IRF3、IRF4a、IRF4b、IRF5、IRF6、IRF7、IRF8、IRF9、IRF10 和 IRF11）进行鉴定（Laghari et al.，2018a）。研究发现所有 IRF 成员都能在健康鳜鱼体中组成型表达，并且被 poly（I：C）刺激所诱导，但在不同组织中的表达存在一定的差异。然而，在鳜感染 ISKNV 后，不同 IRF 基因在特定组织以及特定时间点的表达模式不同，表明 IRF 的诱导表达可能与病原类型、感染阶段以及宿主器官/组织相关。另外，鳜 IRF3 和 IRF7 对于Ⅰ型干扰素的表达调节存在差异，IRF7 能单独调节 IFNc，而 IRF3 和 IRF7 则共同参与 IFNd 和 IFNh 的表达调节（Laghari et al.，2018b）。本研究加深了对于硬骨鱼类 IRF 调控Ⅰ型干扰素表达的认识，为了解鳜抗病毒免疫反应提供了重要基础数据。

硬骨鱼类Ⅱ型干扰素包括两个成员：IFN-γ 和 IFN-γ 相关因子（IFN-γ related gene，IFN-γ rel），两者均能够诱导 ISGs 的表达参与抗菌及抗病毒免疫。对斑马鱼（*Danio rerio*）IFN-γ-STAT1-IRF1 信号通路进行解析（Ruan et al.，2017）。研究发现体内和体外过表达斑马鱼 IFN-γ 和 IFN-γ rel 能同时上调 STAT1a 和 STAT1b 基因的表达，但上调倍数随过表达时间增加具有相反的趋势。与哺乳动物 IRF1 基因一样，斑马鱼 IRF1b 基因启动子区域也存在序列保守的伽马干扰素激活位点（gamma-IFN activation sites，GAS）和核因子卡帕 B（NF-κB）位点。体外研究发现 IFN-γ 通过 GAS 位点激活 IRF1b 的表达，而 IFN-γ rel 则无法激活。另外，斑马鱼胚胎过表达分析发现 IFN-γ 和 IFN-γ rel 能够诱导上调 IRF1b，而不能上调 IRF1a，同时发现在 IRF1a 启动子区域不存在 GAS 位点，表明 IRF1a 和 IRF1b 被调控机制不同。因此，该研究在基因的表达调控功能方面明确了 IRF1b 是哺乳动物 IRF1 的直系同源基因而不是 IRF1a。该研究结果对于理解脊椎动物 IFN-γ 功能进化，特别是其介导的信号通路方面具有重要理论意义。研究鉴定了鳜 IFN-γ 和 IFN-γ rel 的受体系统组成，发现 IFN-γ 和 IFN-γ rel 利用不同的受体，以 STAT1 依耐的方式发挥抗病毒功能。将Ⅱ型干扰素配体和受体共转染于 EPC 细胞后检测下游基因被激活情况，发现 IFN-γ 主要通过 CRFB13 和 CRFB6 转导下游信号，而 IFN-γ rel 主要通过

CRFB17 激活下游信号传导。进一步实验发现在 EPC 细胞中 IFN-γ 和 IFN-γ rel 均具有显著的抗病毒活性，在 MFF-1 细胞中 IFN-γ 有强烈抗病毒能力，而 IFN-γ rel 没有活性。同时，证实 CRFB17 和 CRFB13 均与 STAT1 存在相互作用，IFN-γ 和 IFN-γ rel 与其对应的受体共同转染于 EPC 细胞，可以诱导 STAT1 蛋白的上调表达及其产生磷酸化，进而激活下游抗病毒基因 Mx 等的表达，最后发挥抗病毒效应。通过胞内酪氨酸突变的方式，首次证明了 CRFB13 胞内的 Y386 酪氨酸残基是 IFN-γ 激活 STAT1 磷酸化信号通路所必需的，而 CRFB17 胞内的 Y324 和 Y370 残基是激活 IFN-γ rel 信号传导所必需的（Li et al.，2019）。

Ⅲ型干扰素（IFN-λ）是干扰素家族的重要成员，主要参与机体抗病毒免疫。研究发现四足类脊椎动物均有一个保守的Ⅲ型干扰素基因座，而爬行类还存在另外一个Ⅲ型干扰素基因座，在龟鳖类和鳄类中这两个基因座共存，将位于两个不同基因座内的Ⅲ型干扰素基因分别命名为 IFNLA 和 IFNLB。聚类分析表明，羊膜类动物（Amniota）Ⅲ型干扰素基因分为两个主要支系：一类包含哺乳动物 IFNL1/2/3 和爬行类 IFNLB；另一类包括哺乳动物 IFNL4 和爬行类 IFNLA（Chen et al.，2016）。对爬行类模式动物——绿色安乐蜥（*Anolis carolinensis*）IFN-λ 及其受体基因 IFN-λ R1 和 IL-10RB 进行克隆鉴定（Chen et al.，2016）。IFN-λ 及其受体基因在所检测的绿色安乐蜥组织或器官中均有表达，且 IFN-λ 受 poly（I：C）诱导表达。利用双荧光素酶报告系统证实绿色安乐蜥的 IRF3 通过干扰素刺激响应元件（IFN-stimulated response element，ISRE）位点激活 IFN-λ 启动子。此外，在中华鳖血管来源细胞系（STA）中，安乐蜥 IFN-λ 能通过 IFN-λ R1 和 IL-10RB 上调干扰素刺激基因的表达。这些数据表明四足类脊椎动物，包括安乐蜥，都具有保守的Ⅲ型干扰素配体 – 受体系统及信号通路。通过将包括爬行类在内的不同类群脊椎动物的干扰素系统进行比较分析以及对绿色安乐蜥Ⅲ型干扰素的功能研究，为揭示脊椎动物干扰素系统的进化提供了重要线索；同时，对水产经济爬行动物（如龟鳖类）的抗病毒免疫研究具有借鉴和促进作用。

对两栖类模式物种热带爪蟾（*Xenopus tropicalis*）和青藏高原特有两栖类高山倭蛙（*Nanorana parkeri*）的Ⅰ型干扰素基因进行了系统的鉴定，发现这两种无尾两栖类都同时具有无内含子和有内含子的Ⅰ型干扰素基因（Gan et al.，2017，2018）。通过对同源性、共线性、系统发生以及分歧时间估算等多个方面的证据进行分析，创新性地提出了两栖类Ⅰ型干扰素的"独立逆转座假说"，即爪蟾和倭蛙的无内含子Ⅰ型干扰素基因可能分别来源于独立发生在这两个动物类群内部的两次逆转座事件，而导致羊膜类动物无内含子Ⅰ型干扰素基因产生的逆转座过程可能是独立于以上两次事件的第三次逆转座事件（Gan et al.，2017，2018）。该假说为解析两栖类Ⅰ型干扰素的系统发生以及脊椎动物Ⅰ型干扰素的起源和进化提供了新见解。

## （五）维甲酸诱导基因Ⅰ样受体

近年来，以青鱼、草鱼和斑马鱼为研究对象，对维甲酸诱导基因Ⅰ样受体［Retinoic acid-inducible geneⅠ（RIG-Ⅰ）-like receptors，RLRs］进行了组成、翻译和功能等方面的深入研究。RLRs家族成员MDA5和LGP2分别被克隆和鉴定，在EPC细胞中过表达MDA5和LGP2能够明显提高细胞抗病毒（GCRV及SVCV）能力；且LGP2正调控MDA5介导的抗病毒天然免疫反应（Liu et al.，2017；Xiao et al.，2016）。对RLR通路接头蛋白MAVS的研究表明：青鱼MAVS自身之间能相互作用；在细胞中过表达MAVS能够显著上调干扰素启动子的活性且明显提高细胞抗病毒（GCRV及SVCV）能力（Xiao et al.，2017）。RLR通路中游TRAF家族成员TRAF2/3/6以及TANK分别被克隆和鉴定：TRAF2/6均能与MAVS直接结合并正调控MAVS的抗病毒活性；TRAF6还能显著提高TBK1介导的干扰素表达和抗病毒活性；而TRAF3则直接与ER上的接头蛋白结合并上调STING介导的抗病毒免疫应答，这与人类及哺乳类的TRAF3的功能机制相异（Wang et al.，2018；Chen et al.，2017；Lu et al.，2017；Jiang et al.，2017）；同时，TANK的抗病毒功能首次在硬骨鱼类中得到鉴定（Feng et al.，2018）。与哺乳类相似，RLR通道重要的转录因子IRF7能被IKKe和TBK1显著上调（Li J et al.，2018）；然而，我们首次发现了TAB1能够与TAK1相互作用激活IRF7/IFN信号通路（Zou et al.，2019；Wang et al.，2019）。青鱼RLR/IFN通路下游基因STAT1a/b、IFNb和Mx1均已得到鉴定（Wu et al.，2018，2019；Xiao et al.，2016）。青鱼RLR信号通路的负调控负调控机制也得到部分的阐释，诸如SIKE能够结合并抑制TBK1介导的抗病毒作用（Li J et al.，2019；Yan et al.，2017），NLRX1能够与MAVS相互作用并通过其NACHT结构域抑制MAVS介导的抗病毒作用（Song et al.，2019）。

在静息状态下或草鱼呼肠孤病毒（grass carp reovirus，GCRV）感染早期，草鱼核酸识别受体LGP2为RIG-Ⅰ和MDA5的负调节剂，其通过抑制RIG-Ⅰ和MDA5的K63连接的泛素化以及IRF3、IRF7的蛋白表达和磷酸化水平，进而抑制IFN和NF-κB产生；GCRV感染引起ROS积累，ROS引起HSP70从胞质转运到细胞核，在细胞核HSP70与HMGB1b互作，促进HMGB1b的胞质转运；在胞质中HSP70通过与Beclin 1相互作用来促进HMGB1b-Beclin 1相互关联以及自噬体聚集，最终促进自噬活化（Rao et al.，2017，2018）；通过研究草鱼RIG-Ⅰ和MDA5对不同IFN诱导作用，以及对IRF3和IRF7的mRNA、蛋白和磷酸化及二聚化水平的影响后发现，MDA5上调IRF3和IRF7的蛋白和整体磷酸化水平，而RIG-Ⅰ上调IRF3和IRF7的蛋白和整体磷酸化水平的同时下调了IRF7的苏氨酸磷酸化水平；MDA5促进了IRF3和IRF7的异源二聚化作用和IRF7的同源二聚化作用，IRF3和IRF7的不同二聚化作用对不同IFN-Ⅰ诱导存在差异（Wan et al.，2017；Su & Su，2018）；此外，TLR信号传导途径也参与对GCRV感染的免疫应答，草鱼TLR19

识别 dsRNA，接头分子为 TRIF，TLR19 可以促进 IRF3 的蛋白表达和磷酸化水平，抑制了 IRF7 的磷酸化水平，上调了 IFN 主要成员和 NF-κB 的启动子活性以及 mRNA 水平，抑制 GCRV 在 CIK 细胞中的增殖（Ji et al.，2018）。

### （六）核苷酸结合寡聚化结构域受体

核苷酸结合寡聚化结构域受体（Nucleotide-binding oligomerization domain-like receptors，NLRs）是一类在先天免疫中对病原体感染起重要作用的胞内模式识别受体，而 NLRC5 是 NLRs 家族中分子量最大的成员。尽管哺乳动物 NLRC5 在 MHC-I 类分子转录调控中的作用得到公认，但其在调控先天免疫中的作用还存在争议。一方面，有研究显示 NLRC5 能通过结合胞内的 RNA 病毒受体 RIG-I 和 MDA5，负调节抗病毒信号以及类I 干扰素的产生；另一方面，NLRC5 能够诱导促炎性以及干扰素依赖的抗病毒反应。此外，在哺乳动物中，已报道 NLRC5 存在不同的剪接异构体，但 NLRC5 剪接异构体的功能并不清楚。在硬骨鱼类中，研究发现斑马鱼 NLRC5 正常形式（zfNLRC5）与哺乳动物 NLRC5 在结构域组成上存在差异；斑马鱼的 zfNLRC5 缺少 N 末端的 DD 结构域（Chang et al.，2017）。通过过表达结合荧光素酶报告基因检测以及 PCR array 等技术研究了斑马鱼 zfNLRC5 在病毒感染中的作用，结果显示其能显著增强对 SVCV 病毒感染的抵制，且其在抗病免疫中的作用是不依赖于类 I 干扰素的。另外，不同于哺乳动物的 NLRC5，斑马鱼的 zfNLRC5 能转录调控 MHC-II 类分子的表达（Wu et al.，2017）。对斑马鱼 zfNLRC5 的 2 个截短形式的剪接异构体 zfNLRC5a 和 zfNLRC5d 在干扰素启动子活性、MHC 启动子活性、MHC 相关基因的转录调控、在细菌以及病毒感染中的作用以及在介导信号传导通路中的作用进行了相关的研究，结果首次揭示了 zfNLRC5 的剪接异构体在细菌以及病毒感染中的差异功能、zfNLRC5 与 zfNLRC5 的剪接异构体对 TLRs 信号以及 NF-κB 信号通路的差异调控（Cao et al.，2018）。

在 NLRs 受体家族中，NOD1 和 NOD2 是最具有代表性的两个成员，它们主要是通过与接头蛋白 RIP2 相结合，激活 MAPK 以及 NF-κB 信号通路，在抗菌免疫反应中起着重要作用。在硬骨鱼类中，通过基因编辑技术，获得了 NOD1 和 RIP2 敲除的纯合子品系；在此基础上，研究了 NOD1 和 RIP2 基因的敲除对孵化以及幼鱼存活的影响，结果显示野生型鱼与 NOD1 突变鱼在孵化后的第 6 天，也就是受精后的第 10 天两者的存活曲线发生显著的差异；野生型鱼与 RIP2 突变鱼在孵化后的第 3 天，也就是受精后的第 7 天两者的存活曲线发生显著的差异（Hu et al.，2017；Wu et al.，2018）。通过转录组测序，解析了 NOD1 和 RIP2 基因的敲除对信号传导通路的影响。在 NOD1 敲除的斑马鱼中，共有 863 个基因的表达发生显著的变化；这些差异表达的基因主要归属于结合和催化活性类。在这些差异表达的基因中，主要包括一些 TRIM 家族、IMAP 家族以及 NLR 家族的基因（Hu et al.，2017）。在 RIP2 敲除的斑马鱼中，一些涉及抗原加工与提呈、细胞黏附、白细胞迁移与激活等相关基因的表达显著下调（Wu et al., 2018）。类似于 NOD1，RIP2 基因的敲除也显著影响抗原加工与呈递以及 NOD 样受体介导的信号通路。但不同于 NOD1 的是，RIP2 基因的敲除不能影响 MAPK 的信号通路（Hu et al., 2017；Wu et al., 2018）。进一步研究发现 NOD1 是通过 CD44a 介导的 PI3K-Akt 信号来影响幼鱼的存活；这一过程是不依赖于 RIP2 的；NOD1 对 MAPK 信号通路的调控也是不依赖于 RIP2 的；但 NOD1 与NOD 样受体其他成员以及 MHC 相关基因的表达调控是依赖于 RIP2 的（Hu et al., 2017；Wu et al., 2018）。

TBK1 为 RLRs 信号通路上的关键激酶。研究发现鱼类的 TBK1 存在着丰富的选择性剪接，她们克隆得到 TBK1 的多个剪接异构体和 1 个 TBK1-like（TBK1L）基因。由于 TBK1在抗病毒免疫、炎症反应以及自噬调节中起着关键的作用，她们首先对 TBK1L 以及 TBK1的 2 个剪接异构体（TBK1_tv1 和 TBK1_tv2）的功能进行了相关的研究，结果显示不同于TBK1，TBK1 的剪接异构体和 TBK1L 下调干扰素启动子的活性；它们在细胞系中的过表达不能增强细胞对病毒感染的抵制。进一步研究发现 TBK1 的剪接异构体和 TBK1L 在信号传导通路中起着负调控的作用：它们不仅负调控 TBK1 介导的抗病毒免疫；还在 RLR-MAVS 介导的抗病毒免疫中起着负调控的作用（Zhang et al., 2016；Hu et al., 2018）。

### （七）鱼类黏膜免疫研究进展

黏膜是脊椎动物抵御外界感染的第一道防线，同时易受外界环境中病原微生物的入侵。在如硬骨鱼类黏膜中仅发现存在弥散性淋巴相关组织，在受到外界感染时其适应性免疫应答机制目前尚不清楚。为探究这一机制，首先构建了包括虹鳟、黄颡鱼、泥鳅等鱼类的柱状黄杆菌、水霉、小瓜虫等病原体感染模型。小瓜虫感染实验，发现大量 IgT 附着于寄生在虹鳟鳃组织中的虫体表面，相对于免疫球蛋白分子 IgM 和 IgD，IgT 在鱼类鳃黏膜组织感染过程中发挥重要的免疫功能（Xu et al., 2016）；另外，鱼类鼻腔黏膜组织中存在分泌型免疫球蛋白 IgT 及其 B 淋巴细胞，小瓜虫感染后大量 IgT 附着于在虹鳟黏膜组织中的寄生虫体表面，仅有少量 IgM 和极少量 IgD 附着。通过流式细胞术和免疫荧光技术检测发现，感染后鼻腔黏膜组织中有大量 IgT+ B 淋巴细胞的增加，而且 IgT+ B 淋巴细胞的增殖呈显著性升高。相反，感染后黏膜组织中 IgM+ B 淋巴细胞数量没有发现明显变化。此外，感染后黏液中产生了大量针对小瓜虫的特异性 IgT 抗体，而血清中则以 IgM 抗体为主，以上研究结果首次证实鱼类鼻腔黏膜中存在适应性免疫应答机制，鱼类免疫球蛋白 IgT 在黏膜组织在抗寄生虫感染过程中发挥 IgA-like 的免疫功能（Yu et al., 2018, 2019；Zhang et al., 2018；Xu et al., 2018）。

可以看出，在过去的几年里，我国水产养殖动物病害与免疫学研究取得了良好的成绩，特别是在一些单殖吸虫的感染模型建立、病原微生物分泌系统的分子致病机理、虹彩病毒的免疫逃逸机制，以及对虾抗病毒分子产生的信号通路、软体动物的血细胞及其生成

机制，鱼类的干扰素系统等方面都取得了非常可喜的研究进展。但是，我国水产养殖动物病害防治，仍然面临巨大压力，频繁的病害发生给养殖生产带来了巨大的经济损失，未来期望能在免疫和综合防治方面取得成功。

# 参考文献

［1］ 蔡苗，刘庆慧，万晓媛，等. 2016—2017 年中国部分地区白斑综合征病毒 wsv006 的变异分析［J］. 安徽农业科学，2018，46：75-79.

［2］ 蔡苗，孙新颖，刘庆慧，等. 2016 年中国部分地区白斑综合征病毒高变异区序列的分析比较［J］. 海洋渔业，2018，40：454-463.

［3］ 彭俊杰，张琪，贾路路，等. 鲤疱疹病毒 II 型（CyHV-2）ORF25 蛋白的原核表达及单克隆抗体的制备［J］. 华中农业大学学报，2017，36：96-101.

［4］ 习丙文，李鹏，陈凯，等. 武汉单极虫生活史中放射孢子虫的发现及鉴定［J］. 水产学报，2016，40：657-664.

［5］ 郑松坤，高书伟，李声平，等. 大鲵源杀鲑气单胞菌的分离鉴定及药敏试验［J］. 黑龙江畜牧兽医，2019，11：11-16，178-179.

［6］ 周顺，李文祥，杨宝娟，等. 常用消毒剂次氯酸钠和二氧化氯对小林三代虫的杀灭效果［J］. 水生生物学报，2016，40：97-102.

［7］ 周燕，袁盛建，严庭玮，等. 一株新型杀鲑气单胞菌烈性类 T4 噬菌体 Asfd-1 的分离鉴定和生物学特性分析［J］. 集成技术，2019，8：10-18.

［8］ Cai X, Wang B, Peng Y, et al. Construction of a *Streptococcus agalactiae* phoB mutant and evaluation of its potential as an attenuated modified live vaccine in golden pompano, *Trachinotus ovatus*［J］. Fish and Shellfish Immunology，2017，63：405-416.

［9］ Cao H, Han F, Tan J, et al. *Edwardsiella piscicida* type III secretion system effector EseK inhibits mitogen-activated protein kinase phosphorylation and promotes bacterial colonization in zebrafish larvae［J］. Infection and Immunity，2018，86：e00233-18.

［10］ Cao H, Yang C, Quan S, et al. Novel T3SS effector EseK in *Edwardsiella piscicida* is chaperoned by EscH and EscS to express virulence［J］. Cellular Microbiology，2018，20：e12790.

［11］ Cao L, Wu XM, Hu YW, et al. The discrepancy function of NLRC5 isoforms in antiviral and antibacterial immune responses［J］. Developmental and Comparative Immunology，2018，84：153-163.

［12］ Chang MX, Zhang J. Alternative pre-mRNA splicing in mammals and teleost fish: An effective strategy for the regulation of immune responses against pathogen infection［J］. International Journal of Molecular Sciences，2017，pii: E1530.

［13］ Chen B, Huo S, Liu W, et al. Fish-specific finTRIM FTR36 triggers IFN pathway and mediates inhibition of viral replication［J］. Fish and Shellfish Immunology，2019，84：876-884.

［14］ Chen BX, Li C, Wang YD, et al. 14-3-3 β/α-A interacts with glycoprotein of spring viremia of carp virus and positively affects viral entry［J］. Fish and Shellfish Immunology，2018，81：438-444.

［15］ Chen H, Xiao J, Li J, et al. TRAF2 of black carp up-regulates MAVS mediated antiviral signaling during innate immune response［J］. Fish and Shellfish Immunology，2017，71：1-9.

［16］ Chen H, Yang D, Han F, et al. 2017.The bacterial T6SS effector EvpP prevents NLRP3 inflammasome activation by inhibiting the Ca2+–dependent MAPK–Jnk pathway〔J〕. Cell Host & Microbe，2017，21：47–58.

〔17〕 Chen RY，Shen KL，Chen Z，et al. White spot syndrome virus entry is dependent on multiple endocytic routes and strongly facilitated by Cq–GABARAP in a CME–dependent manner〔J〕. Scientific Reports，2016，6：28694.

〔18〕 Chen SN，Zhang XW，Li L，et al. Evolution of IFN–l in tetrapod vertebrates and its functional characterization in green anole lizard（*Anolis carolinensis*）〔J〕. Developmental and Comparative Immunology，2016，61：208–224.

〔19〕 Chen X，Qiu L，Wang H，et al. Susceptibility of *Exopalaemon carinicauda* to the infection with Shrimp Hemocyte Iridescent Virus（SHIV 20141215），a strain of decapod iridescent virus 1（DIV1）〔J〕. Viruses，2019，11：387.

〔20〕 Chen XX，Li YY，Chang XJ，et al. A CqFerritin protein inhibits white spot syndrome virus infection via regulating iron ions in red claw crayfish *Cherax quadricarinatus*〔J〕. Developmental and Comparative Immunology，2018，82：104–112.

〔21〕 Chen YH.，Bi T，Li X，et al. Wsv023 interacted with *Litopenaeus vannamei* γ –tubulin complex associated proteins 2，and decreased the formation of microtubules〔J〕. Royal Society Open Science，2017，4：4.doi.org/10.1098/rsos.160379

〔22〕 Chen YS，Chen NN，Qin XW，et al. Tiger frog virus ORF080L protein interacts with LITAF and impairs EGF–induced EGFR degradation〔J〕. Virus Research，2016，217：133–142.

〔23〕 Ding Y，Ao J，Huang X，Chen X. Identification of two subgroups of type I IFNs in perciforme fish large yellow croaker *Larimichthys crocea* provides novel insights into function and regulation of fish type I IFNs〔J〕. Frontiers in Immunology，2016，7：343.

〔24〕 Ding Y，Guan Y，Huang X，et al. Characterization and function of a group Ⅱ type I interferon in the perciform fish，large yellow croaker（*Larimichthys crocea*）.Fish and Shellfish Immunology，2019，86：152–159.

〔25〕 Dong M，Song X，Wang M，et al. CgAATase with specific expression pattern can be used as a potential surface marker for oyster granulocytes〔J〕. Fish and Shellfish Immunology，2019，87：96–104.

〔26〕 Dong X，Liu S，Zhu L，et al. Complete genome sequence of an isolate of a novel genotype of yellow head virus from *Fenneropenaeus chinensis* indigenous in China〔J〕. Archives of Virology，2017，162：1149–1152.

〔27〕 Fan WW，Ye YF，Chen Z，et al. Metabolic product response profiles of Cherax quadricarinatus towards white spot syndrome virus infection〔J〕. Developmental and Comparative Immunology，2016，61：236–641.

〔28〕 Feng C，Zhang Y，Li J，et al. Molecular cloning and characterization of TANK of black carp *Mylopharyngodon piceus*〔J〕. Fish and Shellfish Immunology，2018，81：113–120.

〔29〕 Feng S，Su J，Lin L，et al. Development of a reverse genetics system for snakehead vesiculovirus（SHVV）〔J〕. Virology，2019，526：32–37.

〔30〕 Gan Z，Chen SN，Huang B，et al. Intronless and intron–containing type I IFN genes coexist in amphibian *Xenopus tropicalis*：Insight into the origin and evolution of type I IFNs in vertebrates〔J〕. Developmental and Comparative Immunology，2017，67：166–176.

〔31〕 Gan Z，Yang YC，Chen SN，et al. Unique composition of intronless and intron–containing type I IFNs in the Tibetan frog *Nanorana parkeri* provides new evidence to support independent retroposition hypothesis for type I IFN genes in amphibians〔J〕. Journal of Immunology，2018，201：3329–3342.

〔32〕 Gao ZP，Nie P，Lu JF，et al. Type Ⅲ secretion system translocon component EseB forms filaments on and mediates autoaggregation of and biofilm formation by *Edwardsiella tarda*〔J〕. Applied and Environmental Microbiology，2015，81：6078–6087.

〔33〕 Guo QX，Zhai YH，Gu ZM，et al. Histopathological and ultrastructural studies of *Myxobolus turpisrotundus* from allogynogenetic gibel carp *Carassius auratus gibelio* in China〔J〕. Folia Parasitologica，2016，63：33.

［34］ He J, Zheng YW, Lin YF, et al. Caveolae restrict tiger frog virus release in HepG2 cells and caveolae-associated proteins incorporated into virus particles［J］. Scientific Reports, 2016, 6: 21663.

［35］ He JH, Yan MT, Zuo HL, et al. High reduced/oxidized glutathione ratio in infectious spleen and kidney necrosis virus-infected cells contributes to degradation of VP08R multimers［J］. Veterinary Microbiology, 2017, 207: 19-24.

［36］ Hoang HA, Yen MH, Ngoan VT, et al. Virulent bacteriophage of *Edwardsiella ictaluri* isolated from kidney and liver of striped catfish *Pangasianodon hypophthalmus* in Vietnam［J］. Diseases of Aquatic Organisms, 2018, 132: 49-56.

［37］ Hou M, Chen R, Yang D, et al. Identification and functional characterization of EseH, a new effector of the type III secretion system of *Edwardsiella piscicida*［J］. Cellular Microbiology, 2017, 19: e12638.

［38］ Hu YW, Wu XM, Ren SS, et al. NOD1 deficiency impairs CD44a/Lck as well as PI3K/Akt pathway［J］. Scientific Reports, 2017, 7: 2979.

［39］ Hu YW, Zhang J, Wu XM, et al. TANK-Binding Kinase 1（TBK1）isoforms negatively regulate type I interferon induction by inhibiting TBK1-IRF3 interaction and IRF3 phosphorylation［J］. Frontiers in Immunology, 2018, 9: 84.

［40］ Huang Y, Li T, Jin M, et al. Newly identified PcToll4 regulates antimicrobial peptide expression in intestine of red swamp crayfish *Procambarus clarkia*［J］. Gene, 2017, 610: 140-147.

［41］ Jeswin J, Xie XL, Ji QL, et al. Proteomic analysis by iTRAQ in red claw crayfish, *Cherax quadricarinatus*, hematopoietic tissue cells post white spot syndrome virus infection［J］. Fish and Shellfish Immunology, 2016, 50: 288-296.

［42］ Ji J, Rao Y, Wan Q, et al. Teleost-specific TLR19 localizes to endosome, recognizes dsRNA, recruits TRIF, triggers both IFN and NF-κB pathways and protects cells from grass carp reovirus infection［J］. Journal of Immunology, 2018; 200: 573-585.

［43］ Jiang S, Qiu L, Wang L, et al. Transcriptomic and Quantitative Proteomic Analyses Provide Insights Into the Phagocytic Killing of Hemocytes in the Oyster Crassostrea gigas［J］. Frontiers in Immunology, 2018, 9: 1280.

［44］ Jiang S, Wang L, Huang M, et al. DM9 domain containing protein functions as a pattern recognition receptor with broad microbial recognition spectrum［J］. Frontiers in Immunology, 2017, 8: 1607.

［45］ Jiang S, Xiao J, Li J, et al. Characterization of the black carp TRAF6 signaling molecule in innate immune defense［J］. Fish and Shellfish Immunology, 2017, 67: 147-158.

［46］ Laghari ZA, Chen SN, Li L, et al. Functional, signalling and transcriptional differences of three distinct type I IFNs in a perciform fish, the mandarin fish Siniperca chuatsi［J］. Developmental and Comparative Immunology, 2018, 84: 94-108.

［47］ Laghari ZA, Li L, Chen SN, et al. Composition and transcription of all interferon regulatory factors（IRFs）, IRF1-11 in a perciform fish, the mandarin fish, *Siniperca chuatsi*［J］. Developmental and Comparative Immunology, 2018, 81: 127-140.

［48］ Lee XZ, Weng SP, Dong G, et al. Identification and expression analysis of cellular and viral microRNAs in CyHV3-infected KCF-1 cells［J］. Gene, 2016, 592: 154-163.

［49］ Lee XZ, Yi Y, Weng SP, et al. Transcriptomic analysis of koi（*Cyprinus carpio*）spleen tissue upon cyprinid herpesvirus 3（CyHV3）infection using next generation sequencing［J］. Fish and Shellfish Immunology, 2016, 49: 213-224.

［50］ Li C, Jin X, Li M, et al. Light and transmission electron microscopy of *Cepedea longa*（Opalinidae）from *Fejervarya limnocharis*［J］. Parasite, 2017, 24, 6.

［51］ Li C, Li H, Xiao B, et al. Identification and functional analysis of a TEP gene from a crustacean reveals its transcriptional regulation mediated by NF-kappaB and JNK pathways and its broad protective roles against multiple pathogens [J]. Developmental and Comparative Immunology, 2017, 70: 45-58.

[52] Li C, Li LJ, Ling J, et al. Heme oxygenase-1 inhibits spring viremia of carp virus replication through carbon monoxide mediated cyclic GMP/Protein kinase G signaling pathway [J]. Fish and Shellfish Immunology, 2018, 79: 65-72.

[53] Li C, Wang S, He J. The two NF-κB pathways regulating bacterial and WSSV infection of shrimp [J]. Frontiers in Immunology, 2019, 10: 1785.

[54] Li C, Weng S, He J. WSSV-host interaction: Host response and immune evasion [J]. Fish and Shellfish Immunology, 2019, 84: 558-571.

[55] Li C, Zhao WS, Zhang D, et al. *Sicuophora* (Syn. *Wichtermania*) *multigranularis* from *Quasipaa spinosa* (Anura): morphological and molecular study, with emphasis on validity of *Sicuophora* (Armophorea, Clevelandellida) [J]. Parasite, 2018, 25: 38.

[56] Li D, Zhai YH, Gu ZM, et al. Development of a multiplex PCR method for the simultaneous detection of four myxosporeans infecting gibel carp *Carassius auratus gibelio* (Bloch) [J]. Diseases of Aquatic Organisms, 2017, 124: 31-39.

[57] Li DL, Chang XJ, Xie XL, et al. A thymosin repeated protein1 reduces white spot syndrome virus replication in red claw crayfish *Cherax quadricarinatus* [J]. Developmental and Comparative Immunology, 2018, 84: 109-116.

[58] Li J, Tian Y, Liu J, et al. Lysine 39 of IKK ε of black carp is crucial for its regulation on IRF7-mediated antiviral signaling [J]. Fish and Shellfish Immunology, 2018, 77: 410-418.

[59] Li J, Yan C, Liu J, et al. SIKE of black carp is a substrate of TBK1 and suppresses TBK1-mediated antiviral signaling [J]. Developmental and Comparative Immunology, 2019, 90: 157-164.

[60] Li L, Chen SN, Laghari ZA, et al. Receptor complex and signalling pathway of the two type II IFNs, IFN-γ and IFN-γ rel in mandarin fish or the so-called Chinese perch Siniperca chuatsi [J]. Developmental and Comparative Immunology, 2019, 97: 98-112.

[61] Li M, Li C, Grim JN, et al. Supplemental description of *Nyctotheroides pyriformis* n.comb. (= Macrocytopharynxa pyriformis (Nie, 1932) Li et al. 2002) from frog hosts with consideration of the validity of the genus *Macrocytopharynxa* (Armophorea, Clevelandellida) [J]. European Journal of Protistology, 2017, 53: 152-163.

[62] Li M, Ponce-Gordo F, Grim JN, et al. Morphological redescription of *Opalina undulata* Nie 1932 from *Fejervarya limnocharis* with molecular phylogenetic study of Opalinids (Heterokonta, Opalinea) [J]. Journal of Eukaryotic Microbiology, 2018, 65: 783-791.

[63] Li M, Sun Z Y, Grim JN, et al. Morphology of *Nyctotheroides hubeiensis* Li et al. 1998 from frog hosts with molecular phylogenetic study of clevelandellid ciliates (Armophorea, Clevelandellida) [J]. Journal of Eukaryotic Microbiology, 2016, 63: 751-759.

[64] Li M, Wang RQ, Gomes GB, et al. Epidemiology and identification of two species of *Chilodonella* affecting farmed fishes in China [J]. Veterinary Parasitology, 2018, 264: 8-17.

[65] Li N, Zhu Y, LaFrentz BR, et al. The type IX secretion system is required for virulence of the fish pathogen *Flavobacterium columnare* [J]. Applied and Environmental Microbiology, 2017, 83: e01769-17.

[66] Li WX, Fu PP, Zhang D, et al. Comparative mitogenomics supports synonymy of the genera *Ligula* and *Digramma* (Cestoda: Diphyllobothriidae) [J]. Parasites & Vectors, 2018b, 11: 324.

[67] Li WX, Zhang D, Boyce K, et al. The complete mitochondrial DNA of three monozoic tapeworms in the Caryophyllidea: a mitogenomic perspective on the phylogeny of eucestodes [J]. Parasites & Vectors, 2017, 10: 314.

［68］ Li WX, Zou H, Wu SG, et al. Composition and diversity of communities of *Dactylogyrus* spp.in wild and farmed goldfish *Carassius auratus*［J］. Journal of Parasitology, 2018a, 104：353-358.

［69］ Li XP, Wan XY, Xu TT, et al. Development and validation of a TaqMan RT-qPCR for the detection of convert mortality nodavirus（CMNV）［J］. Journal of Virological Methods, 2018, 262：65-71.

［70］ Li Y, Jiang S, Li M, et al. A cytokine-like factor astakine accelerates the hemocyte production in Pacific oyster *Crassostrea gigas*［J］. Developmental and Comparative Immunology, 2016, 55：179-187.

［71］ Li Y, Song X, Wang W, et al. The hematopoiesis in gill and its role in the immune response of Pacific oyster *Crassostrea gigas* against secondary challenge with *Vibrio splendidus*［J］. Developmental and Comparative Immunology, 2017, 71：59-69.

［72］ Li YY, Chen XX, Lin FY, et al. CqToll participates in antiviral response against white spot syndrome virus via induction of anti-lipopolysaccharide factor in red claw crayfish *Cherax quadricarinatus*［J］. Developmental and Comparative Immunology, 2017, 74：217-226.

［73］ Li YY, Xie XL, Ma XY, et al. Identification of a CqCaspase gene with antiviral activity from red claw crayfish *Cherax quadricarinatus*［J］. Developmental and Comparative Immunology, 2019, 91：101-107.

［74］ Lin FY, Gao Y, Wang H, et al. Identification of an anti-lipopolysacchride factor possessing both antiviral and antibacterial activity from the red claw crayfish *Cherax quadricarinatus*［J］. Fish and Shellfish Immunology, 2016, 57：213-221.

［75］ Liu J, Li J, Xiao J, et al. The antiviral signaling mediated by black carp MDA5 is positively regulated by LGP2. Fish and Shellfish Immunology, 2017, 66：360-371.

［76］ Liu LK, Li WD, Gao Y, et al. A laminin-receptor-like protein regulates white spot syndrome virus infection by binding to the viral envelope protein VP28 in red claw crayfish *Cherax quadricarinatus*［J］. Developmental and Comparative Immunology, 2018, 79：186-194.

［77］ Liu PF, Liu QH, Wu Y, Huang J. Increased nucleoside diphosphate kinase activity induces white spot syndrome virus infection in *Litopenaeus vannamei*［J］. PLoS One, 2017, 15：1-14.

［78］ Liu S, Wang X, Xu T, et al. Vectors and reservoir hosts of covert mortality nodavirus（CMNV）in shrimp ponds［J］. Journal of Invertebrate Pathology, 2018, 154：29-36.

［79］ Liu Y, Zhai YH, Gu ZM. Morphological and molecular characterization of *Thelohanellus macrovacuolaris* n.sp. （Myxosporea：Bivalvulida）infecting the palate in the mouth of common carp *Cyprinus carpio* L. in China［J］. Parasitology International, 2016, 65：303-307.

［80］ Liu Y, Zhang P, Wang W, et al. A DM9-containing protein from oyster *Crassostrea gigas*（CgDM9CP-2） serves as a multipotent pattern recognition receptor［J］. Developmental and Comparative Immunology, 2018, 84：315-326.

［81］ Liu YL, He TT, Liu LY, et al. 2019.The *Edwardsiella piscicida* type Ⅲ translocon protein EseC inhibits biofilm formation by sequestering EseE［J］. Applied and Environmental Microbiology, 2019, 85：e02133-18.

［82］ Liu Z, Wang L, Lv Z, et al. The cholinergic and adrenergic autocrine signaling pathway mediates immunomodulation in oyster *Crassostrea gigas*［J］. Frontiers in Immunology, 2018, 9：284.

［83］ Lu G, Yu Z, Lu M, et al. The self-activation and LPS binding activity of executioner caspase-1 in oyster *Crassostrea gigas*［J］. Developmental and Comparative Immunology, 2017, 77：330-339.

［84］ Lu JF, Wang WN, Wang GL, et al. *Edwardsiella tarda* EscE（Orf13 protein）is a type Ⅲ secretion system-secreted protein that is required for the injection of effectors, secretion of translocators, and pathogenesis in fish［J］. Infection and Immunity, 2016, 84：2-10.

［85］ Lu L, Wang X, Wu S, et al. Black carp STING functions importantly in innate immune defense against RNA virus［J］. Fish and Shellfish Immunology, 2017, 70：13-24.

［86］ Luo Z, Liu ZX, Fu JP, et al. Immunogenicity and protective role of antigenic regions from five outer membrane proteins of *Flavobacterium columnare* in grass carp *Ctenopharyngodon idella*［J］. Chinese Journal of Oceanology and Limnology, 2016, 34: 1247-1257.

［87］ Lv Z, Qiu L, Liu Z, et al. Molecular characterization of a cathepsin L1 highly expressed in phagocytes of pacific oyster *Crassostrea gigas*［J］. Developmental and Comparative Immunology, 2018, 89: 152-162.

［88］ Lv Z, Qiu L, Wang M, et al. Comparative study of three C1q domain containing proteins from pacific oyster *Crassostrea gigas*［J］. Developmental and Comparative Immunology, 2018, 78: 42-51.

［89］ Lv Z, Qiu L, Wang W, et al. A GTP-dependent phosphoenolpyruvate carboxykinase from *Crassostrea gigas* involved in immune recognition［J］. Developmental and Comparative Immunology, 2017, 77: 318-329.

［90］ Lv Z, Wang L, Jia Z, et al. Hemolymph C1qDC promotes the phagocytosis of oyster Crassostrea gigas hemocytes by interacting with the membrane receptor beta-integrin［J］. Developmental and Comparative Immunology, 2019, 98: 42-53.

［91］ Mi S, Qin XW, Lin YF, et al. Budding of tiger frog virus（an iridovirus）from HepG2 cells via three ways recruits the ESCRT pathway［J］. Scientific Reports, 2016, 6: 26581.

［92］ Qi HM, Yi Y, Weng SP, et al. Differential autophagic effects triggered by five different vertebrate iridoviruses in a common, highly permissive mandarin fish fry（MFF-1）cell model［J］. Fish and Shellfish Immunology, 2016, 49: 407-419.

［93］ Qiu W, He JH, Zuo H, et al. Identification, characterization, and function analysis of the NF-κB repressing factor（NKRF）gene from *Litopenaeus vannamei*. Developmental and Comparative Immunology, 2017, 76: 83-92.

［94］ Rao Y, Wan Q, Su H, et al. ROS-induced HSP70 promotes cytoplasmic translocation of high-mobility group box 1b and stimulates antiviral autophagy in grass carp kidney cells［J］. Journal of Biological Chemistry, 2018; 293: 17387-17401.

［95］ Rao Y, Wan Q, Yang C, et al. Grass carp laboratory of genetics and physiology 2 serves as a negative regulator in retinoic acid-inducible gene I-and melanoma differentiation-associated gene 5-mediated antiviral signaling in resting state and early stage of frass carp reovirus infection［J］. Frontiers in Immunology, 2017; 8: 352.

［96］ Ruan BY, Chen SN, Hou J, et al. Two type II IFN members, IFN-γ and IFN-γ related（rel）, regulate differentially IRF1 and IRF11 in zebrafish［J］. Fish and Shellfish Immunology, 2017, 65: 103-110.

［97］ Shao J, Huang J, Guo Y, et al. Up-regulation of nuclear factor E2-related factor 2（Nrf2）represses the replication of SVCV［J］. Fish and Shellfish Immunology, 2016, 58: 474-482.

［98］ Song X, Li W, Xie X, et al. NLRX1 of black carp suppresses MAVS-mediated antiviral signaling through its NACHT domain［J］. Developmental and Comparative Immunology, 2019, 96: 68-77.

［99］ Song X, Wang H, Chen H, et al. Conserved hemopoietic transcription factor Cg-SCL delineates hematopoiesis of Pacific oyster *Crassostrea gigas*［J］. Fish and Shellfish Immunology, 2016, 51: 180-188.

［100］ Song X, Xin X, Dong M, et al. The ancient role for GATA2/3 transcription factor homolog in the hemocyte production of oyster［J］. Developmental and Comparative Immunology, 2018, 82: 55-65.

［101］ Su, H, Su J. Cyprinid viral diseases and vaccine development［J］. Fish and Shellfish Immunology, 2018, 83: 84-95.

［102］ Sun XY, Liu QH, Huang J. iTRAQ-based quantitative proteomic analysis of differentially expressed proteins in *Litopenaeus vannamei* to different virulence WSSV infection［J］. Letters in Applied Microbiology, 2018, 67: 113-122.

［103］ Sun ZY, Jiang CQ, Feng JM, et al. Phylogenomic analysis of *Balantidium ctenopharyngodoni*（Ciliophora: Litostomatea）based on single-cell transcriptome sequencing［J］. Parasite, 2017, 24: 43.

［104］ Wan Q, Yang C, Rao Y, et al. MDA5 induces a stronger interferon response than RIG-I to GCRV infection through a mechanism involving the phosphorylation and dimerization of IRF3 and IRF7 in CIK cells［J］. Frontiers in Immunology, 2017, 8: 189.

［105］ Wang B, Gan Z, Wang Z, et al. Integrated analysis neurimmiRs of tilapia (*Oreochromis niloticus*) involved in immune response to *Streptococcus agalatiae*, a pathogen causing meningoencephalitis in teleosts［J］. Fish and Shellfish Immunology, 2017, 61: 44-60.

［106］ Wang C, Peng J, Zhou M, et al. TAK1 of black carp positively regulates IRF7-mediated antiviral signaling in innate immune activation［J］. Fish and Shellfish Immunology, 2019, 84: 83-90.

［107］ Wang F, Jiao H, Liu W, et al. The antiviral mechanism of Viperin and its splice variant in spring viremia of carp virus infected fathead minnow cells［J］. Fish and Shellfish Immunology, 2019, 86: 805-813.

［108］ Wang S, Li M, Yin B, et al. Shrimp TAB1 interacts with TAK1 and p38 and activates the host innate immune response to bacterial infection［J］. Molecular Immunology, 2017a, 88: 10-19.

［109］ Wang S, Qian Z, Li H, et al. Identification and characterization of MKK7 as an upstream activator of JNK in *Litopenaeus vannamei*［J］. Fish and Shellfish Immunology, 2016b, 48: 285-294.

［110］ Wang S, Song X, Zhang Z, et al. Shrimp with knockdown of LvSOCS2, a negative feedback loop regulator of JAK/STAT pathway in *Litopenaeus vannamei*, exhibit enhanced resistance against WSSV［J］. Developmental and Comparative Immunology, 2016a, 65: 289-298.

［111］ Wang S, Yin B, Li H, et al. MKK4 from *Litopenaeus vannamei* is a regulator of p38 MAPK kinase and involved in anti-bacterial response［J］. Developmental and Comparative Immunology, 2017b, 78: 61-70.

［112］ Wang W, Chen J, Liao B, Xia L, et al. Identification and functional characterization of histone-like DNA-binding protein in *Nocardia seriolae* (NsHLP) involved in cell apoptosis［J］. Journal of Fish Diseases, 2019, 42: 657-666.

［113］ Wang W, Li M, Wang L, et al. The granulocytes are the main immunocompetent hemocytes in *Crassostrea gigas*. Developmental and Comparative Immunology, 2017, 67: 221-228.

［114］ Wang X, Song X, Xie X, et al. TRAF3 enhances STING-mediated antiviral signaling during the innate T immune activation of black carp［J］. Developmental and Comparative Immunology, 2018, 88: 83-93.

［115］ Wang YD, Kuang M, Lu Y, et al. Characterization and biological function analysis of the TRIM47 gene from common carp (*Cyprinus carpio*)［J］. Gene, 2017, 627: 188-193.

［116］ Wang YD, Zhang H, Lu Y, et al. Comparative transcriptome analysis of zebrafish (*Danio rerio*) brain and spleen infected with spring viremia of carp virus (SVCV)［J］. Fish and Shellfish Immunology, 2017, 69: 35-45.

［117］ Wu H, Liu L, Wu S, et al. IFNb of black carp functions importantly in host innate immune response as an antiviral cytokine［J］. Fish and Shellfish Immunology, 2018, 74: 1-9.

［118］ Wu H, Zhang Y, Lu X, et al. STAT1a and STAT1b of black carp play important roles in the innate immune defense against GCRV［J］. Fish and Shellfish Immunology, 2019, 87: 386-394.

［119］ Wu XM, Chen WQ, Hu YW, et al. RIP2 is a critical regulator for NLRs signaling and MHC antigen presentation but not for MAPK and PI3K/Akt pathways［J］. Frontiers in Immunology, 2018, 9: 726.

［120］ Wu XM, Hu YW, Xue NN, et al. Role of zebrafish NLRC5 in antiviral response and transcriptional regulation of MHC related genes. Developmental and Comparative Immunology, 2017, 68: 58-68.

［121］ Xi BW, Barčák D, Oros M, et al. The occurrence of the common European fish cestode *Caryophyllaeus laticeps* (Pallas, 1781) in the River Irtysh, China: a morphological characterization and molecular data［J］. Acta Parasitologica, 2016a, 61: 493-499.

［122］ Xi BW, Li P, Liu QC, et al. Description of a new *Neoactinomyxum* type actinosporean from the oligochaete

*Branchiura sowerbyi* Beddard［J］. Systematic Parasitology，2017，94：73–80.

［123］ Xi BW，Li WX，Wang GT，et al. Cryptic genetic diversity and host specificity of *Bothriocephalus acheilognathi* Yamaguti，1934（Eucestoda：Bothriocephalidea）［J］. Zoological Systematics，2016b（41）：140–148.

［124］ Xi BW，Oros M，Chen K，et al. A new monozoic tapeworm，*Parabreviscolex niepini* n.g.，n.sp.（Cestoda：Caryophyllidea），from schizothoracine fishes（Cyprinidae：Schizothoracinae）in Tibet，China［J］. Parasitology Research，2018，117：347–354.

［125］ Xi BW，Zhao X，Li P，et al. Morphological variation in *Myxobolus drjagini*（Akhmerov，1954）from silver carp and description of *Myxobolus paratypicus* n.sp.（Cnidaria：Myxozoa）［J］. Parasitology Research，2019，118：2149–2157.

［126］ Xia L，Liang H，Xu L，et al. Subcellular localization and function study of a secreted phospholipase C from *Nocardia seriolae*［J］. FEMS Microbiology Letters，2017，364：fnx143.

［127］ Xiao J，Yan C，Zhou W，et al. CARD and TM of MAVS of black carp play the key role in its self–association and antiviral ability［J］. Fish and Shellfish Immunology，2017，63：261–269.

［128］ Xiao J，Yan J，Chen H，et al. LGP2 of black carp plays an important role in the innate immune response against SVCV and GCRV［J］. Fish and Shellfish Immunology，2016，57：127–135.

［129］ Xiao J，Yan J，Chen H，et al. Mx1 of black carp functions importantly in the antiviral innate immune response［J］. Fish and Shellfish Immunology，2016，58：584–592.

［130］ Xie XL，Chang XJ，Gao Yan，et al. An Ns1abp–like gene promotes white spot syndrome virus infection by interacting with the viral envelope protein VP28 in red claw crayfish *Cherax quadricarinatus*［J］. Developmental and Comparative Immunology，2018，84：264–272.

［131］ Xu J，Jiang S，Li Y，et al. Caspase–3 serves as an intracellular immune receptor specific for lipopolysaccharide in oyster *Crassostrea gigas*［J］. Developmental and Comparative Immunology，2016，61：1–12.

［132］ Xu J，Zhang X，Luo Y，et al. IgM and IgD heavy chains of yellow catfish（*Pelteobagrus fulvidraco*）：Molecular cloning，characterization and expression analysis in response to bacterial infection［J］. Fish and Shellfish Immunology，2018，84：233–243.

［133］ Xu X，Yuan J，Yang L，et al. The Dorsal/miR–1959/Cactus feedback loop facilitates the infection of WSSV in *Litopenaeus vannamei*［J］. Fish and Shellfish Immunology，2016，56：397–401.

［134］ Xu Z，Takizawa F，Parra D，et al. Mucosal immunoglobulins at respiratory surfaces mark an ancient association that predates the emergence of tetrapods［J］. Nature Communations，2016，7：10728.

［135］ Yan C，Xiao J，Li J，et al. TBK1 of black carp plays an important role in host innate immune response against SVCV and GCRV［J］. Fish and Shellfish Immunology，2017，69：108–118.

［136］ Yan MT，He JH，Zhu WB，et al. A microRNA from infectious spleen and kidney necrosis virus modulates expression of the virus–mock basement membrane component VP08R［J］. Virology，2016，492：32–37.

［137］ Yang BJ，Zou H，Zhou S，et al. Seasonal dynamics and spatial distribution of the *Dactylogyrus* species on the gills of grass carp（*Ctenopharyngodon idellus*）from a fish pond in Wuhan，China［J］. Journal of Parasitology，2016，102：507–513.

［138］ Yang L，Niu S，Gao J，et al. A single WAP domain（SWD）–containing protein with antiviral activity from Pacific white shrimp *Litopenaeus vannamei*［J］. Fish and Shellfish Immunology，2018，73：167–174.

［139］ Yi J，Xiao SB，Zeng ZX，et al. 2016.EseE of *Edwardsiella tarda* augments secretion of translocon protein EseC and expression of the escC–eseE operon［J］. Infection and Immunity，2016，84：2336–2344.

［140］ Yu W，Luo Y，Dong S，et al. T cell receptor（TCR）α and β genes of loach（*Misgurnus anguillicaudatus*）：Molecular cloning and expression analysis in response to bacterial，parasitic and fungal challenges［J］. Developmental and Comparative Immunology，2019，90：90–99.

［141］ Yu Y, Huang Y, Ni S, et al. 2017.Singapore grouper iridovirus（SGIV）TNFR homolog VP51 functions as a virulence factor via modulating host inflammation response［J］. Virology, 2017, 511: 280-289.

［142］ Yu Y, Huang Y, Wei S, et al. A tumor necrosis factor receptor-like protein encoded by Singapore grouper iridovirus modulates cell proliferation, apoptosis, and viral replication［J］. Journal of General Virology, 2015, 97: 756-766.

［143］ Yu Y, Kong W, Dong F, et al. Mucosal immunoglobulins protect the olfactory organ of teleost fish against parasitic infection［J］. PLoS Pathogens, 2018, 14: e1007251.

［144］ Zhang B, Gu ZM, Liu Y. Morphological, histological and molecular characterization of three *Myxobolus* species（Cnidaria: Myxosporea）from silver carp *Hypophthalmichthys molitrix* Valenciennes and bighead carp *Hypophthalmichthys nobilis* Richardson in China［J］. Parasitology International, 2018, 67: 509-516.

［145］ Zhang B, Zhai YH, Gu ZM, et al. Morphological, histological and molecular characterization of *Myxobolus kingchowensis* and *Thelohanellus cf.sinensis* infecting gibel carp *Carassius auratus gibelio*（Bloch, 1782）［J］. Acta Parasitologica, 2018, 63: 221-231.

［146］ Zhang B, Zhai YH, Liu Y, et al. *Myxobolus pseudowulii* sp.n.（Myxozoa: Myxosporea）, a new skin parasite of yellow catfish *Tachysurus fulvidraco*（Richardson）and redescription of *Myxobolus voremkhai*（Akhmerov, 1960）［J］. Folia Parasitologica, 2017, 64: 030.

［147］ Zhang C, Feng S, Wang W, et al. MicroRNA miR-214 inhibits snakehead vesiculovirus replication by promoting IFN-a expression via targeting host adenosine 5' -monophosphate-activated protein［J］. Frontiers in Immunology, 2017b, 8: 1775.

［148］ Zhang C, Li N, Fu X, et al. MiR-214 inhibits snakehead vesiculovirus（SHVV）replication by targeting host GS［J］. Fish and Shellfish Immunology, 2018, 84: 299-303.

［149］ Zhang C, Yi L, Feng S, et al. MicroRNA miR-214 inhibits snakehead vesiculovirus（SHVV）replication by targeting the coding regions of viral N and P［J］. Journal of General Virology, 2017a, 98: 1611-1619.

［150］ Zhang D, Zou H, Wu SG, et al. Three new Diplozoidae mitogenomes expose unusual compositional biases within the Monogenea class: implications for phylogenetic studies［J］. BMC Evolutionary Biology, 2018, 18: 133.

［151］ Zhang L, Chen WQ, Hu YW, et al. TBK1-like transcript negatively regulates the production of IFN and IFN-stimulated genes through RLRs-MAVS-TBK1 pathway［J］. Fish and Shellfish Immunology, 2016, 54: 135-143.

［152］ Zhang Q, He TT, Li DY, et al. The *Edwardsiella piscicida* type Ⅲ effector EseJ suppresses expression of type 1 fimbriae, leading to decreased bacterial adherence to host cells［J］. Infection and Immunity, 2019, 87: e00187-19.

［153］ Zhang QL, Liu S, Li J, et al. Evidence for cross-species transmission of covert mortality nodavirus to new host of *Mugilogobius abei*［J］. Frontiers in Microbiology, 2018, 9: 1447.

［154］ Zhang X, Ding L, Yu Y, et al. The change of teleost skin commensal microbiota is associated with skin mucosal transcriptomic responses during parasitic infection by *Ichthyophthirius multifiliis*［J］. Frontiers in Immunology, 2018, 9: 2972.

［155］ Zhang XL, Li N, Qin T, et al. Involvement of two glycoside hydrolase family 19 members in colony morphotype and virulence in *Flavobacterium columnare*［J］. Chinese Journal of Oceanology and Limnology, 2017, 35: 1511-1523.

［156］ Zhang Y, Nie P, Lin L. Complete genome sequence of the fish pathogen *Flavobacterium columnare* Pf1［J］. Genome Announcements, 2016, 4: e00900-16.

［157］ Zhang Y, Zhao L, Chen W, et al. Complete genome sequence analysis of the fish pathogen *Flavobacterium columnare* provides insights into antibiotic resistance and pathogenicity related genes［J］. Microbial

Pathogenesis，2017，111：203-211.

［158］ Zhao DD，Borkhanuddin M，Wang WM，et al. The life cycle of *Thelohanellus kitauei*（Myxozoa：Myxosporea）infecting common carp（*Cyprinus carpio*）involves aurantiactinomyxon in *Branchiura sowerbyi*［J］. Parasitology Research，2016，115：4317-4325.

［159］ Zhao DD，Zhai YH，Liu Y，et al. Involvement of aurantiactinomyxon in the life cycle of *Thelohanellus testudineus*（Cnidaria：Myxosporea）from allogynogenetic gibel carp *Carassius auratus gibelio*，with morphological，ultrastructural，and molecular analysis［J］. Parasitology Research，2017，116：2449-2456.

［160］ Zhao LT，Qi L，Li C，et al. SVCV impairs mitochondria complex Ⅲ resulting in accumulation of hydrogen peroxide［J］. Fish and Shellfish Immunology，2018，75：58-65.

［161］ Zhao MR，Meng C，Xie XL，et al. Characterization of microRNAs by deep sequencing in red claw crayfish *Cherax quadricarinatus* haematopoietic tissue cells after white spot syndrome virus infection［J］. Fish and Shellfish Immunology，2016，59：469-483.

［162］ Zhao WS，Li C，Zhang D，et al. *Balantidium grimi* n.sp.（Ciliophora，Litostomatea），a new species inhabiting the rectum of the frog *Quasipaa spinosa* from Lishui，China［J］. Parasite，2018，25，29.

［163］ Zhou S，Li WX，Zou H，et al. Expression analysis of immune genes in goldfish（*Carassius auratus*）infected with the monogenean parasite *Gyrodactylus kobayashii*［J］. Fish & Shellfish Immunology，2018，77：40-45.

［164］ Zhou S，Zou H，Wu SG，et al. Effects of goldfish（*Carassius auratus*）population size and body condition on the transmission of *Gyrodactylus kobayashii*（Monogenea）［J］. Parasitology，2017，144：1221-1228.

［165］ Zong Y，Liu Z，Wu Z，et al. A novel globular C1q domain containing protein（C1qDC-7）from *Crassostrea gigas* acts as pattern recognition receptor with broad recognition spectrum［J］. Fish and Shellfish Immunology，2019，84：920-926.

［166］ Zou Z，Xie X，Li W，et al. Black carp TAB1 up-regulates TAK1/IRF7/IFN signaling during the antiviral innate immune activation［J］. Fish and Shellfish Immunology，2019，89：736-744.

［167］ Zuo H，Yuan J，Chen Y，et al. A MicroRNA-Mediated Positive Feedback Regulatory Loop of the NF-κB Pathway in *Litopenaeus vannamei*［J］. Journal of Immunology，2016，196：3842-3853.

撰稿人：聂　品　何建国　苏建国　秦启伟　昌鸣先　王桂堂　王玲玲　陈善楠

习丙文　李文祥　鲁义善　冯　浩　柳　阳

# 水产动物营养与饲料学科发展研究

## 一、近年来我国水产动物营养与饲料研究进展

2016—2019 年，我国处于"十三五"规划的发展时期，亦是承上启下的重要历史转折期。在此期间，我国水产动物营养与饲料研究保持高速发展，为我国水产饲料产业乃至养殖产业的发展和成功转型提供了助力。期间研究经费相对充足，各项工作均有条不紊地进行，分别在蛋白质营养和替代、脂肪营养和替代、糖类、维生素和矿物质营养、添加剂开发、幼体与亲本营养、食品安全与水产品品质、饲料加工工艺和高效环保饲料开发等方面进行了大量研究，取得了一系列重要的研究成果，为推动我国水产饲料产业健康发展、提质增效、实现"绿水青山就是金山银山"的科学论断做出了巨大贡献。

### （一）蛋白质营养及蛋白源替代研究

蛋白质是鱼类最重要的营养素之一，是生物体的重要组成部分，也是生命功能实现的重要物质基础，因此饲料蛋白质营养及替代研究一直是水产动物营养的研究热点所在；同时，水产动物对蛋白质的需求也受到生长阶段、饲料蛋白源的营养价值以及环境等多方面的影响。

#### 1. 蛋白质营养研究

近年来，我国水产动物营养科研人员研究和定量了多种水产养殖动物的蛋白质需要量，为饲料蛋白的精准应用奠定了基础，详情见表 1。这些数据的发表完善了水产养殖品种饲料营养数据库，为水产动物高效配合饲料的配制提供了数据支持和理论参考。

表1 2016—2019 年我国水产养殖动物蛋白质营养研究

| 水产养殖动物 | 蛋白质需要量（%） | 参考文献 |
|---|---|---|
| 细鳞鲑 | 50.00 | 徐革锋等，2016 |
| 北方须鳅 | 41.57 | 韩如政等，2016 |
| 黄姑鱼 | 41.65—43.02 | 邱金海等，2016 |
| 吉富罗非鱼 | 0.36 | 刘伟等，2016 |
| 日本无针乌贼 | 44.73 | 王鹏帅等，2016 |
| 雅罗鱼 | 36.9—37.7 | Ren 等，2017a |
| 异育银鲫 | 36.5—41.4 | Ye 等，2017 |
| 云纹龙胆石斑鱼 | 0.50 | 公绪鹏等，2018 |
| 半刺厚唇鱼幼鱼 | 0.38 | 梁萍等，2018 |
| 台湾泥鳅幼鱼 | 34.68—35.37 | 周朝伟等，2018 |

## 2. 氨基酸营养研究

氨基酸是构成动物营养所需蛋白质的基本物质，赋予蛋白质特定的分子结构形态，使蛋白质分子具有生化活性，水产动物对蛋白质的需求本质是对氨基酸的需求。2016—2019 年，我国科技工作者系统地开展了水产动物代表种不同生长阶段必需氨基酸需要量的研究，这极大地丰富了水产动物氨基酸需要量数据库，详情见表2。

表2 2016—2019 年我国水产养殖动物饲料氨基酸需要量研究

| 氨基酸种类 | 水产养殖动物 | 氨基酸需要量（%） | 参考文献 |
|---|---|---|---|
| 蛋氨酸 | 团头鲂成鱼 | 0.74—0.76 | Liang 等，2016 |
| | 军曹鱼幼鱼 | 1.04—1.15 | Wang 等，2016a |
| | 花鲈幼鱼 | 1.57 | 张树威等，2017 |
| | 草鱼成鱼 | 0.54—0.70 | Wu 等，2017a |
| 赖氨酸 | 团头鲂生长期、成鱼 | 2.07、2.19 | 宋长友等，2016 |
| 精氨酸 | 吉富罗非鱼幼鱼 | 1.51—1.58 | 武文一等，2016 |
| | 团头鲂幼鱼、生长期 | 2.03、1.79 | Zhao 等，2017 |
| | 杂交鲟幼鱼 | 2.47 | Wang 等，2017a |
| 苏氨酸 | 大黄鱼幼鱼 | 1.86—2.06 | He 等，2016 |
| 亮氨酸 | 尼罗罗非鱼幼鱼 | 1.25 | Gan 等，2016 |
| | 青鱼幼鱼 | 2.35—2.39 | Wu 等，2017b |
| | 草鱼幼鱼 | 1.52—1.53 | 黄爱霞等，2018 |
| 异亮氨酸 | 团头鲂幼鱼 | 1.38—1.40 | Ren 等，2017b |

| 氨基酸种类 | 水产养殖动物 | 氨基酸需要量（%） | 参考文献 |
|---|---|---|---|
| 色氨酸 | 团头鲂幼鱼 | 0.20 | Ji 等，2018 |
| 苯丙氨酸 | 草鱼鱼种 | 1.22—1.27 | 孙丽慧等，2016 |
| 缬氨酸 | 草鱼鱼种 | 1.28—1.37 | 孙丽慧等，2017 |
| | 金鲳鱼幼鱼 | 1.99—2.02 | Huang 等，2018 |

近年来，有关水产动物氨基酸生理功能的研究也成为热点。研究发现，除了能促进鱼体生长外，氨基酸能通过 TOR 信号通路调节机体蛋白代谢，此外，也能调节胰岛素信号通路，糖代谢及脂肪代谢（Liang 等，2017）。饲料蛋氨酸、精氨酸、苏氨酸、色氨酸、亮氨酸、组氨酸等必需氨基酸及其类似物均能通过 Nrf2 与 AMPK-NO 信号通路等信号通路调节鱼体的抗氧化及免疫功能（Gu 等，2017a；Liang 等，2018a，b）。一些非必需氨基酸，如谷氨酰胺能够提高黄颡鱼（*Pelteobagrus fulvidraco*）幼鱼及半滑舌鳎（*Cynoglossus semilaevis Gunther*）稚鱼的抗氧化能力和非特异性免疫力（刘经纬等，2016）。饲料蛋氨酸水平能够提高星斑川鲽（*Platichthys stellatus*）幼鱼的细胞免疫能力和肝脏代谢转运，调节血脂代谢（宋志东和李培玉，2016）。王震等（2016）研究显示饲料缺乏缬氨酸会减少军曹鱼［*Rachycentron canadum*（Linnaeus）］鱼体脂肪积累。团头鲂（*Megalobrama amblycephala*）幼鱼能直接利用蛋氨酸转化为牛磺酸，并提高机体的非特异性免疫能力。

### 3. 蛋白源替代研究

随着水产养殖业的发展，饲料工业对鱼粉的需要量越来越大。与鱼粉等动物蛋白源相比，植物蛋白具有产量稳定、可持续和价格低廉等优点，豆粕、菜粕、棉粕、玉米蛋白粉以等植物蛋白源已经广泛应用在水产养殖中。但相较鱼粉，植物蛋白源适口性差、氨基酸不平衡且含有抗营养因子。因此，新型蛋白源的开发仍是水产动物营养研究中的重要方向。

研究发现大黄鱼幼鱼饲料中豆粕可替代 30% 鱼粉，过高的替代比例会造成大黄鱼（*Larimichthys crocea*）幼鱼肝脏组织病变，导致生长速度、存活率下降（冯建等，2016）。此外，在大黄鱼幼鱼研究中，发现小麦蛋白粉替代饲料（含 40% 鱼粉）中 100% 的鱼粉不会影响其生长（王萍等，2018）。而在团头鲂饲料中进行深入研究发现，米糠及菜粕均可适量替代鱼粉，并显著促进鱼体生长；且均能引起 TOR 信号通路及其上下游基因的表达变化（Zhou 等,2017）。同时，新型蛋白源（鱼肉水解蛋白、比目鱼皮粉以及螺旋藻粉等）、复合蛋白源（植物复合蛋白以及动物复合蛋白）以及新的技术手段（酶解技术以及发酵技术）等亦在不断地开发来满足水产养殖业的发展。已有研究表明，螺旋藻粉可替代异育银鲫（*Carassius auratus gibelio*）饲料中 20% 鱼粉，并能提高其生长性能，黄河鲤（*Cyprinus carpio*）和杂交鲟（*Acipenser baerii*♂× *A. schrenckii*♀）幼鱼饲料中用混合植物蛋白可以部分替代鱼粉（宋娇等，2016）；酶解大豆蛋白替代鱼粉 36.76%—37.78%，能保障星斑川鲽幼鱼的生长速度（宋志东等，2016）；酶解动物软骨蛋白粉与植物蛋白复合后可替代大菱鲆（*Scophthalmus maximus*）幼鱼饲料中 40% 鱼粉而不影响其生长、摄食、存活和体组成，并能保持其肉质（刘运正等，2016）。这些新型复合蛋白源的开发以及复合蛋白源与新技术手段的应用为鱼粉替代提供了新的思路。

在有关植物蛋白替代鱼粉的研究中，有一个重大问题就是植物蛋白的氨基酸组成不如鱼粉平衡。相关研究表明在饲料中添加蛋氨酸等限制性氨基酸，可以有效地提高水产饲料中植物蛋白原料的应用（Zhang 等，2016a；Ren 等，2017c）。在低鱼粉饲料中补充必需氨基酸，不仅能促进鱼体的生长，且能通过激活 TOR 信号通路促进蛋白合成。在低鱼粉饲料中添加适宜水平的蛋氨酸，可以有效提高军曹鱼的生长性能及体蛋白含量（何远法等，2018）。此外，近年来还研究了不同蛋白源对养殖动物蛋白质代谢、氨基酸转运和消化酶活力等相关基因表达的影响，从而提高水产养殖动物对替代蛋白源的利用率，为开发新型蛋白源提供了有力的理论依据。

## （二）脂肪营养及脂肪源替代研究

### 1. 脂类营养研究

脂类包括脂肪和类脂，脂肪是甘油和脂肪酸组成的甘油三酯，类脂则指胆固醇、磷脂、糖脂等。脂类对于维持鱼体生长、发育和繁殖起到重要作用。脂肪不仅是机体重要的能量来源，可以起到节约蛋白质的作用，还能为其提供生长所必需的脂肪酸，参与鱼体生理功能的调节。同时，脂肪还可以作为脂溶性维生素的载体为机体运输必需的维生素。胆固醇、磷脂等类脂是鱼体细胞重要组成部分，对于维持鱼体新陈代谢起着重要调节作用。

近年来，我国水产动物营养研究人员补充完善了我国主要养殖品种的脂类需要量。详情见表 3。

表 3　2016—2019 年我国水产养殖动物饲料脂类需要量研究

| 脂类种类 | 水产养殖动物 | 脂类需要量（%） | 参考文献 |
|---|---|---|---|
| 脂肪 | 芙蓉鲤鲫 | 6.94 | 何志刚等，2016 |
| | 石斑鱼 | 15.99 | Li 等，2016a |
| | 眼斑双锯鱼 | 12.20—12.90 | 胡静等，2016 |
| | 大鳞副泥鳅 | 8.47—10.46 | 曾本和等，2016 |
| | 黄姑鱼 | 7.04 | 叶坤，2017 |
| | 海参 | 0.19—1.38 | Liao 等，2017a |
| | 大鳞鲃 | 7.99—8.76 | 张媛媛等，2018 |

续表

| 脂类种类 | 水产养殖动物 | 脂类需要量（%） | 参考文献 |
|---|---|---|---|
| 脂肪 | 血鹦鹉幼鱼 | 15.80—16.75 | 薛晓强等，2018 |
| | 大刺鳅 | 8.00 | 张坤等，2018 |
| | 红螯螯虾 | 7.00—9.00 | 鲁耀鹏等，2018 |
| 胆固醇 | 石斑鱼 | 0.74—0.87 | 张武财，2016 |
| | 军曹鱼 | 0.57 | 陈强，2016 |
| | 拟穴青蟹 | 1.11 | Zheng 等，2018 |
| | 大黄鱼 | 4.00 | Zhu 等，2018 |
| 磷脂 | 大黄鱼 | 6.32—12.70 | Cai 等，2016 |

饲料中适宜的脂肪水平能满足鱼体生长发育需要，而过高的脂肪添加量也会造成鱼体脂肪异常沉积和炎性发生，不利于鱼体健康。Yan 等（2017）研究发现高脂饲料可以显著上调脂肪组织 ldlr、fabp11、dgat2、atgl 等基因表达，但是在肌肉组织中 ldlr 和 dgat2 基因表达是显著降低的，说明鱼体不同组织对饲料脂肪水平的响应是不一致的。实验证明 GSK-3β 和 Wnt/β 连环蛋白信号通路参与大菱鲆脂肪合成代谢（Liu 等，2016a，b）。Cai 等（2017a）通过在体养殖实验和离体细胞实验，阐明了磷脂可以促进大黄鱼肝脏脂肪输出，缓解高脂饲料导致的肝脏脂肪异常沉积的不利影响。Liao 等（2016）研究发现，高脂饲料显著降低大黄鱼 CS 活性，NRF-1 和 PPARα 基因表达量，并显著增加线粒体 D-loop 甲基化。Tan 等（2017a）研究发现，高脂饲料诱导大菱鲆炎性发生，可能是通过 SOCS3 激活 TLR-NFκB 信号通路，促使 TNF-α 产生。Wang 等（2016b）阐明高脂饲料诱导大黄鱼鱼体炎性可能是通过 NF-κB 和 AP-1 信号通路激活 cox-2 表达发生的。此外，高脂饲料投喂团头鲂会激活鱼体肝脏内质网应激发生，诱导肝脏脂肪异常沉积。

### 2. 脂肪酸营养研究

脂肪酸主要分为必需脂肪酸和非必需脂肪酸，对机体生长、发育及免疫起到重要作用。近年来，我国水产动物营养研究人员就水产动物必需脂肪酸和非必需脂肪酸开展一定的基础研究。卵形鲳鲹（*Trachinotus ovatus*）对于亚麻酸的需求量为 1.04%（戚常乐等，2016），细鳞鲑［*Brachymystax lenok*（Pallas，1773）］对于 HUPA 的需求量为 0.69%（常杰等，2017），鲈鱼（*Lateolabrax japonicus*）对于 n-3 LC-PUFA 的需要量为 1.094%（Xu 等，2017a），珍珠龙胆石斑鱼（♀*Epinephelus fuscoguttatus*×♂*Epinephelus lanceolatu*）幼鱼饲料中 ARA 的适宜水平分别为饲料干重的 0.45%，刺参（*Stichopus japonicus*）对 ARA 的适宜添加量为 0.36%—0.51%（王成强等，2018）。研究发现，在大规格鲈鱼饲料中添加 2.03%—3.18%ALA 能够促进鱼体的生长，提高抗氧化能力和肝脏健康水平。王明辉等（2016）研究表明，日粮中添加适量的 CLA 可以显著提高珍珠龙胆（♀ *Epinephelus fuscoguttatus* × ♂ *Epinephelus lanceolatu*）幼鱼对饲料利用率，改善肌肉和肝脏脂肪酸组成和增加肝脂肪代谢酶活性。Xu 等（2016a）研究表明，饲料中 DHA/EPA 比例为 1.53—2.08 显著提高鲈鱼生长率和鱼体免疫力。Xu 等（2016b）研究表明，鲈鱼对于油酸 C18：1n-9 具有较高的承受能力，但是较高的 C18：0 会导致饲料效率和生长率下降。当 n-3 LC-PUFA/n-6 C-18 PUFA 比例为 0.7 时，黑鲷（*Acanthopagrus schlegeli*）幼鱼生长性能最佳（Jin 等，2019）。

### 3. 脂肪源替代研究

鱼油是传统的水产饲料中最重要的脂肪源。鱼油资源的短缺加上全球鱼油价格的升高，使得陆生脂肪源在水产饲料中得到了广泛的使用。近年来，水产动物营养研究人员完善了部分养殖品种的陆生脂肪源替代鱼油研究，一定量的陆生脂肪源替代鱼油，不会显著影响水产动物的生长和发育，但是高比例鱼油替代后会导致水产动物生长和免疫力下降。

Peng 等（2017）研究发现，使用菜籽油、豆油和亚麻籽油替代鱼油，上调了肝脏脂肪合成相关基因的表达，导致大菱鲆幼鱼肝脏脂肪含量上升。在杂交鲟（*Acipenser baeri Brandt*♀ ×*A. schrenckii Brandt*♂）研究中发现，亚麻油是一种比较优质的鱼油替代品（罗琳等，2017）。刘彩霞等（2017）发现，亚麻籽油与大豆油的配比为 3：1 时杂交鲟的生长效果较好。饲料中橡胶籽油替代 25% 鱼油对鲤鱼（*Cyprinus carpio*）生长性能和饲料利用率等均无不良影响，但当替代比例超过 50% 时会影响鲤鱼的生长（詹瑰然等，2018）。而赤点石斑鱼（*Epinephelus akaara*）饲料豆油替代水平不宜超过 75%，过高的豆油替代水平可能会对赤点石斑鱼生长产生不利影响，并影响鱼的品质（王骥腾等，2016）。亚麻籽油和豆油完全替代鱼油对大黄鱼生长具有不利影响，亚麻籽油和豆油替代鱼油降低了肝脏和肌肉中 LC-PUFA 的含量，影响肌肉品质（李经奇等，2018）。研究发现，豆油替代鱼油后显著降低了圆斑星鲽 [*Verasper variegatus*（Temminck et Schlegel）] 肌肉中 EPA 和 DHA 含量，导致肌肉脂肪酸营养品质下降。Zhu 等（2018）研究发现，使用植物油替代鱼油，显著改变了血清中脂肪酸的组成，尤其是 TAG/PC。Huang 等（2016）发现使用棕榈油替代 60% 鱼油对黄姑鱼（*Nibea albiflora*）生长和肌肉品质没有影响。张晨捷等（2017）研究发现，豆油替代 30% 和 70% 鱼油，对银鲳（*Pampus argenteus*）幼鱼免疫和抗氧化能力都略有促进作用，但饲料中完全使用豆油则会对鱼体产生负面影响。但也有研究表明，过高陆生油脂替代鱼油会导致水产养殖动物内质网应激发生，加剧肝脏脂肪沉积和炎性发生，从而导致鱼体抗病力下降（Li 等，2016b；Liao 等，2017b；Tan 等，2017b）。

### 4. 鱼类内源性合成长链多不饱和脂肪酸（DHA/EPA）

鱼类，尤其是海水鱼类，是人类获取成长链多不饱和脂肪酸（LC-PUFAs）等必需营养素（尤其是 DHA 和 EPA）的主要来源，这些 LC-PUFAs 等必需营养素在维护心血管健康及免疫功能、预防代谢疾病方面发挥着重要作用。水产饲料中植物油替代鱼油的比例越来越高，养殖鱼类鱼肉中 DHA 以及 EPA 等 LC-PUFAs 的含量也明显下降，开展调控鱼类 LC-PUFA 合成的分子和生化机制研究，是解决养殖鱼类肌肉中 LC-PUFA 下降问题的必然方向。

Zuo 等（2016）克隆得到大黄鱼 DHA/EPA 合成关键酶 elovl5 和 △ 6 去饱和酶基因，并证明其在肝脏组织中高表达。Li 等（2016c）克隆得到斜带石斑鱼（*Epinephelus coioides*）DHA/EPA 合成关键酶 elovl5 基因。Li 等（2017）在大黄鱼中开展 elovl4 和 elovl5 相关研究，实验证明了大黄鱼 elovl4 和 elovl5 基因具有合成 PUFA 能力，以及通过分子细胞学手段，探究了 elovl4 和 elovl5 基因的转录调控机制。在黄斑蓝子鱼（*Siganus canaliculatus*）中克隆得到 △ 5 和 △ 6 去饱和酶启动子 lxr、srebp1 和 hnf4 α （Dong 等，2018a），这些转录因子涉及 LC-PUFA 合成调控（Zhang 等，2016b；Dong 等，2016），并且发现存在 miR-33 等 microRNA 转录后调控（Zhang 等，2016c）。Dong 等（2017）在虹鳟 ［*Oncorhynchus mykiss*（Walbaum，1792）］、鲈鱼和大黄鱼中研究了鱼类 n-3 LC-PUFA 合成调控机制，发现虹鳟中 FADS2 启动子活性显著高于鲈鱼和大黄鱼，这样一定程度上解释了淡水鱼和海水鱼 LC-PUFA 合成能力差异的原因。

## （三）糖类营养研究

糖类是水产动物饲料最廉价的能量来源，在鱼类饲料中适量添加能够起到降低饲料成本和节约蛋白的作用，并且淀粉等糖类作为天然黏合剂，可以提高饲料的耐水性和稳定性，已经在鱼类配合饲料中被广泛应用。近年来，我国水产动物糖类营养研究主要围绕糖类适宜添加量（表 4），不同糖源利用比较（表 5）研究。除此之外，我国科技工作者还在草鱼（*Ctenopharyngodon idellus*）（糖 31%—34%/ 蛋白 28%—30%，胡毅等，2018）、异育银鲫（糖 32%/ 蛋白 36%，何吉祥等，2016）、斜带石斑鱼（*Epinephelus coioides*）（糖 20%/ 蛋白 45%，黄岩等，2017）、大黄鱼（糖 12.56%/ 脂 12.15%，Zhou 等，2016a）、大菱鲆（*Scophthalmus maximus*）（糖 15.86%/ 脂 12.39%，Miao 等，2016）、斜带石斑鱼（糖 7.18%/ 脂 14.36%，Wang 等，2017b）、金鲳鱼（*Trachinotus ovatus*）（糖 20%/ 脂 8%，Dong 等，2018b）开展了糖、蛋白质及脂肪交互作用，并且在糖代谢内分泌调控及分子水平调控开展了较为系统的研究。通过在不同层面展开鱼虾糖类营养研究，所形成的技术进步有助于我们在水产饲料营养方案制定过程中最大限度地发挥糖类的蛋白质或脂肪节约效应。

表 4　2016—2019 年我国水产养殖动物饲料糖类适宜添加量研究

| 水产养殖动物 | 糖类适宜添加量（%） | 参考文献 |
| --- | --- | --- |
| 青鱼 | 19.43—28.84 | Wu 等，2016a |
| | 28.84 | Wu 等，2016b |

| 水产养殖动物 | 糖类适宜添加量（%） | 参考文献 |
|---|---|---|
| 石斑鱼 | 7.64 | Wang 等，2016c |
| 卵形鲳鲹 | 19.80 | 董兰芳，2016 |
| 芙蓉鲤鲫 | 27.47 | 陈林等，2016 |
| 鲤鱼 | 30.00 | 李静辉等，2017 |
| 黑鲷 | 21.00 | 肖金星等，2017 |
| 淡水石斑 | 11.00 | 孙学亮等，2017 |
| 大黄鱼 | 15.00 | 马红娜等，2017 |
| 乌鳢 | 13.00—19.00 | 侯涌等，2018 |

表5　2016—2019 年我国水产养殖动物饲料适宜糖源研究

| 水产养殖动物 | 适宜糖源种类 | 参考文献 |
|---|---|---|
| 中华鳖 | 预糊化淀粉 | 贾艳菊等，2016 |
| 卵形鲳鲹 | 糊化玉米淀粉 | 董兰芳，2016 |
| 达氏鲟 | 玉米淀粉 | 褚志鹏等，2017 |
| 大口黑鲈 | 高直链玉米淀粉 | 刘子科等，2017 |
| 大黄鱼 | 小麦淀粉 | 马红娜等，2017 |
| | 小麦淀粉和糊精 | 袁野等，2018 |
| 鲤鱼 | 预糊化木薯淀粉 | 范泽等，2018 |
| 石斑鱼 | 玉米淀粉 | Lu 等，2018 |

## （四）维生素营养研究

维生素由于在鱼类的生长繁殖、免疫、抗氧化等方面的有益作用而得到了广泛的研究。目前为止，水产动物对多种维生素（如维生素 A、维生素 C、维生素 D 和维生素 E 等）的需求量（表6）及其生理功能已经确定并被广泛研究。研究表明，饲料中添加适量的维生素 E 可提高军曹鱼幼鱼特定生长率与其肌肉、血清的 RNA/DNA 比值（丁兆坤等，2017）。维生素在水生动物抗胁迫过程中也发挥着重要的作用，饲料中添加 VC 对急性低温胁迫下珍珠龙胆石斑鱼 HPI 轴相关激素酶活性可进行调控，使胁迫后的鱼体达到生理稳态平衡，增强鱼体耐受性（郝甜甜等，2017）。

表 6　2016—2019 年我国水产养殖动物饲料维生素营养研究

| 维生素种类 | 水产养殖动物 | 维生素需要量（毫克 / 千克） | 参考文献 |
|---|---|---|---|
| 胆碱 | 石斑鱼 | 1562.82—986.54 | 覃笛根，2016 |
| 泛酸 | 凡纳滨对虾 | 113.40—119.87 | 袁野等，2016 |
| 肌醇 | 草鱼 | 276.70—408.80 | 李双安，2017 |
| 维生素 C | | 92.80—127.00 | 徐慧君，2016 |
| 维生素 E | | 116.20—139.60 | 潘加红，2016 |
| 维生素 A | | 1294.63—1530.87 | 张丽，2016 |
| 核黄素 | 草鱼幼鱼 | 5.54—5.99 | 姜建湖等，2016 |
| 肌醇 | | 90.30—96.40 | 林肯等，2018 |
| 生物素 | 吉富罗非鱼 | 0.08 | 吴金平等，2016 |

## （五）矿物质营养研究

矿物质是构成鱼体组成的重要物质，其主要生物功能包括：参与骨骼形成，电子传递，维持鱼体渗透压、调节机体酸碱平衡以及保证机体正常代谢。矿物质无法自身合成，是鱼类的必需营养素。其主要包括主要元素 Ca、P、Mg、K、S 和微量元素 Fe、Mn、Cu、Co、Se、I、Al 和 F。研究发现，适宜的矿物元素添加量可以提高水产养殖动物存活率、增重率、饲料效率、抗氧化水平和免疫能力。近年来，水产研究人员关于几种水产动物对矿物质的需要量进行了相关报道（表 7）。

表 7　2016—2019 年我国水产养殖动物饲料矿物质营养研究

| 矿物质种类 | 水产养殖动物 | 矿物质需要量（毫克 / 千克） | 参考文献 |
|---|---|---|---|
| 钙、磷 | 花鲈 | 3.00、8.00 | 吉中力，2016 |
| 硒 | 军曹鱼幼鱼 | 1.29—1.46 | 杨原志等，2016 |
| 硒 | 凡纳滨对虾 | 0.30 | 李小霞等，2016 |
| 钴、锰 | 珍珠龙胆石斑鱼 | 3.25—12.70 | 刘云，2016 |
| 铁 | 草鱼 | 75.65—87.03 | 郭衍林，2017 |
| 锌 | | 61.20—66.00 | 宋正星，2017 |
| 磷 | 黄颡鱼 | 4.60—11.30 | 丛林梅等，2016 |

## （六）绿色饲料添加剂的开发

在水产养殖业发展过程中，抗生素添加剂的滥用对人类健康造成潜在的危害，这个问题受到越来越多的关注。近年来，绿色添加剂开发围绕增强饲料诱食性，提高升水产动物的消化吸收能力、提高水产配合饲料转化率；维护水产动物肝脏和肠道健康；提高水产动物体抗应激能力和免疫力的功能和改善水产养殖动物品质等功能。

现代中草药饲料添加剂的研究和开发已取得了一定进展，且在一定范围内对提高养殖动物生产性能和疾病控制等方面有较好的效果，能提高水产养殖动物的非特异性免疫力。在吉富罗非鱼（*Oreochromis* spp）饲料中添加 100 毫克 / 千克的水飞蓟能促进其生长，并通过提高脂肪基础代谢酶和抗氧化酶活性来提高脂肪代谢能力和抗氧化能力，减少脂肪和体内自由基积累，维护肝脏健康；饲料中添加桑叶黄酮能显著提高吉富罗非鱼血清和肝脏抗氧化指标及抗亚硝酸盐应激能力。将白术、甘草、当归、山楂、陈皮、防风、五味子、茯苓等 16 种中草药按中医配伍理论设计出 4 组中草药配方添加入大菱鲆饲料中，发现 4 组复方中草药均不同程度促进了大菱鲆的生长（路晶晶等，2018）。

微生态制剂又称益生菌、益生素、利生菌或活菌制剂，它是在微生态理论指导下采用已知的有益微生物经过培养、复壮、发酵、包埋和干燥等特殊工艺制成的生物制剂或活菌制剂，还含有它们的代谢产物或（和）添加有益菌的生长促进因子。目前水产行业的微生态制剂主要有两大类：一类是水质微生态改良剂，另一类是内服制剂，主要通过注射，浸浴生物体或加到饲料中等，以改良水产动物体内的微生物菌群。刘树彬等（2018）研究了枯草芽孢杆菌 HAINUP40 对养殖废水的处理，结果表明该菌可以有效去除废水中的亚硝酸盐。在吉富罗非鱼饲料中添加粪肠球菌可以显著提高罗非鱼的生长性能、降低饲料系数、增加营养素沉积、提高肠道脂肪酶活性、改善肝脏健康水平和增强机体抗氧化能力等。

生物酶制剂在饲料中所起的作用是改进饲料营养成分，促进动物机体对饲料的消化与吸收，提高饲料利用率，并减少养殖动物的排泄物对环境的污染。生物酶制剂在市面上已形成成熟产品，由于生物酶制剂符合当代健康生态养殖的要求，因此其在水产饲料生产行业中得到不断的开发和推广应用。研究发现，在全植物蛋白的低磷饲料中同时添加蛋白酶和植酸酶（175 毫克 / 千克蛋白酶 +300 毫克 / 千克植酸酶）可以促进建鲤（*Cyprinus carpiovar* Jian）生长，提高其对营养物质的消化率和沉积率，促进肠道生长发育；在异育银鲫饲料中，中性植酸酶部分替代磷酸二氢钙可以提高饲料磷利用率、降低磷排放量，从而带来经济效益和生态效益，饲料中添加 400 单位 / 千克和 800 单位 / 千克中性植酸酶可以分别减少 0.5% 和 1.0% 的磷酸二氢钙添加量而不影响异育银鲫的生长性能、体成分和血清生化指标等（曾晓霭等，2017）；在饲料中添加木聚糖酶和纤维素酶，可提高大菱鲆幼鱼的生长性能、营养物质表观消化率和抗氧化能力（隋仲敏等，2017）。

## （七）仔稚鱼和亲本营养研究

### 1. 仔稚鱼营养研究和微颗粒饲料开发

随着水产养殖业规模的扩大，苗种的成活和生长率变得至关重要。在育苗初期是否能及时提供营养均衡、大小适宜的饵料，对鱼类幼苗成活效率有很大影响。近年来，我国科研工作者开展了罗非鱼、点带石斑鱼（*Epinephelus coioides H.*）、胭脂鱼（*Myxocyprinus asiaticus*）等水产养殖动物仔稚鱼阶段胰蛋白酶、碱性磷酸酶、淀粉酶等消化酶活力的变化的研究（Li 等，2016a；Qiang 等，2017）。在南美白对虾（*Penaeus vannamei*）仔稚虾的研究中发现微颗粒饵料中添加 4% 的裂壶藻粉能显著提高生长，而添加过量（6%）则对生长产生抑制作用（Wang 等，2017c）。刘志峰等（2018）发现不同饵料投喂对美洲西鲱（*Alosa sapidissima*）仔稚鱼存活、生长、消化酶活性、非特异性免疫相关酶活性以及体脂肪酸影响显著，在仔稚鱼孵化后第 20 天之前使用卤虫与微颗粒饵料混合投喂，30 天后完全转食微颗粒饵料，可以降低成本，同时提高生产效率。Cai 等（2017b）阐释了大黄鱼仔稚鱼中一些关键脂肪分解酶的遗传个体发生机制。

研究发现饵料磷脂能够促进稚鱼的生长；同时对 5' 胞苷三磷酸磷脂酰胆碱胞苷转移酶（CCT）和胞质型磷脂酶 A2（cPLA2）的 mRNA 表达量进行了检测，发现大黄鱼稚鱼 CCT 和 cPLA2 的表达量随日龄的变化先显著升高后显著下降并趋于平稳，且都在 15 日龄达到最大值（Feng 等，2017）。同时也开展了相关饵料添加剂的研究，微颗粒饵料中添加谷氨酰胺能够显著增强半滑舌鳎（*Cynoglossus semilaevis* Gunther）稚鱼溶菌酶活力，提高非特异性免疫水平（刘经纬等，2016）。

### 2. 亲本营养研究

饲料营养对提高亲本产卵量、卵和仔鱼质量以及仔稚鱼生长与存活等具有重要作用，对亲鱼的营养强化有助于提高其繁殖性能，提高苗种质量。近年来的研究主要包括：对亚东鲑（*Salmo trutta fario*）亲鱼最适的蛋白和脂肪水平进行了相关研究；饲料中添加南极磷虾粉对半滑舌鳎雄性亲鱼肝体比、性体比、精液浓度、睾酮含量均无显著性影响，但能显著提高其抗氧化能力（赵敏等，2016）；饲料中添加一定量的花生四烯酸抑制了发育前期大菱鲆亲鱼雌二醇和睾酮的合成，在卵巢中，这种抑制作用可能是通过抑制促卵泡激素受体的表达来实现，而在精巢中，可能是通过抑制固醇合成急性调节蛋白以及 17α 羟化酶来实现。李彩刚等（2018）研究发现，饲料中添加蜂花粉能够提高黄尾鲴（*Xenocypris davidi* Bleeker）亲鱼的精子密度，降低其精子畸形率。饲料中添加一定水平的虾青素和 n-3 高不饱和脂肪酸能够提高大黄鱼的繁殖性能（席峰，2018）。这些研究为深入研究亲本营养，开发高效亲本配合饲料奠定了坚实基础。但是亲鱼的营养生理研究仍然是鱼类营养中研究较少的领域之一，所得到的研究结果也极其有限。为满足我国日益发展的水产养殖需要，加强亲鱼的营养研究具有重要的意义。

## （八）营养、环境因子与水产品品质调控

随着中国水产养殖产量的不断提高，人们对于水产品品质的要求越来越高。水产品品质包括养殖品种的肉质、风味、营养组成及体形体色等多个方面，其受到营养素、水体环

境及养殖方式等多方面因素的影响。

饲料是水产品能量和营养的主要来源，饲料的营养组成对水产品品质有着重要的调控作用。研究表明，饲料中不同比例的叶黄素与角黄素会对大黄鱼皮肤中的色素沉积产生显著的影响（Yi，2016）；饲料中添加皇竹草粉投喂草鱼，能够显著降低草鱼的肝脂及腹脂沉积，提高肌肉的弹性、咀嚼性、胶着性，降低肌肉 pH 值及失水率等，从而显著提升养殖草鱼的肌肉品质；饲料中利用大豆粕、菜籽粕、棉籽粕及花生粕作为替代蛋白源喂养彩虹鲷（*Oreochromis nossambicus×O. niloticus*）成鱼，虽然四组之间肌肉生化组成无显著差异，但花生粕和棉籽粕组鱼肠系膜和肝脏中的脂肪沉积明显多于另外两个处理组（韩强音，2017）。

养殖水体环境也对水产品品质有着重要的影响。养殖水体中重金属含量过高，会导致水产品中重金属沉积增多，造成食品安全问题。研究表明，养殖水体中重金属含量、盐度均会对香港牡蛎（*Crassostrea hongkongesis*）的品质产生显著的影响。不同的养殖方式，会导致养殖环境因子的巨大差异，继而影响到水产品品质。在深水网箱和池塘养殖两种不同的养殖环境下，凡纳滨对虾（*Litopenaeus vannamei*）的常规营养成分、氨基酸和脂肪酸组成，产生了显著的差异，网箱养殖对虾的营养成分优于池塘养殖，具有较高的营养价值（段亚飞等。2017）。

### （九）饲料加工工艺的发展

随着水产养殖业的不断发展，对水产饲料品质的要求也逐渐升高。饲料产品质量的优劣一方面是由原料和饲料配方决定的，另一方面则是受饲料加工技术的影响。饲料加工技术对饲料营养价值有利也有弊，在提高饲料粗蛋白、淀粉等营养成分的同时，也会降低脂肪和维生素等含量。并且不同的加工工艺对饲料的品质也有一定的影响，杨洁等（2018）研究不同加工工艺对植酸酶活性损耗率的影响也有很大的不同。因此，合理的饲料加工工艺对于饲料品质的提升具有重要作用。新时代下，挤压膨化作为一种新的饲料加工工艺，在水产饲料的生产中受到高度重视。挤压膨化水产饲料是一种低污染、浪费少、高效率、高转化率的优质环保型饲料。有研究表明在配方相同的情况下，膨化制粒工艺所制的饲料质量要优于普通制粒工艺所制的饲料。采用挤压膨化饲料是生产高质量安全型动物产品，确保人类健康的重要手段，对促进我国水产饲料业和水产养殖业的健康可持续发展具有重大意义，更是当前乃至今后以绿色环保为主题的水产饲料业发展的必然趋势。此外，随着抗生素的禁用和微生物发酵工艺的发展，发酵饲料已经引起了越来越多的业界人士的关注。发酵饲料由于无抗生素残留、绿色环保等优点，在畜禽动物生产中已经被广泛应用。但是在水产上，发酵饲料主要应用于虾，用微生物发酵的饲料代替水产动物饲料中的鱼粉，可以用来弥补鱼粉短缺和价格昂贵的现象，从而有效地提高经济效益微生物发酵饲料与传统饲料相比具有其自身独特的优越性，符合当前健康环保型渔业发展的要求，微生物发酵技术也将会成为水产饲料加工工艺中的必然趋势。

### （十）分子生物学技术已经广泛应用于水产动物营养研究

近年来，分子生物学、转录组学、脂质组学、代谢组学、蛋白组学、基因编辑等手段广泛地应用于水产动物营养学的研究中，为阐释营养物质在水产动物体内的转运、代谢、分解等关键过程，以及寻找调控代谢的关键靶点以实现精准营养的目标提供了重要的技术支持。

我国科技工作者运用比较转录组技术分析了胆固醇诱导的日本沼虾（*Macrobrachium nipponense*）肠道、肝胰腺及肌肉中胆固醇合成及代谢的差异，为理解甲壳动物胆固醇代谢提供了重要的理论基础（Gu 等，2017b）；通过转录组学分析不同钙磷比对石斑鱼肝脏基因表达的影响（Lu 等，2017）；揭示了胰岛素在鲤鱼中可以作为免疫调节激素（Zhou 等，2016b）等。除转录组学外，脂质组学及代谢组学也得到了广泛的应用。Xu 等（2017b）利用脂质组学的手段比较了添加岩藻多糖的饲料与对照组饲喂的黄颡鱼的脂质组成，探究了岩藻多糖在调节黄颡鱼脂肪代谢中所起到的作用。代谢组学也被应用于研究饲喂不同油源的中华绒螯蟹中，以寻找中华绒螯蟹对各种油源的不同代谢机制及标志性的代谢物（Ma 等，2017）。蛋白组学被广泛地应用于不同条件下差异蛋白的筛选，如利用蛋白组学分析鳜鱼（*Siniperca chuatsi*）快肌和慢肌中差异表达的蛋白质，为调控鱼类肉品质，开展鱼类肌肉生长发育相关研究提供了理论依据（张方亮，2018）。此外，利用多种组学进行联合分析，也成为现代水产动物营养学研究的有效手段。如利用脂质组学和代谢组学，联合分析了中华绒螯蟹在面对不同脂肪水平，不同脂肪源时，其代谢物及脂质组成的改变，为中华绒螯蟹配合饲料的优化和水产动物饲料脂肪的高效利用提供了参考（徐畅，2018）。

以上这些研究为解释饲料营养元素在水产养殖动物中的作用机制提供了理论依据，为后续深入研究提供了参考，极大地促进了水产动物营养研究的系统化和深入化。

### （十一）国内外学术交流进一步得到加强

2016 年，第十七届国际鱼类营养与饲料研讨大会（International Symposium Fish Nutrition and Feeding，ISFNF）在美国爱达荷州太阳谷如期召开，来自世界各地的 260 余位代表参加会议，并就饲料资源、营养建模、营养与健康、营养与品质、营养需求、营养基因组学、营养生理学、营养应用 8 个方向展开了广泛地学术交流。其中，中国参会代表的数量与分量是本次会议亮点之一。据不完全统计，参加此次会议的中国代表有近 70 人，中国学者在会上做了精彩报告，并与各国学者进行了热烈讨论，为世界水产动物营养学研究与饲料发展提出了自己的建议，为世界水产养殖业的进一步发展贡献了自己的力量。

2017 年由中国水产学会水产动物营养与饲料专业委员会主办，"第十一届世界华人鱼虾营养学术研讨会"在浙江湖州顺利召开，本次大会共有来自中国、美国、日本、挪威、东南亚等国家和地区的近 1500 名学界、业界代表参与，与会人数创历届大会新高。本届大会以"精准、优质、生态"为主题，共设置了营养需求与原料利用、营养生理与代谢调控、营养免疫与肠道健康、水产品安全与品质控制、营养与养殖环境、饲料质量控制与加工工艺、摄食生理与投喂技术七个议题。国内外学者、学子和企业代表们报告了最新的研究成果，针对水产养殖和水产饲料业中的热点和难点问题开展了热烈的交流讨论。

2018 年，第十八届国际鱼类营养与饲料研讨大会在西班牙拉斯帕尔马斯市召开，来自全球 40 多个国家和地区的 500 多人参加了会议，就营养与品质、营养需求、饲料原料加工工艺、亲鱼营养、水产养殖营养学的综合工具、营养与健康、功能性物质的营养调控等 7 个方向展开了广泛的学术交流，参加此次会议的中国代表有 70 余人。国际学者普遍认为，与欧美国际先进水平相比，近年来中国水产动物营养和饲料的研究水平已从此前的跟跑，逐渐进入到并跑甚至多方面领跑的层次。中国海洋大学麦康森院士当选国际鱼类营养与摄食学术研讨会学术委员会副主席。

## （十二）形成的主要科技成果

### 1. 发表论文

据不完全统计，2016—2019 年间国内外杂志上发表的与水产动物营养相关的论文超过 1500 篇，其中国内核心期刊 800 余篇，SCI 收录 700 余篇，SCI 的数量及比例相比往年均有较大的提高，在大部分研究领域已经到国际领先水平。文章涉及的主要内容有基础营养素（蛋白质、氨基酸、脂肪、脂肪酸、碳水化合物、维生素、矿物质）的需要量、水产饲料蛋白源的选择利用（蛋白源消化率和鱼粉替代）、饲料添加剂（微生态制剂、酶制剂、寡糖类免疫增强剂、功能性添加剂等）、营养素的代谢机理、营养与免疫及营养素的分子生物学调控机制等。

### 2. 成果和人才培养

近年来，涌现了一批中青年优秀科研人员，艾庆辉教授于 2015 年获得"国家自然科学基金杰出青年基金"资助，并于 2016 年获"长江学者奖励计划"，获奖以及人才培养情况表明了水产动物营养研究进入快速发展阶段。水产动物营养与饲料方向培养的硕士和博士研究生超过 100 名，已毕业研究生大量进入高等院校和水产饲料企业，对水产动物营养研究的可持续发展起到重大的推动作用。

### 3. 水产动物营养研究与饲料开发获国家资助情况

水产动物营养与饲料研究在近年来得到了国家重点基础研究发展计划、国家自然科学基金（年均十余项）、国家科技支撑项目以及行业专项的资助，且资助力度较以往有较大提高。其中包括国家重点研发计划"蓝色粮仓科技创新"重点专项：水产动物精准营养及其代谢调控机制；国家重点基础研究发展计划（"973"计划）：养殖鱼类蛋白质高效利用

的调控机制；农业农村部公益性行业（农业）科研专项：替代渔用饲料中鱼粉的新蛋白源开发利用技术研究与示范等。

## 二、国内外水产动物营养与饲料研究比较

近年来由于国家产业政策正确引导、科研经费的大力支持和产业的巨大需求，我国水产动物营养研究与水产饲料工业的高速发展，在大多数领域都已经达到了国际领先水平。但我国水产动物营养研究起步较晚，直到 20 世纪 80 年代，国家才把水产动物营养与饲料配方研究列入国家饲料开发项目，比发达国家足足晚了 40 年，在研究的系统性、行业运行与监管及观念等方面仍与国外先进水平尚存在一定差距。

### （一）研究的系统性尚不足

我国水产养殖品种众多，主要养殖品种达 50 多个。而欧美等发达国家养殖品种相对单一，如挪威一直以大西洋鲑（*Salmo salar*）作为主要养殖品种，养殖产量达到水产总产量的 80% 以上。欧美国家能够在较少的养殖品种上多年开展系统的研究，尤其是挪威在大西洋鲑，欧美国家在虹鳟、鲶鱼（*Silurus asotus*）上的研究系统而深入，保持了研究领域的领先，引领世界鱼类营养研究的发展。欧美国家水产动物营养从大量营养素到微量营养素，再到替代蛋白源、替代脂肪源、营养与品质关系、营养免疫学、外源酶和促生长添加剂等研究较为系统；并且针对仔稚鱼、幼鱼、成鱼、亲鱼等不同生长阶段，均有营养学的深入研究。这些研究成果为精确设计饲料配方奠定了理论基础。另外发达国家还对饲料营养素利用和代谢调控进行了深入研究，不仅从生理生化水平，而且从分子水平探明相关营养素的代谢机制。

水产动物营养研究必须经过系统的、长期的积累，因此，针对某个养殖品种，需要几年甚至是几十年的系统研究，才能比较完整地解决产业面临的问题。而我国的科技研发经费有时过于强调有"新意"，而忽视系统长期的经费支持，不利于彻底解决产业技术问题。国内多数研究关注于短线的成果，而忽视鱼类营养学的基础工作，如基本的营养需求数据、消化率数据等，难以从根本上解决问题。

### （二）饲料加工工艺研究有待进一步提高

水产饲料产业的蓬勃发展带动了相关产业的发展，尤其带动了饲料机械制造业进步。近年来，我国科技人员在消化吸收国外先进技术的基础上，迅速完成了从无到有的水产饲料设备研发，改变了饲料机械依靠进口的局面，已能实现大型饲料成套设备国产化。我国已经建成水产饲料加工成套设备制造的工业体系，不仅能基本满足国内水产饲料生产的需要，而且也外销国际市场，饲料产品品质也得到不断提升。但目前我国水产饲料生产设备

的质量、规模、自主创新能力仍有不足。尤其是水产饲料膨化设备生产性能相对国际最高水平仍有差距，饲料厂所需的成套设备生产能力欠缺。许多饲料企业仍然依靠从国外引进相关设备，从而使生产成本显著上升；而一些小型企业则由于资金有限，无法从国外进口相关设备，因此，所生产的产品质量较低，市场竞争力弱，从而逐渐被淘汰。

### （三）养殖模式、高效环保配合饲料研发有待升级

近年来，我国大力推进水产养殖模式升级，但在部分地区水产养殖生产仍较为粗放，高效环保配合饲料普及率不高。另外，目前饲料配方普遍存在过高蛋白和矿物盐的倾向，这也进一步加剧了富营养化水体氮、磷等的产生。近年来，我国提出了生态优先的发展战略，"环保风暴"倒逼产业升级，但目前水产饲料和养殖水环境的监管和相关法律法规的制定相对不够完善，导致了水产动物营养研究注重养殖动物生长，而忽视环保的要求。

而欧美等水产养殖水平较为先进的国家，主要以集约化的工厂化养殖为主，配合饲料的普及率相当高。避免了在国内水产业中出现的因直接投喂鲜杂鱼和饲料原料而带来的资源和环境问题。并且欧美等水产养殖技术水平较高的国家，针对饲料安全、污水处理均出台了严苛的法律和法规。如在养殖和饲料生产中执行严格的《危害分析和关键控制点》（*Hazard Analysis and Critical Control Point*，HACCP）。每年都根据实际情况修订有关养殖用水、养殖废水中的氨氮、悬浮性固体物质及总磷的排放的立法规定。因此，这些国家饲料企业与科研方向也不仅关注于水产饲料高效性，而且更倾向于环保饲料的研发。

### （四）水产品安全和质量的营养调控研究不足

规模化、集约化养殖标志着行业技术水平的发展，同时也带来了一些不可回避的问题。在最近几十年，各种食品安全问题已经引起了消费者、政府部门和执法机构对动物源食品生产过程的关注和高度重视。人们对食品安全、环境保护、营养与健康的要求正在不断提高。水产品必须从水产动物养殖的源头抓起；水产动物营养与健康的管理必须从整个食品链的需求入手。西方发达国家的水产养殖早在20多年前就开始研究养殖产品的调控问题，而在我国相关研究还明显滞后，科研投入明显不足。利用植物蛋白源、脂肪源替代鱼粉和鱼油是解决我国鱼粉资源短缺的有效方式，但伴随而来水产养殖产品的风味、营养价值的变化这一新问题又摆在科学家面前，而我国在此方面研究还未深入和系统化。

水产品安全受环境污染、污染迁移、食物链富集或是在养殖管理过程中的化学消毒、病害防治等影响。把好原料质量关，实现无公害饲料生产，从饲料安全角度来保证水产品安全是至关重要的一环。在我国，大型水产饲料企业已经开始建立从生产建筑设施、原料采购、生产过程、销售系统和人员管理及终端用户的可追溯信息管理系统等方面的GMP体系。但在个别区域仍存在相关法律和规范得不到有效执行、激素和抗生素滥用、药物残留、原料掺假等不良行为，不但影响了产品出口，束缚了行业发展，而且对资源和环境造

成了严重的损害。而欧美等发达国家已经建立了从鱼卵孵化到餐桌的生产全程可追溯系统，在科研上更是大力投入。

## 三、我国水产动物营养与饲料发展趋势与展望

《全国渔业发展第十三个五年发展规划》强调"十三五"渔业发展要牢固树立创新、协调、绿色、开放、共享发展理念，以提质增效、减量增收、绿色发展、富裕渔民为目标，坚持生态优先、创新驱动、"走出去"战略、以人为本、依法治渔，大力推进渔业供给侧结构性改革，加快转变渔业发展方式，加快实现渔业现代化。长期以来，我国渔业经济发展过多地依靠扩大规模和增加投入，这种粗放型经济增长方式与资源和环境的矛盾越来越尖锐，已经成为制约水产养殖业健康可持续发展的瓶颈。

中国水产养殖业的进一步发展必须走绿色、可持续发展的道路，运用现代科学技术，建立现代水产养殖科技创新体系，为我国水产养殖现代化提供技术支撑，创新推动新一轮水产养殖业的现代化发展，围绕"绿色发展，提质增效"的原则，为水产养殖业提供饲料保障，为实现"绿水青山就是金山银山"的科学发展提供助力。

### （一）水产动物精准营养的发展

随着水产行业的快速发展，水产动物营养需求从粗放型向精准型发展。近年来，水产动物精准营养在整个行业中逐渐受到大家重视。由于生活环境的特殊性，水产动物精准营养才刚刚进入大家视角。做水产动物精准营养，我们首先需要考虑两件事：原料的营养参数和水产动物条件营养需求参数。饲料原料营养参数：原料中营养物质的含量因品种、产地、加工工艺而有所不同，不同水产动物对同一原料的利用情况也不同。同时水产养殖动物在不同生长阶段、养殖环境时对营养需求有哪些差异？这些都是基础数据的问题。我们需要建立一个庞大的可共享的基础数据库。

确定水产动物在各种养殖环境、生理状态和发育阶段对营养素精准的需要量和配比是集约化水产养殖的基础。经过近三十年的努力，我国主要代表种类的"营养需要参数与饲料原料生物利用率数据库"已初步构建。我们应在已有研究的基础上，继续对我国代表种的营养需要，尤其是微量营养素的需要量进行系统研究。同时，对不同发育阶段（如亲鱼和仔稚鱼阶段）的营养需要进行研究，以掌握代表种不同发育阶段精准营养需要参数。继续对我国主要代表种配方中常用的饲料原料进行消化率数据的测定以完善我国主要代表种类"营养需要参数与饲料原料生物利用率数据库"公益性平台，为我国水产饲料的配制提供充足的理论依据。此外，我国起步晚，投入少，早年的研究数据比较粗糙，需要进一步重复研究、确认或修订，使配方更加科学合理，以适应现代化水产养殖。

## （二）营养代谢及调控机理研究

有关水产动物营养利用、蛋白源、脂肪源替代的研究已有大量相关报道，但实际应用效果并不理想，主要原因是对水产动物营养代谢机制了解并不深入。近年来分子技术在水产动物营养研究的广泛应用，为阐释营养素在水产动物体内的吸收、转运和代谢机制带来便利。因此我们应该把握机遇，积极探索并阐明水生动物营养学的重要前沿科学问题，把基因组学和生物信息学等现代生物技术应用到水产动物营养学研究中，积极开展营养基因组学研究，研究营养物质在基因学范畴对细胞、组织、器官或生物体的转录组、蛋白质组和代谢组的影响，探索并阐明水生动物营养学的重要前沿科学问题。

水产动物普遍对蛋白质需求量高，而对糖类的利用率则相对低下，有关该方面的研究已有相关的报道。但真正的机制如何，具体受哪些功能基因调控尚未完全弄清楚。水产动物对脂类的研究相对较为深入，然而不同种类的代谢路径、必需脂肪酸的种类均存在较大差异。如淡水鱼能够通过去饱和碳链延长酶合成 EPA 和 DHA，而海水鱼则缺乏该能力，深入的机制有待进一步研究。一些功能性的营养物质（如牛磺酸、核苷酸等）是通过何种分子途径来发挥其生物学效应的，这些问题还有待进一步探讨。弄清这些问题也是解决目前水产动物营养与饲料行业问题的基础。

今后，我们应结合基因操作等现代分子生物学手段，对营养物质在水产动物机体内的代谢及调控机制进行系统研究，进一步弄清楚营养素在水产动物主要代谢种中吸收、转运和代谢的分子调控机制。为全方位开发精准营养调控技术，为我国健康、高效、优质、安全和持续发展的水产养殖做出贡献，从而实现我国水产动物营养研究与饲料工业的跨越式发展。

## （三）开发新型蛋白源、脂肪源和添加剂

在优质蛋白源、脂肪源短缺的今天，国内外研究工作者一直在寻找合适的原料来替代鱼粉和鱼油。目前为止，植物蛋白源包括豆粕、菜粕、棉粕、藻粉等，陆生脂肪源豆油、菜籽油等均在水产饲料中得到了广泛的利用。提高非鱼粉蛋白源等廉价蛋白源的利用率，减少鱼粉在配方中的使用量是当务之急。一方面我们应该集成降低或剔除抗营养因子技术、氨基酸平衡技术、无机盐平衡技术、生长因子（如牛磺酸、核苷酸、胆固醇）平衡技术等各项技术，开发超低鱼粉饲料，减少鱼粉使用量；另一方面我们也应注重开发新型蛋白源，如低分子水解蛋白等，拓宽水产饲料蛋白来源。

类似地，要摆脱水产动物饲料对鱼油原料的依赖，首先，要深入开展水生动物脂肪代谢与调控机理研究。在弄清楚水产动物脂肪（酸）代谢和调控机制的基础上，降低水产动物对鱼油依赖。其次，应加大替代性脂肪源研究和开发。非鱼油脂肪源为何无法替代鱼油，其对水产动物代谢的深层次影响及机制目前知之甚少，因此，非鱼油脂肪源对水产动

物代谢及机制解析是今后研究重点。最后，应运用现代生物技术，开发新型脂肪源，如通过转基因技术提高植物油或微藻中必需脂肪酸含量，缩小非鱼油脂肪源和鱼油之间营养差异。最后，投喂策略研究也有助于解决鱼油资源短缺。

根据我国饲料添加剂工业的现状，增加薄弱环节的研发投入，加快适用于水产动物的新型专用饲料添加剂的开发与生产，改变长期以来借用畜禽饲料添加剂的局面。具体应重点投入以下几个方面：①新型添加剂品种开发、添加剂原料生产技术研究，提高饲料添加剂质量和产量。②增加添加剂开发投入、规范添加剂行业管理。基于饲料添加剂对于饲料工业的重要作用，发达国家将其作为高科技项目，十分重视其研究与开发工作。我国经济及技术力量相对发达国家明显落后，高技术、高附加值的技术密集型产品，如氨基酸、维生素、抗生素等仍未摆脱成本高、依赖进口的局面。③加强创新。由于缺乏相关的基础研究，我国目前生产的品种，主要以仿制为主，极少创新。④促摄食物质的开发。由于水产饲料中越来越多地使用植物蛋白源，为了提高饲料的适口性，降低植物蛋白源中抗营养因子的拮抗作用，开发高效的促摄食物质势在必行，这一方面有助于提高饲料的摄食量，提高养殖动物的生长，另一方面又能减少饲料损失，降低水体污染。

### （四）确保水产品质量安全

水产饲料安全是保障水产品质量安全的根本。近年来，药物残留超标等养殖产品质量安全问题时有发生，质量安全门槛已成为世界各国养殖产品贸易的主要技术壁垒。通过科技攻关，解决饲料产品的安全问题，是从根本上解决养殖产品安全的关键。研究存在于水产饲料源中的抗营养因子的结构、功能和毒理作用机制，通过有效调控抗营养因子使之失活或使不良影响降低，以保障在扩大水产养殖饲料来源情况下的饲料质量安全；开展水产饲料有毒有害物质对养殖对象的毒副作用、体内残留及食用安全性研究，对水产养殖产品安全特别敏感的饲料和饲料添加剂进行生物学安全评价，为水产养殖产品生产的危害风险分析和安全管理提供科学依据。

随着人们生活质量的提高，人们对水产品品质要求越来越高。随着集约化养殖技术的提高，养殖密度的增加，养殖鱼的生长速度、养殖产量有了大幅度提高。但是与天然鱼比较，养殖鱼类出现了体色变灰暗、肉质变差、鱼肉的香甜度降低等现象，也造成了养殖鱼与天然鱼市售价格上的巨大差异。同时不合理的投喂方式又对养殖生态环境造成严重污染，使水产品的品质进一步下降，这就需要进一步研究饲料的营养平衡和微量营养成分在饲料中的作用。通过营养调控，改善养殖鱼的体色与肉质，是营养学界长期以来努力解决的问题。有关营养调控水产品品质的研究是应是今后重点开展的研究方向。

随着水产集约化养殖程度的升高，水生动物受到营养、环境、代谢等各种胁迫，因此容易诱发各种疾病，给养殖业造成巨大经济损失。通过调控营养，提高水产动物的免疫力和抗病力，从而达到减少用药是水产养殖绿色健康发展的重要途径。近年来科研工作者也在相关领域开展了大量研究，开发出了一定数量的免疫增强剂和微生态制剂用于实际的饲料工业生产并取得了一定的成效。但是，有关营养免疫的机制尚未完全弄清楚。今后，我们应着重于研究与营养免疫和抗病相关的基因功能及相关的信号通路。在深入了解营养素对免疫功能调控机制的基础上，设计合理的饲料配方，提高水生动物免疫力。

### （五）亲鱼和仔稚鱼营养与饲料研究

亲本的营养是影响其繁殖力的重要因素，如果亲代营养不当，亲代的繁殖和子代的健康都会受到很大的影响。为获得大量的优质苗种，亲鱼的培育显得尤为重要，而使亲鱼获得足够的营养物质又是关键。因此，研究优质的亲鱼饲料是亟待解决的重要课题，但目前水产动物亲本营养研究还未系统开展。尤其对于一些微量营养物质如微量矿物元素、维生素、功能性添加剂对于繁殖的重要性还需要进一步研究。亲鱼营养的研究需要政府的支持和各方的协作，这对科学配制亲鱼饲料、大规模人工培育优质亲鱼、提高人工鱼苗效率具有重要的实践意义。

随着集约化养殖业的迅猛发展，苗种的需要量日益上升，这对苗种的培育提出了更高的要求。传统的水产动物苗种培育主要依赖于生物饵料，其缺点主要有育苗成本高、供应不稳定、易传播疾病和营养不均衡等。因此，开发优质的幼苗微颗粒饲料非常重要。我国在仔稚鱼的摄食行为、消化生理和营养需要和利用的研究相对薄弱，已有的人工微颗粒饲料，其品质与国外知名品牌相比，存在较大差异。主要表现在水中稳定性低、溶失率高、诱食性差、可消化率低等。因此，今后应大力开展仔稚鱼的营养生理研究，开发出高效的人工微颗粒饲料。

### （六）安全高效、环境友好型水产配合饲料研发

饲料中营养物质搭配合理、品质优良，有利于维持水产动物生理健康，并能减少污染、保护养殖水环境。而饲料营养物质在水产养殖动物免疫机制发挥着重要作用，通过营养调控从根本上增强养殖动物的免疫能力，预防疾病的暴发是保证水产养殖可持续发展的重要策略之一。具有安全、高效、环境友好等多重功效的新型配合饲料研发成为国内外研究的重点，也是未来水产饲料的发展方向。通过合理设计的饲料配方，不仅可以使鱼类获得均衡的营养，还可以降低饲料浪费，减少饲料和排泄物对水体的污染，减少有毒有害物质在鱼体的积累，生产出安全的水产品。

加强科研投入，就重点研发问题开展攻关，是我们水产饲料产业发展的必由之路。因此，应加强产学研结合，保证科研工作积极有序进行，使科研成果落实于产业的发展上，确保科研成果及时产业化。同时通过科研成果来指导实际的饲料工业生产。这样，我国的水产动物营养与饲料的研究才能有强大的经济支撑，并为水产饲料工业的进一步发展奠定坚实的理论基础。

# 参考文献

［1］ Cai Z, Feng S, Xiang X, et al. Effects of dietary phospholipid on lipase activity, antioxidant capacity and lipid metabolism-related gene expression in large yellow croaker larvae (*Larimichthys crocea*)［J］. Comparative Biochemistry and Physiology Part B: Biochemistry and Molecular Biology, 2016, 201: 46-52.

［2］ Cai Z, Mai K, Ai Q. Regulation of hepatic lipid deposition by phospholipid in large yellow croaker［J］. British Journal of Nutrition, 2017a, 118 (12): 999-1009.

［3］ Cai Z, Xie F, Mai K, et al. Molecular cloning and genetic ontogeny of some key lipolytic enzymes in large yellow croaker larvae (*Larimichthys crocea R.*)［J］. Aquaculture Research, 2017b, 48 (3): 1183-1193.

［4］ Dong X, Tan P, Cai Z, et al. Regulation of FADS2 transcription by SREBP-1 and PPAR-α influences LC-PUFA biosynthesis in fish［J］. Scientific reports, 2017, 7: 40024.

［5］ Dong Y, Wang S, Chen J, et al. Hepatocyte nuclear factor 4α (HNF4α) is a transcription factor of vertebrate fatty acyl desaturase gene as identified in marine teleost *Siganus Canaliculatus*［J］. PLoS one, 2016, 11 (7): e0160361.

［6］ Dong LF, Tong T, Zhang Q, et al. Effects of dietary carbohydrate to lipid ratio on growth, feed utilization, body composition and digestive enzyme activities of golden pompano (*Trachinotus ovatus*)［J］. Aquaculture Nutrition, 2018b, 24: 341-347.

［7］ Dong Y, Zhao J, Chen J, et al. Cloning and characterization of Δ6/Δ5 fatty acyl desaturase (Fad) gene promoter in the marine teleost *Siganus canaliculatus*［J］. Gene, 2018a, 647: 174-180.

［8］ Feng S, Cai Z, Zuo R, et al. Effects of dietary phospholipids on growth performance and expression of key genes involved in phosphatidylcholine metabolism in larval and juvenile large yellow croaker, *Larimichthys crocea*［J］. Aquaculture, 2017, 469: 59-66.

［9］ Gan L, Zhou L L, Li X X, et al. Dietary leucine requirement of Juvenile Nile tilapia, *Oreochromis niloticus*［J］. Aquaculture Nutrition, 2016, 22 (5): 1040-1046.

［10］ Gu M, Bai N, Xu B, et al. Protective effect of glutamine and arginine against soybean meal-induced enteritis in the juvenile turbot (*Scophthalmus maximus*)［J］. Fish & shellfish immunology, 2017a, 70: 95-105.

［11］ Gu X, Fu H, Sun S, et al. Dietary cholesterol-induced transcriptome differences in the intestine, hepatopancreas, and muscle of Oriental River prawn *Macrobrachium nipponense*［J］. Comparative Biochemistry and Physiology Part D: Genomics and Proteomics, 2017b, 23: 39-48.

［12］ He Z, Mai K, Li Y, et al. Dietary threonine requirement of juvenile large yellow croaker, *Larmichthys crocea*［J］. Aquaculture Research, 2016, 47 (11): 3616-3624.

［13］ Huang Y, Wen X, Li S, et al. Effects of dietary fish oil replacement with palm oil on the growth, feed utilization, biochemical composition, and antioxidant status of juvenile Chu's Croaker, *Nibea coibor*［J］. Journal of the World Aquaculture Society, 2016, 47 (6): 786-797.

［14］ Huang Z, Tan X H, Zhou C P, et al. Effect of dietary valine levels on the growth performance, feed utilization and immune function of juvenile golden pompano, *Trachinotus ovatus*［J］. Aquaculture Nutrition, 2018, 24 (1): 74-82.

［15］ Ji K, Liang H, Chisomo - Kasiya H, et al. Effects of dietary tryptophan levels on growth performance, whole body composition and gene expression levels related to glycometabolism for juvenile blunt snout bream, *Megalobrama amblycephala*［J］. Aquaculture Nutrition, 2018, 24 (5): 1474-1483.

［16］ Jin M, Lu Y, Pan T., et al. Effects of dietary n–3 LC–PUFA/n–6 C18 PUFA ratio on growth, feed utilization, fatty acid composition and lipid metabolism related gene expression in black seabream, *Acanthopagrus schlegelii* ［J］. Aquaculture, 2019, 500: 521–531.

［17］ Li S, Mai K, Xu W, et al. Effects of dietary lipid level on growth, fatty acid composition, digestive enzymes and expression of some lipid metabolism related genes of orange–spotted grouper larvae（*Epinephelus coioides* H. ）［J］. Aquaculture research, 2016a, 47（8）: 2481–2495.

［18］ Li F J, Lin X, Lin S M, et al. Effects of dietary fish oil substitution with linseed oil on growth, muscle fatty acid and metabolism of tilapia（*Oreochromis niloticus*）［J］. Aquaculture nutrition, 2016b, 22（3）: 499–508.

［19］ Li S, Monroig Ó, Wang T, et al. Functional characterization and differential nutritional regulation of putative Elovl5 and Elovl4 elongases in large yellow croaker（*Larimichthys crocea*）［J］. Scientific reports, 2017, 7（1）: 2303.

［20］ Li S, Yuan Y, Wang T, et al. Molecular cloning, functional characterization and nutritional regulation of the putative elongase Elovl5 in the orange–spotted grouper（*Epinephelus coioides*）［J］. PloS one, 2016c, 11（3）: e0150544.

［21］ Liang H, Habte–Tsion H M, Ge X, et al. Dietary arginine affects the insulin signaling pathway, glucose metabolism and lipogenesis in juvenile blunt snout bream *Megalobrama amblycephala*［J］. Scientific reports, 2017, 7（1）: 7864.

［22］ Liang H, Mokrani A, Ji K, et al. Dietary leucine modulates growth performance, Nrf2 antioxidant signaling pathway and immune response of juvenile blunt snout bream（*Megalobrama amblycephala*）［J］. Fish & shellfish immunology, 2018b, 73: 57–65.

［23］ Liang H, Mokrani A, Ji K, et al. Effects of dietary arginine on intestinal antioxidant status and immunity involved in Nrf2 and NF–κB signaling pathway in juvenile blunt snout bream, *Megalobrama amblycephala*［J］. Fish & shellfish immunology, 2018a, 82: 243–249.

［24］ Liang, H. L, Ren, M. C, Habte Tsion, H. M, et al. Dietary methionine requirement of pre - adult blunt snout bream,（*Megalobrama amblycephala* Yih, 1955）［J］. Journal of Applied Ichthyology, 2016, 32（6）: 1171–1178.

［25］ Liao K, Yan J, Li S, et al. Molecular cloning and characterization of unfolded protein response genes from large yellow croaker（*Larimichthys crocea*）and their expression in response to dietary fatty acids［J］. Comparative Biochemistry and Physiology Part B: Biochemistry and Molecular Biology, 2017b, 203: 53–64.

［26］ Liao K, Yan J, Mai K, et al. Dietary lipid concentration affects liver mitochondrial DNA copy number, gene expression and DNA methylation in large yellow croaker（*Larimichthys crocea*）［J］. Comparative Biochemistry and Physiology Part B: Biochemistry and Molecular Biology, 2016, 193: 25–32.

［27］ Liao M L, Ren T J, Chen W, et al. Effects of dietary lipid level on growth performance, body composition and digestive enzymes activity of juvenile sea cucumber, *A postichopus japonicus*［J］. Aquaculture Research, 2017a, 48（1）: 92–101.

［28］ Liu D, Mai K, Zhang Y, et al. GSK–3β participates in the regulation of hepatic lipid deposition in large yellow croaker（*Larmichthys crocea*）［J］. Fish physiology and biochemistry, 2016a, 42（1）: 379–388.

［29］ Liu D, Mai K, Zhang Y, et al. Wnt/β–catenin signaling participates in the regulation of lipogenesis in the liver of juvenile turbot（*Scophthalmus maximus L.*）［J］. Comparative Biochemistry and Physiology Part B: Biochemistry and Molecular Biology, 2016b, 191: 155–162.

［30］ Lu K L, Ji Z L, Rahimnejad S, et al. De novo assembly and characterization of seabass Lateolabrax japonicus transcriptome and expression of hepatic genes following different dietary phosphorus/calcium levels［J］. Comparative Biochemistry and Physiology Part D: Genomics and Proteomics, 2017, 24: 51–59.

[31] Lu SD, Wu XY, Gao YJ, et al. Effects of dietary carbohydrate sources on growth, digestive enzyme activity, gene expression of hepatic GLUTs and key enzymes involved in glycolysis-gluconeogenesis of giant grouper *Epinephelus lanceolatus* larvae [J]. Aquaculture, 2018, 484: 343-350.

[32] Ma Q Q, Chen Q, Shen Z H, et al. The metabolomics responses of Chinese mitten-hand crab (*Eriocheir sinensis*) to different dietary oils [J]. Aquaculture, 2017, 479: 188-199.

[33] Miao S, Nie Q, Miao H, et al. Effects of dietary carbohydrate-to-lipid ratio on the growth performance and feed utilization of juvenile turbot (*Scophthalmus maximus*) [J]. Journal of Ocean University of China, 2016, 15 (4): 660-666.

[34] Peng M, Xu W, Tan P, et al. Effect of dietary fatty acid composition on growth, fatty acids composition and hepatic lipid metabolism in juvenile turbot (*Scophthalmus maximus L.*) fed diets with required n3 LC-PUFAs [J]. Aquaculture, 2017, 479: 591-600.

[35] Qiang J, He J, Yang H, et al. Dietary lipid requirements of larval genetically improved farmed tilapia, *Oreochromis niloticus* (L.), and effects on growth performance, expression of digestive enzyme genes, and immune response [J]. Aquaculture Research, 2017, 48 (6): 2827-2840.

[36] Ren M, Habte-Tsion, H.-M., Liu B, et al. Dietary isoleucine requirement of juvenile blunt snout bream, *Megalobrama amblycephala* [J]. Aquaculture Nutrition, 2017b, 23 (2): 322-330.

[37] Ren M, Ji K, Liang H, et al. Dietary Protein Requirement of Juvenile Ide, Leuciscus idus in Relation to Growth Performance, Whole-body Composition and Plasma Parameters [J]. ISRAELI JOURNAL OF AQUACULTURE-BAMIDGEH, 2017a, 69.

[38] Ren M, Liang H, He J, et al. Effects of DL-methionine supplementation on the success of fish meal replacement by plant proteins in practical diets for juvenile gibel carp (*Carassius auratus gibelio*) [J]. Aquaculture Nutrition, 2017c, 23 (5), 934-941.

[39] Tan P, Dong X, Xu H, et al. Dietary vegetable oil suppressed non-specific immunity and liver antioxidant capacity but induced inflammatory response in Japanese sea bass (*Lateolabrax japonicus*) [J]. Fish & shellfish immunology, 2017a, 63: 139-146.

[40] Tan P, Peng M, Liu D, et al. Suppressor of cytokine signaling 3 (SOCS3) is related to pro-inflammatory cytokine production and triglyceride deposition in turbot (*Scophthalmus maximus*) [J]. Fish & shellfish immunology, 2017b, 70: 381-390.

[41] Wang J, Jiang Y, Han T, et al. Effects of Dietary Carbohydrate-to-Lipid Ratios on Growth and Body Composition of Orange-spotted Grouper *Epinephelus coioides* [J]. North American journal of aquaculture, 2017b, 79 (1): 1-7.

[42] Wang J, Li X, Han T, et al. Effects of different dietary carbohydrate levels on growth, feed utilization and body composition of juvenile grouper *Epinephelus akaara* [J]. Aquaculture, 2016c, 459: 143-147.

[43] Wang L, Wu J, Wang C, et al. Dietary arginine requirement of juvenile hybrid sturgeon (*Acipenser schrenckii♀ × Acipenser baerii♂*) [J]. Aquaculture Research, 2017a, 48 (10): 5193-5201.

[44] Wang T, Yan J, Xu W, et al. Characterization of Cyclooxygenase-2 and its induction pathways in response to high lipid diet-induced inflammation in *Larmichthys crocea* [J]. Scientific reports, 2016b, 6: 19921.

[45] Wang Y Y, Che J F, Tang B B, et al. Dietary methionine requirement of juvenile pseudobagrus ussuriensis [J]. Aquaculture Nutrition, 2016a, 22 (6), 1293-1300.

[46] Wang Y, Li M, Filer K, et al. Evaluation of Schizochytrium meal in microdiets of Pacific white shrimp (*Litopenaeus vannamei*) larvae [J]. Aquaculture Research, 2017c, 48 (5): 2328-2336.

[47] Wu C, Chen L, Lu Z, et al. The effects of dietary leucine on the growth performances, body composition, metabolic abilities and innate immune responses in black carp *Mylopharyngodon piceus* [J]. Fish & shellfish immunology, 2017b, 67: 419-428.

［48］ Wu C, Ye J, Gao J, et al. Effect of varying carbohydrate fractions on growth, body composition, metabolic, and hormonal indices in juvenile black carp, *Mylopharyngodon piceus* ［J］. Journal of the World Aquaculture Society, 2016a, 47 (3): 435–449.

［49］ Wu C, Ye J, Gao J, et al. The effects of dietary carbohydrate on the growth, antioxidant capacities, innate immune responses and pathogen resistance of juvenile Black carp *Mylopharyngodon piceu*s ［J］. Fish & shellfish immunology, 2016b, 49, 132–142.

［50］ Wu P, Tang L, Jiang W, et al. The relationship between dietary methionine and growth, digestion, absorption, and antioxidant status in intestinal and hepatopancreatic tissues of sub-adult grass carp (*Ctenopharyngodon idella*) ［J］. Journal of animal science and biotechnology, 2017a, 8 (1): 63.

［51］ Xu H, Dong X, Zuo R, et al. Response of juvenile Japanese seabass (*Lateolabrax japonicus*) to different dietary fatty acid profiles: Growth performance, tissue lipid accumulation, liver histology and flesh texture ［J］. Aquaculture, 2016b, 461: 40–47.

［52］ Xu H, Du J, Li S, et al. Effects of dietary n-3 long-chain unsaturated fatty acid on growth performance, lipid deposition, hepatic fatty acid composition and health-related serum enzyme activity of juvenile Japanese seabass *Lateolabrax japonicus* ［J］. Aquaculture Nutrition, 2017a, 23 (6): 1449–1457.

［53］ Xu H, Wang J, Mai K, et al. Dietary docosahexaenoic acid to eicosapentaenoic acid (DHA/EPA) ratio influenced growth performance, immune response, stress resistance and tissue fatty acid composition of juvenile Japanese seabass, *Lateolabrax japonicus* (Cuvier) ［J］. Aquaculture research, 2016a, 47 (3): 741–757.

［54］ Xu P, Wang Y, Chen J, et al. Lipidomic profiling of juvenile yellow head catfish (*Pelteobagrus fulvidraco*) in response to Fucoidan diet ［J］. Aquaculture International, 2017b, 25 (3): 1123–1143.

［55］ Yan J, Liao K, Mai K, et al. Dietary lipid levels affect lipoprotein clearance, fatty acid transport, lipogenesis and lipolysis at the transcriptional level in muscle and adipose tissue of large yellow croaker (*Larimichthys crocea*) ［J］. Aquaculture Research, 2017, 48 (7): 3925–3934.

［56］ Ye W, Han D, Zhu X, et al. Comparative study on dietary protein requirements for juvenile and pre-adult gibel carp (*Carassius auratus gibelio* var. CAS Ⅲ) ［J］. Aquaculture Nutrition, 2017, 23 (4): 755–765.

［57］ Yi X, Li J, Xu W, et al. Effects of dietary lutein/canthaxanthin ratio on the growth and pigmentation of large yellow croaker *Larimichthys croceus* ［J］. Aquaculture nutrition, 2016, 22 (3): 683–690.

［58］ Zhang Q, You C, Liu F, et al. Cloning and Characterization of Lxr and Srebp1, and Their Potential Roles in Regulation of LC-PUFA Biosynthesis in Rabbitfish *Siganus canaliculatus* ［J］. Lipids, 2016b, 51 (9): 1051–1063.

［59］ Zhang Q, You C, Wang S, et al. The miR-33 gene is identified in a marine teleost: a potential role in regulation of LC-PUFA biosynthesis in *Siganus canaliculatus* ［J］. Scientific reports, 2016c, 6: 32909.

［60］ Zhang Y, Ji W, Wu Y, et al. Replacement of dietary fish meal by soybean meal supplemented with crystalline methionine for Japanese seabass (*Lateolabrax japonicus*) ［J］. Aquaculture research, 2016a, 47 (1): 243–252.

［61］ Zhao, Z, Ren, M, Xie, J, et al. Dietary Arginine Requirement for Blunt Snout Bream (*Megalobrama amblycephala*) with Two Fish Sizes Associated with Growth Performance and Plasma Parameters ［J］. Turkish Journal of Fisheries and Aquatic Sciences, 2017, 17 (1): 171–179.

［62］ Zheng, P., Wang, J., Han, T., et al. Effect of dietary cholesterol levels on growth performance, body composition and gene expression of juvenile mud crab *Scylla paramamosain* ［J］. Aquaculture Research, 2018, 49 (10): 3434–3441.

［63］ Zhou P, Wang M, Xie F, et al. Effects of dietary carbohydrate to lipid ratios on growth performance, digestive enzyme and hepatic carbohydrate metabolic enzyme activities of large yellow croaker (*Larmichthys crocea*) ［J］.

Aquaculture，2016a，452：45-51.

［64］Zhou Q L，Habte-Tsion H M，Ge X，et al. Growth performance and TOR pathway gene expression of juvenile blunt snout bream，*Megalobrama amblycephala* fed with diets replacing fish meal with cottonseed meal. Aquaculture Research，2017，48（7）：3693-3704.

［65］Zhou Y，Yu W，Zhong H，et al. Transcriptome analysis reveals that insulin is an immunomodulatory hormone in common carp［J］. Fish & shellfish immunology，2016b，59：213-219.

［66］Zhu S，Tan P，Ji RL，et al. Influence of a Dietary Vegetable Oil Blend on Serum Lipid Profiles in Large Yellow Croaker（*Larimichthys crocea*）.Journal of Agricultural and Food Chemistry，2018，66（34）：9097-9106.

［67］Zhu TF，Mai KS，Xu W et al. Effect of dietary cholesterol and phospholipids on feed intake，growth performance and cholesterol metabolism in juvenile turbot（*Scophthalmus maximus* L.）.Aquaculture，2018，DOI：10.1016/j.aquaculture.2018.06.002

［68］Zuo R，Mai K，Xu W，et al. Molecular cloning，tissue distribution and nutritional regulation of a fatty acyl elovl5-like elongase in large yellow croaker，*Larimichthys crocea*［J］. Aquaculture Research，2016，47（8），2393-2406.

［69］常杰，牛化欣，胡宗福，等. 细鳞鲑幼鱼 n-3 HUFA 需求量的研究［J］. 淡水渔业，2017，6，81-87.

［70］陈林，朱晓鸣，韩冬，等. 芙蓉鲤鲫幼鱼饲料适宜淀粉含量［J］. 水生生物学报，2016，40（4），690-699.

［71］陈强，刘泓宇，谭北平，等. 饲料胆固醇对军曹鱼幼鱼生长、血液生化指标及脂代谢的影响［J］. 广东海洋大学学报，2016，36（1），35-43.

［72］褚志鹏，危起伟，杜浩，等. 不同糖源对达氏鲟幼鱼生长、体成分及生理生化指标的影响［J］. 中国水产科学，2017，24（2），284-294.

［73］丛林梅，郑伟，刘凡宁，等. 饲料磷含量对黄颡鱼生长和磷代谢的影响［J］. 西北农林科技大学学报，自然科学版，2016，44（11），15-22.

［74］丁兆坤，李伟峰，黄金华，等. 丙氨酰—谷氨酰胺和维生素 E 对军曹鱼的影响［J］. 水产科学，2017，36（4），395-402.

［75］董兰芳. 饲料不同糖源和糖水平对卵形鲳鲹生长和糖代谢的影响［D］. 广西大学，2016.

［76］段亚飞，黄忠，林黑着，等. 深水网箱和池塘养殖凡纳滨对虾肌肉营养成分的比较分析［J］. 南方水产科学，2017，13（2），93-100.

［77］范泽，王安琪，孙金辉，等. 不同木薯变性淀粉对鲤鱼生长及糖代谢的影响［J］. 水产科学，2018，37（1）：1-7.

［78］冯建，王萍，何娇娇，等. 发酵豆粕替代鱼粉对大黄鱼幼鱼生长性能、体成分、血清生化指标及肝脏组织形态的影响［J］. 动物营养学报，2016，28（11），3493-3502.

［79］公绪鹏，李宝山，张利民，等. 饲料蛋白质和能量含量对云纹龙胆石斑鱼幼鱼生长、体组成及消化酶活力的影响［J］. 渔业科学进展，2018，39（2）：85-95.

［80］郭衍林. 铁对生长中期草鱼生产性能，肠道，机体和鳃健康以及肉质的作用及其机制［D］. 四川农业大学，2017.

［81］韩强音. 四种主要饲料植物蛋白原料对彩虹鲷池塘养殖生长性能与品质的影响研究［D］. 广西大学，2017.

［82］韩如政，骆小年，韩雨哲，等. 北方须鳅幼鱼的饲料蛋白质需求量［J］. 动物营养学报，2016，28（12），3905-3911.

［83］郝甜甜，王丽丽，王际英，等. 维生素 C 对急性低温胁迫下珍珠龙胆石斑鱼 HPI 轴及生理生化的调控［J］. 水产学报，2017，41（3），428-437.

［84］何吉祥，潘庭双，蒋阳阳，等. 饲料糖蛋白质比和投喂率对异育银鲫生长及脂质代谢指标的影响［J］.

上海海洋大学学报，2016，25（2），198-206.

［85］何远法，郭勇，迟淑艳，等. 低鱼粉饲料中补充蛋氨酸对军曹鱼生长性能、体成分及肌肉氨基酸组成的影响［J］. 动物营养学报，2018（2）：624-634.

［86］何志刚，王金龙，伍远安，等. 饲料脂肪水平对芙蓉鲤鲫幼鱼血清生化指标，免疫反应及抗氧化能力的影响［J］. 水生生物学报，2016，40（4），655-662.

［87］侯涌，侯艳彬，姚垒，等. 冰鲜鱼和膨化饲料中不同糖类水平对乌鳢生长性能及糖代谢的影响［J］. 浙江大学学报，2018，44（2）：199-208.

［88］胡静，叶乐，赵旺，等. 饲料脂肪水平对眼斑双锯鱼幼鱼生长性能和体成分的影响［J］. 中国饲料，2016（6），25-28.

［89］胡毅，陈云飞，张德洪，等. 不同碳水化合物和蛋白质水平膨化饲料对大规格草鱼生长、肠道消化酶及血清指标的影响［J］. 水产学报，2018，42（5）：777-786.

［90］黄爱霞，孙丽慧，陈建明，等. 饲料亮氨酸水平对幼草鱼生长、饲料利用及体成分的影响［J］. 饲料工业，2018（2）：26-32.

［91］黄岩，李建，王学习，等. 饲料中不同蛋白质和淀粉水平对斜带石斑鱼生长性能和肝脏相关代谢酶活性的影响［J］. 水产学报，2017，41（5），746-756

［92］吉中力. 淡水环境中饲料不同的钙和磷水平对花鲈（Lateolabrax japonicus）钙磷吸收和沉积的影响［D］. 集美大学，2016.

［93］贾艳菊，王海燕，廖幸，等. 淀粉预糊化对中华鳖生长和饲料利用的影响［J］. 浙江大学学报（农业与生命科学版），2016，42（5），637-642.

［94］姜建湖，陈建明，沈斌乾，等. 草鱼幼鱼对饲料中核黄素的需要量［J］. 动物营养学报，2016，28（9），2771-2777.

［95］李彩刚，章海鑫，胡文娟，等. 饲料中不同水平蜂花粉对黄尾鲴亲鱼繁殖性能的影响［J］. 湖南农业科学，2018（10）：84-86.

［96］李经奇，李学山，姬仁磊，等. 亚麻籽油和豆油替代鱼油对大黄鱼肝脏和肌肉脂肪酸组成及 Δ6Fad 基因表达的影响［J］. 水生生物学报，2018，42（2）：232-239.

［97］李静辉，范泽，孙金辉，等. 摄食不同淀粉含量饲料对鲤鱼生长及饲料利用的影响［J］. 中国饲料，2017（10），28-32.

［98］李双安. 肌醇对草鱼生产性能，肠道健康，机体健康，鳃健康以及肉质的作用及其作用机制［D］. 雅安：四川农业大学，2017.

［99］李小霞，陈锋，潘庆. 硒源对凡纳滨对虾生长，体组成和抗氧化能力的影响［J］. 水产科学，2016，35（3），199-203.

［100］梁萍，秦志清，林建斌，等. 饲料中不同蛋白质水平对半刺厚唇鱼幼鱼生长性能及消化酶活性的影响［J］. 中国农学通报，2018，34（2）：136-140.

［101］刘彩霞，邢薇，刘洋，等. 不同配比的亚麻籽油与大豆油混合油全部替代鱼油对杂交鲟生长的影响［J］. 动物营养学报，2017，12，4386-4397.

［102］刘经纬，麦康森，徐玮，等. 谷氨酰胺对半滑舌鳎稚鱼非特异性免疫相关酶活力和低氧应激后 HIF-1α 表达的影响［J］. 水生生物学报，2016，40（4），736-743.

［103］刘伟，文华，蒋明，等. 饲料蛋白质水平与投喂频率对吉富罗非鱼幼鱼生长及部分生理生化指标的影响［J］. 水产学报，2016，40（5）：751-762.

［104］刘云. 珍珠龙胆石斑鱼幼鱼对钴和锰营养需求的研究［D］. 上海：上海海洋大学，2016.

［105］刘运正，何艮，麦康森，等. 新型复合动植物蛋白源部分替代鱼粉对大菱鲆幼鱼生长和肉质的影响［J］. 中国海洋大学学报（自然科学版），2016，1：33-39.

［106］刘志峰，高小强，于久翔，等. 不同饵料对美洲西鲱仔鱼生长、相关酶活力及体脂肪酸的影响［J］. 中

国水产科学, 2018, 25（1）: 97-107

［107］刘子科, 陈乃松, 王孟乐, 等. 大口黑鲈饲料中适宜的淀粉源及添加水平［J］. 中国水产科学, 2017, 24（2）, 317-331.

［108］路晶晶, 郭冉, 齐国山, 等. 复方中草药对大菱鲆幼鱼生长性能及非特异性免疫指标的影响［J］. 大连海洋大学学报, 2018, 33（6）: 722-728.

［109］鲁耀鹏, 汪蕾, 张秀霞, 等. 饲料脂肪水平对红螯螯虾幼虾生长、肌肉组成、消化酶活性和免疫力的影响［J］. 饲料工业, 2018, 39（24）: 17-23.

［110］罗琳, 邢薇, 李铁梁, 等. 亚麻油替代鱼油对杂交鲟生长, 脂肪酸组成及脂肪代谢的影响［J］. 2017.

［111］马红娜, 王猛强, 陆游, 等. 碳水化合物种类和水平对大黄鱼生长性能, 血清生化指标, 肝脏糖代谢相关酶活性及肝糖原含量的影响［J］. 动物营养学报, 2017, 29（3）, 824-835.

［112］潘加红. 维生素E对生长中期草鱼生长, 肠道, 机体和鳃健康以及肌肉品质的影响及作用机制［D］. 四川农业大学, 2016.

［113］戚常乐, 林黑着, 黄忠, 等. 亚麻酸对卵形鲳鲹幼鱼生长性能、消化酶活性及抗氧化能力的影响［J］. 南方水产科学, 2016, 12（6）, 59-67.

［114］邱金海, 杨清山, 林星. 饲料中不同的蛋白质水平对黄姑鱼生长性能的影响［J］. 现代农业科技, 2016（8）, 235-237.

［115］宋娇, 姜海波, 姜志强, 等. 混合植物蛋白替代鱼粉对杂交鲟幼鱼生长, 排氨率和转氨酶活性的影响［J］. 水产科学, 2016, 35（2）, 99-104.

［116］宋长友, 任鸣春, 谢骏, 等. 不同生长阶段团头鲂的赖氨酸需要量研究［J］. 上海海洋大学学报, 2016, 25（3）, 396-405.

［117］宋正星. 锌对生长中期草鱼生产性能、肠道、机体和鳃健康以及肉质的作用及其作用机制［D］. 四川农业大学, 2017.

［118］宋志东, 李培玉. 补充蛋氨酸对星斑川鲽生长, 血液指标, 代谢酶以及体组成的影响［J］. 广东饲料, 2016, 09, 25-29.

［119］宋志东, 王际英, 李培玉, 等. 酶解大豆蛋白替代鱼粉对星斑川鲽幼鱼生长, 血液生化和体组成的影响［J］. 水生生物学报, 2016, 40（1）, 165-172.

［120］隋仲敏, 周慧慧, 王旋, 等. 不同玉米脱水酒精糟及其可溶物含量饲料中添加非淀粉多糖酶对大菱鲆幼鱼生长性能, 营养物质消化率及抗氧化能力的影响［J］. 动物营养学报, 2017, 29（9）, 3138-3145.

［121］孙丽慧, 陈建明, 潘茜, 等. 草鱼鱼种对饲料中苯丙氨酸需求量的研究［J］. 上海海洋大学学报, 2016, 3: 388-395.

［122］孙丽慧, 陈建明, 沈斌乾, 等. 草鱼鱼种对饲料中缬氨酸需求量的研究［J］. 上海海洋大学学报, 2017, 6: 900-908.

［123］孙学亮, 王庆奎, 程镇燕, 等. 饲料中不同糖水平对淡水石斑鱼生长, 消化酶及血液生化指标的影响［J］. 饲料研究, 2017, 23, 39-45.

［124］王成强, 王际英, 李宝山, 等. 饲料中花生四烯酸含量对刺参生长性能、抗氧化能力及脂肪酸代谢的影响［J］. 中国水产科学, 2018, 25（3）: 555-566.

［125］王骥腾, 姜宇栋, 杨云霞, 等. 豆油替代鱼油对赤点石斑鱼（*Epinephelus akaara*）生长, 体组成及体脂肪酸组成的影响［J］. 海洋与湖沼, 2016, 47（3）, 640-646.

［126］王明辉, 王际英, 宋志东, 等. 共轭亚油酸对珍珠龙胆石斑鱼幼鱼生长, 体组成及肝代谢相关酶活力的影响［J］. 中国水产科学, 2016（6）: 1300-1310.

［127］王鹏帅, 徐军超, 蒋霞敏, 等. 饲料蛋白质水平对日本无针乌贼生长性能和肌肉营养成分的影响［J］. 宁波大学学报（理工版）, 2016（1）, 1-6.

［128］王萍, 娄宇栋, 冯建, 等. 小麦蛋白粉替代鱼粉对大黄鱼幼鱼生长, 血清生化指标及抗氧化能力的影响

［J］. 水产学报，2018，42（5）：733–743.

［129］ 王震，徐玮，麦康森，等. 饲料缬氨酸水平对军曹鱼鱼体脂肪含量，血浆生化指标和肝脏脂肪代谢基因表达的影响［J］. 2016.

［130］ 吴金平，文华，蒋明，等. 生物素对吉富罗非鱼幼鱼生长，体成分及血清生化指标的影响［J］. 西北农林科技大学学报，自然科学版，2016，44（2），15–22.

［131］ 武文一，蒋明，刘伟，等. 吉富罗非鱼对饲料精氨酸的需要量［J］. 动物营养学报，2016，28（5），1412–1424.

［132］ 席峰. 饲料中 n-3 高不饱和脂肪酸、降药残添加剂和虾青素添加水平对大黄鱼亲鱼繁殖性能的影响［J］. 饲料研究，2018（01）：66–70.

［133］ 肖金星，李广经，华颖，等. 饲料碳水化合物水平对黑鲷幼鱼生长性能和血清生化指标的影响［J］. 江苏农业科学，2017，45（10），125–129.

［134］ 徐畅. 中华绒螯蟹甘油三酯分解代谢及其饲料脂肪与硫辛酸的调控作用研究［D］. 华东师范大学，2018.

［135］ 徐革锋，刘洋，郝其睿，等. 不同蛋白质和脂肪水平对细鳞鲑幼鱼生长和肌肉氨基酸含量的影响［J］. 中国水产科学，2016（6），1311–1319.

［136］ 徐慧君. 维生素 C 对生长中期草鱼生产性能，肠道，机体和鳃健康以及肉质的作用及其作用机制［D］. 四川农业大学，2016.

［137］ 薛晓强，赵月，王帅，等. 饲料脂肪水平对血鹦鹉幼鱼肝脏免疫及抗氧化酶的影响［J］. 中国渔业质量与标准，2018，8（3）：61–67.

［138］ 杨洁，郭利亚，王宏，等. 饲料加工工艺对不同剂型植酸酶加工损耗的影响［J］. 饲料工业，2018，390（11）：11–16.

［139］ 杨原志，聂家全，谭北平，等. 硒源与硒水平对军曹鱼幼鱼生长性能，肝脏和血清抗氧化指标及组织硒含量的影响［J］. 动物营养学报，2016，28（12），3894–3904.

［140］ 叶坤，王秋荣，谢仰杰，等. 饲料脂肪水平对黄姑鱼幼鱼生长性能，肌肉组成和血浆生化指标的影响［J］. 动物营养学报，2017，29（4），1418–1426.

［141］ 袁野，黄晓玲，陆游，等. 饲料中不同泛酸水平对凡纳滨对虾生长性能，饲料利用及血清指标的影响［J］. 水产学报，2016，40（9），1349–1358.

［142］ 袁野，王猛强，马红娜，等. 饲料中三种不同碳水化合物对大黄鱼生长性能和肝脏糖代谢关键酶活性的影响［J］. 水产学报，2018，42（2）：267–281.

［143］ 曾本和，廖增艳，吴双，等. 饲料脂肪水平对大鳞副泥鳅幼鱼生长性能，消化酶活性及抗氧化能力的影响［J］. 动物营养学报，2016，28（4），1105–1113.

［144］ 曾晓霭，徐树德，陈清华，等. 中性植酸酶部分替代磷酸二氢钙对异育银鲫生长性能，体成分及磷利用率的影响［J］. 动物营养学报，2016，28（6），1710–1719.

［145］ 詹瑰然，王坤，张新党，等. 橡胶籽油替代鱼油对鲤鱼生长、体成分和生化指标的影响［J］. 云南农业大学学报（自然科学），2018，33（01）：63–71.

［146］ 张方亮. 鳜鱼快慢肌蛋白组学与 miRNA 组学比较分析［D］. 桂林：广西师范大学，2018.

［147］ 张坤，樊海平，张蕉南，等. 大刺鳅幼鱼配合饲料中适宜蛋白质、蛋氨酸和脂肪水平研究［J］. 中国饲料，2018（9）：67–71.

［148］ 张丽. 维生素 A 对生长中期草鱼生产性能，肠道，机体和鳃健康以及肌肉品质的作用及作用机制［D］. 雅安：四川农业大学，2016.

［149］ 张树威，鲁康乐，宋凯，等. 饲料羟基蛋氨酸钙，DL- 蛋氨酸对花鲈生长，抗氧化能力及肠道蛋白酶活性的影响［J］. 水产学报，2017，41（12），1908–1918.

［150］ 张武财，董晓慧，谭北平，等. 饲料胆固醇含量对斜带石斑鱼生长性能，组织生化指标和肝脏脂肪代谢

相关酶活性的影响［J］. 动物营养学报，2016，28（6），1945-1955.

［151］张媛媛，朱永安，宋理平. 大鳞鲃幼鱼对脂肪的适宜需要量研究［J］. 淡水渔业，2018，48（5）：86-92.

［152］赵敏，梁萌青，郑珂珂，等. 饲料中添加南极磷虾粉对半滑舌鳎（*Cynoglossus semilaevi*）雄性亲鱼繁殖性能及抗氧化功能的影响［J］. 渔业科学进展，2016，37（6），49-55.

［153］周朝伟，朱龙，曾本和，等. 饲料蛋白水平对台湾泥鳅幼鱼生长、饲料利用率及免疫酶活性的影响［J］. 渔业科学进展，2018，39（3），72-79.

撰稿人：麦康森　艾庆辉　任鸣春

# 渔药学科发展研究

渔用药物是防治水产动物病害的重要手段之一。广义的渔用药物包括国标渔药和非国标渔药投入品。中国是世界上的水产养殖大国，也是世界上渔用药物生产和使用大国。近五年我国主要渔用药物生产企业销售额年平均增长率超过15%。其中，主要70余家企业总额近20亿元。

随着乡村振兴战略的落实、推进水产养殖业转型升级、助力水产养殖提质增效减排的需要，中央将食品安全、生态文明提升到前所未有的高度，环保督查力度不断加大，新颁布的《水污染防治法》等一系列法律法规对于科学、合理评价和控制渔用药物潜在风险（毒性风险、残留风险、耐药性风险和生态风险等）提出了更高的要求。近年来，由于渔用药物引发的水产品质量安全事件（如"三鱼两药"）成为社会发展转型、水产养殖生产转型过程中公众和媒体关注的热点。

## 一、我国的发展现状

### （一）渔用药物代谢调节作用机理

对于渔用药物代谢调节作用机理研究重点集中在渔药受体（如 $\gamma$ – 氨基丁酸，GABA）等方面。通过渔药作用受体 GABA 与药物作用，从研究其代谢与消除的调控规律。$\gamma$ – 氨基丁酸 A 型（GABAA）受体是一种重要的五聚体抑制性神经递质受体以及该受体的 $\gamma$2 亚基在增强 GABAA 反应中起关键作用。利用酵母双杂交的方法筛选得到 prelid3b，cdc42 等 7 个与 GABA A receptor $\gamma$2 受体代谢功能相关的相互作用蛋白，为注解 GABAA 作为药物受体的功能奠定了基础。

值得注意的是，近年来结合转录组测序等方法，筛选了水产动物体内参与渔用药物代谢的关键基因，分析了其调控的相关信号通路，为从本质上分析渔用药物代谢调控机理开拓了新的技术方法。利用转录组测序等方法，筛选了中华绒螯蟹、鳗鲡体内参与溴氰菊酯、恩诺沙星、亚甲基蓝等药物代谢的关键基因，分析了其相关作用的信号通路。

## （二）渔药的检测方法

利用高效液相色谱法建立了鱼类中氯硝柳胺 / 氯霉素 / 甲砜霉素 / 氟苯尼考 / 氟苯尼考胺、硫酸新霉素、阿维菌素、二硫氰基甲烷残留的测定方法；建立了对虾、河蟹、饲料及水环境中噁喹酸、磺胺嘧啶和甲氧苄啶、吡虫啉 / 二甲戊灵、拟除虫菊酯、双去甲氧基姜黄素 / 去甲氧基姜黄素 / 姜黄素。此外，建立了利用微生物检测水产品中粘杆菌素的残留的方法。

## （三）渔用药物在水生动物体内代谢及残留消除

分析渔用药物在水生动物体内代谢及残留消除，可绘制曲线，选取适当模型，获得一些重要参数，为制订和调整用药方案提供重要依据。

针对酰胺醇类抗生素、氟喹诺酮（恩诺沙星及其代谢物 / 盐酸沙拉沙星 / 诺氟沙星 / 噁喹酸）、磺胺、大蒜素在鲤、鲫等人工合成抗菌药物、吡喹酮、盐酸氯苯胍、甲苯咪唑在鲫、溴氰菊酯等杀虫剂在水产养殖动物体内的吸收、分布、代谢和排泄过程进行了研究，获取了安全用药参数。

其中，氟苯尼考在花鲈体内消除较快。磺胺嘧啶在吉富罗非鱼胃肠道中有重吸收现象；甲氧苄啶未见双峰现象。复方磺胺嘧啶在鳜体内消除缓慢。吡喹酮在黄鳝体内呈现出了快速吸收、快速消除和低生物利用度的特性。嗜水气单胞菌感染鱼类会使药物在动物体内的吸收、分布、代谢和消除受到不同程度的影响，并且不同的给药方式下药物学特征存在明显差异。值得注意的是，建立基于 PBPK 模型的水产动物药物代谢残留的预测方法和技术是未来水产动物药物代谢残留研究与创新发展的方向。

## （四）渔用药物的耐药性及其风险控制

### 1. 耐药性状况

在我国主要水产养殖区针对主要渔用药物的耐药性状况开展了持续性的监测，获得了第一手数据资料。调查发现：我国渔用药物的耐药性呈现如下特点：

（1）水产动物病原菌广泛携带耐药基因的整合子，且多重耐药菌株普遍，如：皱纹盘鲍（*Haliotis discus hannai*）消化道及其养殖水体。广州市售水产品中的副溶血弧菌和溶藻弧菌多重耐药（对万古霉素、克林霉素以及青霉素等）情况突出。湖北洪湖水产养殖区耐药微生物占比分布规律为：湖水 > 鱼塘水 > 地下水。地下水中耐药微生物数量与磺胺抗生素浓度无显著相关性，而地表水中耐药细菌、耐药真菌数量及与磺胺吡啶和磺胺二甲基嘧啶浓度呈显著正相关。盐城地区嗜水气单胞菌对青霉素类和磺胺类药物表现高耐药性，对四环素类及喹诺酮类药物中度敏感。分离自杂交鳢（*Channa maculata×Channa argus*）养殖场的 WL-23 的细菌对大环内酯类、四环素类、氨基糖苷类、β - 内酰胺类、氯霉素类、林可酰胺类、磺胺类和利福平等药物耐药，并携带大环内酯类 mph（A），四环素类 tet（A）等耐药基因。

（2）来源于鱼、虾、龟鳖等水产动物的气单胞菌均对主要渔用药物的耐药率较高。不同来源、不同地区、相同病原菌耐药性有一定的差异。黄颡鱼源嗜水气单胞菌对氟苯尼考的耐药产生速率与耐药性获得后保持稳定。大菱鲆腹水病病原菌主要有：山东青岛地区大菱鲆弧菌（*Vibrio scophthalmi*）、迟钝爱德华氏菌（*Edwardsiella tarda*）、鳗弧菌（*Vibrio anguillarum*）、哈维氏弧菌（*Vibrio harveyi*）、假交替单胞菌（*Pseudoalteromonas espejiana*）等 5 类细菌。对青霉素类、头孢菌素类、大环内酯类、复方新诺明耐药率高于 50%，4.1%的菌株，对 10 种以上的抗菌药物产生了多重耐药性。Ⅰ类整合子分布于广东地区猪—鱼复合养殖模式下不同来源气单胞菌，并介导细菌对多种抗菌药物耐药。药物筛选压力下，菌株耐药性随着传代次数增多而表现出递增的趋势，不同大类抗生素压力下筛选出来的嗜水气单胞菌（*Aeromonas hydrophila*）耐药菌株表现出不同的交叉耐药性。

（3）复合水产养殖环境有可能有利于耐药菌从畜禽向水产养殖环境转移。养殖水域中抗生素抗性基因（AGRs）能随着水体流动而转移，AGRs 转移和突变，致使养殖环境中耐药性风险增大。淡水鱼已成为 ARGs 的重要储存库，抗生素的使用可能不仅仅诱导该种类下的抗性基因，还可能诱导其他类 ARGs 的产生。

值得注意的是，水产用微生态制剂被大量检出存在耐药菌株，检出率高达 46% 以上，且 95% 以上菌株同时携带两种及两种以上可移动遗传原件。

### 2. 耐药性机理

重点以嗜水气单胞杆菌为研究对象，分析了渔用药物耐药性的产生机制。嗜水气单胞杆菌对恩诺沙星的耐药可能与控制细胞内药物蓄积的 ABC 转运蛋白的增加和拓扑异构酶Ⅳ减少密切相关。嗜水气单胞菌对氟喹诺酮类耐药存在靶基因位点突变及主动外排等多种耐药机制。转录组测序发现嗜水气单胞杆菌对恩诺沙星耐药性的产生主要是通过影响多种生理功能如 ABC 转运蛋白，DNA 损伤修复，SOS 反应等，其耐药机制可能与控制细胞内药物蓄积的 ABC 转运蛋白的增加和拓扑异构酶Ⅳ减少密切相关。复合Ⅰ型整合子在水产养殖环境中并不少见，且存在于多种细菌中，但其基因阵列结构缺乏多样性。

### 3. 耐药性控制技术

羰基氰氯苯腙（carbonyl cyanide m-chlorophenyl hydrazone，CCCP）被验证可以作为有效治疗酰胺醇类药物耐药弧菌的外排泵抑制剂。连翘等中草药被证实能够显著延缓嗜水气单胞杆菌对恩诺沙星的耐药性产生；利用转录组学方法测试了连翘作用与嗜水气单胞杆菌的关键基因及其相关信号通路，此结果为细菌耐药性的防控提供了新的思路。

### （五）渔药药物的环境归趋及生态风险

以阿维菌素、孔雀石绿、呋喃西林等药物为研究对象，分析了其在环境中的归趋性及其潜在的安全风险。阿维菌素在水体中消解较快，随后由水体向底泥、伊乐藻和水产动物迁移，其富集浓度由高到低依次为：鲫鱼＞伊乐藻＞中华绒螯蟹＞底泥。

强力霉素、甲苯咪唑和替米考星对养殖水环境中斜生栅藻的生长具有一定影响，其毒性效应表现为甲苯咪唑＞替米考星＞强力霉素。替米考星对异育银鲫口灌的96小时的半数致死剂量 $LD_{50}$ 可达298.5毫克/千克，其对异育银鲫也具有中等毒性。

### （六）绿色、新型渔药药物制剂的创制

#### 1. 孔雀石绿替代药物制剂的创制

孔雀石绿由于具有"三致（致畸、致癌、致突变）"作用被禁止在水产养殖中使用。孔雀石绿列为禁用药物后，鱼类水霉病——一种主要真菌性疾病的防治成为技术真空。孔雀石绿屡禁不止，成为政府和公众最为关注的"三鱼两药"问题。近十几年来似乎成为水产品质量安全的一个无解的谜局，频繁触碰着公众脆弱的神经。

近十年来，上海海洋大学为首的研究团队持续聚焦孔雀石绿替代药物的研制工作：①系统地查清了我国水霉病的流行病学规律，建立了水霉种质资源库；②建立了水霉病疾病模型和高通量抗水霉活性物质筛选模型；③甲霜灵活性成分的基础确定了复方制剂组合，此后进行了用法用量、药效、急性毒性、慢性毒性、生殖毒性、安全毒性、生态毒性、残留标识物、残留检测标准、代谢动力学、残留消除规律、休药期、残留限量、稳定性、生产工艺、质量标准16项药理和药剂学实验；④建立了甲霜灵检测方法及标准，最低检出限可达20微克/千克，定量限可达30微克/千克，在30—100微克/千克添加浓度内回收率可达68.4%—78.9%；批内、批间相对标准偏差均≤15%，其方法能可靠地应用于复方甲霜灵粉的检测；⑤合成了N-（2，6-二甲苯基）-N-（羟乙酰基）丙氨酸（Me1）等4种甲霜灵的主要代谢物；残留试验确认甲霜灵在鱼体内的残留标识物为其原形药。通过最大无作用剂量（NOEL）和每日允许摄入量（ADI）的推算，制定了甲霜灵在水产品中的最大残留限量（MRL）为0.05毫克/千克。通过分析甲霜灵在草鱼组织中的残留消除规律和分布特征，制定了其休药期为240度日；⑥确定复方甲霜灵粉的组方，包括甲霜灵（45%）、硫酸亚铁（25%）、硫酸钠（20%）和滑石粉（10%）。确定了制备工艺参数与关键控制时间点参数制定了质量标准，包括形状、鉴别、有关物质和水分的检查，含量测定、作用与用途、用法与用量、注意事项、休药期、规格及有效期等；⑦复方甲霜灵粉使用方法主要是浸浴和泼洒两种方式。20毫克/升复方甲霜灵粉可完全抑制水霉菌丝和孢子，对草鱼、鲫水霉病预防和治疗的平均保护率分别可达70%和60%。

2012年，孔雀石绿替代药物制剂核心专利技术转让给长沙拜特生物科技研究所有限公司，并申请完成临床试验。复方甲霜灵粉（美婷）在全国30余个省、直辖市和自治区进行了生产性应用与示范，累积受试面积达79.25万亩。受试对象涵盖我国主要大宗淡水鱼类（青草鲢鳙鲤鲫鳊鲂）、主要出口鱼类（鳗等）和某些特种养殖鱼类（胭脂鱼、金鱼）

等数十种。其中，2014—2018 年，仅上海、湖南、江苏、浙江等 11 个省市受试面积就达 67.95 万亩，创造直接经济效益 4.16 元，取得了显著的社会、生态和经济效益。2016 年 9 月、11 月和 2017 年 1 月，分别组织有关专家，对本项目在江苏东台市、湖南省和江西省 的示范进行了现场验收。

2017 年，复方甲霜灵粉获得中华人民共和国新兽药注册证书 1 项【（2017）新兽药证 书 18 号】，这是国内唯一一种申报成功的化学类渔用新兽药。

**2. 新型中草药、免疫增强剂及微生态制剂的创制**

（1）促进水产动物生长、提高免疫机能的中草药。合理选择中草药添加到鱼类的饲料 或药物中，可以调节水产动物的生理生化指标，保持机体代谢，促进鱼类生长。中草药能 改善水产养殖动物品质。中草药芽孢杆菌制剂可改善凡纳滨对虾的生长指标、改善养殖水 体环境和改善其肠道菌群结构和增加抗病力。

中草药可以作为抗生素替代品之一，水产动物体内的肠道菌群对中草药有效成分的分 解代谢转化、吸收利用有着重要作用。复方中草药制剂则有利于增加杂交鳢肌肉的总游离 氨基酸和鲜味氨基酸质量分数，降低滴水损失率，减小肌纤维直径，提高杂交鳢的肌肉品 质。黄芪多糖能显著提高中华鳖血清免疫酶活性。姜黄素能提高大黄鱼脏、前肠中的 ACP 活力及鳃、胃、肌肉、肝脏中的 AKP 活力。

（2）防治水产动物细菌性疾病的中草药。针对嗜水气单胞菌、黏质沙雷氏菌等水产病 原菌，筛选、开发出乌梅、地榆等新型中草药制剂。七叶树外种皮甲醇提取物和水提取物 显示出良好的杀灭中型指环虫的活性。

## 二、国内外发展比较

### （一）渔用药物代谢及其调节作用机理方面

对于药物代谢调节作用机理国外主要集中在人或畜牧动物等方向，由于其养殖品种 少，无论是药物代谢酶、药物受体还是转运体均无报道。对于渔用药物代谢动力学国外仅 仅集中在养殖的鲑鳟鱼类等少数几个品种。我国在该领域的研究针对主要水产养殖动物展 开，对于基础科学研究和生产实践具有较强的指导意义和前瞻性，填补了该领域的空白， 对于我国水产品质量安全具有重大的意义。

### （二）渔用药物的耐药性风险及环境风险方面

在渔用药物的耐药性风险及环境风险方面，国内外研究的侧重点各不相同：我国主要 集中在主要水产养殖区/流域（如长江、珠江流域等）、主要水产养殖动物病原（如嗜水 气单胞菌、弧菌）；而国外主要注重环境（如湖泊）中土著性细菌（如大肠杆菌）等耐药 性监测。我国该领域的研究主要目的是为水产品质量安全及公共卫生安全服务，目前，我

国水产动物病原菌耐药性监测开展的时间不长,基础数据还较为缺乏,评价的技术手段还较为单一,缺乏标准化。

（三）新型渔用的创制

孔雀石绿的替代药物等新型渔用药物的创制是针对我国特有的水产养殖模式和水产品质量安全状况所开展的开拓性工作,具有极强的先进性和唯一性。2017 年 4 月 22 日,以曹文轩院士为组长的专家组受上海市海洋湖沼学会委托,对"复方立达霉粉"（美婷）成果进行了评价。专家组认为:该成果整体居于国际领先水平。此外,中草药相关制剂也是我国独有的开拓性工作。需要特别指出的是,鲜活储运是我国水产品消费的重要特点,中草药制剂在鲜活鱼类储运保鲜等方面应用潜力巨大。

## 三、我国发展趋势与对策

在水产养殖业转型升级、水产养殖提质增效减排的大背景下,我国渔用药物的发展在未来一段时间内将出现如下趋势和特点:

（1）经过十余年的发展,国标渔用药物及禁用药物的管理十分严格,风险总体可控;但非国标渔用药物由于历史及技术等原因安全风险隐患严重。由于非国标渔用药物生产准入门槛低,使用量远远超过国标渔药,其潜在的安全风险不容小觑。

（2）养殖环节渔用药物使用风险逐步降低,但鲜活储运等环节药物的潜在风险日益升高。鲜活运输是水产品的独有特点之一,该环节中包括重金属、麻醉剂等在内的药物潜在风险未被充分认识。

（3）在"青山绿水就是金山银山"的理念下,渔用药物的耐药性及环境风险的传播日益受到重视,但由于基础数据和基础理论的缺失远远不能满足水产养殖业转型发展的需要。如长江经济带绿色发展等国家战略就对沿江水产养殖业中渔用药物耐药性及环境风险管控提出了极高的要求。

（4）对于绿色渔药、疫苗、中草药及新型微生态制剂的需求日益巨大,但该领域基础研究匮乏,基础理论不深、技术积累不足,特别是国家在新兽药申报日益严格的背景下,该领域的新技术和新产品在很长时间内无法满足水产养殖业转型发展的需要,其中抗生素的减量及部分替代就是最为明显的案例。

（5）一带一路建设对于渔用药物及其相关标准的制定的前瞻性和国际化提出了更高的要求,如对于渔用药物残留限量、禁用清单的技术标准等对于我国水产养殖业在一带一路沿线国家发挥引领作用和占领贸易主动权至关重要。

为了应对未来发展中问题,建议在如下方面积极开展工作:

（1）针对产业发展特点,加强基础渔药药物的药效学、毒理学基础研究;建立专业化的风险评估实验室，持续聚焦开展前瞻性研究。

（2）鼓励新型绿色渔药、疫苗、中草药及微生态制剂的研发和创制，针对主要风险点提前做出中长期规划，建议重点针对抗菌药物的部分替代及其减量使用难题，持续、稳定发展绿色、高效微生态制剂研究及产业示范。

（3）重点针对非国标渔用药物开展风险评估，包括在苗种、储运等重点环节；对于现有的非国标渔用药物开展系统的风险评估，制定非国标渔用药物标准体系建设（包括质量标准、检测方法标准、使用技术标准、产品研发标准等），建议针对重点品种、重点环节开展渔用药物的安全性评价，淘汰高风险和落后产能，推动产业升级。

（4）重点评价渔用药物随尾排水对水域环境的安全性隐患，适应新产业形势下对于渔用药物管理的新要求提供翔实的参考依据。

（5）根据"一带一路"倡议需要，适时修订相关出口水产品中渔用药物残留限量、禁用清单等技术标准，为我国水产养殖业在"一带一路"沿线国家发挥引领作用和占领贸易主动权提供依据至关重要。

# 参考文献

［1］ Rong-Rong Ma, Jing Sun, Wen-Hong Fang, Ya-Ping Dong, Ji-Ming Ruan, Xian-Le Yang, Kun Hu. Identification of *Carassius auratus gibelio* liver cell proteins interacting with the GABA A receptor γ2 subunit using a yeast two-hybrid system［J］. Physiol Biochem, 2018, DOI: 10.1007/s10695-018-0554-5.

［2］ Zongying Yang, Yiliu Zhang, Yingying Jiang, Fengjiao Zhu, Liugen Zeng, Yulan Wang, Xiaoqing Lei, Yi Yao, Yujie Hou, Liangqing Xu, Chunxian Xiong, Xianle Yang1, Kun Hu. Transcriptional responses in the hepatopancreas of *Eriocheir sinensis* exposed to deltamethrin［J］. PLoS One, 2017, 12（9）: e0184581.https: //doi.org/10.1371/journal.pone. 0184581.

［3］ Zhu fengJiao, Hu Kun, Yang Zongying, et al. Comparative transcriptome analysis of the hepatopancreas of Eriocheir 2 sinensis following oral gavage with enrofloxacin. Canadian Journal of Fisheries and Aquatic Sciences. DOI 10.1139/ cjfas-2016-0041.

［4］ Lv Xinmei, Yang Xianle, Xie Xinyan, et al. Comparative transcriptome analysis of *Anguilla japonica* livers following exposure to methylene blue. AQUACULTURE RESEARCH, 2017, 19 DEC, DOI: 10.1111/are. 13576

［5］ 刘永涛，董靖，杨秋红，等. 改良的QuEChERS与HPLC-HESI/MS/MS同时测定中华鳖组织中氯硝柳胺和酰胺醇类药物及其代谢物的残留量［J］. 分析测试学报，2017，36（8）：955-962.

［6］ 刘永涛，李乐，徐春娟，等. 固相萃取-高效液相色谱/串联质谱法测定水产品中硫酸新霉素残留量［J］. 分析科学学报，2017，33（1）：6-10.

［7］ 刘永涛，余琳雪，王桢月，等. 改良的QuEChERS结合高效液相色谱-串联质谱同时测定水产品中7种阿维菌素类药物残留［J］. 色谱，2017，35（12）：1276-1285.

［8］ 杨秋红，杨移斌，胥宁，等. 气相色谱-脉冲火焰光度法测定水产品中的二硫氰基甲烷残留［J］. 色谱，2017，35（8）：881-885.

［9］ 殷桂芳，王元，房文红，等. 反相高效液相色谱法测定对虾组织中噁喹酸残留［J］. 分析科学学报，2016，

32（02）：183-187.

［10］陈进军，王元，赵留杰，等. 反相高效液相色谱法同时测定青蟹组织中磺胺嘧啶和甲氧苄啶残留［J］. 分析科学学报，2017，33（1）：67-70.

［11］杨秋红，刘欢，李司棋，等. 高效液相色谱 - 三重四级杆质谱联用法测定水体、底泥和克氏原螯虾中的吡虫啉残留［J］. 农药，2018，57（06）：427-430.

［12］杨秋红，刘欢，邹谱心，等. 高效液相色谱 - 三重四极杆质谱法测定克氏原螯虾中二甲戊灵残留［J］. 色谱，2018，36（6）：552-556.

［13］徐春娟，刘永涛，苏志俊，等. 气相色谱法测定淡水养殖环境中的 4 种拟除虫菊酯类农药残留［J］. 分析科学学报，2018，34（3）：332-336.

［14］刘永涛，李乐，王赛赛，等. 鱼组织中双去甲氧基姜黄素、去甲氧基姜黄素和姜黄素含量的超高效液相色谱法测定［J］. 分析测试学报，2017，36（2）：276-279.

［15］刘永涛，李乐，徐春娟，等. 超高效液相色谱同时测定渔用饲料中双去甲氧基姜黄素、去甲氧基姜黄素和姜黄素［J］. 中国渔业质量与标准，2016，6（5）：60-64.

［16］王正彬，刘永涛，艾晓辉，等. 微生物法检测水产品中粘杆菌素的残留［J］. 南方水产科学，2016，12（3）：98-105.

［17］黄聚杰，林茂，鄢庆枇，等. 氟苯尼考在花鲈体内的代谢及残留消除规律［J］. 中国渔业质量与标准，2016，6（3）：6-13.

［18］杨秋红，艾晓辉，刘永涛，等. 不同温度下在斑点叉尾鮰各组织中恩诺沙星及其代谢物的残留及消除规律比较［J］. 水生生物学报，2017，41（4）：781-786.

［19］宗乾坤，徐丽娟，吕利群. 嗜水气单胞菌性鲫败血症的盐酸沙拉沙星用药方案研究［J］. 西北农林科技大学学报（自然科学版），2016，44（6）：46-52.

［20］范红照，林茂，鄢庆枇，等. 诺氟沙星在日本鳗鲡体内的代谢动力学及残留消除规律［J］. 中国渔业质量与标准，2016，6（1）：22-28.

［21］贾雪卿，范红照，湛嘉，等. 不同制剂方式对诺氟沙星在鳗鲡中药动学的影响［J］. 安徽农业科学，2017，45（22）：75-77.

［22］高蕾，罗理，姜兰，等. 单次投喂乳酸诺氟沙星在鳜鱼体内的代谢消除规律［J］. 水产科学，2017，36（1）：99-103.

［23］潘浩，韩冰，王荻，等. 烟酸诺氟沙星和乳酸诺氟沙星在松浦镜鲤体内的药动学比较［J］. 水产学杂志，2017，30（1）：32-37.

［24］段可馨，韩冰，王荻，卢彤岩. 烟酸诺氟沙星在松浦镜鲤体内代谢残留规律的研究［J］. 江西农业大学学报，2016，38（2）：356-361.

［25］王元，殷桂芳，符贵红，等. 噁喹酸在凡纳滨对虾体内药动学和对弧菌的体外药效［J］. 水产学报，2016，40（3）：512-519.

［26］Weili Wang, Li Luo, He Xiao, et al. A pharmacokinetic and residual study of sulfadiazine/trimethoprim in mandarin fish（Siniperca *chuatsi*）with single-and multiple-dose oral administrations［J］. Journal of Veterinary Pharmacology and Therapeutics, 2016, 39（3）：309-314.

［27］王伟利，肖贺，姜兰，等. 单次和连续药饵投喂方式下复方磺胺嘧啶在吉富罗非鱼体内的代谢消除规律［J］. 中国渔业质量与标准，2016，6（1）：29-35.

［28］陈进军，王元，赵姝，等. 复方磺胺嘧啶口灌给药在拟穴青蟹（Scylla *paramamosain*）体内药动学和组织分布与消除［J］. 渔业科学进展，2017，38（4）：104-110.

［29］潘浩，王荻，卢彤岩. 大蒜素在鲤、鲫血浆中的药物代谢动力学研究［J］. 淡水渔业，2016，46（4）：60-64.

［30］潘浩，王荻，卢彤岩. 大蒜素在松浦镜鲤体内的药动学及残留消除规律［J］. 大连海洋大学学报，2016，

31（5）：505-509.

［31］ Ning Xu, Jing Dong, Yibin Yang, et al. Pharmacokinetics and residue depletion of praziquantel in ricefield eel（Monopterus albus）［J］. Diseases of Aquatic Organisms, 2016, 119：67-74.

［32］ 胥宁, 杨移斌, 刘永涛, 等. 混饲对吡喹酮在草鱼体内药动学和生物利用度的影响［J］. 淡水渔业, 2018, 48（5）：73-78.

［33］ 余琳雪, 刘永涛, 苏志俊, 等. 不同水温下盐酸氯苯胍在斑点叉尾鮰血浆的药代动力学研究［J］. 浙江农业学报, 2018, 30（10）：1640-1646.

［34］ 赵留杰, 王元, 常晓晴, 等. 盐酸氯苯胍药饵给药条件下在异育银鲫体内药动学和组织分布与消除规律［J］. 海洋渔业, 2018, 40（2）：227-234.

［35］ 周宏正, 赵燕楠, 张祎桐, 等. 盐酸氯苯胍在异育银鲫体内的药代动力学研究［J］. 上海海洋大学学报, 2018, 27（6）：916-923.

［36］ 潘浩, 王荻, 卢彤岩. 甲苯咪唑在鲫体内的药动学及残留消除研究［J］. 水产学杂志, 2016, 29（4）：38-42.

［37］ 杨宗英, 房文红, 周俊芳, 等. 高效液相色谱/串联质谱法研究溴氰菊酯在中华绒螯蟹体内的富集消除规律［J］. 江苏农业学报, 2019（3）：709-715.

［38］ 徐春娟, 刘永涛, 艾晓辉, 等. 溴氰菊酯在团头鲂体内的富集消除规律研究［J］. 西北农林科技大学学报（自然科学版）, 2017, 45（12）：31-37.

［39］ Ning Xu, Jing Dong, Yibin Yang, et al. Pharmacokinetics and bioavailability of flumequine in blunt snout bream（Megalobrama amblycephala）after intravascular and oral administrations［J］. Journal of Veterinary Pharmacology and Therapeutics, 2016, 39（2）：191-195.

［40］ 程波, 艾晓辉, 常志强, 等. 水产动物药物代谢残留研究及创新发展方向——基于 PBPK 模型的残留预测技术［J］. 中国渔业质量与标准, 2017, 7（6）：42-47.

［41］ 孙永婵, 王瑞旋, 赵曼曼, 等. 鲍消化道及其养殖水体异养菌的耐药性研究［J］. 南方水产科学, 2017, 13（3）：58-65.

［42］ 冼钰茵, 余翀, 阮荣勇, 等. 广州市售水产品副溶血弧菌和溶藻弧菌的耐药性评估［J］. 安徽农业科学, 2017, 45（28）：74-77.

［43］ 关川, 童蕾, 秦丽婷, 等. 洪湖养殖区水环境中微生物的耐药性及其群落功能多样性研究［J］. 农业环境科学学报, 2018, 37（8）：1748-1757.

［44］ 封琦, 齐富刚, 熊良伟, 等. 江苏盐城地区嗜水气单胞菌的耐药性分析［J］. 黑龙江畜牧兽医, 2017（18）：202-204+299.

［45］ 张德锋, 刘春, 可小丽, 等. 一株多重耐药鳢源舒氏气单胞菌的分离、鉴定及其耐药性分析［J］. 中国预防兽医学报, 2017, 39（12）：981-986.

［46］ 韦慕兰, 肖双燕, 马沙, 等. 黄颡鱼源嗜水气单胞菌对氟苯尼考的耐药性及其消失速率研究［J］. 广西畜牧兽医, 2018, 34（3）：119-121, 132.

［47］ 王岚, 王印庚, 张正, 等. 养殖大菱鲆（Scophthalmus maximus）腹水病的病原多样性及其耐药性分析［J］. 渔业科学进展, 2017, 38（4）：17-24.

［48］ 冯永永, 姜兰, 邓玉婷, 等. 猪-鱼复合养殖模式中气单胞菌Ⅰ类整合子的流行情况及其耐药特征［J］. 水产学报, 2016, 40（1）：92-99.

［49］ 张国亮, 吕利群. 高度耐药嗜水气单胞菌的定向诱导及其交叉耐药性分析［J］. 淡水渔业, 2016, 46（6）：56-63.

［50］ 李云莉, 高权新, 张晨捷, 等. 养殖水域抗生素抗性基因污染的研究概况与展望［J］. 海洋渔业, 2017, 39（3）：351-360.

［51］ 巴永兵. 水产品中抗生素抗性基因的污染特征研究［D］. 上海：上海海洋大学, 2017.

［52］陈招弟，李健，翟倩倩，等. 水产用微生态制剂耐药性评估及耐药相关遗传元件检测［J］. 海洋科学，2018，42（6）：132–140.

［53］Zhu F，Yang Z，Zhang Y，et al. Transcriptome differences between enrofloxacin–resistant and enrofloxacin–susceptible strains of *Aeromonas hydrophila*［J］. PLoS One，2017 Jul 14；12（7）：e0179549.doi：10.1371/journal.pone. 0179549.eCollection 2017.

［54］崔佳佳，李绍戊，王荻，等. 嗜水气单胞菌对四环素类药物诱导耐药表型及机理研究［J］. 微生物学报，2016，56（7）：1149–1158.

［55］马辰婕，吴小梅，林茂，等. 水产养殖环境耐药细菌中复合1型整合子的流行特征［J］. 微生物学通报，2017，44（9）：2089–2095.

［56］李健，赵姝，王元，等. 外排泵抑制剂对海水养殖源弧菌酰胺醇类药物耐药性的影响［J］. 水产学报，2018，42（8）：1299–1306.

［57］董亚萍，谢欣燕，胡鲲，等. 中草药延缓嗜水气单胞菌对恩诺沙星耐药性的研究. 湖南农业科学，2016，12：1–4.

［58］董亚萍，胡鲲，苏惠冰，等. 一种嗜水气单胞菌耐药基因的检测方法. 发明专利. 申请号：201710243602.3.

［59］张卫卫，符贵红，王元，等. 阿维菌素在模拟水产养殖生态系统中的蓄积与消除规律. 中国水产科学，2016：23（1）：225–232.

［60］刘永涛，李乐，杨红，等. 3种渔用药物对斜生栅藻的毒性效应研究［J］. 生态环境学报，2017，26（2）：261–267.

［61］刘永涛，李乐，杨红，等. 替米考星对水产致病菌体内外抗菌和对异育银鲫毒性作用［J］. 中国渔业质量与标准，2017，7（4）：51–58.

［62］Siya Liu，Pengpeng Song，Renjian Ou，et al. Sequence analysis and typing of *Saprolegnia* strains isolated from freshwater fish from Southern Chinese regions［J］. Aquaculture and Fisheries，ISSN：2096–1758，2017，Available online 6 October，https：//doi.org/10.1016/j.aaf. 2017.09.002.

［63］Hu Kun，Ma Rongrong，Cheng Junming，et al. Analysis of *Saprolegniaparasitica* Transcriptome following Treatment with Copper Sulfate［J］. PLOS ONE，2016，11（2）：E0147445.

［64］汤菊芬，黄瑜，蔡佳，等. 中草药复合微生态制剂对吉富罗非鱼生长、肠道菌群及抗病力的影响［J］. 渔业科学进展，2016，37（4）：104–109.

［65］黄恩福，黄柳梅，阮记明，等. 肠道菌群与中草药有效成分代谢的相互影响的研究进展［J］. 中国兽医学报，2016，36（9）：1619–1623.

［66］莫金凤，周萌，姜兰，等. 复方中草药制剂对杂交鳢生长性能和肉品质的影响［J］. 仲恺农业工程学院学报，2016，29（3）：22–28.

［67］杨移斌，艾晓辉，宋怿，等. 黄芪多糖对中华鳖生长、免疫及抗病力的影响［J］. 中国渔业质量与标准，2018，8（4）：58–64.

［68］俞军，陈庆堂，李昌辉，等. 姜黄素对大黄鱼组织中磷酸酶活力及血清中细胞因子含量的影响［J］. 江西农业大学学报，2016，38（3）：524–532.

［69］Cao H.，Yang Y.，Lu L.，et al. Effect of copper sulfate on *Bdellovibrio* growth and bacteriolytic activity towards gibel carp–pathogenic *Aeromonas hydrophila*［J］. Canadian Journal of Microbiology，2018，64（12）：1054–1058.

［70］康玉军，王高学. 七叶树外种皮不同溶剂提取物杀灭中型指环虫研究［J］. 水产科技情报，2017，44（2）：103–105.

撰稿人：刘忠松　陈学洲　冯东岳　胡　鲲　陈　艳

# 捕捞学科发展研究

## 一、引言

捕捞学是根据捕捞对象的种类、生活习性、数量、时空分布、与水域自然环境的特点，研究渔具、渔法、渔场的形成和变迁规律的应用性学科，是水产科学的重要分支学科。它随着人类社会经济的发展与对水生生物资源的养护、海洋生态系统和环境保护等发展要求以及其他科学技术的进步而发展。当前，捕捞学已发展为以节能高效、生态友好和资源可持续利用为目标，综合应用船舶、机械、信息、新材料等现代技术的综合学科。

根据联合国粮农组织监测，全球不可持续水平上捕捞的鱼类种群比例已高达33.1%，渔业资源可持续利用引起世界各国的极大关注。负责任渔业管理原则已纳入一系列国际海洋和渔业文书并获得全球区域渔业管理组织的支持和强化。可持续利用、负责任捕捞已成为世界捕捞学研究的重点。

随着我国经济发展，"生态优先、绿色发展"已成为我国渔业发展的重要原则。《全国渔业发展第十三个五年规划》提出了"严格控制捕捞强度，养护水生生物资源"的基本要求，并明确了到2020年"内陆重要江河捕捞逐步退出，国内捕捞产量实现'负增长'，国内海洋捕捞产量控制在1000万吨以内，远洋渔业产量230万吨"的具体目标。我国捕捞学研究全面转向生态友好、可持续利用、资源养护、节能降耗、高效绿色等方向上。

## 二、我国捕捞学科的发展

"十二五"以来，捕捞学研究得到了重视。"863"计划、国家科技支撑计划、国家自然科学基金、公益性行业（农业）科研专项以及其他各级科技计划立项了一批重大项目，从基础理论到应用技术等方面开展了一系列研究，取得了一批重要成果，培养了一批科研

骨干，在服务产业的同时，有力推动了学科的发展。

## （一）渔具渔法学

渔具渔法学是研究直接用于捕捞水生经济动物的各种工具及其使用方法的科学技术。近海渔具渔法学主要以负责任与标准化渔具渔法研究为重点，远洋渔具渔法主要以高效渔具渔法研究为突破口。

在公益性行业（农业）科研专项"渔场捕捞技术与渔具研究与示范"、农业财政专项"海洋捕捞渔具管理制度完善"等项目支持下，开展了拖网、张网、刺网等渔具渔法现状及渔具补充调查与分析；对主要渔具渔获物组成和主要捕对象进行了采集和分析；构建了我国海洋捕捞渔具数据库，共收录314种渔具分类数据，分别归属于我国渔具分类的12大类。在黄海、东海和南海区主要渔区开展了拖网、张网、刺网等渔具的选择性的试验研究，包括小黄鱼网囊网目选择性、蓝点马鲛刺网网目选择性等；获取了拖网、张网、刺网等渔具渔法标准制定基础数据20项；研制了"X"型张网分隔装置、"Y"型张网分隔装置、虾拖网选择性装置等选择性装置12套，幼鱼平均释放率可达90%—95%，获取了降低兼捕和幼鱼比例的网具结构和参数；构建了渔具捕捞能力评估模型，开展了东海区拖网、张网、刺网等渔具捕捞能力的综合评估研究；应用卫星遥感技术，结合基于北斗数据船舶实时动态信息，对拖网、张网、刺网等主要渔具渔法区域动态管理评判，并开展了主要区域海洋捕捞能力评估；对影响渔具作业性能的主要因子进行了综合分析，并制定了相应的评判指标体系，并分别对拖网和张网渔具性能指标体系的选择进行评估。相关研究形成了《刺网最小网目尺寸——小黄鱼》等3项行业标准；优化了生态型捕捞渔具12套，建立了较为完善的渔具渔法数据库，为农业部出台《农业部关于实施海洋捕捞准用渔具和过渡渔具最小网目尺寸制造的通告》（农业部通告〔2013〕1号）、《农业部关于禁止使用双船单片多囊拖网等十三种渔具的通告》（农业部通告〔2013〕2号）等管理办法以及执法宣贯、培训提供了技术支撑。

在"863"计划项目"远洋渔业捕捞与加工关键技术研究"支持下，针对大宗远洋捕捞对象高性能捕捞渔具渔法开展了一系列研究；改进了远洋金枪鱼网具，沉降速度明显改善，捕捞浮水鱼群空网率明显下降；自主研发了高效生态型延绳钓钓具、建立了金枪鱼延绳钓渔具三维动力学模型；自主开发远洋鱿鱼灯光罩网1套，最大有效作业深度超过50米，网具平均沉降速度提高27.6%。自动鱿鱼钓机放线长度999米，最大卷扬力90千克，集中控制器可集控鱿鱼钓机32台；应用渔具动力学和数值模拟等方法，自主开发新型竹筴鱼生态高效大网目拖网网具，阻力和能耗分别降低11.74%、22.26%，扫海面积增加11.73%；自主研制高效扩张性装置及选择性装置，幼鱼比例降至3.06%。

在国家科技支撑计划项目"远洋捕捞技术与渔业新资源开发"支持下，针对南极磷虾个体小、集群密度大、捕捞作业分布水层0—200米等特征，自主研发了浅表层、低拖速南极磷虾专用拖网并匹配复合翼、大展弦比、高升阻比的全钢水平扩张装置，经在南极48.1 区海域生产应用，捕捞效率为日间最高网次产量达 60 吨，平均网次拖曳时间 55 分钟、网产 41 吨；夜间最高网次产量 35 吨，平均拖曳时间 58 分钟、网产 20 吨，网次产量居同渔区渔船领先水平；针对南极磷虾昼夜垂直洄游习性，创新网具自扩张方法，研发了高垂直扩张性能的南极磷虾专用拖网并匹配钢塑复合轻质化水平扩张装置，经在南极 48.1 区海域生产应用，与同海区作业的国外渔具相比作业能耗下降 20%。针对过洋性渔业发展需要，面向西非刚果（布）、塞内加尔、几内亚比绍、莫桑比克、毛里塔尼亚等渔场特点以及主要捕捞对象特征，研发了底层拖网、深水拖网、双支架拖网、变水层拖网、围网等 6 种新型渔具，其中变水层拖网捕捞产量与原网具相比提高 120%，能耗降低 12%；底层拖网捕捞产量与原网具相比提高 50%，能耗降低 27%；深水拖网捕捞产量与原网具相比提高 27%，能耗降低 6%；研究成果在中国水产有限公司、大连海欣水产有限公司、大连洋铭远洋渔业有限公司推广应用。针对中东大西洋沙丁鱼、竹筴鱼等大洋性鱼类高游速的行为特性，以大扫海面积、高拖速、低阻力为目的，在大型中层拖网采用袖端增目、圆筒网口与八片式网身的混合结构设计，自主研发了适配 3000HP 大型拖网渔船的大网目拖，匹配研发了复翼立式 "V" 型曲面全钢网板，拖速达 5.0 节（1 节 =1 海里 / 小时，也就是每小时行驶 1.852 千米），渔获效果最高达 21 吨 / 小时。针对北太平洋秋刀鱼集群特性及趋光性等行为特征，以降低阻力、提高滤水性能为目的，首次在秋刀鱼舷提网采用超高分子聚乙烯材料，并优化网具配重，改进的舷提网网具性能显著提高，研制的 12 片式改进型网具较中国台湾同型渔具在相同作业条件下网具提升速度提高 32.4%，侧纲下纲纲索张力降低 26.7%，渔获效果最高约达 25 吨 / 网次。

### （二）渔场学研究

渔场是指鱼类或其他水生经济动物在栖息或洄游过程中，形成的具有捕捞价值的水域空间，是捕捞学重要研究内容。为了科学地组织捕捞生产、提高效益，必须研究和了解整体或局部水域的资源量及其时空分布规律。通过分析研究捕捞对象的行动、与周围栖息环境的相互关系、食物网和生态系统的特征，了解掌握渔场形成原理和渔情变动规律，并利用信息技术进行大数据分析，提供海况和渔情预报。

在农业农村部"远洋渔业资源探捕"和"南极海洋生物资源开发利用"项目的支持下，有关渔场资源调查主要集中在南大洋南极磷虾、西北太平洋公海秋刀鱼、东南太平洋公海西部竹筴鱼、太平洋长鳍金枪鱼、西北太平洋公海鱿鱼、东太平洋公海鱿鱼、北太平洋西经海域大型柔鱼、北太平洋公海中上层鱼类、西南大西洋公海变水层拖网、中西太平洋公海中上层渔业资源（灯光围网）、东南太平洋公海鲯鳅、中白令公海狭鳕以及毛里塔尼亚海域竹筴鱼、莫桑比克虾类、摩洛哥海域沙丁鱼、加蓬外海中上层鱼类、库克群岛海域金枪鱼、阿根廷专属经济区金枪鱼、缅甸外海中上层鱼类、印尼纳土纳群岛海等区域。通过这些探捕调查工作，掌握了目标海域和目标鱼种的渔业资源状况、开发潜力、中心渔场形成机制及适合的渔具渔法，形成了一批可规模化开发的新渔场和后备渔场。

依托探捕项目和有关科研项目，在远洋渔业基础生物学研究方面，利用硬组织开展了远洋头足类的年龄和生长，通过耳石日龄鉴定开展了头足类洄游活动变化研究，探索了阿根廷滑柔鱼性腺指数等繁殖生物学特征，分析了渔场环境与资源的关系。在金枪鱼方面，主要开展了产卵期、性腺指数、初熟叉长等繁殖生物学研究，借助卫星标志技术与捕捞数据分析了黄鳍金枪鱼等的洄游规律，基于一系列模型评估了多种金枪鱼的自然死亡率等，探索了渔场形成机制。此外，还开展了一系列远洋渔获分子分类研究，初步建立了DNA条形码。

在"远洋捕捞技术与渔业新资源开发"项目支持下，2013年以来共组织开展了7次西北太平洋公海秋刀鱼海上生产调查和数据采集工作，开展了水温、盐度、秋刀鱼生物学、耳石等分析，为秋刀鱼资源评估和渔场渔情分析提供了大量基础数据。开发了基于贝叶斯理论的秋刀鱼剩余产量模型，使用随机决策框架法，对捕捞死亡率和资源量及生物学参考点的不确定性进行了量化；模拟了未来15年秋刀鱼资源量对备选管理措施的响应，估算各管理措施导致资源崩溃的风险、资源量恢复的概率。研究表明，资源量/最大可持续资源量（B/BMSY）>1，捕捞量/最大可持续捕捞量（F/FMSY）<1，说明秋刀鱼资源未遭受过度捕捞，资源处于良好状态，目前最大可持续捕捞量约为55万吨/年；年渔获率为0.3是最适预防性的管理策略。利用广义线性模型（GLM）和广义可加模型（GAM），分析了秋刀鱼资源丰度的时空变化；结合索饵场海表面温度（SST）、叶绿素浓度（Chl-a）的卫星遥感数据，利用交相关方法分析秋刀鱼资源丰度与主要海洋环境因子的关系，建立了秋刀鱼栖息地指数模型，成功拓展和开发了西北太平洋公海秋刀鱼新渔场，新增渔场面积 $21.06 \times 10^4$ 平方千米，比传统渔场面积扩大57.04%。

通过项目"产学研"协作，开展了6次过洋性综合资源调查，结合历史生产资料，对非洲沿岸海域的资源进行较为全面的筛选，开发了3种适合我国过洋性渔业的新资源。同时，基于Schaefer剩余产量模型评估了新资源的开发潜力。3种新资源分别为：①非洲深水虾资源（如拟须虾、帝加洛真龙虾 Palinurus delagoae 等，栖息水深200—800米），渔场包括毛里塔尼亚、塞内加尔、冈比亚和几内亚比绍专属经济区以及东非莫桑比克、马达加斯加专属经济区，年产量可支持1.2万吨；②西非小型中上层鱼类资源（如鲐鲹鱼、大西洋竹笑鱼、沙丁鱼等），广泛分布在西非北部的毛里塔尼亚、摩洛哥南部、塞内加尔北部水域，以及几内亚比绍、几内亚、塞拉利昂、利比里亚和纳米比亚等专属经济区，开发潜力约40万吨；③西非中深海带鱼资源：水深200—240米，主要分布在刚果（布）等国，此前未有针对性开发，经评估该资源具有一定生产潜力，调查期间年渔获量达6000吨。

对南极磷虾种群环南极分布的年际变化和区域差异以及生长状况的时空差异进行了调查；同时在普里兹湾对南极磷虾的摄食生态学、营养动力学进行了研究，发现南极磷虾在浮游植物饵料供应不足的海域可主动性摄食动物性饵料，其脂肪酸组成的物种特异性显示南极磷虾可采取不同的营养动力学机制来应对环境变化；分析发现南极大磷虾单个复眼晶锥体平均大小与南极磷虾体长和眼径呈明显的线性关系，为研究磷虾生长发育及其种群组成提供了新的方法；结合我国近年南极磷虾捕捞生产数据，掌握了南大洋48.1、48.2小区南极磷虾资源分及变动情况，定位了南极磷虾主要作业渔场；采集了不同水域南极磷虾样品，基于声学调查、生物学调查，重点分析评估了南极普里兹湾、南奥克尼群岛、南设得兰群岛、南乔治亚群岛、布兰斯菲尔德海峡附近水域磷虾资源密度分布及集群特征，结果表明高密度的磷虾集群分布较为集中，主要位于布兰斯菲尔德海峡中部水域，尤以靠近南极半岛一侧资源密度最高（超过 300 克/平方米），评估面积为 11111 平方纳米的南极磷虾总生物量为约 93.3 万吨；系统分析了南极磷虾资源时空分布与温盐场和流场等理化环境、叶绿素和浮游动植物等生物环境的关系，初步掌握了中心渔场形成的主要环境特征指标、渔场群体变化规律等，研究表明南极半岛北部磷虾渔场的离岸距离远近与该海域的海冰边界消融和生长规律相吻合，基于空间因子点模式模型配合单位捕捞努力量渔获量（CPUE）数据，可以作为探测磷虾群热区的潜在手段。

## （三）渔用材料与工艺学

渔具材料与工艺学是研究渔具材料的种类、特性渔具装配工艺及其计算等的一门学科。其目的是为渔业生产选择合理的渔具材料，并正确运用各项工艺技能装配渔具，以延长渔具的使用期限，提高渔具的渔获效率。

在"远洋捕捞技术与渔业新资源开发"项目的支持下，研发了渔用中高分子量聚乙烯绳索、中高分子量聚乙烯/聚丙烯/乙丙橡胶网线、聚烯烃耐磨节能网片等三种节能降耗型渔具新材料，实现材料消耗降低 33%—36%、节能 6%—10%。其中，以研发的直径 0.24毫米的中高分子量聚乙烯单丝新材料作为原料，在保持断裂强力优势前提下，替代常用三股 PE 单丝绳索用原材料消耗减小约 35%；项目研发的 MHMWPE/PP/EPDM 网线替代普通PE 网线制作网具，材料用量减少 20% 以上；研发的聚烯烃耐磨节能网单结网目断裂强力较 PE 国家标准提高 40% 以上，平均绳网线规格降低 30% 股数，可减少原材料消耗 30%以上。以研发的中高分子量聚乙烯新材料为原料制作的疏目拖网网具，经拖网渔船上海上试验，在相同条件下，网具阻力大大减小，航速增加 0.4 节左右，网具节能 6%—9%、网具材料消耗降低 33%—36%。制定了《渔用聚乙烯捻绳生产技术规范》等两项技术规范、《高强聚乙烯编织线绳》《超高分子量聚乙烯网线》等两项行业标准。

## 三、捕捞学科国内外研究进展比较

### （一）渔具渔法研究

我国渔具技术在 20 世纪 60—70 年代经历过一段高速发展期后，由于资源衰退、国有渔业企业萎缩等影响，渔具技术在相当长一段时期内没有得到足够的重视，因而造成我国在渔具技术方面，包括近海资源环境友好型渔具技术研发与应用以及高效远洋捕捞渔具渔法方面，与国外的差距越来越明显，在目前全球渔业竞争日益激烈的局面下，严重制约了我国渔业的进一步发展。差距主要表现在以下几方面：

（1）渔具基础研究方面。渔具技术基础主要包括渔具力学以及鱼类行为学等。早在 20 世纪 30 年代开始，国外一些主要的渔业国家学者就开始注意到渔具设计、制作与生产中所涉及的物理学问题，并开始应用理论计算分析与实际测试来研究渔具力学，其中代表性的有苏联学者巴拉诺夫，先后编著《渔具理论与计算》和《工业捕鱼技术》。而日本学者田内森三郎，应用力学模拟法来解决网衣在水中形状和力学性能，探索并提出了渔具的模型试验准则。此后狄克逊、弗里德曼、克列斯登生等也先后对渔具模型试验做出了探索和贡献，分别提出了各自的渔具模式试验准则。而我国与国外的差距主要表现在我国尚未提出过自己的渔具模型试验准则等，目前一直沿用田内准则，在网具网目大型化的当今，田内准则的局限性越来越明显，国内虽有针对大网目拖网发展发明应用了"减少渔具模型试验误差的方法"、编著了《渔具模型试验理论与方法》专著等。但是在渔具试验准则等理论的系统性研究等方面仍存在差距。

（2）渔具相关鱼类行为学研究方面。挪威、苏格兰、美国等欧美国家，对鲱鲽类、鳕鱼、鲭鱼、虾等开展相当长时间的连续鱼类行为观测，分析鱼类在受到网具等外界因素影响时的行为反应，并分析渔获产量与拖曳时间、拖曳方法、水文变化等因素之间的关系，得出了不同的结论，即拖网捕捞分两种形式，一种为"疲劳捕捞（鱼类耗尽体力入网）"，另一种为"受惊捕捞（惊吓入网）"，将其研究结果应用于渔具设计和捕捞活动中。而我国几乎没有开展过系统的鱼类行为研究，对于鱼类行为的认知概念仍停留在 20 世纪 60—70 年代水平。

（3）渔具装备技术创新方面。由于缺乏国家对海洋捕捞渔具的高度关注与长期科技投入，我国渔具创新能力较为薄弱，虽然在"十二五"期间研发了一系列国产化网具，但仍有大量大型、新型渔具自国外引进，至今仍未全面、准确掌握其核心技术（包括渔具设计、捕捞方法等）实现完全国产化。究其原因，一方面我国当初在渔船设备等方面的落后，无法在国内渔船开展相关研发。另一方面是由于基础研究薄弱，导致创新能力的严重不足。

（4）渔具性能研究方面。随着渔具技术研究的边缘化，专业渔具技术研究单位也越来越少，研究工作时断时续，缺乏连贯性，并且多数属于局部性能研究，没有系统性。而国外的研究工作则比较系统全面，且注重于相互合作。例如，法国曾开发出渔具设计软件，而挪威注重于渔具模型试验与渔具性能模拟，两者结合，目前欧盟国家通过渔具设计软件可以达到自动化设计，并能即时模拟设计的网具各项性能。与之相比，我国渔具设计仍主要依靠设计人员的经验积累，所发明应用的以拖网效能参数为依据的拖网优化设计方法、阻力估算、网线规格匹配等相关设计基础研究以及所设计制造拖网渔具的效能指标等已达国际先进水平，但是在渔具的系统化数字模拟、专业设计软件开发以及数字模拟与模型试验集成应用等方面仍存在差距。

## （二）渔场学研究

主要渔业国家高度重视远洋渔业资源的监测调查。日本定期对三大洋金枪鱼、柔鱼类、狭鳕、深海鱼类、南极磷虾等重要渔业资源进行科学调查，为其远洋渔业资源开发提供科学依据，如专门派渔业调查船分别进入印度洋中部、中西太平洋、西南太平洋、哥斯达黎加等海域进行金枪鱼围网渔场、金枪鱼延绳钓渔场、鱿鱼钓渔场的调查试捕，同时还与秘鲁、阿根廷等国合作在南美水域进行渔业调查；本渔业研究机构根据调查评估结果，每年都发布《国际渔业资源现状》的评价报告，包括金枪鱼类、柔鱼类、鲨鱼类、鲸类、南极磷虾等67个重要远洋渔业种类。这些研究成果，为其外海渔场的拓展和稳定发展提供了技术保障。北大西洋沿海国家，如挪威、英国、法国、加拿大、荷兰和比利时等国家，通过海洋开发理事会（ICES）长期开展渔业合作，协调渔业科学研究，对主要捕捞品种，如大西洋鳕鱼、鲱鱼、绿线鳕、鲆鲽类等进行系统的渔业资源联合调查，了解和掌握主要捕捞对象的资源分布和洄游路线、种群数量、重要栖息地和生命史过程等，为科学地制定渔业政策提供依据。我国对远洋渔业资源的信息掌握相对缺乏，主要依靠捕捞渔船进行探捕，缺乏系统科学的资源调查，除北太平洋柔鱼、部分金枪鱼、秋刀鱼渔场外，其他海域和种类的资源调查数据和科学生产统计数据比较欠缺，这使得对资源掌握和渔场变动有较大困难。

## （三）渔用材料与工艺学

随着渔船动力化、大型化，助航、助渔仪器和甲板机械的现代化，渔具材料的更新换代以及物理性能、渔用适应性能的不断提高，为捕捞渔具尤其是远洋捕捞网具的大型化和高效率提供了有利条件。渔业发达国家率先将超强纤维材料应用于渔业，在保持网具强力需求的条件下，减小网具线、绳直径，提高其滤水性能，成为提高网具性能的重要途径。我国近几年虽然也相继开发出一系列高强度、高性能渔用新材料，但是与国外相比，在新材料的应用范围等方面仍有差距。

国外先进渔业早在20世纪50年代已经开始使用合成纤维制造渔具。随着化纤领域超强纤维材料的研发与工业化，80年代后期，丹麦、荷兰、冰岛等国家在渔具的制造中使用了超强PPTA纤维、超强聚乙烯纤维等替代聚乙烯网线，使同等强力网线的直径减少约50%，并逐步应用于中层拖网、浮拖网、底拖网和桁拖网，上纲、下纲、浮子纲等围网网具等；对于仍普遍采用的普通材料渔具，国外多数渔具逐步淘汰三股捻线结构的网片，开始使用不同材料混溶纺丝制作的编织线网片，其材料强度可以达到7—9克/天，最高可达到11克/天。我国渔用纤维材料的应用研究起始于20世纪60年代，并逐步成功开发出渔用聚乙烯、聚酰胺等合成纤维，其后由于国内渔具生产厂商多数都是小规模企业，对于渔具材料的研发能力较低，渔具材料基本沿用聚乙烯及聚酰胺作为主体材料以及三股捻制的线、绳主体结构形式。近年来，国内在渔用材料方面创新较多，包括高强度渔用聚乙烯材料、超高分子量聚乙烯材料以及不同材料的混溶、混纺以及不同线结构的网线、网片等，强度性能有所提升。然而，由于受捕捞渔业组织化程度、渔民意识等方面的影响，我国在高性能材料的系列化研发、渔具适配应用研究、效能评价，以及应用范围包括所用渔具种类、应用量、应用区域等方面仍与发达国家存在一定差距。

## 四、本学科研究展望与建议

捕捞学发展应紧密围绕国家战略部署，支撑近海渔业向资源养护、环境友好的健康持续方向发展；支撑远洋捕捞按照拓展外海、发展远洋的方针，开发新资源、发展高效捕捞技术、提升我国国际渔业地位。推动捕捞业向资源节约、环境友好、质量安全、高产高效的方向健康持续发展。

### （一）推进近海资源养护与合理利用

积极推进近海捕捞渔具准入。通过国家层面的规划与支持，开展近海捕捞渔具捕捞能力评估及其对生态环境影响评价等研究；系统分析研究我国近海捕捞渔具性能、网具容纳量；科学制定准用渔具最小网目尺寸等准用条件，完善我国近海捕捞渔具准用目录；开展准用渔具实施效果评价研究，制定渔具管控等相关支持技术与管理措施。

加强生态及环境友好渔具渔法的研发与应用。根据近海渔具种类和组成，研发对底栖环境无损害或低损害的近底层拖网、耙刺类渔具渔法；适用不同海区渔场资源的拖网、张网等渔具选择性装置；研发可降解渔具材料；制定废旧渔具处理方法。通过应用示范、宣传培训、国家补贴引导以及强化管理，促进生态及环境友好渔具渔法的生产应用。

### （二）积极稳妥发展外海和远洋渔业

开发大洋及过洋性渔业后备渔场和资源。建议国家安排专项资金，用于新渔场和新资源的开发和常规性调查，为我国远洋渔业的发展寻找更多的可利用资源和后备渔场，同时为我国远洋渔业发展提供技术支撑和保障。针对过洋性渔业资源调查薄弱、新品种特别是优质品种数量少、渔场开发严重不足现状，逐步走出数十年来集中的入渔国沿岸浅水区域，开发外海深水渔场和新资源。

以南极磷虾为重点发展极地渔业。将极地渔业作为关系国家发展战略的产业，加强与环极地国家和极地开发大国的综合合作，确保我国利用极地海洋渔业资源的应有权益。通过提高资源、渔场、捕捞技术水平，产品的附加值，形成产品的综合开发；整合多方资源，加大扶持力度和宣传力度，建立企业主导、政府扶持的共同开发模式，以实现我国南极渔业产业的可持续发展。

发展作业结构合理及质量效益型过洋渔业支撑技术。围绕过洋性渔业由数量型向质量效益型的转变需求，在强化资源探查、开拓渔场空间的前提下，支持发展适应外海深水区作业的深水拖网及其配套的高效属具与网材料，推进过洋渔业由单一拖网作业向适应多种作业环境的结构调整，完善过洋性渔业产业链相关支持技术的系统研发、延伸产业链、拓展利润空间，促进过洋性渔业稳定发展。

# 参考文献

［1］粮农组织渔业部，联合国粮食及农业组织. 2018 世界渔业和水产养殖状况报告［R］. 粮农组织渔业部，2018.

［2］我国近海捕捞管理制度研究［D］. 上海：上海海洋大学，2018.

［3］岳冬冬，王鲁民，黄洪亮，等. 我国远洋渔业发展对策研究［J］. 中国农业科技导报，2016，18（2）：156-164.

［4］张胜茂，等. 北斗船位数据挖掘及增值服务［M］. 北京：海洋出版社. 2016.

［5］石建高，等. 捕捞与渔业工程装备用网线技术［M］. 北京：海洋出版社. 2018.

［6］朱清澄，等. 西北太平洋秋刀鱼渔业［M］. 北京：海洋出版社. 2017.

［7］杨吝，等. 南海周边国家海洋渔业资源和捕捞技术［M］. 北京：海洋出版社. 2017.

［8］陈国宝，等. 南海海洋鱼类原色图谱［M］. 北京：科学出版社. 2016.

［9］Zou Juhong, et.al, Fusion of sea surface wind vector data acquired by multi-source active and passive sensors in China sea［J］. International Journal of Remote Sensing, 2017, 38（23）, 6477-6491.

［10］He Xianqiang, et.al, A Practical Method for On-Orbit Estimation of Polarization Response of Satellite Ocean Color Sensor［J］. IEEE Transactions on Geoscience and Remote Senisng, 2016, 54（4）: 1967-1976.

［11］Zou Juhong, et.al, The study on an Antarctic sea ice identification algorithm of the HY-2A microwave scatterometer data, Act+A19: D19a Oceanol［J］. Sina, 2016, 35（9）: 74-79.

［12］Zou Juhong, et.al, Airborne test flight of HY-2A satellite microwave scatterometer and data analysis［J］. Chinese Journal of Oceanology and Limnology, 2017, 35（1）: 61-69.

［13］Li G, et.al, Modeling habitat suitability index for Chilean jack mackerel（Trachurus murphyi）in the South East Pacific［J］. Fisheries Research, 2016, 175: 103-115.

［14］Yu W, et.al. Spatio-temporal distributions and habitat hotspots of the winter-spring cohort of neon flying squid

Ommastrephes bartramii in relation to Oceanographic conditions in the Northwest Pacific Ocean［J］. Fisheries Research, 2016, 175: 103–115.

［15］ Yu W, et.al. Climate–driven latitudinal shift in fishing ground of jumbo flying squid（Dosidicus gigas）in the Southeast Pacific Ocean off Peru［J］. International Journal of Remote Sensing, 2017, 38（12）: 3531–3550.

［16］ Yu W, et.al. Impacts of Oceanographic factors on interannual variability of the winter–spring cohort of neon flying squid abundance in the Northwest Pacific Ocean. Acta Oceanologica Sinica, 2017, 36（10）: 48–59.

［17］ Zhou Weifeng, et.al. The Oceanic fishing ground, Basic clin, 2016, 118, SI, forecasting information system integrating multiple models［J］. Pharmacol, 86–87.

［18］ 张胜茂, 等. 基于船位监控系统的拖网捕捞努力量提取方法研究［J］. 海洋科学, 2016, 03: 146–153.

［19］ 阮超, 等. 南设得兰群岛附近海域南极磷虾渔场时空分布及其与表温的关系［J］. 生态学杂志, 2016, 09: 2435–2441.

［20］ 郭刚刚, 等. 基于表层及温跃层环境变量的南太平洋长鳍金枪鱼栖息地适应性指数模型比较［J］. 海洋学报, 2016, 10: 44–51.

［21］ 崔雪森, 等. 基于支持向量机的西北太平洋柔鱼渔场预报模型构建［J］. 南方水产科学, 2016, 05: 1–7.

［22］ 邹莉瑾, 等. 东南太平洋竹筴鱼资源评估与捕捞控制规则模拟研究［J］. 水产学报, 2016, 40（5）: 807–819.

［23］ 徐红云, 等. 海表水温变化对东南太平竹筴鱼栖息地分布的影响［J］. 海洋渔业, 2016, 38（4）: 337–347.

［24］ 余为, 等. 西北太平洋海洋净初级生产力与柔鱼资源量变动关系的研究［J］. 海洋学报, 2016, 38（2）: 64–72.

［25］ 余为, 等. 不同气候模态下西北太平洋柔鱼渔场环境特征分析［J］. 水产学报, 2017, 41（4）: 525–534.

［26］ 魏联, 等. 西北太平洋柔鱼BP神经网络渔场预报模型比较研究［J］. 上海: 上海海洋大学学报, 2017, 26（3）, 450–457.

［27］ 杨胜龙, 等. 中西太平洋大眼金枪鱼中心渔场时空分布与温跃层的关系［J］. 应用生态学报, 2017, 28（1）: 281–290.

［28］ 杨胜龙, 等. 基于GAM模型分析水温垂直结构对热带大西洋大眼金枪鱼渔获率的影响［J］. 中国水产科学, 2017, 24（4）: 875–883.

［29］ 戴澍蔚, 等. 北太平洋公海日本鲭资源分布及其渔场环境特征［J］. 海洋渔业, 2017, 39（4）: 372–382.

［30］ 崔雪森, 等. 日本以南黑潮流量对西北太平洋柔鱼渔场重心影响的滞后性分析［J］. 大连: 大连海洋大学学报, 2017, 32（1）: 99–104.

［31］ 邹巨洪, 等. 海洋二号卫星微波散射计面元匹配［J］. 遥感学报, 2017, 06–0825–10: 1007–4619.

［32］ 张胜茂, 等. 南极海表温度与叶绿素专题图自动制作［J］. 渔业信息与战略, 2016, 03: 186–192.

［33］ 范秀梅, 等. 北太平洋叶绿素和海表温度锋面与鱿鱼渔场的关系研究［J］. 渔业信息与战略, 2016, 31（1）: 44–53.

［34］ 唐峰华, 等. 《北太平洋公海渔业资源养护和管理公约》解读及中国远洋渔业应对策略［J］. 渔业信息与战略, 2016, 03: 210–217.

［35］ 倪汉华, 等. 基于CRIO的机械臂测控系统设计［J］. 计算机测量与控制, 2016, 24（10）: 118–121.

［36］ 余雯, 等. 基于动态力学分析的渔用纤维适配性研究［J］. 海洋渔业, 2016, 38（5）: 533–539.

［37］ Yongli Liu, Jiangao Shi, et al, Influence of Material with Medium and High Molecular Weight Replacing Polyethylene on Trawl Performance［J］. MATEC Web of Conferences, 2017, 128, 03008.

［38］ Wenwen Yu, Jiangao Shi, Lumin Wang, et al. The structure and mechanical property of silane–grafted–

polyethylene/SiO$_2$ nanocomposite fiber rope［J］. Aquaculture and Fisheries，2017，2，34–38.

［39］余雯雯，等. MHMWPE/iPP/EPDM渔用单丝的力学性能与动态力学行为研究［J］. 水产学报，2017，41（03）：473–479.

［40］Lei Wang，Lu Min Wang，Wen Wen Yu，et al. Influence of deflectorangular variation on hydrodynamic performances of single slotted cambered otter board，ProceedingsR of the 2016 International Forum on Energy［J］. Environment and Sustainable Development（IFEESD），2016，75：530–535.

［41］Shi Jiangao，Yu Wenwen，Zhong Wenzhu，et al. A Study on the Tensile Mechanical Properties of HSPE Twisted Rope，ProceedingsR of the 2016 International Forum on Energy［J］. Environment and Sustainable Development（IFEESD），2016，75：523–529.

［42］余雯雯，等. 基于动态力学分析方法的渔用纤维适配性研究［J］. 海洋渔业，2016，5：533–539.

［43］岳冬冬，等. 我国远洋渔业发展对策研究［J］. 中国农业科技导报，2016，2：156–164.

［44］闵明华，等. 渔用纳米蒙脱土改性聚乳酸单丝降解性能［J］. 海洋渔业，2017，6：690–695.

［45］王磊，等. 基于导流板形状变化的双开缝曲面网板水动力性能研究［J］. 海洋渔业，2017，6：682–689.

［46］Wang Lei，Wang Lumin，Feng Chumlei，et al. Influence of main-panel angle on the hydrodynamic performances of a single-slotted cambered otter-board［J］. Aquaculture and Fisheries，2017，2：234–240.

［47］冯春雷，等. 南极磷虾拖网结构优化设计与网具性能试验［J］. 农业工程学报，2017，7：75–81.

［48］周爱忠，等. 扩张帆布对大型中层拖网性能的影响［J］. 渔业信息与战略，2013，4：290–297.

［49］周爱忠，等. 调整作业参数对小网目南极磷虾拖网水动力性能的影响［J］. 海洋渔业，2016，38（01）：74–82.

［50］岳冬冬，等. 基于专利视角的饲料中添加南极磷虾产品发展对策研究［J］. 渔业信息与战略，2017，4：249–255.

［51］岳冬冬，等. 福建省渔业"走出去"扶持政策与新业态发展探析［J］. 渔业信息与战略，2016，4：245–250.

［52］Wang X.，Zhang J. X..A post-processing method to remove interference noise from acoustic data［J］. Camlr Science，2016，23：17–30.

［53］Luan Q.，Sun J.，Wang J..Large-scale distribution of cocolithophores and Parmales in the surface waters of the Atlantic Ocean. Journal of the Marine Biological Association of the United Kingdom，2016，43478.

［54］聂玉晨，等. 南极磷虾（Euphausia superba）脂肪与蛋白含量的季节变化［J］. 渔业科学进展，2016，3：1–8.

［55］左涛，等. 南极磷虾渔业反馈式管理探析［J］. 极地研究，2016，4：532–538.

［56］左涛，等. 南极磷虾渔业科学观察覆盖率管理策略和中国履约［J］. 极地研究，2017，1：124–132.

［57］刘平，等. 离心式吸鱼泵叶轮的设计［J］. 流体机械，2016，3：50–54.

［58］高春梅，等. 2012年夏季南奥克尼群岛水域表层海水中典型痕量元素分布研究［J］. 上海海洋大学学报，2016，4：628–633.

［59］Wei Lian，Zhu Guoping，Yang Qingyuan. Length-weight relationships of five fish species associated with krill fishery in the Atlantic sector of the Southern Ocean［J］. Journal of Applied Ichthyology，2017，33（6）：1303–1305.

［60］Zhu Guoping，Zhang Haiting，Yang Yang，et al. Upper trophic structure in the Atlantic Patagonian shelf break as inferred from stable isotope analysis［J］. Chinese Journal of Oceanology and Limnology，2017.

［61］王震，等. 基于现场水箱试验的南极磷虾耐盐性研究［J］. 大连海洋大学学报，2017，2：213–218.

［62］杨晓明，等. 南极半岛北部南极磷虾渔业空间点格局特征［J］. 应用生态学报，2016，12：4052–4058.

［63］陈广威，等. 南乔治亚岛冬季南极磷虾渔场时空分布及其驱动因子［J］. 生态学杂志，2017，10：2803–2810.

［64］ 苏志鹏，等. 拖速和曳纲长度对南极磷虾中层拖网网位的影响［J］. 中国水产科学，2017，4：884-892.

［65］ Ma Hongyu, Ma Chunyan, Zhang Heng, et.al, Characterization of the complete mitochondrial genome and phylogenetic relationship of Caranx tille（Perciformes：Carangidae）［J］. Mitochondria DNA Part A, 2016.27（6）：4704-4705.

［66］ Chen F, Ma H, Ma C, et al., Sequencing and characterization of mitochondrial DNA genome for Brama japonica,（Perciformes：Bramidae）with phylogenetic consideration［J］. Biochemical Systematics & Ecology, 2016, 68：109-118.

［67］ Ma, H., et al. The first complete mitochondrial genome sequence of Uraspis secunda（Perciformes：Carangidae）and its phylogenetic relationship.［J］. Mitochondria DNA Part A, 2017, 28（1）：87-88.

［68］ 周爱忠，等. 基于正交试验方法的四片式虾拖网结构参数优化［J］. 中国水产科学，2017，5，24（3）：640-647.

［69］ 逢志伟，等. 塞内加尔沿岸海域秋季鱼类群落结构及其多样性研究［J］. 海洋湖沼通报，2017（06）：98-107.

［70］ Ma Chunyan, et al., The complete mitochondrial genome sequence and gene organization of the rainbow runner（Elagatis bipinnulata）（Perciformes：Carangidae）［J］. Mitochondrial DNA Part A, 2017.28（1）：5-6.

［71］ Ren Guijing, Ma Hongyu, Ma Chunyan, et al. Genetic diversity and population structure of Portunus sanguinolentus（Herbst, 1783）revealed by mtDNA COI sequences［J］. Mitochondrial DNA Part A, 2017, 28（4）：740-746.

［72］ 石永闯，等. 基于模型试验的秋刀鱼舷提网纲索张力性能研究［J］. 中国水产科学，2016，23（3）：704-712.

［73］ 朱清澄，等. 西北太平洋秋刀鱼耳石透明带的初步研究［J］. 海洋渔业，2016，38（3）：236-244.

［74］ 韩照坤，等. 上海市居民秋刀鱼消费调查结果与分析［J］. 中国渔业经济，2016，5（34）：42-47.

［75］ 杨德利，等. 我国秋刀鱼产业 SWOT 分析与对策建议［J］. 中国渔业经济，2016，6（34）：31-37.

［76］ 朱清澄，等. 西北太平洋秋刀鱼耳石生长与性成熟度、个体大小的关系［J］. 上海海洋大学学报，2017，26（2）：263-270.

［77］ 花传祥，等. 基于耳石微结构的西北太平洋秋刀鱼（Cololabis saira）年龄与生长研究［J］. 海洋学报，2017，39（10）：46-53.

［78］ 陈莹，等. 北斗卫星系统在远洋渔业冷链物流中的应用［J］. 全球定位系统，2017，42（2）：88-92.

［79］ 张鹏，等. 中东大西洋中上层小型鱼［J］. 水产研究，10-21.

［80］ 逢志伟，等. 中东大西洋中部海域中上层鱼类中心渔场的时空变化［J］. 生态学杂志，2016，35（11）：3072-3079.

［81］ 李显森，等. 中东大西洋中部海域中上层鱼类资源结构与渔场分布［J］. 水生态学杂志，2017，38（6）：57-62.

［82］ 逢志伟，等. 大西洋中部海域竹筴鱼中心渔场的时空变化及其影响因素［J］. 中国农学通报，2017，33（31）：153-159.

［83］ 逢志伟，等. 中东大西洋中部海域鲉鱼中心渔场的时空变化初步研究［J］. 水产科学，2018，37（1）：31-37.

［84］ 张吉昌，等. 中东大西洋中部海域小型中上层鱼类集群时空分布特征［J］. 海洋渔业，2017，39（6）：601-610.

［85］ Dong Yao, Ma Chunyan, Ma Hongyu, et al. The complete mitochondrial genome sequence and gene organization of Ambassis gymnocephalus［J］. Mitochondeial DNA Part B：Resources, 2017, 2（2）：524-525.

［86］ Qu Liyan, Ma Chunyan, Ma Hongyu, et al. The complete mitochondrial genome of Stolephorus commersonii［J］. Mitochondrial DNA Part B：Resources, 2017, 2（2）：573-574.

［87］ Wei Wang, Chunyan Ma, Wei Chen, Heng Zhang, Wei Kang, Yong Ni, Lingbo Ma*, Population genetic diversity of Chinese sea bass（Lateolabrax maculatus）from southeast coastal regions of China based on mitochondrial COI gene sequences.［J］. Biochemical Systematics and Ecology., 2017, 71: 114e120.

［88］ Chen F. F., Ma C. Y., Yan L. P., et al. Isolation and characterization of polymorphic microsatellite markers for the chub mackerel（Scomber japonicus）and cross-species amplification in the blue mackerel（S. australasicus）［J］. Genet. Mol. Res., 2017, 16（3）: gmr16039712.

［89］ Zhou Weifeng, et al. Yellowfin tuna（Thunnus albacares）fishing ground forecasting model based on Bayes classifier in the South China Sea［J］. Polish Maritime Research, 2017, 24（2）: 140–146.

［90］ Zhou weifeng, et al. Zone statistics of the oceanic primary productivity for the traditional fishing areas of the open South China Sea based on MODIS products［J］. Applied Ecology and Environmental Research, 2017, 15（3）: 1013–1024.

［91］ Xu Hongyun, et al. Similarities and differences of oceanic primary productivity product estimated by three models based on MODIS for the open south China Sea［J］. Communications in Computer and Information Science, 2017, 698: 328–336.

［92］ Wang Xuehui, et al. Natural mortality estimation and rational exploitation of purpleback flying squid Sthenoteuthis oualaniensis in the southern South China Sea［J］. Chinese Journal of Oceanology and Limnology, 2017, 35（4）: 902–911.

［93］ 李杰, 等. 罩网自由沉降过程的数值模拟研究［J］. 南方水产科学, 2017, 13（4）: 105–114.

［94］ 朱凯, 等. 南海中南部鸢乌贼中型群群体结构［J］. 应用生态学报, 2017, 28（4）: 1370–1376.

［95］ 范江涛, 等. 基于地统计学的南沙海域鸢乌贼渔场分析［J］. 生态学杂志, 2017, 36（2）: 442–446.

［96］ 杜飞雁, 等. 灯光诱集对中小型浮游动物群落的生态学效应［J］. 水产学报, 2017, 41（4）: 556–565.

［97］ Wang Lianggen, et al. Taxonomical notes on the family Ptilocodiidae（Anthomedusae）from the central and southern of South China Sea, with a new genus and a new species［J］. Journal of animal classification, 2017, 42（2）: 236–242.

［98］ Xu Lei, et al. A new set of primers for COI amplification from purpleback flying squid（Sthenoteuthis oualaniensis）［J］. Mitochondrial DNA Part B, 2017, 2（2）: 439–443.

［99］ 余景, 等. 西沙–中沙海域春季鸢乌贼资源与海洋环境的关系［J］. 海洋学报, 2017, 39（6）: 62–73.

［100］ 范江涛, 等. 基于栖息地指数的南海北部枪乌贼渔情预报模型构建［J］. 南方水产科学, 2017, 13（4）: 11–16.

［101］ Zhangjun, et al. Application of hydroacoustics to investigate the distribution, diel movement, and abundance of fish on Zhubi Reef, Nansha Islands, South China Sea［J］. Chinese Journal of Oceanology and Limnology, 2016, 34（5）: 964–976.

［102］ Zhou Weifeng, et al. The fishing ground analysis and forecasting information system for Chinese oceanic fisheries［J］. Communications in Computer and Information Science, 2016, 569: 882–889.

［103］ Ji Shijian, et al. A WebGIS application: Tuna fishing ground forecasting information service system for the open South China Sea, 2016［J］. IEEE International and Remote Sensing Symposium, 2016, 3628–3631.

［104］ 张鹏, 等. 灯光罩网渔船兼作金枪鱼延绳钓捕捞试验［J］. 南方水产科学, 2016, 12（4）: 110–116.

［105］ 李杰, 等. 基于不同配重的罩网沉降性能研究［J］. 南方水产科学, 2016, 12（5）: 16–22.

［106］ 徐红云, 等. 采用遥感手段估算海洋初级生产力研究进展［J］. 应用生态学报, 2016, 27（9）: 3042–3050.

［107］ 徐红云, 等. 基于海洋遥感的南海外海鸢乌贼最适栖息环境分析［J］. 生态学杂志, 2016, 35（11）: 3080–3085.

［108］ 纪世建, 等. 南海及临近海域黄鳍金枪鱼渔场时空分布与海表温度的关系［J］. 海洋渔业, 2016, 38（1）:

9–16.

［109］纪世建，等. 中国远洋作业渔场海表温度异常年际变动分析［J］. 海洋科学，2016，40（1）：85–93.

［110］唐峰华，等. 公海柔鱼类资源丰度与海洋环境关系的研究［J］. 中国农业科技导报，2016，18（4）：153–162.

［111］张鹏，等. 秋季南海中南部海域的一次灯光罩网探捕调查［J］. 南方水产科学，2016，12（2）：67–74..

［112］朱凯，等. 南海南部鸢乌贼中型群与微型群形态学差异及其判别分析［J］. 热带海洋学报，2016，35（6）：82–88.

［113］粟丽，等. 南海中南部海域春秋季鸢乌贼繁殖生物学特征研究［J］. 南方水产科学，2016，12（4）：96–102.

［114］江艳娥，等. 南海鸢乌贼耳石微量元素研究［J］. 南方水产科学，2016，12（4）：71–79.

［115］李敏，等. 基于线粒体控制区序列的南海圆舵鲣种群遗传结构分析［J］. 南方水产科学，2016，12（4）：88–95.

［116］张衡，等. 南海南沙群岛灯光罩网渔场金枪鱼科渔获种类、渔获率及其峰值期［J］. 海洋渔业，2016，38（2）：140–148.

［117］范江涛，等. 基于海洋环境因子和不同权重系数的南海中沙西沙海域鸢乌贼渔场分析［J］. 南方水产科学，2016，12（4）：57–63.

［118］李斌，等. 南海中部海域渔业资源时空分布和资源量的水声学评估［J］. 南方水产科学，2016，12（4）：28–37.

［119］晏磊，等. 南海鸢乌贼产量与表温及水温垂直结构的关系［J］. 中国水产科学，2016，23（2）：469–477.

［120］王亮根，等. 南沙海域虫戎群落特征与季风、管水母关系分析［J］. 海洋学报，2016，38（10）：70–82.

［121］Li Min, et al. Characterization of the mitochondrial genome of the Shortfin scad Decapterus macrosoma（Perciformes：Carangidae）［J］. Mitochondrial DNA，2016，27（1）：82–83.

［122］杜飞雁，等. 南沙群岛海域长腹剑水蚤（Oithona spp.）的种类组成、数量分布及其与环境因子的关系［J］. 海洋与湖沼，2016，47（6）：1176–1180.

［123］郑晓伟，沈建，等. 南极磷虾捕捞初期适宜挤压脱壳工艺参数［J］. 农业工程学报，2016，32（2）：252–257.

［124］余为，陈新军，易倩. 西北太平洋海洋净初级生产力与柔鱼资源量变动关系的研究［J］. 海洋学报，2016，38（2）：64–72.

［125］我国秋刀鱼产业价值链分析研究［D］. 上海：上海海洋大学，2016.

［126］吴越. 西太平洋公海灯光围拖网捕捞技术［C］. 2016 年中国水产学会学术年会论文摘要集. 2016.

［127］赵宪勇，左涛，冷凯良，等. 南极磷虾渔业发展的工程科技需求［J］. 中国工程科学，2016，18（2）：85–90.

［128］韩杨，Rita. Curtis，李应仁，等. 美国海洋渔业捕捞份额管理——兼论其对中国海洋渔业管理的启示［J］. 世界农业，2017（3）：78–84.

［129］胡庆松，王曼，陈雷雷，等. 我国远洋渔船现状及发展策略［J］. 渔业现代化，2016，43（4）：76–80.

［130］乐家华，陈新军，王伟江. 中国远洋渔业发展现状与趋势［J］. 世界农业，2016（7）：226–229.

［131］丛明，刘毅，李泳耀，等. 水下捕捞机器人的研究现状与发展［J］. 船舶工程，2016（6）：55–60.

撰稿人：陈雪忠　郑汉丰　王鲁民　黄洪亮　陈新军　谌志新　樊　伟　岳冬冬

# 渔业资源保护与利用学科发展研究

渔业资源作为水域生态系统的生物主体，在满足人民日益增长的优质蛋白需求的同时，对自然界物质循环、气候调节、环境净化、污染控制等方面也发挥了不可替代的作用。2016 年，农业农村部印发了《全国渔业发展第十三个五年规划（2016—2020 年）》，指出"十三五"是全面建成小康社会的决胜阶段，也是大力推进渔业供给侧结构性改革，加快渔业转方式调结构，促进渔业转型升级的关键时期。2017 年，农业农村部发布《关于推进农业供给侧结构性改革的实施意见》，指出推进建设国家海洋渔业种质资源库，加快建设一批水产种质资源场和保护区、育种创新基地；加强水生生物资源养护，积极发展增殖渔业，完善伏季休渔制度，强化幼鱼保护，探索休禁渔补贴政策创设；规范有序发展远洋渔业和休闲渔业。党的十九大提出了"加快建设海洋强国"和"一如既往重视海洋生态环境保护"等重要指示。2018 年，中共中央、国务院发布了《关于实施乡村振兴战略的意见》，提出要统筹海洋渔业资源开发，科学布局近远海养殖和远洋渔业，建设现代化海洋牧场。因此，加强现代渔业建设，实现渔业资源可持续利用是保障优质蛋白质供应、建设生态文明及维护国家海洋权益是本学科的重要战略任务。

## 一、我国本领域的发展现状

### （一）海洋生态系统动力学研究向系统整体效应和适应性管理推进

我国海洋生态系统动力学研究经过 20 余年的发展，近海生态系统动力学理论体系已经建立，并对近海生态系统的食物产出的支持功能、调节功能和产出功能等关键科学问题有了进一步的诠释。在陆架环境的生态系统动力学、生物地球化学与生态系统整合研究方面进入学科发展国际前沿，在新生产模式发展等国家重大需求方面取得了重大突破，构建了多营养层次综合养殖新生产模式，实现海水养殖的生态系统水平管理（EBM）。2017 年，国家重点研发计划"全球变化及应对"专项"近海生态系统碳汇过程、调控机制及增汇模式"项目，获得国际研究计划——海洋生物地球化学与生态系统整合研究的支持，围绕"近海碳汇"的核心主题，以近海碳汇能力为切入点，以解决"增汇"这个重大国家需求为目标，为我国应对气候谈判和发展低碳经济提供科技支撑和示范。2017 年 6 月，国家重点研发计划国家科技基础资源调查专项"西太平洋典型海山生态系统科学调查"项目启动，该项目面向"走向深海大洋"的国家重大战略需求，围绕深海大洋生物多样性和资源热点——海山系统，开展多学科综合科考，摸清西太平洋典型海山生态系统的本底资料，提升科学认知，提高深海探测能力，完善技术体系，为维护国家深海大洋权益、拓展和发掘国家战略性海洋资源、支撑国家深远海资源调查与合理开发提供基础数据和科学依据。2018 年，国家重点研发计划"我国重要渔业水域食物网结构特征与生物资源补充机制"和"渔业水域生境退化与生物多样性演变机制"项目获批。该项目将通过数据深度挖掘与整合分析，从生态系统整体效应和适应性管理层面进一步推进海洋生态系统动力学研究的进程。

### （二）渔业资源调查与评估向常规化和数字化方向发展

《国务院关于促进海洋渔业持续健康发展的若干意见》颁布后，农业农村部先后启动了一系列渔业资源评估与调查项目，包括近海渔业资源调查和产卵场调查、外海渔业资源调查、远洋渔业资源调查与评估、南极磷虾渔业资源调查与评估、"中韩、中日、中越协定水域渔业资源调查"、黑龙江流域、长江流域、珠江流域、雅鲁藏布江调查项目、捕捞动态信息采集项目等，为摸清我国渔业资源状况及产卵场补充功能、探明和开发外海、远洋与极地渔业新资源提供了基础资料。这些项目的开展认知了主要渔场生态系统结构功能，掌握了重要渔业资源变化规律，并研发了渔业资源利用能力和渔场环境数字化监测评估系统，为制定积极稳妥的利用政策、科学合理的养护政策以及涉外海域的渔业谈判等提供了重要科学依据。

#### 1. 内陆水域渔业

内陆水域渔业资源调查与评估工作取得显著进展。基于 2014 年农业农村部启动的内陆水域主要经济鱼类产卵场的调查项目，对长江干流鱼类及产卵场、长江上游、长江下游、三峡库区、坝下及主要通江湖泊、长江口鱼类早期资源的种类组成及分布，重要经济物种产卵规模及范围和产卵场生态环境进行了调查。珠江产卵场监测涉及西江、西江、浔江、郁江、柳江和红水河、贺江、东江、左江和右江，基本覆盖整个珠江主要水系。黑龙江流域、雅鲁藏布江等也开展了相关调查，采集到大量该流域鱼类种类组成、地理分布、种群数量、产卵场地、鱼苗资源、外来物种、生态环境等基础数据。在雅鲁藏布江中游采捕到异齿裂腹鱼和拉萨裂腹鱼的杂交种，并且发现了某种待定种的高原鳅罕见大型个体，填补了历史上雅江中游鱼类多样性研究的空白。在黑龙江黑瞎子岛水域开展鱼类产卵场调查与监测工作中，首次采集到"四大家鱼"等鱼类的大量漂流性鱼卵，证实该水域存在重要经济性鱼类产卵场。

2018 年 9 月，国务院办公厅印发《关于加强长江水生生物保护工作的意见》，明确到

2020 年长江水生生物资源实现恢复性增长、到 2035 年长江流域水域生态功能有效恢复的目标任务。多家单位联合发起并提出了"长江水生生物资源养护及可持续利用"专项建议，首次联合全国长江流域水生态优势科技资源，对长江水生生物保护和资源合理利用的科技问题进行系统规划和部署，对于集中解决制约长江水生态安全、资源合理利用的技术难题，具体提出了阐明若干核心机理、研发系列关键技术、构建信息化决策管理支撑平台等建议。

### 2. 近海渔业

渔业资源调查与评估是开展渔业资源分布、数量变动、种群动态变化等研究的重要手段，而渔业资源调查与评估的结果对科学预测渔业资源发展趋势、制定合理捕捞限额、维持资源可持续利用是不可或缺的。2014 年启动的全国近海渔业资源调查和产卵场调查项目首期完成，这是继 126 项目之后，首次大规模的全国渔业资源和产卵场调查，为摸清近海渔业资源状况及产卵场补充功能提供了基础资料，同时，为渔业资源可捕量和渔业资源利用规划的科学制定提供科学依据。另外，我国开展的"中韩、中日、中越协定水域渔业资源调查""蓬莱溢油生物资源养护与渔业生态修复项目"等项目，为评估我国渔业资源动态变化奠定了基础，也为我国渔业资源合理利用及渔业资源多国（地区）共同管理体系的建立提供了重要的科学依据。以上项目促进了渔业资源调查与评估新技术的研发和开展，如声学评估技术的改进、生态区划的标准、环境监测实现数字化等。以环境 DNA 技术为例，我国是较早利用该技术开展海洋生物多样性监测和资源量评估的国家之一。开发并建立了中国对虾环境 DNA 技术及相关的绝对定量 PCR 技术，有效地开展了渤海中国对虾生物量资源调查，中国对虾增殖放流不仅能够对资源量产生明显的补充效应，也已经对繁殖群体产生了不同程度的补充效应，且不同海域放流的增殖中国对虾能够完成索饵、越冬及部分的生殖洄游，并从群体遗传水平对增殖放流中国对虾群体的生态安全进行了评估，提出合理化的亲虾使用数量（Wang et al.，2016；Wang et al.，2018；单秀娟等，2018；李苗等，2019a；李苗等，2019b）。

在科技基础条件方面，"北斗"号和"南峰"号科学调查船能够同时进行物理、化学、生物环境和渔业资源研究，大大提高了我国近海渔业资源调查与评估方面的科研能力，为我国近海渔业资源的调查与评估提供了坚实的保障。2017 年 3 月，上海海洋大学远洋渔业资源调查船"淞航"号在天津下水；2018 年 9 月，中国水产科学研究院"蓝海 101"号和"蓝海 201"号海洋渔业调查船在上海下水，目前已经正式投入使用。此外，国家重点野外试验站的建设也为我国渔业资源研究的发展提供了良好的平台。

### 3. 外海及远洋渔业

外海渔业方面，在农业农村部重大财政专项和国家科技支撑计划等课题的支持下，南海外海渔业资源调查评估取得新进展。通过大面积渔业水声学调查、现场实验和数据分析，建立了外海主要渔业种类鸢乌贼的回声信号识别方法，确定了不同频率下的最适探测脉冲宽度，特别是目标强度及其与个体大小的关系，并进行了数量分布和渔业潜力的评

估。调查评估结果确认了外海鸢乌贼资源的巨大开发潜力，为发展外海渔业提供了依据。

远洋渔业方面，经过 30 年的发展，我国远洋渔业实现了从无到有、从小到大，经历了远洋渔业起步、发展与壮大的三个阶段。目前，我国远洋渔业由过洋性渔业和大洋性渔业两部分组成，其中以大洋性渔业为主体，大洋性鱿钓渔业、金枪鱼渔业、竹荚鱼渔业、南极磷虾渔业和秋刀鱼渔业的作业渔船累计数量和产量均占我国总量的 85% 以上。据统计，2018 年全国远洋渔业总产量达 225.75 万吨，远洋作业渔船达 2500 多艘，船队总体规模和远洋渔业产量均居世界前列，作业海域分布在 40 多个国家和地区的专属经济区以及太平洋、印度洋、大西洋公海和南极海域，加入了 8 个政府间国际渔业组织。经营内容开始向捕捞、加工、贸易综合经营转变，成立了 100 多家驻外代表处和合资企业，建设了 30 多个海外基地，在国内建立了多个加工物流基地和交易市场，产业链建设取得重要进展。

目前，我国仅有的南极渔业为南极磷虾渔业，始于 2009 年年末。在农业农村部财政项目的支持下，开展了南极磷虾资源探捕，为判断南极磷虾资源状况和渔场形成机制积累了基础数据；自主研发的南极磷虾专用拖网网具和浅表层底速磷虾拖网水平扩张网板，经上海开创远洋渔业有限公司 "开利" 轮使用，网具起放网操作速度提高 40%，网目水平扩张提高 50%，拖网作业性能明显提高，捕捞效率明显提高，单位时间捕捞产量（CPUE）平均为 22.29 吨/小时，略低于 "富荣海" 轮的 23.14 吨/小时，已接近同期日本船捕捞水平。2016 年，国内首艘专业南极磷虾捕捞科考船项目启动，该科考船建成后，将极大提升我国在南极磷虾资源评估、捕捞技术、船载加工领域的科技水平。

## （三）渔业资源增殖放流与养护技术研发水平显著提升

2016 年，农业农村部发布了《关于做好 "十三五" 水生生物增殖放流工作的指导意见》指出，到 2020 年，将初步构建 "区域特色鲜明、目标定位清晰、布局科学合理、评估体系完善、管理规范有效、综合效益显著" 系统完善的水生生物增殖放流体系，全国水生生物增殖苗种数量要达到 400 亿单位以上，即达到 2006 年国务院颁布的《中国水生生物资源养护行动纲要》的中期目标。一批资源增殖和养护的新观点、新理论、新方法、新技术和新成果相继涌现，有力地支撑了行业发展。在黄渤海、东海和南海水域筛选了资源增殖关键种，建立了这些资源增殖关键种在自然海域和生态调控区的生态容纳量模型，评估了其在不同海域的增殖容量；创制了不同资源增殖关键种的种质快速检测技术，构建了其增殖放流遗传风险评估框架。在海洋牧场方面筛选出腐蚀率低、析出物影响小、使用寿命大于 30 年的人工鱼礁适用材料，优化设计出新构件、新组合群和新布局模式，创新了增殖品种筛选和驯化应用技术，形成了基于资源配置优化的现代海洋牧场构建模式，建立了生态增殖、聚鱼增殖和海珍品增殖三类海洋牧场示范区，为重要渔业资源养护与渔业可持续发展提供了重要技术支撑。

在长江、黄河、珠江和黑龙江流域全面开展了增殖放流及效果评估工作，建立了增殖放流苗种繁育和质量评价技术体系，解决了放流苗种繁育及品质检验等难题，研发了主要经济鱼类、珍稀濒危鱼类和甲壳类的规模化标志技术，为科学评价水生生物的增殖放流及生态修复提供了技术支持。这些项目的研究成果为我国渔业资源增殖放流提供了技术支撑，内陆水域主要经济物种有所恢复，图们江、鸭绿江等自然水域多年不见的花羔红点鲑、狗鱼、鳜鱼、大马哈鱼、滩头鱼等名贵鱼类又重新出现，引导我国的渔业资源增殖放流向"生态性放流"方向发展，取得了显著社会、经济和生态效益。

### （四）珍稀濒危野生动物在人工繁殖及迁地保护技术方面取得重大突破

保护生物学经过 20 多年的发展，已经成长为一个综合性学科。珍稀濒危鱼类繁育、增殖放流和生态修复技术研究得到加强。突破了中华鲟、达氏鲟等珍稀濒危鱼类的全人工繁殖，川陕哲罗鲑、秦岭细鳞鲑、厚颌鲂、四川裂腹鱼、刀鲚、鼋等珍稀特有鱼类人工繁殖技术熟化，繁育规模明显增加，启动了达氏鲟、胭脂鱼、大鲵等繁育群体的家系（遗传）管理。达氏鲟、胭脂鱼、厚颌鲂、中华倒刺鲃、刀鲚、鼋、川陕哲罗鲑等珍稀濒危鱼类的规模化标志技术得到熟化。另外，分子生物学技术的发展也促进了保护生物学相关研究的发展。"长江上游珍稀特有鱼类国家级自然保护区"是为珍稀特有鱼类所设立的国家级自然保护区，分布有白鲟、达氏鲟和胭脂鱼等珍稀鱼类以及 66 种长江上游特有鱼类，该保护区已经建立了常规的监测机制，为金沙江一期工程建设与环境保护、保护区生态环境及生物多样性保护、长江渔业的可持续发展提供技术支撑。

"973"项目"可控水体中华鲟养殖关键生物学问题研究"通过营养和环境调控使子一代中华鲟培育至性成熟并实现了规模化全人工繁殖，该项目的实施及中华鲟规模化全人工繁殖取得成功，对恢复其自然种群和物种长期延续具有重要意义。2017 年，为更好地保护、恢复我国中华白海豚种群，有效应对中华白海豚保护面临的新问题、新挑战，在全国范围内对中华白海豚保护管理工作进行统一部署，农业农村部发布了《中华白海豚保护行动计划（2017—2026 年）》。2016 年，农业农村部印发了《长江江豚拯救行动计划（2016—2025）》，要求以原地保护、迁地保护和遗传基因保护为重点，集全社会力量加快推进实施长江江豚拯救行动。考虑到当前长江江豚的保护等级与长江江豚危机程度、保护形势和保护措施不相适应，长江江豚保护等级提升迫在眉睫。农业农村部拟将长江江豚升级为国家一级保护动物。

## 二、本领域国内外发展比较

### （一）本领域国外发展现状

#### 1. 多学科整合研究海洋生态系统动力学的发展方向

海洋生态系统动力学经过近半个世纪的不断改进和完善，已成为准确模拟刻画全球变化下海洋环境要素与海洋生物相互间错综复杂关系的重要工具。目前，海洋生态系统动力学模型可以从个体、种群和生态系统等不同层面进行模拟及情景研究，包括：生物个体与环境之间的物质能量交换和生长、发育、死亡等整个生活史过程、不同种群之间的竞争、捕食与被捕食关系、整个系统内的物质循环、能量传递及稳态调节机制等（Grüss et al.，2016；Fu et al.，2017；Xing et al.，2017；Maar et al.，2018）。当前，全球气候变动下海洋生态动力学模型的研究出现了两大趋势：一是对海洋生态系统的复杂性有了更多考虑；二是注重从全球气候变化的角度，解析海洋生态系统对全球气候变化的响应（Oliveros-Ramos et al.，2017；Fu et al.，2018；Halouani et al.，2019）。

未来国际海洋生态系统动力学研究前沿与重点将集中在全球气候变化对海洋生态系统的影响、海洋生态系统服务功能、人类社会与海洋生态系统的关系、海洋生物多样性、基于生态系统的海洋管理、海洋生态系统保护、深海生态系统、海洋生态系统动力学研究相关技术和模型、极地生态系统研究等方面。2016年，联合国教科文组织政府间海洋学委员会（IOC）发布的世界公海及大型海洋生态系统全球评估报告中指出，目前全世界有60%的珊瑚礁受到本地活动的威胁；50%位于大型海洋生态系统（LMEs）的渔业资源遭过度捕捞；全球66个大型海洋生态系统中有64个在过去几十年里经历了海水暖化。2017年，"黄海大海洋生态系项目二期"在韩国首尔启动，该项目旨在促进相关的可持续性的制度、政策制定，对黄海生态系统进行有效管理。

**2. 渔业资源调查与评估实现常态化和现代化**

世界发达国家历来重视对渔业资源的监测与评估，均有针对不同水域以及重点种类的常规性科学调查，并且注重新技术的发展与应用。如许多国家和国际组织已要求辖区的所有渔船安装卫星链接式船位监控系统，在陆地上即可监控渔船的生产行为并同时接收渔获数据，为确保渔船依法生产以及限配额的管控提供了有力支撑。

近年来，大洋性中上层渔业资源日益引起周边国家和地区的关注，并已展开多次专业调查。发达国家广泛利用4S（RS、GIS、ES、GPS）技术建立渔场渔情分析速、预报和渔业生产管理信息服务系统，及时快速地获取大范围高精度的渔场信息，提高远洋渔业生产效率，其中美、日、法和挪威等国代表着最高的应用水平。如挪威在资源监测与评估方面，除不断发展与完善原有传统技术方法外，还采用载有科学探鱼仪的锚系观测系统，在办公室即可对鲱的洄游与资源变动进行常年监测，从而对鲱渔业资源的变动做出准确的评估。

世界远洋渔业科学与技术发展趋势可归纳为：①高效和生态型捕捞技术开发，以最大限度地降低捕捞作业对濒危种类、栖息地生物与环境的影响，减少非目标鱼的兼捕；②节能型渔具渔法的开发，以实现精准和高效捕捞；③基于生态系统的渔业资源可持续利用和管理，以实现海洋生态系统的和谐和稳定；④加强大洋和极地渔业资源渔场的开发和常规调查，结合4S（RS，GIS，GPS，VMS）的高新技术，开发渔业遥感GIS技术，加深对渔业资源数量波动和渔场变动的理解，增强对渔业资源的掌控能力；⑤加强渔获物保鲜与品质控制技术研究，实现水产品全过程的质量控制与溯源体系，确保优质水产品的供应。

南极渔业资源开发在早期处于无序状态，南极海洋生物资源养护委员会（CCAMLR）成立之后，逐渐开始严格管理，许多资源衰退的种类已停止商业化开发。目前开发利用种类主要包括南极犬齿鱼类、南极冰鱼类和南极大磷虾。CCAMLR 对南极渔业资源的管理采用生态系统水平上的、预防性捕捞限额管理。2016 年，在 CCAMLR 第 35 届年会上，来自 24 个国家和地区以及欧盟的代表决定在南极罗斯海设立海洋保护区。根据 CCAMLR 的决议，在南极海洋保护区海域内，今后 35 年内将禁止捕鱼。

### 3. 渔业资源增殖放流与养护水平实现科学化提升

国际社会对渔业增殖放流给予了高度重视，2015 年，世界上有 94 个国家开展了增殖放流活动，其中开展海洋增殖放流活动的国家有 64 个，增殖放流种类达 180 多种，并建立了良好的增殖放流管理机制。日本、美国、苏联、挪威、西班牙、法国、英国、德国等国家先后开展了增殖放流及其效果评价技术等工作，且均把增殖放流作为今后资源养护和生态修复的发展方向。这些国家某些放流种类回捕率高达 20%，人工放流群体在捕捞群体中所占的比例逐年增加，增殖放流是各国优化资源结构、增加优质种类、恢复衰退渔业资源的重要途径。

### 4. 保护生物学研究方法和理论体系逐步完善

世界自然保护联盟（IUCN）在物种受威胁程度评估标准的制订与应用方面具有权威性，其不断更新并发布的全球物种红色名录被广泛采用，作为生物多样性保护的重要参考。2016 年召开的第六届世界自然保护大会上，正式发布了生态系统红色名录的等级和标准。2017 年，生态系统红色名录研讨会重点讨论了全球生态系统分类原则和框架，以及应用生态系统红色名录过程中遇到的问题和可能的解决办法。

对濒危物种的保护，除在法律法规框架之下建立自然保护区外，还进行了以下两项工作。①生境的保护和改良，经多年调查和研究，建立了濒危物种的最适生境模型，以此模型对生境进行评价，确定该物种的最适数量和分布密度，从而不断地改良生境以达到保护和恢复的目的。②对濒危物种的生态学及生物学的研究，研究濒危物种种群变动、迁徙以及制约其种群增长的内外因素，寻找扩大种群的措施和途径。国外多采用遥感技术和卫星监测以及无线电追踪技术。

## （二）本领域国内外发展比较

### 1. 海洋生态系统动力学研究达到国际先进水平，数量变动机理解析和模拟尚需进一步深入

我国在 20 世纪 90 年代后发展的"简化食物网"及"生态系统动力学"研究方面已经达到国际先进水平，并且在种群层次的研究也取得显著研究成果，但是部分研究成果具有一定的局域性限制。同时，我国积极开展了河流截流、人工改道等人类活动对海洋生物

栖息地的影响研究、探讨了气候长期变化对生态系统健康的影响等。综合来看，当前我国海洋生态系统动力学研究在解析生态系统的结构与功能的机制和机理探索方面，尚需进一步加强。气候变化和人类活动（围填海、捕捞、污染等）集中作用的近岸水域，各种因素的共同作用对于整个生态系统的食物产出效率及可持续影响如何等关键科学问题需要重点关注。

国际上对种群数量变动规律与机制解析、较大尺度的海洋资源变动与预测等研究较为深入，并且侧重于机制机理的阐明与模拟。国外尤注重采用生态系统模型方法来解决此类问题。生态系统模型涉及了从生物到环境因素的各个方面，能够更为有效的评估大尺度气候变化和人类活动对生态系统的影响。

**2. 部分资源调查与评估技术达到国际先进水平，总体监测技术研发及常态化监测需要进一步加强**

渔业资源监测与评估技术在发达国家如美国、挪威、日本等国家都已经常态化，并且相关的新技术也取得长足发展。我国渔业监测研究时断时序，调查范围有限，并且监测技术研究开展得也很少，尤其一些重要技术环节方面与国际先进水平尚有较大差距。在鱼卵仔鱼调查方面，虽然我国在渔业资源和环境调查中采集鱼卵仔鱼样品，由于既缺少必要的仪器或设备、又缺少相关的专业人员，至今尚未开展专业性的、旨在监测生殖群体生物量的鱼卵仔鱼调查。另外，捕捞生产统计资料缺乏，因此难以准确地进行资源状况及其发展趋势分析，并为渔业资源管理提供有效的科学依据。

从渔业资源评估管理体系来看，美国建立了完善的海洋渔业资源评估管理体系，确立了专门的主管机构，每年、每季度定期对海洋渔业资源进行科学评估，并发布年度报告和季度报告，按照这些报告来科学评估海洋渔业的动态变化以及由此采取的开发手段和恢复重建方式。中国到目前尚未建立较为完善的海洋渔业资源评估管理体系，虽然在黄海、渤海、东海和南海开展了渔业资源科学考察活动，但这些考察活动并不能完整地获取每年、每季度的渔业资源动态变化数据。

我国对大洋性中上层鱼类，尤其时候中层鱼声学调查及评估研究仍处在发展初期，还存在着一定的技术问题，特别是种类映象识别和目标强度测定等，跟挪威、美国和澳大利亚相比还有较大的差距。渔业资源声学评估具有快捷、高效、环境友好等优点，是国际上评估渔业资源（尤其是中上层渔业资源）的主要方法之一。但渔业声学在外海的应用时间较短，资料积累和技术储备尚很薄弱。有关外海渔场渔情预测预报及服务系统研究较少，亟须开发具有自主知识产权的外海渔场环境信息的综合处理系统。

我国远洋渔业起步较晚，发展较快，但总体技术水平相对落后，远洋渔业企业的总体实力不强，难以适应现代远洋渔业的国际竞争，与发达远洋渔业国家和地区相比仍存在明显差距。在科技方面，主要表现在三个能力的不足：①远洋渔业资源认知能力不足：对我国远洋捕捞种类的渔业生物学特性、栖息环境、可捕量及渔场形成机制掌握不足。②远洋渔业资源开发能力不足：我国远洋渔船的单产总体上比日本和我国台湾地区等同类渔船低；西非过洋性拖网网具仍停留在 20 世纪 80 年代的水平；大型中层拖网网具依赖进口；寻找中心渔场存在盲目性，导致寻找渔场的时间增加、生产成本增大；渔获物船上保鲜能力低，导致渔获品质下降等。③远洋渔业资源掌控能力不足：在区域性国际渔业组织中的话语权不强，渔获配额设定及分配由日本等国家所主导；提交的渔业资源评估报告因渔业生产数据支撑有差距不能被大会和国际组织所采纳；各种远洋渔业资源调查、生态环境、生产统计等渔业数据分散孤立。

我国的极地渔业尚处起步阶段，开展极地渔业资源开发的优势主要表现在如下方面。一是国家重视；二是企业、包括民营企业表现出较高的兴趣；三是人力成本尚有一定的比较优势，具有一定的竞争力。我国开展极地渔业的劣势主要体现在：一对资源、渔场情况了解不够，资源掌控能力差，对渔业高效生产的指导能力和安全生产保障能力不足；二是对国际渔业管理研究和了解程度不够，外交投入也不足，渔业准入和配额争取能力较弱；三是渔业装备技术，尤其是南极特殊渔业装备技术与加工设备工艺落后，渔业生产的核心竞争力低；四是从业人员整体素质相对较低，安全生产意识、遵法守规意识和环保意识不够，在越来越严的渔业管理和环境保护形势下，容易对渔业发展的政治环境形成约束。

**3. 渔业资源增殖放流与养护取得显著效果，系统的技术和理论体系尚需进一步完善**

国际上增殖放流工作将在更加注重生态效益、社会效益和经济效益评价的基础上，开展"生态性放流"，达到资源增殖和修复的目的，恢复已衰退的自然资源，将放流增殖作为基于生态系统的渔业管理措施之一，推动增殖渔业向可持续方向发展。我国的增殖放流缺乏科学、系统的规划和管理明显滞后，很多品种在放流前缺乏对放流水域敌害、饵料、容量，放流时间、地点、规格等必要的科学论证和评估，具有一定的盲目性。增殖放流效果评价体系严重缺失，优良品质的苗种供应不足，种质资源保护亟待加强，人工苗种种质检验缺乏规范的标准。另外，将放流增殖当成生产手段。目前我国的增殖放流，基本上都是"生产性放流"。这种模式的放流增殖，从理论上来说，是不可持续的，因为它对于自然资源的恢复不但无益，而且还会加快自然资源的衰退。增殖放流是一项复杂的系统工程，需要海洋、国土、财政、科研等众多部门的协调与合作。由于没有明确而完善的法律制度，往往容易出现部门之间的职责范围和责任不明确的现象，很多时候不仅浪费了人力、财力，而且给环境带来了潜在的破坏，这在很大程度上制约了增殖放流的发展。我国目前对于增殖放流的相关科技支撑不足，主要表现在：①放流物种的生物学及规模化繁育技术研究不足。②对放流水域的本底研究欠缺。③种苗标记技术发展滞后。我国增殖放流评估体系不完善，前期试验性放流及后期配套管理措施缺乏。

**4. 保护生物学研究工作广泛开展，基础研究、保护监管需要进一步跟进**

发达国家对水生野生动物保护和研究起步较早，研究较我国深入。相比国外对濒危野生水生动物的保护和管理工作，我国主要存在以下问题：

（1）自然保护区的监管和管理水平有待提高。经过数十年的发展，我国自然保护区的建设进入科学建设和集约化经营管理阶段，自然保护区已由数量型建设向质量型建设转变。但与国外自然保护区的建设相比，我国仍存在不足之处：①保护区建立起步较晚；②适合我国国情的自然保护区分类经营管理体系亟待制定和完善；③保护区管理人员业务水平有待提高；④对保护物种资源动态的长期监测，保护物种的基础生物学、生态学、生活史研究，濒危机制，濒危物种种群恢复技术等方面的研究应加强。

（2）濒危水生野生保护动物的基础性研究工作滞后。濒危水生野生动物保护是一项技术性强的工作，要对它实行科学、有效的管理，就必须对水生野生动物进行全面的考查，包括其生活习性、生态习性、资源分布以及受环境条件变迁影响的程度等。由于水生野生动物保护经费投入有限，许多地方没有把此项资金纳入地方财政预算，使得水生野生动物保护研究工作困难。因此，对于水生野生保护动物的基础性研究工作还不够深入。

（3）珍稀濒危水生野生动物养护工作不规范。对珍稀濒危水生野生动物增殖放流重视不够，放流品种不符合要求，大部分种类或地区没有制定长期增殖放流的规划，放流的重要意义和作用宣传不够，资金支持不足，缺乏统一的规范和科学指导。

## 三、发展趋势和对策

按照中共中央、国务院《关于加快推进生态文明建设的意见》和国务院《关于促进海洋渔业持续健康发展的若干意见》要求，加强渔业资源科学开发和生态环境保护，科学养护渔业资源，以加快转变渔业发展方式为主线，坚持生态优先、养捕结合和优化内陆、控制近海、拓展外海、发展远洋渔业的方针，通过产学研结合进行，开展基础研究、前沿技术、共性关键技术、示范应用推广全产业链科技创新，为不断提升渔业可持续发展能力。新的海洋形势下，渔业资源保护与利用领域应着重加强以下几个方面的研究工作。

**1. 构建生态系统综合模型，推动适应性渔业管理**

修复受损的海洋生态系统，养护渔业资源和实现资源的可持续利用是当海洋生态系统动力学研究的热点。基于生态系统的管理（EBFM）是实现渔业资源可持续目标的必经途径，生态模型作为支撑 EBFM 的主要工具，其构建、优化、检验和合理应用是目前亟待解决的科学问题。

将来的研究工作中，可以重点考虑：根据完整生态系统模型分析生态系统各个组分的相对重要性，识别影响生态系统的关键因素以及气候变化等外部条件对系统的影响机制；聚焦于关键生态过程构建群落模型或多物种模型，识别对目标种类具有重要影响的摄食和竞争种类以及捕捞等过程的间接影响；以单物种模型预测资源动态，并评估结果的不确定性；根据模型敏感性分析，改善单物种模型的结构并优化自然死亡率、补充量等关键参数，为渔业提供更为准确的预测。

### 2. 创新渔业资源调查监测技术与估方法，实现渔业资源科学评估

海洋渔业是我国海洋经济的主要组成部分。渔业资源是可再生资源，受人类活动和气候变化影响，其季节和年间种类组成、数量分布变化大。健全我国渔业资源调查评估制度，完善监测评估体系，对于全面了解我国近海渔业资源状况，及时掌握重要渔业资源种群变动趋势，为科学制定渔业资源可持续利用政策提供基础数据和科学依据。

随着不依赖船舶调查方式的海洋原位观测平台飞速发展，极大拓宽了海洋观测的时空尺度，开创了海洋学研究的新时代。在空间尺度上，漂浮浮标、自航式观测平台及水下滑翔机等可移动平台可将原位观测范围拓宽至数千千米，这些可移动的平台可通过随水团运动模式或者巡航模式对特定水团或海域进行观测。独立观测点（如锚定浮标或潜标）或由独立观测点整合形成的观测网络等基于海底锚定的观测平台则在时间尺度上提供了高频率、连续的观测数据。此外，还可通过海底布放电缆构建高通量数据传递的有缆观测平台，通过各类传感器与其他设备的布放（如 MARS，Venus，Neptune 等），形成以海底观测网络为代表的第三观测平台，构成海洋学 4D 观测体系（三维空间＋时间），促使海洋科学从"考察型"向"观测型"转变。

近海及大洋性重要渔业资源等海洋生物资源已得到较充分的挖掘，而饵料生物资源、微生物资源、深海渔业资源等海洋生物的挖掘尚需技术突破，例如：通过创新海洋观测与捕捞技术，开发位于大陆架底层的"灯笼鱼"及其他深海渔业资源；通过对海洋微生物资源进行系统鉴定和功能研究，对具有重要功能基因或者代谢产物的微生物资源进行开发利用等。随着远洋和深海科考工作的开展，对海洋生物资源的监测和保护工作同样需要向远海、深海扩散。深海生态环境的脆弱性亟须环境友好型的新型资源评估技术。基于环境 DNA 的海洋生物监测技术能够在不影响深海生态环境和生物资源的条件下收集深海生物 DNA 样品，利用生物信息学方法开展深海海洋生物多样性和资源量评价工作，结合实时生物多样性监测技术，可以为深海生物资源保护提供参考资料。今后在资源评估及海洋生物多样性评估等工作中需要进一步加强基于 eDNA 技术的研究与应用，主要包括构建用于 eDNA 技术的 DNA 条形码数据库、优化野外采集及实验室工作流程、高通量数据分析和储存、解决相关执行策略和法律问题等。

### 3. 集成创新渔业资源养护及濒危野生动物保护技术，促进生态养护与修复

创新保护产卵场和栖息地的关键技术，深化环境修复技术，改善渔业环境质量。在增殖放流方面，目前国内在增殖对象的基础生物学、标志技术等方面的研究取得了长足发展和进步，为实现基于生态系统管理的增殖放流和资源养护这一目标，未来科研人员应在上述研究基础上注重更深层次科学问题的研究，如生态增殖容量／承载力评估技术、放流物种种群及自然种群变动和生物遗传多样性影响的评价技术、增殖放流的经济—生态—社会复合效应的评价技术。

保护生物学从以下四个方面进一步深入发展：①加强长期定点监测与评估工作，掌

握生物多样性和生态系统变化动态；②加强新的理论、方法、技术的研究和应用，以揭示生物多样性丧失和生态系统退化的内在机制；③加强宏观、微观研究的结合，从功能上系统地阐释保护生物学的核心科学问题；④加强理论与实践相结合，主动参与保护实践活动（如国家公园的规划与建设、长江经济带母亲河生态环境保护等），在中国生态文明建设和生态环境保护的科学决策上发挥重要作用。

# 参考文献

［1］ Cardrin S X，Dickey-Collas M. Stock assessment methods for sustainable fisheries［J］. ICES Journal of Marine Science，2015，72（1）：1-6.

［2］ Doyen L，Béné C，Bertignac M，et al. Ecoviability for ecosystem - based fisheries management［J］. Fish & Fisheries，2017，18（5）：1-17.

［3］ Fu C，Olsen N，Taylor N，et al. Spatial and temporal dynamics of predator-prey species interactions off western Canada［J］. ICES Journal of Marine Science，2017，74（8）：2107-2119.

［4］ Fu C，Travers-Trolet M，Velez L，et al. Risky business：The combined effects of fishing and changes in primary productivity on fish communities［J］. Ecological Modelling，2018，368：265-276.

［5］ Grüss A，Schirripa M J，Chagaris D，et al. Evaluation of the trophic structure of the West Florida Shelf in the 2000s using the ecosystem model OSMOSE［J］. Journal of Marine Systems. 2015，144：30-47.

［6］ Grüss，A，Schirripa M J，Chagaris D，et al. Estimating natural mortality rates and simulating fishing scenarios for Gulf of Mexico red grouper（*Epinephelus morio*）using the ecosystem model OSMOSE-WFS［J］. Journal of Marine Systems，2016，154：264-279.

［7］ Halouani G，Le Loc'h，François，et al. An end-to-end model to evaluate the sensitivity of ecosystem indicators to track fishing impacts［J］. Ecological Indicators，2019，98：121-130.

［8］ Juan-Jordá M J，Murua H，Arrizabalaga H，et al. Report card on ecosystem - based fisheries management in tuna regional fisheries management organizations［J］. Fish & Fisheries，2017，19：321-339.

［9］ Maar M，Butenschon M，Daewel U，et al. Responses of summer phytoplankton biomass to changes in top-down forcing：Insights from comparative modelling［J］. Ecological Modelling，2018，376：54-67.

［10］ Masi M D，Ainsworth C H，Kaplan I C，et al. Interspecific Interactions May Influence Reef Fish Management Strategies in the Gulf of Mexico［J］. Marine and Coastal Fisheries，2018，10（1）：24-39.

［11］ Oliveros-Ramos R，Verley P，Echevin V，et al. A sequential approach to calibrate ecosystem models with multiple time series data［J］. Progress in Oceanography，2017，151：227-244.

［12］ Ortega-Cisneros K，Shannon L，Cochrane K，et al. Evaluating the specificity of ecosystem indicators to fishing in a changing environment：A model comparison study for the southern Benguela ecosystem［J］. Ecological Indicators，2018，95：85-98.

［13］ Wang J，Xu B D，Zhang C L，et al. Evaluation of alternative stratifications for a stratified random fishery-independent survey［J］. Fisheries Research，2018，207：150-159.

［14］ Wang M，Wang W，Xiao G，et al. Genetic diversity analysis of spawner and recaptured populations of Chinese shrimp（*Fenneropenaeus chinensis*）during stock enhancement in the Bohai Bay based on an SSR marker［J］. Acta Oceanologica Sinica，2016，35（8）：51-56.

［15］ Wang W，Wang M，Xiao G，et al. Using SSR Marker to Trace Chinese Shrimp *Fenneropenaeus chinensis* Released in Natural Sea-A Feasible Strategy for Assessment of Release Effect in Natural Resources Recovery Program［J］. Progress in Fishery Sciences，2018，（1）：21-26.

［16］ Xing L，Zhang C，Chen Y，et al. An individual-based model for simulating the ecosystem dynamics of Jiaozhou Bay，China［J］. Ecological Modelling，2017，360：120-131.

［17］ Zhao J，Cao J，Tian S Q，et al. Evaluating sampling designs for demersal fish communities［J］. Sustainability.，2018，10：1-23.

［18］ 李苗，单秀娟，王伟继，等. 中国对虾生物量评估的环境 DNA 检测技术的建立及优化［J］. 渔业科学进展.，2019a，40（1）：12-19.

［19］ 李苗，单秀娟，王伟继，等. 环境 DNA 在水体中存留时间的检测研究——以中国对虾为例［J/OL］. 渔业科学进展，2019b.https：//doi.org/10.19663/j.issn2095-9869.20180906005.

［20］ 刘岩，吴忠鑫，杨长平，等. 基于 Ecopath 模型的珠江口 6 种增殖放流种类生态容纳量估算［J］. 南方水产科学，2019，15（4）：19-28.

［21］ 罗刚，庄平，赵峰，等. 我国水生生物增殖放流物种选择发展现状、存在问题及对策［J］. 海洋渔业.2016，38（5）：551-560.

［22］ 潘德炉，等. 中国海洋工程科技 2035 发展战略研究［M］. 北京：中国农业出版社. 2019.

［23］ 单秀娟，李苗，王伟继. 环境 DNA（eDNA）技术在水生生态系统中的应用研究进展［J］. 渔业科学进展，2018，39（3）：23-29.

［24］ 王成友，杜浩，刘猛，等. 厦门海域放流中华鲟的迁移和分布［J］. 中国科学：生命科学，2016，46（3）：294-303.

［25］ 吴金平，杜浩，褚志鹏，等. 不同底质环境对达氏鲟幼鱼生长效果影响的研究［J］. 淡水渔业，2018，48（06）：25-28.

撰稿人：金显仕　单秀娟　金　岳　陈云龙

# 生态环境学科发展研究

## 一、引言

渔业生态环境学科研究了渔业活动与生态环境相互作用、渔业环境中的生物地球化学过程、其他活动和过程对渔业环境影响、渔业环境恢复与修复等科学和产业等问题。渔业生态环境学科的基本功能，一是解决、澄清渔业生态环境研究中出现的各种学科问题，并对其有关概念、定义与基本原理给出合理解释；二是采用各种方法与手段，评价、揭示渔业生态环境变动规律；三是揭示水产养殖等渔业活动对水域环境的影响；四是阐明生态环境变动对渔业资源的保护和利用、水产增养殖业的健康发展和水产食品安全的作用、影响机理，提出解决的途径、方法和技术，为渔业的可持续发展提供科学依据。

渔业环境学科的研究区域包括开展渔业生产活动水域及其毗连自然水域。研究范畴包括渔业生态环境学科的基本理论和方法论。研究内容包括：①渔业生物基本生境的组成、结构、性质和演化的调查、评价和预测；②环境质量变化和化学污染物在渔业生境中的化学行为，包括鉴定、测量和研究化学污染物在水圈、生物圈中的含量、存在形态、迁移、转化和归宿，探讨污染物的降解和再利用；③研究污染物对水生生物的毒理作用和遗传变异影响的机理和规律；④研究环境污染与水产品安全的关系，阐明污染物对养殖生物健康损害的早期反应和潜在的远期效应，提供制定相关环境标准和预防措施的科学依据；⑤研究渔业生物及水产增养殖活动与环境之间的相互作用机理及规律，揭示养殖对与环境的影响机制和关键过程，评估和建立养殖容量管理体系，为发展和制定环境友好和可持续发展的养殖模式提供科学依据；⑥运用工程技术的原理和方法，防治环境污染，合理利用自然资源，保护和改善渔业水域环境质量；⑦研究经济发展与环境保护之间的相互关系，涉渔工程环境影响评价、污染事故的调查和损失评估。

渔业生态环境具有环境的整体性、环境资源的有限性、环境的区域性、环境的变动性和稳定性、危害作用的时滞性等特性。本学科的显著特点是领域覆盖面广，研究内容与渔业的可持续发展密切相关，研究方法综合性强等。

## 二、本学科的最新研究进展

### （一）重要科研进展

2016 年以来，渔业生态环境学科围绕生态环境的监测与评价、渔业水域污染生态学、渔业生态环境保护与修复技术和渔业生态环境质量管理技术开展了一系列研究，以下为取得的部分重要研究进展和主要成果。

#### 1. 生态环境的监测与评价

全国渔业生态环境监测网持续开展对渤海、黄海、东海、南海、黑龙江流域、黄河流域、长江流域和珠江流域及其他重点区域的 160 多个重要渔业水域以及部分养殖池塘（网箱）的水质、沉积物、生物等 18 项指标的监测，监测总面积 1100 余万公顷。通过监测，掌握了我国重要渔业水域生态环境的现状，为每年发布国家渔业生态环境状况公报提供了科学数据。监测结果表明：我国渔业生态环境总体保持稳定，局部渔业水域污染仍比较严重，主要污染物为氮、磷。其中，海洋重要渔业水域水体主要污染指标为无机氮和活性酸盐，但超标的范围趋于减小。淡水重要渔业水域水体主要污染指标为总氮、总磷和高锰酸盐指数，其中江河重要渔业水域中总氮、总磷和非离子氨超标范围趋于减小；湖泊、水库重要渔业水域中高锰酸盐指数和石油类的超标范围趋于减小，总氮和总磷的超标范围趋于增加《中国渔业生态环境状况公报（2015—2018）》。

根据《国务院关于开展第二次全国污染源普查的通知》和《国务院办公厅关于印发第二次全国污染源普查方案的通知》，2018 年全面实施了第二次全国水产养殖业污染源普查工作。全国水产养殖业污染源监测是获得水产养殖业污染数据的主要手段，是全国污染源普查的重要组成部分。针对目前我国水产养殖种类繁多、生产模式多样、养殖工艺参差不齐、养殖规模大小不一、养殖区域布局不尽相同等行业特点，研究水产养殖生产过程污染物质产生机制和排出水平及其动态规律；通过抽查、实测、类比和理论推算估算排污量，认识总排污量与养殖类型、单位产量之间的关系，获得水产养殖不同养殖模式、不同养殖品种的养殖产量，再根据通过实测获得的单位养殖产量产、排污系数，核算全国水产养殖业的产、排污量。本次普查除对全国不同养殖模式、不同养殖品种的养殖产量进行抽查外，主要利用全国第三次农业普查数据，结合统计年鉴数据进行，其中抽查获得的数据主要用于更新第三次全国农业普查数据。水产养殖业排污量、排污系数测算是全国污染源普查项目中水产养殖业污染贡献核算的核心技术，其科学性和准确性将直接影响全国水产养殖污染普查的结果和结论，从而影响水产养殖产业发展规划和产业政策的制订，对渔业产业的可持续发展和水域环境保护将产生重大影响。

启动基础性长期性专项"渔业水域环境污染与生态效应监测"任务。按照《农业农村部关于启动农业基础性长期性科技工作的通知》（农科教发〔2017〕5 号）工作部署，2017 年中国水产科学研究院牵头启动了渔业水域环境污染与生态效应监测工作，以渔业水域生态环境定点监测网络为主，结合区域遥感监测、地理信息系统和数学模型等现代化手段，实现对我国典型渔业水域环境污染与生态效应的长期、规范、全面、系统的监测和研究，阐明我国渔业水域生态环境质量状况、变动趋势及污染生态效应，建立基于地理信息系统的渔业生态环境数据管理、综合分析评价和预警应用的大数据平台系统，直接服务于渔业生态环境保护与决策管理。主要研究内容包括：①渔业水域环境污染与生态效应综合分析与评价针对不同类型渔业水域环境污染特点，通过长期定点监测数据的对比和统计分析，研究分析渔业生态环境时空变化特征及其生态效应，运用主成分分析、层次分析法等方法甄别筛选不同渔业水域环境特征污染因子和生态环境风险关键指标因子，在此基础上研究建立渔业生态环境质量综合评价方法，结合现场定点监测数据，开展我国重要渔业水域生态环境质量综合评价工作。②中—大尺度渔业生态环境遥感信息提取技术来研究不同类型渔业水域表征中—大尺度生态环境质量的关键要素的遥感信息提取方法；重点建立含有绿潮、赤潮、蓝藻、溢油等的水体遥感信息模型和信息提取方法，形成利用中—低分辨率遥感数据实现快速监测渔业水域生态环境变化的实用化技术手段。③渔业水域生态环境安全预警采用资料对比分和统计分析方法，结合不同类型渔业水域类型特点，针对性地提出渔业水域生态环境安全风险预警指标体系及其风险阈值，建立适宜的生态环境安全风险预警评价方法。

开展白洋淀渔业资源与环境调查。2018 年中国水产科学研究院牵头启动了白洋淀水域资源环境项目调查工作，组织协调河北大学和河北省海洋与水产科学研究院，分别于 5 月、8 月和 10 月共同完成了三个季度的水生生物资源和环境调查工作，10 月完成了白洋淀区水域遥感年度调查及拒马河水利工程信息调查工作。该项目将在白洋淀及主要入淀河流开展水生生物资源与环境因子调查及渔业生态修复示范工程，实施"三大任务、五大工程"，厘清白洋淀及其主要入淀河流生物资源及栖息生境状况，建立水域生态系统综合修复技术，构建渔业生态修复示范工程，完善生态系统结构，提升水域水质净化、维持生物多样性等生态功能，为白洋淀水域整治、生态系统修复和雄安新区建设提供技术支撑。

长江流域资源与环境遥感监测。开展长江干流及其主要支流渔业资源与环境遥感监测工作，主要包括渔业生态环境如河流长度、水域面积、水系形态以及岸线利用现状遥感监测等，掌握重大涉水工程对河流结构的改变、防洪堤坝及城市建设导致的河流生态环境现状的改变；开展长江流域消落区渔业生态资源与环境遥感监测，主要包括消落区的面积和格局以及水生植物的分布及覆盖状况遥感监测，并以洞庭湖和鄱阳湖大型通江湖泊为例，掌握大型通江湖泊水位的年际动态变化情况，掌握丰 / 枯水期水体面积、水位消涨区域水生植物功能类型的空间分布状况等；构建长江水生生物资源与环境监测数据库，为政府决策制定提供数据支撑。

西藏重点水域资源与环境遥感监测。采用地面调查、无人机和卫星遥感技术相结合的手段，对西藏重点水域如雅鲁藏布江、怒江、澜沧江干流西藏段以及巴松错、哲古错、错那、错鄂四个湖泊的渔业资源与环境状况开展监测。第一，开展西藏雅鲁藏布江、澜沧江、怒江西藏段干流水系形态和水域面积的变化监测，采用中分辨率 Radarsat-2 雷达卫星、Landsat、MODIS 卫星遥感数据等，基于面向对象和阈值分割技术，对水体形态和面积开展区域遥感监测，掌握重点水域的水情变动趋势，从宏观尺度上对鱼类栖息地的潜在分布区域进行调查；第二，采用中—高空间分辨率 Landsat 卫星、高分系列卫星以及 RAPIDEYE 多光谱遥感数据等，开展巴松错等四个湖泊的水域面积及动态变化状况，植被指数及植被覆盖度遥感监测；重点开展巴松错湖泊水表温度、错鄂湖泊水表盐度、错那湖泊水表叶绿素 a 浓度的遥感监测；第三，协同项目组构建雅鲁藏布江、澜沧江、怒江西藏段以及四湖渔业资源和生态环境调查数据库，为西藏鱼类资源保护对策的制定提供科学数据集。

系统开展南海渔业资源与环境调查评估。中国水产科学研究院南海水产研究所对南海中部西中沙—黄岩岛海域业资源栖息地开展了生态环境特征及评价。通过调查与分析，初步掌握了南沙—西中沙海域渔场理化环境主要特征，揭示了新发现的"高产渔场"形成与生态环境因子间的关系，阐述了春季南海中沙群岛北部海域的低温高盐水及其形成机制和夏季南海中部越南近海"强上升流区"生态环境特征及其渔场形成的关系，探讨和建立了基于脂肪酸的浮游植物种类组成生物标志物，分析了南海南部海域不同粒径浮游动物的春季和夏季的生物量和稳定同位素特征。该研究填补了该区域资源栖息地生态环境的研究空白，为深入分析南沙渔业资源状况和合理开发利用、系统开展南沙海域生态环境保护与生态系统提供了基础资料。所取得的一系列科研成果服务于南海深海区域渔业资源开发、利用和保护的国家战略需求，得到农业农村部领导和财务司、渔业局等主管司局领导的充分肯定，获得"延续、增资、扩项、升级"的有力支持，从 2018 年启动实施"南锋专项"Ⅱ期。

开展岛礁生境修复与资源养护研究。2017 年起，中国水产科学研究院南海水产研究所选择西沙典型岛礁水域七连屿为研究对象，开展岛礁生境修复与渔业资源养护调查研究。通过项目实施，持续在西沙七连屿水域开展岛礁生态环境、生物资源本底调查，并连续记录渔民作业生产信息，为后续开展岛礁生态系统生物资源养护提供有力数据支撑，为南海典型岛礁水域的生物资源养护和可持续利用提供决策依据。

"淡水贝类观察"取得新进展。中国水产科学研究院淡水渔业研究中心 2016—2019 年间，筛选出了典型淡水双壳贝类背角无齿蚌作为代表性生物指示物，开展了有效的环境胁迫调查工作，并建成了基于该蚌种的"淡水贝类观察"淡水渔业生态安全评价与环境污染监测的技术体系，为探索和突破可为国家正在实施的生态大保护及水域治理的"湖长制/河长制"等国策提供理论依据和技术支撑。

启动开展河流食物网中铊的富集及营养级传递特征研究。中国水产科学研究院珠江水产研究所利用自然稳定碳、氮同位素分析和石墨炉原子吸收光度法开展了河流食物网中铊的富集及营养级传递特征研究。研究结果显示铊在河流食物网中的累积特征以生物稀释为主，即随着营养级的升高，铊含量降低。结合铊对 9 种珠江典型水生动物的急性毒性结果和物种敏感度分布模型探讨，推导出保护珠江流域水生生物的铊最大基准浓度（CMC）为7.06 毫克 / 升，连续基准浓度（CCC）为 0.71 毫克 / 升。研究结果完善了铊在我国水生生态毒理数据资料，为渔业环境中铊的生态风险防控提供依据。

系统评估增殖放流效果。辽宁省海洋水产科学研究院通过构建辽东湾资源增殖放流技术体系，为辽东湾渔业资源增殖与养护提供技术支撑，解决了增殖放流中普遍存在效果难以估算的重大技术需求问题，并通过示范和技术推广，引导辽东湾渔业资源增殖放流规范化、科学化，引导辽东湾渔业资源增殖放流效果评价从定性评价向定量评价的转变，促进增殖渔业的健康、持续发展。辽宁省海洋水产科学研究院有效评价了增殖放流的经济效益、社会效益和生态效益，并构建增殖放流效果评价体系。在科技部下达的农业科技成果转化资金项目"海蜇资源可持续利用综合技术开发"中，将海蜇增养殖技术应用到海蜇养殖生产中，可以大幅度提高海蜇养殖的经济效益。这一效益体现在养殖个体成活率大幅度提高，生长速度快，可以实现海蜇多茬养殖。本成果的成功转化对实现健康、高效的海蜇养殖具有重大意义。

**2. 渔业水域污染生态学**

（1）氮磷和重金属污染。中国水产科学研究院南海水产研究所基于物质平衡原理（mass balance principle）首次定量评估了大亚湾海水网箱养殖向海湾输入的氮磷通量，构建了我国目前鱼类网箱养殖主要模式（投喂鲜杂鱼饵料的传统小网箱和投喂配合饲料的深水网箱）的氮磷物质平衡模型，定量评估了网箱养殖对氮磷的输入通量，发现使用配合饲料时单位养殖产量（每吨）输入的氮磷量分别为 72 千克和 17.3 千克，显著低于鲜杂鱼饵料的小网箱（分别为 142 千克和 26 千克）；并与大气沉降、河流、海底地下水、沉积物界面交换等途径的输入量个进行了比较，发现网箱养殖输入的氮磷量进展总输入量的 7%和 3%。将海湾环境富营养化等问题完全归结于水产养殖是不正确的，但养殖活动对局部水域的影响不能忽视（齐占会等，2019）。

中国水产科学研究院南海水产研究所对不同营养级南海海洋生物体重金属生物可利用性和人类健康风险进行了研究，在以往研究中，由于忽略了污染物生物可利用性对污染物生态毒性和生态健康风险评价的重要影响，从而过高地估计了污染物的生态风险，造成了资源浪费。南海所渔业生态环境风险评估研究团队近年重点关注渔业生态系统中污染物生物可利用性及生态健康风险评估工作，采用稳定同位素技术和生物可利用性暴露模型，对我国南海典型经济海洋生物营养级特征和生物体重金属生物可利用性进行了研究，发现基于重金属总量的分析评价，重金属铬、铁、锰、铜、铅、锌、镍、镉的平均风险分别被高估了 93.21%、85.37%、65.62%、69.10%、57.16%、52.00%、40.07%、38.09%；重金属总量和生物可利用性重金属浓度与营养级之间并无显著相关性；基于生物可利用性重金属非致癌风险评价表明，食用南海海洋捕捞水产品无显著食用风险。

中国水产科学研究院南海水产研究所对典型渔业水域新型污染物铍的生物可利用性和水生生物群落生态风险研究取得新进展。对粤东养殖湿地系统中的榕江及河口区域致癌金属铍的生物可利用性和水生生物群落生态风险进行了研究。采用富集因子、端源和概率相交生态分析等技术和手段，对榕江及河口区域沉积物铍的生物可利用性、来源和水生生物群落生态风险进行研究，发现生物可利用性铍含量小于 6%；端源分析表明，榕江及河口铍主要来源于上游河流和连江输入；基于铍的生物可利用性的概率生态风险评价表明，铍对鱼类、甲壳类和藻类组成的生物群落具有 2.91% 的半致死率。

中国水产科学研究院珠江水产研究所对西江干流水体环境开展了研究，发现研究了珠江中上游江段水体主要为氮源污染，TN 和 $NO_3^-$–N 超标率均在 90% 以上，水体中还存在 $NH_3$、透明度、TP 和 Chla 等因子超标状况，Chla 主要在上游筑坝库区内出现超标；珠江中上游水体磷污染主要以"点源污染"为主；大部分调查区域水体呈"轻污染""轻度超警戒水平"状况，在上游库区和中游城镇人口集中区域，水质呈"中－重污染""中度－严重超出警戒水平"状态。西江红水河大湾至肇庆江段水体中 $COD_{Mn}$ 的时空特征及影响因素。该水域 $COD_{Mn}$ 含量变化范围为 0.73—4.83 毫克 / 升，超标情况为 12 月 >6 月 >9 月 >3 月，依据 $COD_{Mn}$ 含量判定西江水体污染目前尚不严重，水质优于国内其他主要河流。珠江东塔产卵场水体初级生产力状况为 3 月 >9 月 >12 月 >6 月。三年调查中，水体富营养化评价综合指数（EI）指数变化范围为 31.30—46.60，水体呈"中营养—轻度富营养"状况。硅藻、绿藻、裸藻、隐藻门藻类是东塔产卵场常见藻类，C、D、MP、P、W1、W2、X1、X2、$X_{Ph}$、Y 等是主要优势功能群，根据功能群集群指数，判定水体生态状态为"轻污染—良好"的状况。

（2）有机物污染物污染。中国水产科学研究院资源与环境中心在国家自然科学基金青年等多个项目的支持下，开展了持久性有机污染物、双酚 A 替代物、水稻常用农药等多类渔业污染物对水生生物的生态风险评价工作。以斑马鱼胚胎为模式生物，分别从致死能力、致畸能力和雌激素活性三个方面，评价了双酚 A 及其三种常用替代物（双酚 F、双酚 S 和双酚 AF）对水生生物的影响。发现双酚 F 和双酚 AF 具备与双酚 A 相当、甚至更强的致死、致畸和雌激素效应；而双酚 S 引起的致死、发育毒性和雌激素效应均远低于其他三种双酚类污染物，进而得出了双酚 A 替代物（双酚 F 和双酚 AF）的生态风险不容忽视，而双酚 S 是对水生生物较为安全的替代物等重要结论，对筛选环境友好型双酚 A 替代物，保护水生生态环境提供了重要的参考依据。以斑马鱼胚胎为模型，研究了短期水源性 PAEs（邻苯二甲酸二辛酯，DEHP；邻苯二甲酸二丁酯，DBP）暴露对水生生物的发育影响，同时结合多组学手段，探究 PAEs 对水生生物毒性效应的分子机制。发现 50 微克 / 升的 DEHP 和 DBP 可导致斑马鱼胚胎卵黄囊吸收异常，并干扰胚胎脂类代谢和多种脂类水平，为理解邻苯二甲酸酯类污染物对水生生物早期生命阶段的致毒原理提供了新的思路。

中国水产科学研究院珠江水产研究所，调查了珠三角典型河流不同介质中 PAHs 的主要来源；结合稳定同位素技术及终生致癌风险增量模型（ILCR），探讨 PAHs 在水生食物链上的迁移转化特征和健康风险。发现珠江三角洲水体和表层沉积物中 PAHs 的含量均处于世界中等水平，并且其含量枯水期高于丰水期；利用同分异构体比值法及主成分分析等方法对 PAHs 的主要来源进行分析，结果发现研究区域 PAHs 主要来源于液体燃料燃烧及煤和生物质燃烧的混合燃烧来源，并有极少量的石油排放来源；对 PAHs 多介质迁移特征的研究发现，PAHs 的辛醇—水分配系数（Kow）与其在沉积物—水界面间的分配系数呈现显著的正相关关系，与其生物浓缩系数（BCF）存在抛物线关系，而与其生物—沉积物累积因子（BSAF）间存在线性负相关关系。对不同营养级生物的分析发现 PAHs 在营养级间存在放大效应；珠三角表层水中 PAHs 的总健康风险均处于 $10^{-7}$ 水平，低于美国 EPA 推荐的对致癌物质最大可接受风险水平 $10^{-6}$，但是高于英国皇家协会和荷兰建设与环境部推荐的可忽略风险水平，需引起一定重视。水产品食用健康风险值比饮水暴露风险高出 1—2 个数量级，说明水产品食用已成为造成珠三角河网沿线居民 PAHs 致癌风险的主要途径之一，应予以关注。

中国水产科学研究院南海水产研究所，通过分析全氟辛基磺酸（PFOS）、全氟辛基磺酸钾（PFOS-K）和菲（PHE）对海水小球藻、大型溞、半滑舌鳎等典型海洋生物的非特异性免疫酶活性、药物代谢酶活性、功能基因表达量变化、DNA 损伤和组织病理损伤等指标的影响效应，筛选上述生物体对不同类型污染物的敏感生物标志物并获得污染物的标准限量建议值，并对其可能对海洋生物产生的生态风险进行预测和评估。当前工作主要发现有：高盐度条件下，pH 降低时菲对海水小球藻的急性毒性显著增强，揭示了海水酸化下污染物胁迫对海洋生物的潜在风险，相关研究成果已经在 Scientific Reports（IF=4.122）发表；pH=8 时 PFOS-K 对大型溞的急性毒性显著低于 pH=9 时，高浓度 PFOS-K 对大型溞的摄食率产生明显抑制，表明 pH 与 PFOS-K 大型溞具有明显的复合污染效应，揭示了污染物在环境因子胁迫下的影响特性；转录组研究表明 PFOS 对半滑舌鳎幼鱼的毒性突出表现为免疫毒性，抑制多种细胞因子的表达，引起辅助性 T 细胞分化紊乱。另外，胰岛素、生长激素抑制素、胰高血糖素、肾上腺素以及甲状腺素等激素基因表达被显著影响，表明 PFOS 对半滑舌鳎幼鱼还具有明显的内分泌干扰特征。

中国水产科学研究院南海水产研究所，采用高通量组学技术从整体分子水平研究了农渔药、塑化剂以及防污处理剂等持久性有机污染物对水产贝类和经济鱼类的毒性效应和致毒机理，主要研究结果如下：通过转录组研究发现细胞周期蛋白、性激素合成蛋白等几种生殖调控基因可能是三唑磷农药生殖毒性作用过程中的关键基因和三唑磷污染的潜在生物标志物，代谢组学研究发现三唑磷农药对翡翠贻贝性腺的毒性效应具有明显的性别特异性，雌性贻贝表现为能量代谢和渗透压调节紊乱，而雄性贻贝只表现出能量代谢异常；转录组研究发现低浓度邻苯二甲酸（2- 乙基己酯）酯（DEHP）显著影响雌性尼罗罗非鱼肝脏 4784 个基因表达特征，其毒性主要表现为免疫毒性、生殖毒性和脂类代谢紊乱。

中国水产科学研究院南海水产研究所对当前在环境中广受关注的优先污染物和高产量化学品六溴环十二烷（HBCD）开展了研究。以海水养殖生物红鳍笛鲷为实验对象，研究了 HBCD 溶液和食物相暴露对鱼类发育、一般代谢酶、抗氧化酶、解毒功能酶和甲状腺激素水平等生理指标的影响效应。结果发现 HBCD 对红鳍笛鲷受精卵的发育有明显影响，72 小时 8.33 毫克 / 升浓度组的鱼卵胚胎发育异常率（未孵化、孵化缓慢、孵化畸形及死亡等异常现象）最高为 60%；揭示了 HBCD 溶液和食物相暴露对红鳍笛鲷一般代谢酶、抗氧化酶和解毒功能酶等的影响规律，溶液暴露时生物标志物敏感性为 SOD>GST>AChE>MDA，灌胃时则表现为 GST>SOD>MDA，且高浓度组对红鳍笛鲷组织的胁迫效应最为明显；HBCD 短期胁迫可干扰红鳍笛鲷肝、脑组织甲状腺的相关机能，其中随暴露浓度增加肝 T3/T4 比值显著降低、脑 T3/T4 比值呈先升后降的变化规律验证了鱼脑对甲状腺的调控机制；连续投喂条件下 HBCD 在红鳍笛鲷肌肉内有明显的生物积累，且 HBCD 在生物体内发生明显的生物异构化效应，但其异构体含量以 γ -HBCD 为主，α -HBCD 含量较低，未发生 β -HBCD 转化。上述研究结果提示我们应该加强 HBCD 如何作用于生物过程并干扰生物过程的研究，尤其在 HBCD 暴露对人类健康和环境具有的各种风险研究应当予以关注。

中国水产科学研究院南海水产研究所开展了代表性污染物和农渔药对重要水产增养殖品种影响效应的研究。通过研究建立了农渔药 5 种新的分析方法；优化了"贻贝观察"技术体系、增养殖海域新污染源判别法、生物质量和卫生安全风险评估模型；建立了潜在生物标志物综合评判方法；建立基于个体水平、细胞水平和分子水平的综合性毒性效应研究技术体系和指标体系。从空间和时间层面系统解析了近岸增养殖海域贝类体中 14 种代表性污染物的时空变化特征和趋势，判断和识别了华南沿海有机氯污染物的新污染源，系统评价和揭示了生物质量水平和食用安全风险的变化趋势，确定了热点污染物和典型海域。系统阐明了代表性污染物和农渔药对重要水产增养殖生物的毒性毒理影响效应。系统获得对水产增养殖及相关海洋生物的急性毒性基础数据；解析了单独或混合暴露胁迫下污染物和农渔药的积累、释放与代谢的动力学特征，生物标志物的响应关系，以及对生物体的组织形态、组织损伤和相关基因表达的影响效应。首次应用生物标志物整合响应法、秩相关分析法等评判方法，系统筛选和推荐适用于重金属、环境激素类、有机污染物和农渔药的潜在生物标志物 26 种。

中国水产科学研究院黑龙江水产研究所以松花江水体典型雌激素为研究对象开展水体中雌激素的运移规律及生态毒理效应的研究。研究内容包括松花江水体雌激素类物质的污染特征，雌激素及其复合污染多介质多界面迁移转化机制和多种雌激素复合污染的形成机制。通过采用固相萃取富集—气质联机、超声提取—硅胶净化—气质联机等定量检测技术，分析水体中 8 种雌激素类物质（雌酮、雌二醇、雌三醇、乙炔基雌二醇、己烯雌酚、壬基酚、辛基酚以及双酚 A）的浓度水平及赋存状态，考察其污染特征及生态效应，解析其来源和归趋状况，分析其时空变化规律，筛选出典型的雌激素类物质。通过雌激素复合污染的吸附解析实验，研究其在水—沉积物上的微界面迁移过程、聚集行为、沉降特性及有害性效应，并探求其吸附—解析的机理；通过微生物对复合污染物的生物富集特性探讨雌激素复合污染对微生物细胞的冲击效应及影响机制；通过与单一污染物微生物转化对比，解析多种雌激素复合污染微生物迁移转化的作用机制。通过复合雌激素在鱼体内的迁移过程与组织分布，与生物靶器官、细胞、细胞器直至生物分子的结合及对鱼体功能的影响来研究其毒理学效应，采用分子生物学、基因组学等先进的研究手段，从基因表达层面确定其作用机制，评价潜在的生态效应。

（3）溢油污染。针对溢油事故频繁发生的情况，中国水产科学研究院联合黄海水产研究所、东海水产研究所、南海水产研究所开展了溢油污染对海洋生物的毒性效应及致毒机制研究。分别选择胜利原油、东海平湖原油、南海原油、0# 柴油和溢油分散剂对不同鱼、虾、贝类开展个体水平、分子水平和细胞水平的毒性效应及致毒机制研究，选取贝类和藻类研究不同原油和燃料油在食物链中积累和放大的迁移机制；通过石油类污染物富集规律与毒性效应研究，开展水产品质量安全环境风险评估和水产品中石油类污染物食用安全风险评估。通过 3 年的研究，获得了上述油品对不同生物的急性毒性效应数据、分子水平的毒性效应数据、血细胞的病理损伤实验数据、在不同生物体内的富集、释放特征数据及藻—贝类在食物链上的传递实验数据。初步阐明了溢油污染对海洋生物的毒性效应及致毒机制、在海洋食物链中富集和放大的迁移机制，给出了溢油对水产品质量安全影响与风险评估。

中国水产科学研究院资源与环境中心开展了燃料油对水生生物的毒性评估，评价了燃料油对水生生物的致死和致发育毒性的剂量，并利用转录组测序技术，检测了在地表水石油烃浓度限量下，柴油水溶性组分对斑马鱼胚胎的影响，验证了地表水石油烃限量的安全性，同时明确了柴油污染物在斑马鱼体内的作用机制，为正确认识溢油污染对水生生物的危害提供重要基础。

中国水产科学研究院东海水产研究所在已有研究基础上，继续研究我国沿海典型污染油品对海洋经济种类和优势种类的毒理效应，前期已开展的实验油品包括印尼原油、沙特原油、伊朗原油、俄罗斯原油、成品油 –20# 柴油、F380、F120、F180 等。目前已获取上述油品对于大黄鱼、黑棘鲷、中国明对虾、日本囊对虾、拟穴青蟹、三疣梭子蟹、褶牡蛎和缢蛏不同生活史阶段的半致死浓度数据。基于毒理实验数据开展相关后续研究，包括溢油污染对东海渔业资源及生态环境影响关键问题及应对技术研究、消油剂处理油污染对缢蛏的毒性效应及富集动力学研究和基于 IBR 指数模型评价燃料油、原油对缢蛏的慢性毒性效应。

中国水产科学研究院南海水产研究所在已有研究基础上，结合目前我国海洋溢油污染日趋严重的现状，选择具有环境指示功能的贝类菲律宾蛤仔为研究对象，研究了0#柴油和南海流花原油对菲律宾蛤仔个体、分子和细胞水平的毒性效应，结果发现菲律宾蛤仔鳃组织中CAT和POD活力对南海流花原油水溶性成分暴露较为敏感，它们可能是海洋石油污染的潜在生物标志物之一；通过石油烃与C1qDC蛋白基因家族表达模式相关性研究，结果表明0#柴油和南海原油水溶性成分对蛤仔C1qDC蛋白表达调控主要表现为两种形式，即表达的诱导和表达的阻遏，表明石油污染可能激活了蛤仔的免疫调节系统，不同类型C1qDC蛋白直接或间接的参与了蛤仔体内石油烃解毒过程；同时发现VpC1qDC1基因表达对南海流花原油水溶性成分的响应最为敏感（最高535倍），可以作为监测或评价原油污染的潜在敏感生物标志物；0#柴油暴露后，菲律宾蛤仔肝胰腺和鳃组织均出现了一定程度的组织损伤，具有明显的浓度效应，高浓度0#柴油作用下组织损伤更显著。研究结果对于探讨有污染物对菲律宾蛤仔的致毒机理及敏感生物标志物，建立多指标体系海洋溢油生物监测技术体系提供了重要的理论依据。

### 3. 渔业环境结构和生物指示物

（1）环境指示生物研究。中国水产科学研究院南海水产研究所对广东沿海网箱养殖区环境耐药随时空变化的研究取得新进展。中国水产科学研究院南海水产研究所完成的我国广东省海水鱼类网箱养殖区中的耐药菌（ARB）和耐药基因（ARGs）随时空变化研究取得新进展，查明了ARB和ARGs在广东省主要海水网箱养殖区中的分布特征，发现ARB丰度及多样性不随时间发生显著性变化，但随空间变化具有差异性显著；ARGs丰度在捕捞期显著高于苗期及饲养期。海水鱼类网箱养殖环境中ARB具有一定的稳定性，而ARGs则具有一定的持留性和增长性，这可能与不同海区的养殖模式及环境因子变化有关。

中国水产科学研究院南海水产研究所对比研究了大亚湾鱼类养殖区与非养殖区沉积环境中细菌的垂直分布，发现鱼类养殖使细菌的丰度及多样性显著下降，并且养殖区细菌群落结构的垂直分布与非养殖区差异显著。而随着深度的增加（10厘米以内），细菌的丰度及多样性均呈显著的下降趋势，驱动这一变化过程的主要环境因子为含水率、总氮、总有机碳和碳氮比。另外，大亚湾沉积环境中细菌的优势种群依次为 δ-变形菌、γ-变形菌、绿弯菌门和拟杆菌门。

中国水产科学研究院珠江水产研究所研究了珠江口八大口门浮游细菌群落时空分布格局，发现珠江口八大口门浮游细菌优势种群依次为 β-变形菌、α-变形菌和γ-变形菌，其群落结构多样性呈季节性和空间性差异，驱动这一变化过程的主要环境因子为温度、电导率和盐度，其群落功能多样性诸如氨基酸代谢、碳水化合物代谢、能量代谢、膜转运、细菌运动性蛋白等呈现明显的季节性差异。

中国水产科学研究院珠江水产研究所在国家自然科学项目"珠江颗粒直链藻形态多样性机制及其对水体营养等级的指示功能"支持下，研究阐明了珠江中下游颗粒直链藻形态多样性机制及其对水体营养等级的指示功能。发现珠江中下游水域有两种直链藻具端刺，分别为颗粒直链藻和赫组基直链藻。颗粒直链藻的细胞形态参数（细胞直径和细胞长度）之间存在紧密关联。径流量影响颗粒直链藻的生活周期及藻链长度的变化；弯曲藻链所占百分比是空间分布的良好指示特征，而具末端分裂刺的藻链所占百分比是季节变化的良好指示特征。

中国水产科学研究院南海水产研究所以南海北部典型底栖双壳贝类作为研究对象，通过传统的生态毒理学与分子毒理学相结合的手段，系统研究了典型污染物对贝类不同生物学水平（分子、细胞、个体）的毒性效应，基于生物标记物的响应水平建立了典型环境污染物的生物监测技术方法。通过研究获得了壬基酚、多溴联苯醚、三唑磷、铜和镉等典型污染物对翡翠贻贝、波纹巴非蛤和菲律宾蛤仔等海洋底栖贝类的急性毒性数据及其安全阈值；通过组织细胞学手段发现有机污染物可以诱导贝类鳃绒毛融合现象发生，揭示贝类鳃组织可能是有机污染物作用的靶器官之一；研究发现有机污染物对贝类 SOD、CAT 等抗氧化酶活力和 MDA 含量影响呈现明显的时间和剂量效应；基因毒理学研究发现有机污染物对贝类 CYP1A 基因表达具有显著影响，提示有机污染物的毒性机制可能与芳香烃受体通路有关。筛选出以抗氧化酶、细胞色素 P450 酶系以及 CYP1A 基因表达等为敏感生物标记物的生物监测指标，可为海洋环境中典型污染物的监控与风险评价提供有效的早期预警手段。

（2）渔业生境与食物网结构研究。中国水产科学研究院南海水产研究所在国家重点基础研究发展计划（"973"计划）"人类活动引起的营养物质输入对海湾生态环境影响机理与调控原理"项目第四课题"生态系统功能对生态环境变化的响应机制"资助下，构建 Ecopath 模型，对比研究了典型海湾（大亚湾、胶州湾）生态系统结构和能流特征。发现大亚湾不同时期的能量流动均以牧食食物链为主，高营养级鱼类渔获量较低。此外，2015—2016 年第 II 营养级转化效率明显过低，只有 4.42% 的初级生产力参与到系统循环，说明系统有较多能量未被利用。2015—2016 年胶州湾生态系统每年的系统总流量为 13884.680 吨 / 平方千米，系统连接指数和杂食指数从 1981—1982 年的 0.27 和 0.14 减小为 0.25 和 0.12，Finn's 循环指数和平均路径长度也大幅减小，食物链变短，功能组间相互影响小，说明胶州湾生态系统正处于不稳定，容易受外界环境干扰的状态。两个海湾生态系统均处于不稳定的退化状态，系统成熟度降低，表征生态系统稳定度和食物网联系复杂性的各项参数指标均减小。在营养级结构上，大亚湾和胶州湾生态系统均出现鱼类营养级下降的趋势，现阶段大亚湾生态系统结构相对优于胶州湾。原因在于胶州湾高营养级鱼类生物量仅为大亚湾的一半，大型鱼类资源衰退更为严重。该成果将提升对中国近海海湾生态系统演变过程和适应性机制等关键科学问题的认识，为基于生态系统水平的海洋生物资源管理提供科学依据。

中国水产科学研究院珠江水产研究所利用稳定碳、氮同位素分析方法结合 IsoSource

模型分析了珠江河网水生食物网的碳源贡献，发现珠江流域 C3 植物是稳定主贡献碳源，而 C4 植物是稳定低贡献碳源；而悬浮颗粒物和沉水水草对水生动物的贡献变异较大，可能与悬浮颗粒物和沉水水草的时空现存生物量差异大有关。上游宽阔江段主贡献碳源来自 C3 植物，其对该站位消费者 50% 置信水平上的贡献率超出 50%；下游水草床茂盛江段主贡献碳源为沉水水草，其对该站位消费者贡献率接近或超出 50%，C3 植物变为次贡献碳源；而河网分叉江段主贡献碳源为浮游植物，其对该站位消费者贡献率接近或超出 40%，沉水水草和 C3 植物为共同次贡献碳源。珠江河网不同类型江段的主贡献碳源变化特征可能由该江段的碳源储量及消费者的生物可利用性共同决定。研究结果为不同类型水生动物的保护与资源养护提供基础依据，并提出对多元化河流栖息生境的保护是维持珠江河网生态系统功能完整的关键环节。

中国水产科学研究院淡水渔业中心开展了基于微化学的渔业生态保护研究和应用。利用先进的电子探针、激光烧蚀等离子质谱、稳定同位素质谱分析等技术，重点研究了长江名贵鱼类刀鲚资源和生境变化特征，建立了其耳石中对应于不同盐度水体生境元素微化学图谱，反演了其洄游履历和不同生态型组成规律，首次在距长江口近 1000 千米的鄱阳湖中庐山市到都昌县湖区发现和定位了一个溯河洄游型刀鲚的产卵场；掌握了长江干流、沿江湖泊（如鄱阳湖、洞庭湖、太湖、高宝湖、固城湖等）、临近东、黄海，钱塘江、瓯江等水域刀鲚耳石微化学"指纹"特点，确认了鄱阳湖刀鲚溯河繁殖洄游的回归性；确证了鄱阳湖及长江口和邻近黄海海域刀鲚资源较为紧密的关联性等；并将微化学技术也已成功拓展应用到了其他淡水鱼类的生境和资源保护中。

**4. 渔业生态环境保护与修复技术**

（1）浅海养殖区生态修复技术。中国水产科学研究院南海水产研究所在院基本科研业务费重点项目资助下，研究了贝藻养殖模式对海湾水体碳酸盐体系的影响，项目研究人员在大亚湾现场条件下采用围隔实验方法，探讨了葡萄牙牡蛎（*Crassostrea angulata*）和龙须菜（*Gracilaria lemaneiformis*）养殖对海水无机碳体系的影响。研究发现贝藻养殖对海水的无机碳体系以及 $CO_2$ 的海气通量会产生显著的影响，其影响程度与养殖模式密切相关；牡蛎养殖使海水中 pH，TA 和 $CO_3^{2-}$ 浓度降低，$pCO_2$ 升高；而贝藻复合养殖则使 DIC、$CO_2$ 浓度和 $pCO_2$ 降低，并受到贝藻养殖比例的显著影响，说明龙须菜可以有效吸收牡蛎释放的 $CO_2$；从海–气二氧化碳通量角度，牡蛎单养模式下 $CO_2$ 表现为从海水向大气的释放，而贝藻养殖组的 $CO_2$ 是从大气向海水流动，即吸收大气 $CO_2$。研究表明，当两种物种以大约 4:1（基于鲜重）的比例进行复合养殖时，可使龙须菜进一步有效利用海水中的 DIC，增加海洋的二氧化碳汇。该成果为进一步深刻认知高强度海水养殖对海湾物质循环过程的影响提供了科学依据（韩婷婷，齐占会等，2017，2019）。

中国水产科学研究院南海水产研究所针对广东大亚湾岩相潮间带马尾藻资源严重衰退，天然藻场遭到严重破坏的现状，在大亚湾马尾藻场的生态学调查和马尾藻繁殖生态学的基础上就地取材，采用简便经济的"网袋捆苗投石法"，在大亚湾受损岩相岸线和人工抛石岸线开展半叶马尾藻移植实验，并对移植半叶马尾藻的生长发育跟踪调查。初步研究结果表明，移植4个月后，半叶马尾藻存活率为36.7%，其中66.7%存活的半叶马尾藻通过假根的多次萌发成功再附着在网袋上；移植5个月后，存活的半叶马尾藻的成熟率达81.8%，与野生藻体的成活率（91.5%）无显著性差异；移植6个月后，半叶马尾藻茎和主枝腐烂脱落，只留下固着器，并在固着器上萌发出新芽。该项研究初步探讨马尾藻场修复与重建技术，为恢复大亚湾马尾藻资源和藻场生态功能，构建藻场人工生态岸线提供科学依据。

中国水产科学研究院黄海水产研究所根据象山港海域的特点，筛选了铜藻和马尾藻作为夏季生物修复工具种，并开展了两种藻类的生理生态学研究，研究了的营养盐动力学特征及其生长、光合作用的影响因子，现场测定了上述藻类的生长特性，通过测定密闭容器中溶解氧和无机碳浓度的变化，从产氧和固碳两个方面研究了它们的光合固碳能力。针对海水人工湿地中氮迁移、转化的各种物理、化学和生物过程，尤其是氮的硝化、反硝化与厌氧氨氧化过程，开展人工湿地中的植物、基质和微生物在去除海水养殖外排水中氮的贡献与作用的研究。分析海水人工湿地系统中不同时间、空间微生物群落的分布、组成和数量，酶的组成和活性及其与氮净化效果的关系，探讨不同盐度、氧化还原环境对系统内微生物群落结构与功能的影响，识别人工湿地除氮的关键生物过程及其控制因素。

（2）淡水池塘养殖环境修复。中国水产科学研究院淡水渔业中心研究建立了藻类定向调控和固化微生物修复技术。①藻类定向调控技术通过在吉富罗非鱼养殖过程中添加有机肥、鸡粪和牛粪，对水质、浮游动植物群落结构等数据进行分析结果表明添加鸡粪对水质改善效果较好。通过不同光照强度、温度、pH、营养盐浓度采用正交设计法研究其对小球藻、鱼腥藻和栅藻竞争性生长的相关研究，结果表明通过调节养殖水体pH值以及普通小球藻的浓度来控制鱼腥藻的生长，小球藻和鱼腥藻不稳定共存。②固定化微生物技术，在固定化微生物和底部微生物群落构建领域，筛选到水质氮磷去除效果最好的弹性填料，比较了填料内外侧微生物群落结构，重点关注古细菌、真菌和氮氧化细菌类型的变化，分析固定化微生物技术处理水体上层、水泥界面和底质微生物群落结构的变化，结果表明，一定面积的弹性填料能通过调整微生物群落结构起到水质净化功效，但在实际生产中需要注意填料可能存在耗氧现象。③水上植物修复，通过浮床种植中草药植物，凝练出单轮种植，三明治模型，轮作模型等模式，既能显著降低水质和底质指标，释放出的化感物质抑制病原菌生长，降低鱼类饵料系数提高鱼类产量，降低病害发生率。

中国水产科学研究院珠江水产研究所主持完成了"浮游植物群落对池塘水质指示与调控作用研究"，通过对珠三角地区的四种密养淡水鱼塘水体主要理化参数监测与分析，阐明了池塘水体叶绿素a含量和水环境因子动态状况，分析不同养殖品种间的池塘水体环境因子差异，探索池塘水体浮游植物群落结构特征及演变状况与水环境因素的相互关系。同时研究不同浓度水平高铁酸盐与水体理化特征及浮游植物群落结构参数的相互关系。研究结果为探明池塘水体环境对浮游植物群落结构的影响效应，池塘水体的水质评价及生态修复提供科学依据。

（3）牡蛎礁建设对环境修复。中国水产科学研究院东海水产研究所开发牡蛎礁构建技术。实验室根据前期在长江口区域的牡蛎礁研究基础，结合研究区域沿岸底质类型、水文动力、地形地貌等环境条件，成功于江苏省蛎蚜山和洋山岛等区域构建一定规模的牡蛎礁体。同时，针对牡蛎礁生态价值评价、牡蛎礁幼体附着机制等限制牡蛎礁构建效率的关键技术展开技术攻关。

（4）海水硝化菌硝化特性与应用研究。中国水产科学研究院南海水产研究所从集约化对虾养殖水体中富集获得了具有硝化功能的微生物菌群，经多次反复验证该菌群功能及群落结构均具备良好的稳定性。然后再从中分离了多株高效去除氨氮的硝化菌株 XH1、XH2、XH5；通过一系列测试对比后选取其中的菌株 XH2 先行开展了产业化应用研究，明确了盐度、pH、温度、溶氧等环境因子对菌株 XH2 的氨氮去除效果和生长特性的影响。结果发现，该菌株在盐度 5—45、pH 6.0—9.0、15—45 摄氏度及通气量 1—2 升 / 分钟的条件下生长良好，菌量最高可达 $1.03 \times 10^9$ 细胞 / 毫升；在盐度 25—45、pH 6.0—9.0、15—30 摄氏度、通气量 1—2 升 / 分钟的条件下，菌株对氨氮的去除效果显著（$P<0.05$），在第 1—3 天对培养液中氨氮的最高去除率可达 90%—100%，此后培养液中的氨氮浓度始终维持在较低水平，其对各实验组中的亚硝酸盐氮浓度无明显影响。再将菌株 XH2、沼泽红假单胞菌、干酪乳杆菌等多株有益菌分别与硝化菌群进行配伍，结果发现，菌株 XH2 和沼泽红假单胞菌分别添加至硝化菌群中能明显提升氨氮的去除效率，且效果稳定，其中又以菌株 XH2 配伍组的效果更优，干酪乳杆菌则在一定程度上抑制了硝化菌群对氨氮和亚硝酸盐的去除功能。经鉴菌株 XH2 为玫瑰红红球菌（*Rhodococcus rhodochrous*）。目前该菌株已对其进行了工业化发酵中试生产，结果表明，发酵菌剂在零换水高密度对虾养殖水体中具有良好的环境适应性和氨氮降解特性，可用于养殖水体有害氮素的防控与去除。

中国水产科学研究院黄海水产研究所开展海水异养硝化—好氧反硝化菌株 X3 的生产、应用技术研究。重点研究异养硝化—好氧反硝化细菌 X3 的降氮的效果，分析各种形态氮的降解和转化。研究结果表明：在 72 小时的实验过程中，降解液中总氮含量呈降低趋势，氨氮也变现为连续降低的趋势，亚硝酸氮为先升高后降低的趋势，硝酸氮为先降低后升高的趋势，有机氮则一直保持升高的趋势，且实验结束后有机氮所占比例由初始时的 39.3% 升高到 94.3%。通过提取基因组 DNA，并以此为模板，获得细菌 X3 的荧光定量 PCR 检测曲线，建立了水体中异养硝化—好氧反硝化细菌 X3 的实时荧光定量 PCR 检测方法。为了解异养硝化—好氧反硝化细菌使用过程中各种形态氮的转化提供理论依据

## 5. 渔业生态环境质量管理技术

中国水产科学研究院南海水产研究所组织开展了广东省沿海人工鱼礁区选址调查与勘

探，组织编制了《广东省沿海人工鱼礁区选址海底地形地质调查报告》《广东省沿海人工鱼礁区选址岩土工程勘察报告》《广东省沿海规划新建人工鱼礁区通航安全影响研究报告》《广东省沿海人工鱼礁建设可行性研究报告》等一批专题报告，并以此为基础，最终编制形成了《广东省沿海人工鱼礁建设规划（2018—2030）》，并通过会议评审。该《规划》总结了广东省以往人工鱼礁建设的成效与经验，并根据广东省沿海资源环境特征、渔业资源现状、海域开发利用情况，提出了广东省沿海人工鱼礁区选址、礁体选型、规格选择、礁区布局、建礁规模、技术研发应用的规划内容和规划目标，符合广东省沿海人工鱼礁建设和渔业资源环境保护实际，有效地支撑了人工渔礁建设以及渔业生态环境保护和渔业资源养护工作。

中国水产科学研究院淡水渔业中心建立了中华绒螯蟹体成分和原产地之间的元素之间的同位素微化学"指纹"，利用电感耦合等离子质谱分析技术获得了几个不同水域原产中华绒螯蟹第 3 步足元素矿质元素和稳定同位素微化学"指纹"，比较把握了采自长江水系的阳澄湖、太湖、洪泽湖、高宝湖、长荡湖以及巴城、兴化"泓膏"养殖水域和长江口崇明自然水域等 8 个产地中华绒螯蟹中稳定同位素 $\delta 13C$、$\delta 15N$ 比值及多元素 Na、Mg、Al、K、Ca、Mn、Cu、Zn、Sr、Ba 含量"指纹"特征，发现当综合运用上述稳定同位素比值及多元素含量微化学数据来进行有针对性的判别分析和支持向量机算法等多元统计模型判别时，可获得高达 99.4% 的交叉验证产地溯源或判别率，为促进中华绒螯蟹原产地辨别提供了有效地技术支持，有利于该产业的健康发展。

中国水产科学研究院南海水产研究所针对海上风电建设对渔业环境的影响，采用现场调研、现场监测、综合评价等方法，对海上风电场项目工程施工期和营运期的海床扰动、悬浮物污染扩散、水下噪声和电磁辐射等主要影响因素进行了识别，分析评价了工程建设对邻近的自然保护区海洋自然保护区的影响，提出了针对性的系列环境保护对策措施。

根据海水滩涂贝类养殖区域规划和监测管理的需求，中国水产科学研究院、中国水产科学研究院南海水产研究所联合主持完成了《海水滩涂贝类养殖环境特征污染物筛选技术规范》的水产行业标准。《海水滩涂贝类养殖环境特征污染物筛选技术规范》规定了特征污染物和潜在特征污染物筛选流程、实地监测要求、特征污染物和潜在特征污染物筛选，规定了特征污染物和潜在特征污染物筛选的后续管理要求。此规范为海水滩涂贝类养殖区域规划和监测管理提供了技术支持。

中国水产科学研究院淡水渔业研究中心编写的江苏省地方标准《淡水池塘循环水三级净化技术规范》（DB32/T 3238—2017）已发布，无锡市地方标准《淡水池塘原位修复集成技术规范》和《稻蟹共作技术规范》已批准立项。按江苏省农业农村厅部署安排，江苏环太湖流域百亩连片养殖场总面积 60 余万亩，全部要求实施循环水养殖工程，其中沿湖 3 千米进行池塘标准化改造，做到尾水达标排放或循环利用。课题组于 2017 年开始承担苏州市（吴中区、吴江区）、无锡市、常州市池塘标准化改造规划和水域滩涂规划项目共计10余项，目前已对上述区域完成标准化池塘改造规划（吴中区Ⅰ期1万亩，Ⅱ期7万亩，吴江区4万亩），对东山镇、同里镇等10多个乡镇的养殖池塘进行了详细规划、可行性论证以及指导部分区域的改造实施工作（如东山镇、临湖镇、甪直镇），已形成以虾蟹类、鲈鱼为主导养殖品种的养殖格局。课题组联合吴江、吴中区农业农村局、无锡市畜牧水产推广总站、常州市水产技术指导站等单位联合攻关，结合水科院基本业务费对池塘养殖尾水处理方案进行优化设计，对水质处理运行参数进行优化调试，摸索出适合华东地区水产养殖特点的池塘养殖尾水处理模式。此外，完成了大百科全书词条的编写工作，2018年底结合精准扶贫开始承担内蒙古巴彦淖尔市渔业发展规划编制工作，规划方案预计于2019年年底出台发布。

## （二）主要科技成果

### 1. 代表性污染物和农渔药对重要水产增养殖品种影响效应

中国水产科学研究院南海水产研究所针对我国水产增养殖水域生态环境不断恶化，水产品质量和卫生安全潜在风险增大的现状，项目组系统研究了南海北部近岸代表性污染物和农渔药对重要水产增养殖品种影响效应，在污染物监测技术和研究方法创新、南海沿岸生物体污染物变化特征和安全风险评价、重金属及环境激素对生物体的毒性影响效应研究以及生物体中农渔药的残留代谢和影响效应研究方面取得了重要创新成果：①创新污染物监测技术和研究方法。研发8项农渔药新分析方法，创立安全风险评估新模式，创新生物标志物综合筛选法并推荐潜在生物标志物26种；②拓展和深化对污染物变化特征和安全风险的认知水平。阐明14种污染物在近海贝类体中的长期污染时空变化特征，识别了新污染来源，揭示了生物质量和食用健康风险演变趋势；③拓展和阐明了环境激素类有机污染物、重金属和农渔药对生物体的毒性影响效应。阐明7类9种有机污染物胁迫下11种生物体的响应特征、变化规律及其综合影响效应；阐明9种重金属在不同营养层次生物体的积累、释放及其综合影响效应；阐明12种农渔药与污染物对10种生物的急性毒性，阐明7种农渔药在生物体中的吸收分布、消解规律和影响效应。获得了2016年度获广东省科学技术奖三等奖。

中国水产科学研究院淡水渔业中心深入研究了农药灭多威生殖毒理与消除规律，发现灭多威通过血清、肝脏氧化应激、细胞凋亡等信号通路显著抑制吉富罗非鱼生殖发育，且长时间高浓度暴露处理不可恢复。灭多威能通过"脑—垂体—肝脏—性腺"轴显著影响不同部位关键信号因子基因和蛋白的表达。通过cDNA和SSH文库筛选到关键信号分子在调控生殖发育的分子机制，并试图通过生化反应、植物吸收等途径摸索灭多威的降解途径，相关研究成果发表在 *Ecotoxicol*，*Chemosphere*，*Environ Ecotoxicol* 等毒理学领域TOP期刊上。

### 2. 渔业环境和资源养护技术研发与应用

辽宁省海洋水产科学研究院针对渔业资源衰退，深入研究解析其成因，构建了"长时间序列""高密度""全覆盖"的辽宁海域渔业资源动态监测体系，探明了资源变动及衰退机制；突破了规模化增殖放流关键技术和效果评估技术，构建了国际先进的人工鱼礁效果评价体系，创建了人工产卵礁修复示范区，创新发明了保护型人工鱼礁与增殖修复装置；完善了高效渔业管理策略，并在国家、省级决策层面成功应用。10余年来，在调查与养护技术、装置与软件研发和管理策略等方面取得了一批填补国内空白、国际领先的创新成果，突破了海洋生物损害赔偿核算的"瓶颈"问题，成功实现了具北方特色的大规模增殖与养护技术的产业化应用，效益极为显著。该成果获得2018年辽宁省政府科技进步奖一等奖。"黄渤海生物资源养护关键技术与应用示范"2016年获国家海洋科技奖一等奖；"北方近海渔业资源演变趋势及养护技术示范"2018年海洋工程科学技术奖二等奖。

### 3. 海洋生物对典型环境干扰因子的响应

中国水产科学研究院东海水产研究所主持的"海洋生物对典型环境干扰因子的响应研究"项目系统研究了鱼、虾、蟹、贝、藻类等12种海洋生物在人为干扰的典型环境因子（盐度、水温、氨氮、悬沙、重金属、持久性有机物）胁迫下的生物影响效应。从分子、细胞和个体三个层次上探索海洋生物受体对污染的毒理响应机制与表征；构建了典型环境污染因子对海洋生物的生物富集动力学模型，获得了上述污染环境因子在海洋生物体内的富集、分布和迁移规律；采用综合生物标志物响应指数评价技术阐明了典型环境因子对海洋生物的剂量—时间效应关系，解析了各类环境污染物对海洋生物的氧化损伤致毒机制及抗氧化防御机制，解决了典型环境因子对海洋生物影响效应的评估方法等技术难点。项目的成果对于认清环境因子改变对海洋生物的影响机理和生态系统的响应机制、变动趋势具有重要意义，为海域环境和生物资源的生态保护提供科学参考。该成果获得2016年度上海海洋科学技术奖一等奖（海洋科技进步奖）和中国水产科学研究院獐子岛渔业科技进步奖励基金二等奖。

### 4. 渔业生境修复重建技术

中国水产科学研究院南海水产研究所主持的"马尾藻场生态修复重建技术应用示范与推广"针对马尾藻场破坏严重、藻场日益萎缩的现象，黄洪辉研究团队系统集成"马尾藻幼苗度夏培育技术""马尾藻网袋捆苗藻礁构建技术""马尾藻苗绳夹苗藻礁构建技术"等关键技术，构建了马尾藻场生态修复重建技术体系，展现出修复模式操作方便、花费资金少、实施风险低、成功率高等特点，易于推广应用，为我国亚热带沿海生态系统修复提供了新型的生态高效修复模式和新的修复理念。该成果取得良好推广效益：2014年在深圳大亚湾杨梅坑的受损岩相潮间带海域，修复马尾藻岸线100米；2016年在深圳大亚湾大礁七星湾海域重建马尾藻岸线500米；2017年在惠州大亚湾横洲岛潮间带海域和大辣甲岛东侧浅海区修复重建了马尾藻岸线 1000 米和浅海藻场 8500 平方米；还在大亚湾横洲岛修复重建的藻场海域采收紫海胆 20000 公斤，产值 104 万元，采收马尾藻 11.2 吨，产值 22.4 万元。获得广东省农业技术推广奖二等奖。

中国水产科学研究院淡水渔业中心研究建立了中草药对养殖池塘环境的生态调控技术。浮床种植中草药既可以带走池塘 N、P，还能通过释放化感物质抑制病原菌生长，或通过鱼类啃食中草药根部增强其免疫能力，进而提高水产品品质，有望成为抗生素替代的重要途径。团队以去除 N、P 效率和对水产常见病原菌抑菌效果为目的筛选出适宜水上种植的中草药品种鱼腥草、虎杖、薄荷、水龙、夏枯草等。种植比例为 5%—10%，能降低水质和底泥指标，降低细菌总数，最佳种植模式为单种种植、三明治组合模型和轮作模式。鱼类可能通过肠道分泌孔增多吸收中草药根部主效成分，激活炎症反应相关信号通路（促进抗炎因子，抑制前炎症因子蛋白及基因层面的表达）使鱼类免疫能力显著提高。寻找到饲料中中草药主效成分（如白藜芦醇）的最适添加量为 0.025 克/千克，其造成血清、肝脏总体转录组水平的变化较小，肠道微生物群落结构变化程度较小，有益微生物增多，致病微生物减少。在无锡宜兴市屺亭养殖基地、鹅湖甘露青鱼养殖基地和苏州未来水产养殖场进行示范与应用。

### 5. 菊酯类农药对渔业危害的研究

拟除虫菊酯类是第三代农药，在我国对渔业水域造成一定污染，也给食品安全带来隐患，其潜在的污染与毒害目前仍无法估算。中国水产科学研究院珠江水产研究所借助均匀设计试验法和计算机多元拟合技术，建立了三种菊酯物质的气相色谱检测方法。完成了溴氰菊酯、氯氰菊酯、氰戊菊酯等农药安全评价，明确了三种聚酯药物对鱼类的毒性大小顺序为：溴氰菊酯＞氯氰菊酯＞氰戊菊酯，提出了三种菊酯类药物的渔业水体安全限值，填补了国内空白。菊酯药物对鱼类毒性的组织病理学研究为国内外首创。建立了广东省地方标准《渔业水体中溴氰菊酯的测定气相色谱法》（DB44/T 316—2006）。本项目建立的菊酯类药物检测方法已成熟运用于渔业水域水、水产品、沉积物含量水平调查；建立的菊酯类药物在水中消减模型及安全性评价为渔业水域污染评价，污染事故处理提供技术支持。该成果 2014 年度获广东省科学技术进步奖三等奖。

### 6. 基于生物指示物的渔业生物生境反演和渔业环境评价技术

中国水产科学研究院淡水渔业中心研发的基于我国鱼类耳石微化学的渔业生物生境、栖息地反演技术和基于"标准化"背角无齿蚌的淡水渔业环境污染的监测和评价技术已得到国内外学术界的高度关注。①通过运用自主建立的溯河洄游和淡水定居/陆封刀鲚客观判别耳石微化学"指纹"标准和图谱，对在长江、通江湖泊和河口邻近海域所采 3000 多尾刀鲚精准地进行了洄游生态型判别和生境履历的反演，成功确定了目前溯河洄游型刀鲚的分布区为鄱阳湖的湖口、庐山、都昌、鄱阳、余干湖区；长江的安徽安庆、铜陵、芜湖、马鞍山江段，江苏南京、镇江、靖江、无锡、苏州、南通，上海崇明及长江口江段；

临近海区的长江口、吕四、海州湾、大沙、舟山、鱼山和温台渔场水域，为有效追溯刀鲚的"三场一通道"，并在这些水域开展刀鲚有效的养护奠定了坚实的基础；同时通过相关技术发现了刀鲚长颌鲚群体存在淡水定居型个体及短颌鲚群体中存在溯河洄游型个体的现象，推翻了长期以来用上颌骨的长短作为鉴别刀鲚是否为洄游个体的传统判别和管理经验，为更准确把握洄游型和淡水定居型这两类经济价值截然不同的刀鲚资源种群动态并客观评价两类生态型刀鲚资源量的实情提供了更客观的理论依据。2016 年 2 月，上述部分成果参与获得了江苏省科技进步奖一等奖。2018 年 12 月，科研成果"鲚属鱼类渔业生态学的耳石微化学技术研究"通过了农业农村部科技发展中心的成果评价，达到国际先进水平。2018 年 11 月，还有 1 篇论文被选入"领跑者 5000– 中国精品科技期刊顶尖学术论文"（F5000）名录。②针对国内外尚无系统的淡水渔业生态环境"贝类观察"监测体系的局面和我国国情，研究团队创新性地筛选出了淡水双壳贝类——背角无齿蚌（*Anodonta woodiana*）等作为研究对象和统一的指示物种，以环太湖代表性水域原位采集蚌样开展了污染物的被动监测；以近、远水域异地移殖人工繁育"标准化"（如亲本可知、规格可控、污染背景低、可自由移殖回捕等）背角无齿蚌样开展了太湖、武汉东湖等水域污染物主动监测；以及基于人工繁育技术突破而自主繁育及养殖的"标准化"背角无齿蚌活体标本库（包含钩介幼虫、稚蚌、幼蚌和成蚌）开展了重金属污染物毒理、生化、行为等早期生物指示和预警等不同层次的研究；并进一步较为全面地研究确认了与建立指示物种较为规范化，监测方法及相关专用网箱等较为标准化，具有较强实用性之淡水贝类"背角无齿蚌监测体系"等不同方面相关的可行性，总体取得了良好研究效果和成果突破。其结果于 2016 年 12 月分别参与和获得了江苏省海洋与渔业科技创新奖一、三等奖。

## （三）主要研究平台

### 1. 全国渔业生态环境监测网

全国渔业生态环境监测网成立于 1985 年，主要承担着我国重要渔业水域生态环境的监测任务。自成立以来，监测网各成员单位在全国各级渔业行政主管部门的指导与支持下，认真履行职责，积极开展对我国重要渔业水域的常规监测、应急监测和专项监测等工作。2018 年常规监测范围达到 160 余个重要渔业水域，数据量超过 10 万，总面积超过 1100 万公顷，基本覆盖了我国渤海、黄海、东海、南海四大海区及黑龙江、长江、珠江及黄河流域鱼虾类的"三场一通道"、海水鱼虾贝藻类增养殖区以及部分水生野生动物自然保护区和国家级水产种质资源保护区等重要渔业水域；监测内容包括水质、沉积物、生物等 30 多项指标。各成员单位在开展监测工作的同时，还积极参与渔业水域污染事故处理、涉渔工程环境影响评价及相关标准或规范的制定，监测网信息化水平显著提高，科研工作取得诸多成果。

全国渔业生态环境监测网包括农业农村部渔业生态环境监测中心、农业农村部黄渤海区渔业生态环境监测中心、农业农村部农村东海区渔业生态环境监测中心、农业农村部南海区渔业生态环境监测中心、农业农村部黑龙江流域渔业生态环境监测中心、农业农村部长江中上游渔业生态环境监测中心、农业农村部珠江流域渔业生态环境监测中心和农业农村部长江下游渔业生态环境监测中心等。

### 2. 国家农业科学观测实验站体系

为了推进我国农业基础性长期性科技工作，加强农业领域长期定位观测监测站点建设，提升农业科学数据的观测、收集、整理、分析和应用水平，2018 年启动农业农村部启动了国家农业科学观测实验站布局建设和试运行工作。目前已有 5 个渔业领域观测实验站，分别是国家农业科学渔业资源环境抚远观测实验站、国家农业科学渔业资源环境大鹏观测实验站、国家农业科学渔业资源环境杨浦观测实验站、国家农业科学渔业资源环境青岛观测实验站和国家农业科学渔业资源环境滨湖观测实验站。

### 3. 农业农村部质量安全检测平台

农业农村部开展渔业生态环境及产品质量安全检测平台有 13 个，分别是风险评估实验室 7 个和质检中心 6 个。7 个风险评估实验室分别为农业农村部水产品质量安全风险评估实验室（青岛）、农业农村部水产品质量安全风险评估实验室（上海）、农业农村部水产品贮藏保鲜质量安全风险评估实验室（广州）、农业农村部水产品质量安全风险评估实验室（哈尔滨）、农业农村部水产品质量安全风险评估实验室（武汉）、农业农村部水产品质量安全风险评估实验室（广州）、农业农村部水产品质量安全环境因子风险评估实验室（无锡），质检中心分别为农业农村部水产种质与渔业环境质量监督检验测试中心（青岛）、农业农村部水产品质量监督检验测试中心（上海）、农业农村部渔业环境及水产品质量监督检验测试中心（广州）、农业农村部渔业环境及水产品质量监督检验测试中心（哈尔滨）、农业农村部淡水鱼类种质监督检验测试中心和农业农村部水产种质监督检验测试中心（广州）。

### 4. 农业农村部重点实验室体系

农业农村部开展渔业生态环境研究的部级重点实验室 8 个，分别为农业农村部海洋渔业可持续发展重点实验室、农业农村部淡水渔业与种质资源利用重点实验室、农业农村部远洋与极地渔业创新重点实验室、农业农村部水产品质量安全监测与评价重点实验室、农业农村部东海渔业资源开发利用重点实验室、农业农村部南海渔业资源开发利用重点实验室、农业农村部外海渔业开发重点实验室和农业农村部淡水生物多样性保护重点实验室。

### 5. 农业农村部科学观测实验站

农业农村部开展渔业生态环境研究的部级科学观测实验站 13 个，分别为农业农村部渔业遥感科学观测实验站、农业农村部黄渤海渔业资源环境科学观测实验站、农业农村部东海与长江口渔业资源环境科学观测实验站、农业农村部南海渔业资源环境科学观测实验

站、农业农村部黑龙江流域渔业资源环境科学观测实验站、农业农村部长江中上游渔业资源环境科学观测实验站、农业农村部珠江中下游渔业资源环境科学观测实验站和农业农村部长江下游渔业资源环境科学观测实验站，等等。

## 三、国内外研究进展比较

结合本学科有关国际重大研究计划和重大研究项目，研究国际上本学科最新研究热点、前沿和趋势，比较评析国内外学科的发展状态。

### （一）国际研究热点与趋势

#### 1. 从更广阔的视野和更深刻的角度认识和理解渔业生产的环境效果

荷兰和美国等国家的科学家将渔业生产的环境效应纳入全球资源和生物地化循环研究，例如规模化水产养殖对全球渔业资源的影响、全球不同类型水产养殖活动向水域排放和吸收的氮磷通量、水产养殖氮磷的排泄并与其他人类活动的比较，探讨人类规模化渔业生产对局部和全球海域重要元素生物地球化学循环的影响。美国等国家的科学家评估水产养殖对物质循环和通量影响，除了从养殖和收获途径外，还深入研究了贝类生物沉积作用对沉积环境硝化 – 反硝化过程的影响，探讨了贝类养殖对氮元素以 $N_2O$ 和 $N_2$ 途径移除水体的影响，更深刻的认知和理解贝类养殖的正负环境效应。

基于产前和产中的水产养殖自身污染的防治。挪威、加拿大、以色列等国家强调在保护水域环境前提下发展渔业生产（称为"清洁生产"），通过构建多营养层次综合养殖模式和技术（integrated multi-trophic aquaculture）在养殖过程加强对氮磷等营养元素的吸收和同化，减少向渔业环境中的输入通量。美国、加拿大、日本等还开展退化生态系统环境修复技术研究，如利用微生物降解技术修复池塘和湖泊沉积环境，用底栖生物吞食有机碎屑修复增养殖环境。对于湖泊、水库等淡水开放水域网箱养殖对环境的影响，已经从定性发展到定量评述，从短期直接到长期间接效应影响评价，构建评价水体承载能力的评估模型，利用 GIS 等建立了较完善的环境预报预警服务体系。

#### 2. 愈发关注陆源污染对渔业生态环境的影响过程及机制研究

除了渔业生产活动对局部水域的影响外，也逐渐重视陆源和空气污染对渔业环境的影响，例如研究发现中国煤炭型发电站的汞排放是另一个对水产养殖构成潜在威胁的污染源。尽管中国目前还缺乏鱼体汞含量的相关统计，但中国的煤炭被认为是美国西部水域中鱼类汞污染的重要原因。

持久性有机污染物和微塑料污染。持久性有机污染物（POPs）由于其在环境介质中的持久性、生物富集性、长距离迁移能力、对区域和全球环境的不利影响以及毒性作用，依然是优先研究方向。近年来对水体中微塑料在水体中的含量、分布、迁移，以及在水生生物体内的富集也成为水生毒理学的研究热点。

### 3. 先进检测手段和渔业环境监测技术研发

渔业水域生态环境监测兼具较为重要的理论和实践意义，通过监测能够实时掌握重要渔业水域生态环境的现状，相关数据可为了解环境对于资源的支撑功能提供基础。快速监测技术系统成为获取环境和污染物信息的主要手段，尤其是在线监测系统正逐渐成为环境污染物快速筛查和在线监测的首选技术。浮标监测技术是集传感器技术，尤其是化学、光学和生物传感器技术、现场自动采样分析技术、电脑数据采集处理技术、数据通信和定位技术、浮标设计和制造技术及防生物附着技术等高新技术为一体，是当前环境监测技术的主要发展方向之一。船载监测技术的发展特点向多功能发展，提高船时利用率，配备多种调查监测仪器，提高现场调查监测的自动化程度和实时数据处理能力。近年来，各类传感器技术在渔业环境监测中不断尝试创新，特别是其中的生物传感器发展较快。同时，基于生物标志物的监测技术也是领域内较受关注的热点。

美国和丹麦等国家的科学家在电化学和传感器技术研究方面取得很大进展，研发了基于光学和化学的平面传感器技术，可以实时动态的监测环境中 pH、$p\mathrm{CO_2}$、$\mathrm{H_2S}$、$\mathrm{O_2}$ 等的一维、二维分布，为更深刻认知沉积物早期成岩化学过程和养殖等人类活动对环境的扰动效应提供了强有力的技术手段，取得了很多新的发现。发展快速监测技术、浮标监测技术、船载监测技术和传感器监测技术、快速监测技术系统成为获取环境和污染物信息的主要手段，尤其是在线监测系统正逐渐成为环境污染物快速筛查和在线监测的首选技术。浮标监测技术是集传感器技术，尤其是化学、光学和生物传感器技术、现场自动采样分析技术、电脑数据采集处理技术、数据通信和定位技术、浮标设计和制造技术及防生物附着技术等高新技术为一体，是当前环境监测技术的主要发展方向之一。船载监测技术的发展特点向多功能发展，提高船时利用率，配备多种调查监测仪器，提高现场调查监测的自动化程度和实时数据处理能力。

元素微化学"指纹"研究。水产品生物背景元素（含重金属、稳定同位素比）值的差异将导致水产品产出潜力及品质形成特质各异。这种元素微化学"指纹"特征性的自然差异和属性的研究已经成为国际上备受关注的研究热点之一，也被日益广泛地应用于渔业生物的生境评价、水产品原产地生境保护、污染监测等方面较为精准的理论研究和技术开发之中。

### （二）国内差距

对渔业生产在全球生态系统中所起的作用还需要从更广阔的视野进行研究。我国的渔业产量居于世界首位，规模化是最显著的特征，如此大规模的养殖只有中国才有，而对环境影响的广度和深度，也是国外相对较小规模养殖所不具备的。如此大规模和高产量的人类养殖活动其对生态系统和全球生物资源也产生了直接和间接的影响。但我们现在更多的是关注渔业生产活动对养殖局部水域环境的影响，而没有把规模化养殖活动的影响纳入全球生态系统和物质循环角度研究。

对养殖环境效应的科学认知还不够深刻。例如我们对贝类养殖环境效应，目前主要是从贝类收获产量估算了对水体中氮磷等元素的移出数量，也测定了贝类生物沉积过程对有机质和氮磷的沉降通量。但是对于贝类对沉积物环境早期成岩过程的影响、对硝化—反硝化耦合反应及与之相关联的 $N_2$ 和 $N_2O$ 释放的影响、对有机质和元素再矿化和埋藏的影响等领域的研究还不够深入，对养殖环境效应的认知和理解还远不够深刻。

陆源污染对渔业环境和养殖生物的影响。目前我们的研究主要关注了养殖活动对水域环境的影响，而对于陆源和空气污染对渔业环境和养殖生物的影响还相对较少。对于近岸和湖泊水域的环境问题多大程度上是由渔业生产造成的，或者说渔业自身污染在全部污染源中占多少的比重，还需要深入研究。

多介质多界面复杂环境和复合污染物行为机制、污染生态系统毒理学诊断开展研究。我国在渔业生态环境监测与保护学科方面，主要针对所辖渔业水域生态环境以及重要渔业品种生境动态及需求等进行监测，重点是水产养殖区与重要鱼、虾、蟹类的产卵场、索饵场和水生野生动植物自然保护区等功能水域。目前具有开展水质、底质、生物及生物质量方面 200 多个参数的监测、评价能力，在水质、底质方面常规项目的分析研究水平与国内环保、海洋等部门相当，对优先污染物监测分析水平弱于环保、海洋等部门。在生物及生物质量方面分析研究、污染事故鉴定与处理水平处于国内领先。在污染生态学研究方面，主要开展单个污染物质或综合性废水对渔业生物急性、亚急性毒性效应的研究，尚未对多介质多界面复杂环境和复合污染物行为机制、污染生态系统毒理学诊断开展研究。在水域生态环境保护方面，主要在降解菌种的筛选，养殖池塘、网箱养殖区、底栖生态环境方面开始进行一些试验性修复研究，尚未形成成熟技术，整体研究水平与国际先进水平差距较大。

随着计算机和网络的大规模应用，GPS、GIS、RS 等在河口渔业的现场调查、数据处理、实验模拟及模型构建等方面也发挥着越来越重要的作用，并开拓了不少新兴研究领域，如河口的系统生态学研究、河口生态构建模型及应用等。分子生物学技术的发展也促进了河口生物类群鉴定及物种保育相关研究的发展。相关分析、监测仪器设备的发展与应用也推动着河口渔业的相关研究由早期的定性研究向半定量及定量研究发展。目前国内对河口渔业生境评价的研究多侧重于评价生态系统的自然状态，如考虑生物指示种、水质、生境等方面，但已经明显呈现出从单一指标走向对系统、综合要素的评价，评价理论由最初的生物学原理—生物群落及生态系统理论，向系统综合评价理论发展。国内河口生态修复方面的工作主要集中在对生态修复技术措施的研究，且研究多停留在局部区域范围内或集中于某一生物群落或物种，对生态修复的其他环节，如退化诊断、生态修复监测、生态修复效果评估及修复管理等方面的研究相对较少，缺乏从整体生态系统水平的生态修复研究。

在内陆河流中，鱼类生态通道和栖息地评估、保护、修复的研究还处于起步阶段，范围较小，有关内陆江河人工鱼巢、鱼礁相关研究仅停留在位置、材料选择上。在渔业生态环境监测与保护方面，重点研究水产养殖区与重要鱼、虾、蟹类的产卵场、索饵场和水生野生动植物自然保护区等功能水域，尚未形成成熟技术。

近年来，我国在生态环境学科方面开展了较为扎实的工作，也取得了较为显著的进展，主要的技术和流程也日趋成熟。然而，国内此领域的相关研究和国外相比，在总体发展水平、监测和修复等技术领域仍存在一定的差异。例如，渔业生态环境研究对于渔业生产的科技贡献率较低，目前国内对于渔业生态的研究多为理论研究，而较具操作性和实践性的研究成果仍然较少，从而相关研究结论对于渔业生产的科技支撑能力有限。我国渔业生态环境大数据库尚不完善，淡水渔业生态环境动态规范化、大规模的监测时断时续，研究手段创新性有待提高，渔业生物生存和产出的最基本生境尚未得到有效保护，新型污染因素及极端气候的许多灾害环境胁迫机理尚不明了，亦缺乏有效的防控措施；而相关研究又仍偏重于应急方式，且支持力度大、较长期的科研专项仍不足且过于集中，互补性、特色性研究力量的整合还需完善；因此，要有效防治渔业水域生产力的下降，渔业水域的荒漠化，渔业生态安全及水产品质量安全难度尚很大。这也阻碍了更好地为各级政府的相关决策提供理论依据和技术支撑的能力。

## 四、本学科发展趋势及展望

分析我国本学科未来 5 年发展新的战略需求和重点发展方向，提出本学科未来 5 年的发展趋势及发展策略。

### （一）战略需求

#### 1. 国家生态文明建设战略是促进渔业转型升级的必要选择

党的十八大以来，以习近平同志为核心的党中央把生态文明建设作为统筹推进"五位一体"总体布局和协调推进"四个全面"战略布局的重要内容，开展一系列根本性、开创性、长远性工作，提出一系列新理念新思想新战略，形成了习近平生态文明思想，生态文明理念日益深入人心，污染治理力度之大、制度出台频度之密、监管执法尺度之严、环境质量改善速度之快前所未有，推动生态环境保护发生历史性、转折性、全局性变化。党的十九大提出加快生态文明体制改革，建设美丽中国，要求推进绿色发展，着力解决突出环境问题；习近平总书记多次强调"绿水青山就是金山银山"，要坚持节约资源和保护环境的基本国策，推动形成绿色发展方式和生活方式。加快推进渔业绿色发展，改善渔业生态环境，既是落实新发展理念、保护水域生态环境、实施乡村振兴战略、保障国家粮食安全、建设美丽中国的重大举措，也是打赢精准脱贫、污染防治攻坚战的重要举措和优化渔

业产业布局、促进渔业转型升级的必然选择。

### 2. 科学认识水产养殖环境效应是推动渔业绿色发展的基础

湖泊和近海水域是养殖的主要区域，养殖对水域自然生态环境的影响也越来越引起广泛的关注。由于水产养殖造成了明显的景观变化，而相比之下工业点源和农业面源对近岸水域的污染不容易引起直观感受，这样很容易误导人们把水产养殖和近岸水域的水体富营养化、有害藻华、缺氧区等生态环境问题联系起来，认为水域生态问题主要是甚至全部是由水产养殖污染造成的。社会上关于水产养殖污染环境的说法不绝于耳，甚至出现取消近岸养殖的声音。而事实上，水域环境恶化很大程度上是由于陆源污染造成的，但是却让水产养殖是替所有问题"背了锅"。这些问题引起了国家高级决策层的关注，农业农村部副部长于康震表示：水产养殖与水环境污染间不是简单画等号的问题，只有出现了不协调，才会带来水环境污染问题。他同时表示，一些地方在处理水产养殖业发展与环境保护关系时出现了偏差，比如搞"一刀切"、一禁了之、一拆了之、一律拆除、一律禁养，"这种简单粗暴的做法我们是不赞成的"。

对水产养殖的误解和夸大，究其原因，本质上还是对"水产养殖正负环境效应"这一科学和产业问题研究得不够深入，对于湖泊和近海水域环境问题，到底是由陆源、大气还是渔业生产造成的？渔业生产输入的氮磷与其他途径相比到底占多大比例等问题，还不能提供坚实的科学数据，不能科学回答。渔业环境学科必须加强这些方面的研究，这是国家生态文明建设的战略需求。

### 3. 加强渔业生态环境科技创新是修复和维护良好水域生态的技术保障

渔业生态环境安全与渔业发展密不可分，尤其是随着现代渔业的快速发展，资源环境污染、生态灾害频发、病害发生频繁等一系列产业升级与转型问题，严重影响着渔业生态安全。在此背景下，基于渔业生态环境角度出发，研究如何依靠科技推动海洋渔业创新，具有重大的现实意义。一方面，有利于凸显生态文明建设在渔业发展中的地位。近年来出现的河口、海湾、湖泊、流域污染严重、滩涂、岸线资源破坏、生态灾害频发等生态环境问题是影响沿江、沿海产业尤其是渔业健康发展的最大阻碍，生态环境安全已经成为影响和制约渔业发展的最根本问题，生态文明建设必然贯穿于渔业发展的全过程。另一方面，有利于提高科技支持渔业发展的能力。经过几十年的高速发展，以传统水产养殖和捕捞为主的渔业已经不适应当前经济社会发展要求。依靠技术优势力量，依托渔业领域的各类产业技术研发项目，突破关键核心技术、创新生产工艺、提高产品技术含量，为渔业优化升级提供技术服务和科技支撑。

### （二）重点发展方向

### 1. 科学评价水产增养殖对环境综合效应

加强系统、全面研究和揭示渔业增养殖活动对环境的影响，投饵型动物和不投饵型

（滤食性）动物以及大型藻类等增养殖生物对环境的正面影响和负面影响，包括对氮磷等生源要素的输入通量和元素生物地化循环的影响，科学、客观、定量化评价渔业活动的环境效应；科学评价藻类和贝类等具有生物滤器功能的养殖生物对环境的生态修复作用和固碳功能；揭示渔业水域环境演化趋势，甄别环境变化中的不同因子的贡献。

建立科学的环境的承载量评估方法，评估不同环境下，不同养殖模式下渔业环境的最大承载量，防止超量养殖，降低养殖自身污染；建立健康的养殖模式，最大限度地减少养殖过程中营养物质的输入通量。

针对典型养殖系统对自然水域生态系统的影响过程与机理等关键科学问题，研究池塘、滩涂、浅海、网箱等典型养殖模式对水体环境的影响及其调控途径；解析典型养殖系统及毗连自然水域中生源要素的转归机制及其对生态环境（碳汇）的影响机理；研究养殖群体或入侵物种对自然资源的影响；建立资源与环境承载力评估模型；解析养殖水域与毗连自然水域环境互作过程和生态效应；构建养殖生物对环境的作用机制模型。

### 2. 渔业生态环境监测、诊断和预警技术

重点研究污染监测生物指示物种的选择，各类环境样品中痕量污染物质分析方法，水质、底质、生物体污染的快速检测技术，渔业生态环境污染现状评估及原因的诊断、渔业灾害的预测、预警技术的研究。近期集中力量监测重要渔业水域受污染的程度包括水质、底质、生物和生物体污染水平，找出渔业水域生态环境变化的原因，特别要弄清养殖污染对环境和养殖生物的影响，及时提出预警和改善生态环境的相应措施。

### 3. 渔业污染生态学和环境安全评价技术

结合生物指示物、生物指示指标体系，重点研究渔业内源污染因素、外源污染物质（如重金属、持久性有机污染物、危险化学品、生物毒素、农药、药物、微塑料等）的环境生物地球化学特性，迁移和转化规律，及其对自然/养殖渔业水域、水产种质资源保护区、原良种场、关键渔业生态系统（包括结构和功能和生物多样性等）的污染生态学后果；通过受控生态系统生态毒理学实验，了解污染物的遗传、生理、生化毒性和代谢、转归机制，研究多种生态灾害叠加导致典型渔业水域生境退化的影响规律；研究生境退化和生物多样性演变的评估方法；建立产地环境安全评估生物指示物/指标系统和模型，水产养殖业源产排污系数，探索建立渔业关键污染物分析评价的新方法论及新技术。

### 4. 退化水域生态系统重建与修复技术研究

重点研究养殖生态环境调控理论与技术，清洁养殖生产环境保障技术，退化的天然渔场、增养殖水域生态系的环境变化诊断技术，生态环境污染损害的生物修复技术，人工生态环境设计和运用技术。由于不同退化生态系统存在着地域的差异性，加上外部干扰类型和强度的不同，导致生态系统所表现出的退化类型、阶段、过程及其响应机理也各不相同。因此在对不同类型的退化渔业水域生态系统重建与修复过程中，其恢复目标、侧重点及其选用的配套相关技术也不同。

### 5. 生态环境质量控制标准化技术研究

根据水域环境污染的背景值、环境容量，污染物质的物理输运、相互交换、化学迁移和积累，污染源入海的通量和各类污染物质在环境中的不同存在形态及其毒理，研究更合理的水质、生物体质量标准体系，放养及养殖渔业与水体环境协调的关系，渔业环境容纳量和渔业水域的功能区划以及污染的生态影响及其损失评估技术，建立渔业生态系统健康标准和评估管理技术。

### 6. 重大工程对渔业生态环境影响

重点研究以目前备受关注的以三峡工程、南水北调等特大型水利工程和不同流域河流梯级开发、流域国家级经济区建设等为代表的大型工程对渔业水域生态环境影响的性质和程度，阐明大型工程对渔业生物栖息地、洄游路线、资源量等的影响机制及渔业基本生境修复策略，研发评价、减缓和补偿不利影响的技术，为综合影响评价和修复或避免重大工程建设导致渔业生态环境功能退化和丧失的不利影响提供理论和技术支持。

### 7. 重要养殖生物对典型环境胁迫的响应机制

针对重要养殖生物对主要养殖模式下环境胁迫的响应机制等关键科学问题，解析养殖水域与自然水域环境间互作过程和生态效应。我们要重点研究气候变化（特别是极端高温、低温、低氧、干旱等环境胁迫）对鱼、虾、蟹、贝等生存和生长等重要经济性状的影响，分析多重环境胁迫的生态效应；构建研究主要养殖生物对环境胁迫的响应机制模型，摸索生物应对环境胁迫的行为和生理生态机理；研究新型污染物潜在危害因子在养殖水域的迁移转化规律和生物蓄积特征，探索其毒性效应与机制并评估环境风险。

## （三）发展策略

### 1. 严控渔业水域外源污染

实施陆源污染物总量控制制度，严格控制工业废水、生活污水和农业面源污染向渔业水域排放，逐步降低外源污染对渔业环境的影响。

### 2. 合理规划养殖布局，减少养殖自身污染

根据环境容量和养殖容量，合理规划水产养殖的区域布局，优化养殖结构，大力发展健康、生态、可持续的碳汇渔业新生产模式。由于缺少强制性养殖废水排放国家标准，水产养殖废水达标排放成为空谈。因此，水产养殖业的废水排放问题亟须引起国家有关部门的高度重视。

### 3. 划定渔业生态红线

根据渔业资源与环境的重要行、敏感性和脆弱性将国家级水产种质资源保护区、"三场一通道"等重要渔业水域全部纳入红线区域，实施严格的"渔业生态红线"保护制度，养殖水域最小使用面积保障线应设置在 900 万公顷以上。

### 4. 加强渔业资源与环境的长期性、基础性监测

针对我国渔业资源与环境监测还存在着监测网络不全面、监测指标体系不系统、监测相关法律法规不完善、应急与预警能力不足、监测关键技术研究有待加强、监测水平有待提高等问题，建立完善和全面的渔业生态环境监测技术体系。

### 5. 加强内陆和近海渔业资源养护与环境修复

通过人工鱼礁、增殖放流等方式加强渔业养护与环境修复，实现资源环境保护与经济的协调发展。

### 6. 实施重大渔业科技创新工程

实施渔业环境监测、评估与预警智能化工程，新型污染物识别与控制工程，节能环保型水产养殖模式提升工程，受损生态系统功能恢复重建工程，渔业近海海洋牧场建设与生物资源可持续利用工程，水产增养殖生态环境调控与修复技术集成与示范，渔业污染事故、生态灾害应急监测与生物资源损害评估技术集成与示范，重点渔场（区）资源养护与环境修复示范工程等重大渔业创新工程，促进渔业转型升级与生态文明建设，推动渔业强国和"一带一路"倡议的实施，保障国家权益和渔业的可持续发展。

### 7. 积极开展学科建设工作并建立系统性的教育机制

目前我国的渔业生态环境领域研究的开展，大多依附、从属于传统的海洋渔业、海水养殖和渔业资源学科自身发展的需要，这种现象的长期存在势必会影响渔业生态环境领域研究的广度和深度，无益于渔业生态环境领域作为一个独立的研究平台发挥专长、体现特色，更不利于我国渔业的可持续发展。因此，应尽快加强渔业生态环境学科建设工作，使之从捕捞学、水产养殖学和渔业资源学这些传统的学科中独立出来，构建成为一个独立学科，在增强成果转化力度，推进学科自身造血功能，促进学科自身快速健康的同时，更好地、更深入地为传统学科的发展保驾护航，共同促进我国渔业的可持续发展。

学科的发展不能闭门造车，更不能故步自封。学科既有其理论研究和发展的需要，更要为人才培养和地方经济建设服务。因此，学科必须建设成为社会化的学科，才可以推进进而完善学科自身的发展。从目前各研究力量按各自区位研究优势分割的情形来看，积极推进学科的社会化进程，吸纳社会优质专业科研机构和高水平专业技术人才共同参与学科平台建设，以项目为纽带，形成良好的学科梯队，加强人才的互动与交流，实现资源共享、信息互补和项目共融，培植优势研究方向，提升学科学术竞争力，打造学科品牌，无疑对于改变目前学科研究方向凌乱、建设装备重复、学科综合竞争力不强、学科体系不完善的现状，稳定学科队伍，活跃学术空气，形成良好的学术研究氛围，促进具有中国特色又能与国际接轨的渔业生态环境学科是很有帮助的。当然，在构建学科大平台，推进完善学科体系的同时，也应以发展和创新为主线，积极引入和探索创新机制，促进关键技术突破与技术集成，大力推进"人才、项目、成果应用与转化"三大战略的实施，努力推动渔业生态环境的健康快速可持续发展。

# 参考文献

[1] 中华人民共和国农业农村部，环境保护部.中国渔业生态环境状况公报（2000—2015）[R].北京：中华人民共和国农业农村部，环境保护部，2016.

[2] 农业农村部，生态环境部，自然资源部，等.关于加快推进水产养殖业绿色发展的若干意见.农渔发〔2019〕1号.

[3] 李翠梅，张绍广，姚文平，等.太湖流域苏州片区农业面源污染负荷研究[J].水土保持研究，2016，23（3）：354-359.

[4] 杜耘.保护长江生态环境，统筹流域绿色发展[J].长江流域资源与环境，2016，25（2）：171-179.

[5] 崔正国，曲克明，唐启升.渔业环境面临形势与可持续发展战略研究[J].中国工程科学，2018，20（5）：63-68.

[6] 马孟磊，陈作志，许友伟，等.基于Ecopath模型的胶州湾生态系统结构和能量流动分析[J].生态学杂志，2018，37（2）：462-470.

[7] 田雅洁，曹煜成，胡晓娟，等.4种因子对玫瑰红红球菌XH2氨氮去除效应的影响[J].渔业科学进展，2018，39（6）：164-172.

[8] 曹煜成，文国樑，徐煜，等.一种净化养殖水体中氨的玫瑰红红球菌菌株XHRR1及其应用.中国，发明专利公布，公告号CN107828679A[P].2018-03-23，http：//cpquery.sipo.gov.cn/.

[9] 陈修报，姜涛，刘洪波，等.基于EPMA的背角无齿蚌贝壳中元素分布的初步研究[J].中国环境科学，2016，36（8）：2516-2521.

[10] 陈修报，刘洪波，苏彦平，等.镉对"标准化"背角无齿蚌的急性毒性及对脂质过氧化和DNA损伤的影响[J].农业环境科学学报，2017a，36（10）：1960-1967.

[11] 陈修报，刘洪波，苏彦平，等.背角无齿蚌（Anodonta woodiana）对池塘底泥释放营养盐的净化效果[J].海洋科学，2017b，41（11）：8-14.

[12] 陈修报，刘洪波，苏彦平，等."标准化"背角无齿蚌幼蚌的不同组织对镉的脂质过氧化响应特征[J].江苏农业科学，2017c，45（10）：190-192.

[13] 刘洪波，陈修报，苏彦平，等.溶解性有机碳对背角无齿蚌稚蚌铜暴露下急性毒性的影响[J].生态毒理学报，2017，12（6）：199-205.

[14] 刘洪波，陈修报，杨健.自然光照下三种淡水贝类张闭壳的活动特征[J].水产学杂志，2018b，31（4）：27-31.

[15] 李孟孟，姜涛，陈婷婷，等.长江安庆江段刀鲚的耳石微化学及生态学意义研究[J].生态学报，2017，37（8）：2788-2795.

[16] 姜涛，刘洪波，李孟孟，等.溯河洄游长江刀鲚（Coilia nasus）摄食虾类的情况调查[J].湖泊科学，2018，30（2）：458-463.

[17] 李秀启，丛旭日，师吉华，等.耳石锶标记在识别鳙（Aristichthys nobilis）放流个体上的可行性[J].湖泊科学，2017，29（4）：914-922.

[18] 刘洪波，姜涛，邱晨，等.长江口水域四种鱼类的耳石微化学研究[J].海洋与湖沼，2018a，49（6）：1358-1364.

[19] 李爽，李耕，潘玉洲，等.褐牙鲆幼鱼耳石上的外源Sr标记试验[J].江苏农业科学，2018，46（12）：140-143.

[20] 邱晨，姜涛，陈修报，等.茜素络合物对鲤鱼仔鱼耳石标记效果研究[J].水产学报，2018，42（11）：

1754-1765.

[21] Chen T, Jiang T, Liu H, et al. Do all long supermaxilla type estuarine tapertail anchovies Coilia nasus anadromously migrate [J]? Journal of Applied Ichthyology, 2017, 33 (2): 270-273.

[22] Jiang T, Yang J, Lu M, et al. Discovery of the possible spawning area for Coilia nasus in the Poyang Lake, China [J]. Journal of Applied Ichthyology, 2017, 33 (2): 189-192.

[23] Khumbanyiwa D D, Li M, Jiang T, et al. Unraveling habitat use of Coilia nasus from Qiantangjiang River of China by otolith microchemistry [J]. Regional Studies in Marine Science, 2018, 18: 122-128.

[24] Xiong Y, Yang J, Jiang T, et al. Early life history of the small yellow croaker (Larimichthys polyactis) in the sandy ridges of the South Yellow Sea on the basis of otolith microchemistry and recruitment timing [J]. Marine Biology Research, 2017.

[25] Chen Z, Xu S, Qiu Y. Using a food-web model to assess the trophic structure and energy flows in Daya Bay, China [J]. Continental Shelf Research, 2015, 111, 316-326.

[26] Chen X, Su Y, Liu H, et al..Element concentrations in the shells of freshwater bivalves Anodonta woodiana (Lea, 1834) at different growth stages [J]. Invertebrate Reproduction and Development, 2017, 61 (4): 274-282.

[27] Chen X, Su Y, Liu H, et al. Active Biomonitoring of Heavy Metals with "standardized" Anodonta woodiana: a case study in Xidong water source area of the Taihu Lake, China [J]. Bulletin of Environmental Contamination and Toxicology, 2019, 102 (2): 198-203.

[28] Liu H, Chen X, Shimasaki Y, et al. The valve movement response of three freshwater mussels Corbicula fluminea Müller 1774, Hyriopsis cumingii Lea 1852, and Anodonta woodiana Lea 1834 exposed to copper [J]. Hydrobiologia, 2016a, 770 (1): 1-13.

[29] Liu H, Chen X, Su Y, et al. Effects of calcium and magnesium ion on acute copper toxicity to the glochidia and early juveniles of Chinese pond mussel Anodonta woodiana Lea, 1834 [J]. Bulletin of Environmental Contamination and Toxicology, 2016b, 97 (4): 504-509.

[30] Zhanhui Qi, Rongjun Shi, Zonghe Yu, et al. Nutrient release from fish cage aquaculture and mitigation strategies in Daya Bay, Southern China. Marine Pollution Bulletin. Accepted. 2019.

[31] Tingting Han, Rongjun Shi, Qi Zhanhui*, et al. Interplay between oyster and seaweed in seawater dissolved inorganic carbon systems: implications for integrated multi-trophic aquaculture. Aquaculture. Major revision.

[32] Han Tingting, Qi Zhanhui, Huang Honghui, et al. Nitrogen uptake and growth responses of seedlings of the brown seaweed Sargassum hemiphyllum under controlled culture conditions. Journal of Applied Phycology, 2018, 30 (1): 507-515.

[33] Han Tingting, Shi Rongjun, Qi Zhanhui*, et al. Interacted effects of Portuguese oyster Crassostrea angulata and red seaweed Gracilaria lemaneiformis on seawater dissolved inorganic carbon system: implications for integrated multi-trophic aquaculture in Chinese coastal waters [J]. Aquaculture Environment Interactions. 2017, 9, 469-478.

[34] Shi Rongjun, Xu Shumin, Qi Zhanhui, et al. Seasonal patterns and environmental drivers of nirS-and nirK-encoding denitrifiers in sediments of Daya Bay, China [J]. Oceanologia. 2019.In press.

[35] Verdegem, M. C. J. Nutrient discharge from aquaculture operations in function of system design and production environment [J]. Reviews in Aquaculture (2013) 5, 158-171.

[36] Kellogg M. L., Smytha A. R., Luckenbach M. W., et al. Use of oysters to mitigate eutrophication in coastal waters [J]. Estuarine, Coastal and Shelf Science, 2014, 151, 156-168.

[37] Kellogg, M. L., Cornwell, J. C., Owens, M. S., et al. Denitrification and nutrient assimilation on a restored oyster reef [J]. Marine Ecology Progress Series, 2013, 480, 1-198.

[38] Bouwman L., Beusen A., Glibert P. M., et al. Mariculture: significant and expanding cause of coastal nutrient

enrichment［J］. Environment Research Letter, 2013, 8, 044026.

［39］ Bunlipatanon P., Songseechan N., Kongkeo H., et al. Comparative efficacy of trash fish versus compounded commercial feeds in cage aquaculture of Asian seabass（*Lates calcarifer*）（Bloch）and tiger grouper（*Epinephelus fuscoguttatus*）（Forsskål）［J］. Aquaculture Research, 2014, 45, 373-388.

撰稿人：李纯厚　齐占会　杨　健　陈家长　李应仁　王云龙
　　　　董　婧　赖子尼　曹煜成　陈海刚　秦传新　刘　永

# 水产品加工与贮藏工程学科发展研究

## 一、我国水产品加工与贮藏工程学科研究进展

### （一）水产品保鲜保与流通

#### 1. 水产品保鲜的基础理论研究

水产品水分含量高、肌肉组织疏松，在收获、运输、加工和贮藏过程中极易发生腐败。微生物是引起食品腐败变质的主要原因，约 30% 的捕获鱼类是由于微生物单独因素导致损失的。在水产品腐败过程中，通常只有一种或几种主要的微生物起主要作用，这些细菌就是特定腐败菌（specific spoilage organisms，SSOs）。虽然 SSOs 通常以极低的数量存在，但它们的生长速度比其他微生物快且致腐能力强。新鲜水产品的微生物种群一般由嗜冷的革兰氏阴性状细菌和革兰氏阳性细菌组成，在冷藏好氧条件下储存的水产品的 SSO 多为假单胞菌属和希瓦氏菌属，而发光杆菌属（*Photobacterium beijerinck*）多为鱼类和虾类的主要腐败微生物。近年来，国内科技工作者立足于水产品安全与质量控制研究领域，针对腐败微生物与水产品的安全控制，揭示了波罗的海希瓦氏菌等特定腐败菌是致使水产品腐败变质的主要成因（Gu，2013），探明了群体感应信号分子多样性及其变化规律与水产品腐败变质的相关性（Wang，2017；Wang，2019），提出了环二肽 DKPs– 腐败 – 基因系统分子调控假说（Wang，2019；Fu，2018），并从全新的微观尺度分子视角阐明微冻耦合纳米材料的栅栏保鲜技术延缓对虾、大黄鱼腐败的机制（Wang，2014），丰富了水产品质量控制的学术理论基础。

#### 2. 水产品保鲜技术研究

近年来，在水产品的流态化快速冷却、液氮快速冻结及利用射频技术实现水产品保鲜流通中溯源取得了重要进展，主要成果分述如下：

（1）水产品流化冰保鲜技术。流化冰是指由微小的冰粒子（通常直径为 0.2—0.8 毫米）和载液组成的均匀混合物。与传统块冰、片冰相比，流化冰能使鱼体快速降温；流化

冰对鱼体造成的刮伤和压力损坏最小。自 2012 年以来，国内在流化冰对水产品保鲜方面的研究越来越多，相关研究论呈现逐年上升的趋势，主要集中于在流化冰的制备技术及装备研制、流化冰对水产品保鲜方面等。在流化冰制备技术及装备研制方面，流化冰制备技术（Shengchun Liu，2015，2017）在渔船用海水流化冰机研制（何维佳，2017）、流化冰制冰机电子膨胀阀及流化冰制冰系统换热器仿真设计（王泽普，2018）取得了重要进展。在水产品流化冰保鲜，主要研究了流化冰对鲈鱼（蓝蔚青，2018）、鱿鱼（袁鹏翔，2015）、南美白对虾（蓝蔚青，2019）的保鲜效果，以及茶多酚流化冰对鲭鱼（施源德，2018）、臭氧—流化冰对梅鱼（Jing Chen，2016）、流化冰—超高压对大黄鱼（林旭东，2018）的保鲜效果，并对其保鲜机理进行了初步探讨。

（2）水产品快速冻结技术。为了提高水产品的冻结速度，冷却介质从之前采用空气和盐水等转变到现在部分采用液氮、液态 $CO_2$ 等，温差和传热系数更大，增大了冻结速率。近年来，在水产品速冻方面研究比较多的是液氮喷淋式快速冻结和超低温不冻液浸渍式快速冻结。方进林（2017）等搭建了低温液氮冷冻实验台，以块状马铃薯为模型，从食品换热的热流量、各界面降温程度等方面着手研究低温氮气与食品的换热过程。发现零下 128 摄氏度左右的氮气温度为最佳温度，既可以保证食品实现快速冻结又可以提高氮气的有效利用率。石珂玮（2016）也发现利用液氮进行喷淋冻结时，液氮蒸发压力存在最佳值，最佳压力为 10.3 千帕；在此压力下，冷冻载体的总传热热阻最小，获得的平均降温速率最大。栾兰兰等进一步研究了液氮冻结方式与其他冻结方式对带鱼冰晶生成的影响（栾兰兰，2018），证明了液氮浸渍冻结产生更小更规则的胞内冰晶，其肌肉纤维保持较好的完整性，排列紧密，具有较高的持水力。对虾类（向迎春，2018）、蟹类（鲁珺，2018）及鱼类（鲁珺，2015）等水产品品质的影响也做过大量研究。上述研究促进了液氮深度快速冻结技术的发展。目前液氮冻结技术已在商业上成功应用于养殖大闸蟹的保鲜，在最肥满季节，利用液氮冻结后，可长时间保持其品质。据测算，液氮速冻装置的液氮耗量大约在 1.0—1.2 千克/千克，增加到食品上的运行成本大约在 1.2—1.5 元/千克，因此，液氮速冻装置用于处理像虾这一类价值较高的产品，其增加的成本还是可以接受的（林文胜，2003）。在超低温不冻液浸渍式快速冻结方面，马晓斌（2014）等优化了超低温不冻液的配方，其达冻结点可达零下 66.10 摄氏度，利用该冻结液可以显著提升脆肉鲩的品质。

**3. 射频识别（RFID）技术在水产品溯源中的应用**

射频识别技术操控简单、灵活、实用，已被应用于食品溯源系统。2009 年，陈雷雷等提出了基于 FRID 系统的水产文品可追溯系统的框架体系，也指出了 RFID 技术在应用过程中会遇到的一些难题。颜波等（2013）基于前人的研究设计构建了水产品可追溯平台，该技术从养殖地出水到销售店上架全部使用 FRID 标签，信息涵盖养殖基地、加工中心、物流、销售等各个环节，追溯查询方式就是扫描基本单位包装上的条形码。夏俊等（2015）的溯源系统相对比较复杂与完整，综合考虑广大消费者、相关政府管理机构以及有关企业 3 个方面，通过分析水产品存在的主要质量与安全问题，应用物联网的理念构筑了水产品的溯源体系，并且示范了具体实践和应用。以 FRID 和二维码对中华绒螯蟹蟹苗种进行标识，综合运用 GPS 和 GIS 技术，构筑了基于 Web 的该蟹精细养殖物联网智慧系统，形成了质量的全过程动态溯源体系。而同样也需要行业内更多的关注与参与，以解决各类特殊环境下的技术难点，使得 RFID 技术能够在各不同种类的水产品加工品中得到应用。

利用同位素技术实现水产品的产地溯源也取得了一定进展，发现水生生物体内的微量元素组成及含量受其生长地理环境尤其水质的影响，因此通过测定生物体内金属或非金属元素可以实现水产品溯源的目的（杨洁，2017）。

### （二）水产品精深加工

#### 1. 水产品精深加工的基础研究

近年来，我国水产加工科技工作者在国家自然科学基金等项目的资助下，在水产品营养成分的加工特性、营养特性及品质调控方面取得重要进展，特别是在水产品蛋白质和脂质方面取得了重要进展。

（1）水产品蛋白精深加工的基础研究。蛋白质是动物性水产品中的主要成分，为人类提供了近 30% 动物蛋白质。通过对 2010 年以来，国家自然科学基金委资助的水产品精深加工方面的基金课题分析来看。水产品精深加工的基础理论研究主要以加工过程中蛋白质变化的研究重点。主要包括：①鱼糜（肌原纤维蛋白）在凝胶过程中的自组装过程及机制，外源添加物（金属离子、酶、多糖胶体、高密度 $CO_2$）和加工条件（电子束辐照、微波场、超高压、加热）对肌原纤维蛋白自组装及凝胶形成的影响。②冷藏及解冻过程中鱼肉质构特性的影响机制。③水产品内源性酶对水产品肌原纤维蛋白、胶原蛋白的降解机制及对质构的影响特性。④水产品蛋白肽（胶原蛋白肽、磷酸化蛋白肽等）的生物活性及其作用机制。⑤蛋白质氧化对其结构性质及水产品品质的影响等。近年来，在水产蛋白质氧化对水产品品质的影响及淡水鱼蛋白凝胶形成机制方面取得比较有意义的进展。

水产蛋白质氧化对水产品品质的影响。长期以来，脂质氧化和微生物作用被认为是导致水产品变质的主要原因。近年来，蛋白质氧化所引起的水产品品质变化逐渐受到关注。蛋白质氧化是指蛋白质分子在活性氧（reactive oxygen species，ROS）自由基的直接作用下，或通过次生氧化产物间接作用于蛋白质而导致其结构和功能性质发生变化。研究发现，食品中蛋白质发生氧化后会造成羰基含量增加、活性巯基下降、二硫键增加、蛋白质发生交联聚集、溶解性等功能性质损失，进而影响食品品质（如肌肉多汁性、嫩度、色泽和风味等）和肌肉的加工性能（如凝胶性、乳化性等）。在蛋白质氧化对其结构性质及水产品品质的影响研究方面取得的主要进展包括：①蛋白氧化的机理。脂肪氧化诱发的蛋白质氧化，通过现有研究成果可以发现，脂肪氢过氧化物能够诱导蛋白质羰基化；臭氧在水中生成羟自由基、超氧阴离子自由基及氢化臭氧自由基等多种活性氧自由基导致蛋白质中半胱氨酸、色氨酸、酪氨酸等氨基酸侧链修饰、蛋白质构象变化、蛋白质交联或降解等变化；金属离子和其他氧化剂催化的蛋白质氧化等（李学鹏，2019）。②蛋白质氧化对水产品肌原纤维蛋白功能性质（凝胶特性）的影响。研究发现，在鱼糜加工过程中，漂洗时期的氧化会导致凝胶的形成能力降低，凝胶形成能力的变化已经在鲤鱼及银鳕等鱼类肌原纤维蛋白凝胶弹性、硬度、保水性及白度不同程度下降，凝胶微观结构遭到破坏，但适度氧化有利于加强蛋白质 - 蛋白质之间的反应，主要涉及二硫键的生成，进而提高蛋白质的凝胶特性，但过度氧化则导致蛋白与蛋白之间发生过度聚集，而损害蛋白质的凝胶形成能力。同时也发现蛋白质氧化对色泽和风味、嫩度和持水性等也发生不同程度的影响（李学鹏，2019）。③蛋白质氧化的控制（Wenxin Jiang，2017）。研究了臭氧介导的轻度氧化对肌球蛋白结构的影响。适当的臭氧处理可促使蛋白质结构伸展、暴露出更多的交联位点，有利于凝胶形成。采用传统漂洗、一次臭氧漂洗、清水 - 臭氧水混合漂洗制备鱼糜，比较了臭氧漂洗方式对鱼糜凝胶强度、色度及不良气味的影响，分析了臭氧浓度对漂洗效果的影响。发现混合漂洗可以减少脂肪氧化，降低臭氧对鱼糜蛋白的氧化程度，提高鱼糜白度以及凝胶强度；臭氧浓度为 8 毫克 / 升的混合漂洗能有效改善鱼糜品质，同时可以降低漂洗水用量，达到节水漂洗的目的，而且对贮藏 30 天后的 $Ca^{2+}$-ATP 酶活性和凝胶形成能力影响较小。

淡水鱼蛋白凝胶形成机制。近年来，华中农业大学等单位在淡水鱼蛋白的凝胶形成机制方面开展了大量工作：一是系统研究了不同赋存形态的钙离子［$CaCl_2$、纳米鱼骨（NFB）、纳米羟基磷灰石（HAP）和 HAP+ 胶原蛋白（HAP+CLG）］对白鲢肌动球蛋白（AM）凝胶强度、化学键、微观结构和蛋白质二级结构的影响，发现添加 $CaCl_2$ 可促进肌球蛋白的聚集，降低肌球蛋白的热稳定性，促进肌球蛋白 α 螺旋结构在加热过程中的展开。并通过诱导肌球蛋白的解折叠，增强二硫键以及相邻的肌球蛋白分子之间的疏水相互作用来促进肌球蛋白的凝胶化（Liwei Cao，2015；Dan Jia，2015；Yin, T.）。二是研究了在微生物转谷氨酰胺酶（MTGase）诱导下，不同凝胶化时间形成的鱼糜凝胶的质构特性及消化特性。发现合适的 TGase 添加量不仅能提高交联程度改善鱼糜制品品质和口感，还能利于消化（Dan Jia，2016）。

（2）水产品脂质方面研究进展。水产品，特别是海洋水产品富含以二十碳五烯酸（EPA）和二十二碳六烯酸（DHA）为特征的活性脂质（甘油三酯、磷脂），是人类 EPA/DHA 的最重要膳食来源，以及结构独特的脑苷脂、神经节苷脂等鞘脂类活性脂质，其营养健康功能越来越引起重视。近年来，国内学者对海洋水产品重要活性脂质的研究取得了重要进展。

水产品脂质组学分析及在贮藏加工过程中的变化。中国海洋大学等单位在水产品脂质组学及脂质在加工贮藏过程中变化进行了系统研究。构建了基于质谱技术的海洋食品及生物样品的脂质分析和脂质组学方法，并以此为基础系统分析了典型海洋食品在冻藏、冷藏及干制过程中磷脂分子种、溶血磷脂分子种、游离脂肪酸、脂质氢过氧化物分子种等物质的变化，揭示了 DHA/EPA 磷脂在加工贮藏过程中的变化规律（Jia, Zicai；2016；Chen, Qinsheng，2017）；以磷脂酶为切入点研究了 DHA/EPA 磷脂水解的机理，从自发氧化、血红素 Fe 催化氧化、脂肪氧合酶催化氧化等方面研究磷脂氧化的机理（王晓旭，2016）。为海洋食品加工贮藏过程中营养品质变化的控制提供了理论基础，同时为开发新型海洋功能脂质提供了理论基础。

不同结构形式海洋活性脂质的生物活性。系统评价不同分子形式 DHA/EPA 磷脂对大鼠脑神经细胞损伤与退行性病变的保护作用、改善代谢综合征作用及对脂代谢和糖代谢关键途径和靶点的分子机制，取得的主要进展包括：①建立了实验动物样品的磷脂组学分析方法，并系统研究了利用脂质组学的方法，研究了摄食 pPE、aPC 磷脂对动脉粥样硬化模型脂质代谢产物的影响；②发现了海洋食品 DHA 磷脂缓解 Aβ 1-40 诱导的大鼠老年痴呆的营养功效，证明了该营养功效与磷脂分子中碱基的种类有关；以快速老化 SAMP8 小鼠为动物模型，通过与不含 DHA/EPA 的陆地来源磷脂的比较研究，发现了海洋食品 DHA 磷脂在改善快速老化致老年痴呆过程中的有益性及优势；③利用成脂肪细胞模型及脂肪细胞与炎症细胞共培养的模型体系，系统研究了不同脂肪酸组成、不同碱基结构的磷脂对代谢综合征中普遍存在的慢性炎症的改善作用；建立代谢综合征的细胞和动物模型，比较不同分子形式 DHA/EPA 对脂合成和分解关键调控途径、胰岛素抵抗信号通路的调控作用和作用机制；④利用动物模型研究了摄食 DHA 磷脂对睡眠功能障碍方面的作用，发现其作用功效不同于非磷脂型 DHA，DHA 磷脂可通过在延长动物睡眠时间提高睡眠质量，可应用到改善睡眠类保健食品中，具有安全高效的特点，为新型海洋食品来源的新型鱼油的开发利用提供了新的方向（Tian-Tian Zhang，2019）。

### 2. 水产品精深加工关键技术开发

近年来，在水产品精深加工关键技术研发方面，大连工业大学作为牵头单位，联合獐子岛集团股份有限公司、大连海晏堂生物有限公司等六家单位联合攻关，以贝类、棘皮类、虾类等特色海洋食用资源为对象，经过多年产学研联合攻关，创建了特色海洋食品品质精准控制技术和营养及功能性成分的高效利用技术，开发了关键加工设备及生产线，构建并推广了"从量到质、从粗到精、从手工到自动"的关键技术集成体系。成果在 30 多家企业进行了产业化应用，近三年累计新增销售额 49.98 亿元，新增利润 6.25 亿元，有力地促进了我国海洋食品产业整体技术和装备水平的提高，促进了我国海洋食品加工产业的转型升级，显著增强了我国海洋食品加工产业在国际市场的竞争力，为我国海洋食品产业的科技进步做出了重大贡献。

### 3. 水产品精深加工关键装备研发

与欧美国家相比，国内消费的海洋鱼类种类繁多，中大型鱼类、小型鱼类等都有涉

及、加工特性各异，因此加工装备也种类比较多。长期以来，国内鱼类加工装备主要以引进消化吸收国外的装备为主。"十一五"以来，国家对加工装备越来越重视，科研投入逐渐加大，依托加工装备研发的相关课题，鱼类加工装备研究与应用取得了较快的发展，装备技术水平有了很大提高，一批新型装备被开发出来并投入使用，显著提高了生产效率以及产品质量，极大提高了加工企业生产效率。

近几年来，河北农业大学等单位，在虾类加工装备方面取得了一些进展。研发了对虾头尾背腹定向方法及装置；通过对虾头胸部的连接力学特性研究，确定了对虾去头的位置、方式与方法，掌握了对虾开背的切割特性，设计了对虾开背的试验装置，研制了对虾剥壳样机，但技术还并未成熟，虽部分应用了实际生产，还存在得率较低、稳定性差等问题需要改进（李铎，2017）；在南极磷虾脱壳装备研制及基于机器视觉技术的损伤虾的在线识别与剔除系统等方面也取得了一些进展（郑晓伟，2016）。另外，华中农业大学在淡水鱼连续式去头尾装备及大宗淡水鱼前处理加工生产线的研发也取得了一定进展（邹伟，2018）。

### （三）水产品质量安全

近年来我国针对水产品中重要安全危害因子及品质快速检测与危害因子消除方面取得了大量成果，为水产品质量安全控制奠定了方法和技术基础，并进行了产业化应用，其中"鱿鱼贮藏加工与质量安全控制关键技术及应用"获得 2017 年度国家科技进步奖二等奖，为保障水产品质量安全做出了重要贡献。近几年在水产品质量安全方面取得的主要进展包括：

#### 1. 水产品中化学污染物快速检测技术

持久性有机污染物（persistent organic pollu-tants，POPs），主要包括有机氯农药（OCPs）、多氯联苯（PCBs）以及多环芳烃（PAHs）等，POPs 已成为一个全球性问题，多 POPs 组分同时快速检测技术是实现 POPs 监控的重要技术手段，色谱和色谱质谱联用技术是目前 POPs 检测的主要技术。国内学者（谷东陈，2017）对 GC-NCI-MS、GC-ICP-MS、HPLC-ICP-MS、UPLC-MS/MS 等用于测定海洋环境及贝类中 POPs 进行了大量研究，对样品前处理条件、仪器测定条件等进行了优化，基本建立了 POPs 的快速检测技术，并利用上述技术，对国内表层海水、海域沉积物以及常见贝类为的 POPs 污染情况进行了测定，发现表层海水中，POPs 的残留水平一般在每升含纳克至微克范围内不等，处于低至中等的污染水平；在海域沉积物中，POPs 检测出的含量在微克/千克级别，大部分处于中度污染水平；贝类中 POPs 的污染较为普遍，同时 POPs 残留量在不同品种间有显著差异，不同品种贝类对 POPs 的富集能力不同。为贝类健康评估提供了基本方法和基础数据。

#### 2. 水产品品质快速检测技术

近年来随着对水产品品质要求的不断提升，一些食品品质的快速检测技术不断被应用于水产品品质的快速检测，为水产品品质保障提供了技术方法。①高光谱成像在鱼肉品质无损检测中的应用（王慧，2019）。高光谱成像（hyperspectral imaging，HSI）技术作为一种无损、快速、准确的绿色分析技术在水产品品质检测方面得到了广泛应用。集图像与光谱技术优势于一体，HSI 技术可同时检测实验样品的物理和几何特征（颜色、大小、形状和质地等），还可以提供内部组成成分的化学和分子信息（水分、脂肪、蛋白及其他氢键物质）。近年来在水产品的应用越来越受到重视。传统鱼肉质量的检测方法主要依靠感官检测、理化检测及微生物学检测等，这些方法无法满足现代企业对于在线快速自动化检测的要求。近年来，随着图像处理和光谱学等现代分析技术的不断创新和发展，鱼肉品质的检测正朝着快速、经济、准确、无损的方向发展。近几年，HSI 技术已经被作为一种快速无损技术用于鱼肉化学组成、成分含量的预测研究，且获得了良好效果。如朱逢乐、詹白勺等利用 HIS 技术预测三文鱼水分含量的变化（詹白勺，2017），Zhu Fengle 等用构建的 PLSR 模型显示鲑鱼脂肪质量分数、Tao Feifei 等用 HIS 预测鲑鱼肉中 C20：2 $n$–6、C20：3 $n$–6、C20：5 $n$–3、C22：5 $n$–3 和 C22：6 $n$–3 5 等不饱和脂肪酸的含量等。同时利用 HIS 预测质构特性、嫩度、持水力及色泽　等物理属性预测，微生物检测以及 pH 值、TVB–N 含量、K 值、TBA 值等鲜度指标的预测等方面。②电子鼻在水产品品质检测中的应用（杜利农，2014）。目前，国内学者对电子鼻在水产品中甲醛成分有效识别、致病菌挥发性产物进行检测水产品安全性控制，以及水产品新鲜程度快速检测、水产品品质调控等也有越来越多的研究。

**3. 水产品质量安全危害的削减控制技术**

当前，水产品质量安全控制消减技术主要针对一些典型的安全危害展开，比如：利用加热和非热技术（超声波、化学修饰、发酵等）消减典型海洋食品过敏原活性；利用非热杀菌、生物保鲜、噬菌体靶向抑制等技术控制消减微生物危害；结合加工和贮存工艺的优化控制消减水产品中的生物胺、（亚）硝基化合物、脂肪酸降解产物；利用清洗等预处理降低藻类产品中的重金属危害，利用多糖聚合物（净化）、微生物吸附等技术手段降低贝类原料及加工产品中重金属的危害；利用 X 射线等新的无损、智能化技术降低鱼骨鱼刺、贝壳等物理危害的风险程度等。


# 二、国内外水产品加工与贮藏学科研究比较

因生活环境和食物链与陆源生物迥然不同，水产品不仅富含人类所必需的优质蛋白，还含有功能性多糖及脂质等结构特殊、活性显著的营养功效成分，是事关人类未来发展的优质食品宝库。在全球经济快速发展的背景下，世界水产品加工业正向着全利用、深层次、低能耗、高效益、可持续方向发展。一是水产品原料的利用率不断提升。在发达国家，现代食品高新加工技术不断应用，使水产食品原料的利用率不断提高；二是水产食品

创制向功能化发展。世界海洋大国纷纷投入巨资，以基因组学为手段，加强水产品中健康成分的发掘、生物制备、生物合成及生物转化研究，并以现代生物加工和营养品质提升技术开发出多层次的水产食品（功能食品）、药品、生物材料及生物肥料等功能化加工产品；三是水产品加工的智能化达到较高水平。欧美等国家在水产品原料的智能化前处理及智能化加工装备达到了较高水平，实现了水产食品的部分定向制造。四是建成了完善的水产食品全程冷链流通体系。水产发达国家建成了"从产品源头到餐桌"的一体化冷链物流体系，并利用现代物联网技术实现水产品品质的全程监控，保障了原料和产品品质安全。与水产发达国家相比，我国在水产品加工的基础理论研究、关键技术开发方面还存在一定差距。

一是加工原料的品种繁多，对加工基础研究的系统性和深度不足。我国的水产品主要以养殖为主，占水产品总量的 70% 以上，但养殖种类繁多，在加工的基础研究方面，近年来在国家项目资助下，在水产品保鲜、加工、贮藏过程中的营养成分及品质变化规律进行了一些研究，但主要以规律变化研究为主，研究品种缺乏代表性、对变化机制的系统性研究不够。在水产品保鲜保活方面，目前，水产食品基础领域的研究较多停留在对加工和贮藏过程食品品质、组分以及有害物等的形成、变化研究上，研究内容往往关注表面现象的探讨，深度不够；保鲜保活新技术仅限于在水产品保鲜保活中的应用，缺乏对保鲜保活机制的深入研究。在水产品精深加工的基础理论研究方面，由于水产品原料存在着品种繁多、个体差异巨大等特点，在不同加工条件下的品质变化内在机理具有多样性，亟待多因素、多角度、多学科理论融合的系统研究。然而，当前我国在水产品精深加工的基础理论研究方面仍处于较低水平，缺乏内在作用机制的系统化研究，主要表现在：对于蛋白质、脂肪等主要品质影响关键因子的加工特性与营养特性缺乏系统化研究，对其在加工过程中的变化规律与内在分子机制掌握不透彻；对于品质相关内源性酶的酶系分布、酶学特性与调控机制等缺乏深入研究；对于水产品质构特性及其组成关键大小分子互作机理缺乏深入剖析，对其在加工过程中的质构特性与内在蛋白构象变化规律尚缺乏系统化理论研究；对水产食品风味形成以及在加工过程中的变化机理不明确；节能干燥技术、高附加值产品制备技术、非热加工技术等重要领域，多停留在对工艺的探讨，缺乏对技术基础理论和机制机理的研究等；对于加工副产物中的生物活性成分，过度集中在对单一功能成分的提取与纯化以及体外功能试验，而对海洋食品加工与活性物质开发的协同性及其在生物体内的功能重视不够，缺乏系统鉴定与功能因子功效机制的深入研究，缺少对于功效因子的高效制备技术理论研究。在水产品加工装备研发方面，我国水产品加工装备创新设计能力与机械制造水平与德国、日本等发达国家还存在较大的差距。长期以来，我国的水产品加工装备研发形成了引进消化吸收再创新的模式，由于国内从事水产品加工专用装备研发的机构非常少，基础理论研究积累较少，自主创新设计能力不足。导致加工装备更新速度慢，远远落后于加工工艺的更新速度。在水产品质量安全控制方面，水产品质量与安全是一个多学科交叉运用的新兴学科，涉及环境、生态、细胞生物、生物化学、生理学、分子生物、分析化学、有机化学、甚至现代医学等多种学科。然而，由于研究者或项目的关注点不同，往往导致学科之间的割裂性研究。一般来说，生物源性污染因子，如病毒、细菌等，重点运用分子生物学技术，从分子层面解释相关富集机制、耐药性转化过程等；而化学源性污染因子，如药物、毒素、持久性有机污染物（POPs）等，则重点运用化学手段，关注其中化学物质的形成过程。这种研究方法从而造成了单一且片面的研究成果，对于安全风险解释的科学性不足，所制定的限量标准等成果无法给出全面的科学依据。同时，水产品质量安全是一个贯穿海洋产业的产前、产中和产后全链条式的过程。此外，我国水产品中污染因子的复合污染现状愈加严重，单因子、单环节的研究理念已远远无法满足产业支撑工作的需求。最后，缺乏对水产品质量形成的生物基础与调控途径、营养组成和关键功能性成分的生物效应以及风味品质的形成机制、分子基础与调控途径等方面的研究，需要不断完善和拓展。

二是水产品保鲜保活、精深加工与质量安全控制关键技术及装备研究与工艺要求不匹配。在水产品保鲜保活方面，水产品各类繁多，保鲜方法时常各异，但目前开发的一些保鲜保活技术在实际应用中仍存在不少制约因素。如保鲜成本高，不能广泛应用于生产；保鲜时间短，不能大幅度提高水产品的货架期；保鲜过程中水产品营养流失大。在水产品保活运输过程中，因技术不成熟以及运输设备配套不完善等原因，导致目前活鱼无水运输未能得到推广应用，无法满足现代化渔业发展的要求。同时，我国专业的水产品保鲜保活物流企业少，导致新技术应用不足。在水产品精深加工方面，近年来，我国科研工作者在大宗水产品高值化利用、贝类精深加工、海参自溶调控关键技术、副产物风味物高效制备、高值鱼类及头足类精深加工技术与质量安全保障等关键技术取得重大突破。但仍以浸渍、蒸煮、制罐、脱水等传统工艺为主，对于真空冷冻干燥、生物制造、高效膜分离技术等新技术应用仍相对较少，由此也造成了整体生产成本与能耗居高不下，严重削弱了企业在市场上的竞争力。另外，节能减排技术研发相对缺乏。如每生产一吨褐藻胶耗水 1000 吨左右，每生产一吨甲壳，需排放 400—1000 吨高污染废水，巨大的耗水量和排污量对生产企业的负担很重，再加上废水的处理成本更是增加了产品的成本。因此，城大力发展水产品绿色加工技术。在水产品加工装备研发方面，由于水产品原料的种类很多，形状和大小各不相同，加工特性存在较大差异，针对不同的原料，设备参数也不一样，这给通用机械的操作带来了一定的难度，这导致装备的通用性差，加工精度无法保证，不利于加工装备的推广。应大力研发鱼类加工的清洗、排列、去头、去鳞、去脏、开片以及虾类的脱壳、贝类清洗净化等初加工装备，代替大量人工，降低劳动本；在智能化加工装备方面，需要大力开发　基于实时感知与计算机判别技术的智能化高效加工装备，主要包括对体形、体色进行判别以实施分级筛选的装备；对身体部位和方位进行判别以实施定位操作的装备；对骨刺和残留异物进行探测以实施有效加工的装备；对加工过程环境等参数进行实时感知以实施品质调控的装备等。另外适于未来深远海养殖的需求，也需要开发机械化、高值化、智能化于一体的成套化船载加工装备。在水产品质量安全控制方面，新技术应用程度不足，亟须加强组学技术研究与应用。我国现有多数研究仍处于低度模仿和多方重复阶段，获得的海量数据对我国水产品质量安全水平的提升带动效应仍不够充分。新兴组学技术具有前所未有的优势，可以为我国水产品质量安全研究提供绝佳的技术支撑，其中代谢组学可清晰明确污染物的结构变化和化学本质的形成过程，转录组则同步解析宿主生物调控因子的基因变化，蛋白质组则直接定位因相关基因变化所产生的蛋白表达，而三种组学的关联分析技术更是将海洋食品安全与质量形成研究水平提升到一个全新的高度，亟须加以研究并建立。同时，水产品质量安全是一个贯穿海洋产业的产前、产中和产后全链条式的过程。但现有研究仍然过多集中在产品阶段，而忽视了产前和产中阶段的研究。在水产营养健康食品开发方面，精深加工技术欠缺，营养功能性海洋产品附加值不高。我国营养功能性水产食品加工起步较晚，目前仍停留在初加工阶段，且产业化程度低，营养功能成分的高效递送、活性稳态化、功能修饰、生物制备、高纯度提取等新技术应用仍相对较少，主要产品还是以半成品及原料级产品为主，直接用于开发营养功能性水产食品所占比例较低，且种类单一、产品同质化研究，产品附加值不高。

## 三、水产品加工与贮藏工程学科发展趋势与展望

2017年9月，中共中央办公厅、国务院办公厅印发了《关于创新体制机制推进农业绿色发展的意见》，该意见明确指出：推进农业绿色发展，是贯彻新发展理念、推进农业供给侧结构性改革的必然要求，是加快农业现代化、促进农业可持续发展的重大举措，是守住绿水青山、建设美丽中国的时代担当，对保障国家食物安全、资源安全和生态安全，维系当代人福祉和保障子孙后代永续发展具有重大意义。为了进一步落实该意见，2018年12月，农业农村部印发了《农业绿色发展技术导则（2018—2030年）》。提出全面构建高效、安全、低碳、循环、智能、集成的农业绿色发展技术体系，推动农业科技创新方向和重点实现从注重数量为主向数量质量效益并重转变、从注重生产功能为主向生产生态功能并重转变、从注重单要素生产率提高为主向全要素生产率提高为主转变的"三个转变"。按照上述总体规划，水产品加工与贮藏工程未来的发展重点是：

### （一）加强传统水产品加工产业技术提升与创新

冷冻冷藏制品加工、干腌制品加工、水产品保鲜加工、发酵制品、鱼粉鱼油加工等是我国传统水产品加工产业。要针对我国传统水产品加工产业精深加工水平低下、能源、资源消耗大、新型食品创新开发理论研究不足、水产食品中餐工业化比例低等现状，必须进行技术提升，推动传统产业转型升级。

在基础理论研究方面，系统开展主要养殖品种的营养品质及其形成机制，深入研究水产品在保活（暂养、净化、育肥等）、保鲜、贮运流通过程中主要营养成分含量及生化变化、风味物质形成等的影响，探明内源酶、微生物及其组分（水分、不饱和脂肪酸、核苷酸等）等对水产品贮藏过程中鲜度变化的影响机制；利用组学技术系统开展水产品加工过程中结构、风味、关键营养物及其品质的变化规律，揭示营养品质保持及调控机制，实现加工基础理论新突破。

在关键技术开发方面，重点开展生物酶技术、发酵工程、基因工程及其蛋白重组技术等前沿生物加工新技术在传统水产品加工中的理论与应用研究；突破抗氧化技术、新加热杀菌技术、新型解冻调质关键技术、风味改良技术、营养保持与控制技术、常温保存技术、真空油炸、超高压等关键技术；充分发挥靶向酶解技术、生物发酵技术、高通量筛选技术、现代膜分离技术、高效柱层析分离技术、多效低温蒸馏萃取技术、超临界萃取、生物酶催化等现代绿色加工技术的优势，力争突破副产物功效成分高效制备中应用的关键技术瓶颈，使我国传统水产品加工产业的现代化精深加工技术达到国际领先水平。

## （二）加强营养健康水产食品制造技术开发

由于所处的生态环境较为特殊，水产品在代谢、生理、生化等方面形成了很多独特的性质及其物质积累模式。以水产品为原料生产的营养健康食品不仅具有优质、营养的特性，而且具有利于人类健康的天然属性。从水产品中提取安全、生理活性显著的天然活性物质，更是制造高品质保健食品的良好原料。水产保健食品不仅在有着几千年药食同源、饮食养生文化的中国深受欢迎，即使在欧洲、日本、美国等国家和地区也有着广阔的市场。在21世纪新阶段，我国不仅迫切需要开发更安全、卫生、味美、方便的水产食品，并且还有必要利用水产生物活性物质开发出大量可增进健康、预防疾病的营养食品和保健食品，推进健康中国建设进程。

在基础研究方面，系统开展水产蛋白（肽）、脂类、多糖、等活性物质的发掘、结构解析及营养功能性评价，构建水产品营养健康数据库；开展不同修饰及改性方法对营养功能性活性因子的物性的改善研究，从动物水平、细胞水平和分子水平开展营养功能性海洋食品功效评价机制研究；系统利用微生物学、营养学、生物信息学及现代组学技术，研究水产营养食品与健康之间的相互关系，通过代谢规律和量效关系研究、代谢动力学及生物转化研究阐明水产功能食品的代谢途径和作用机理，从细胞和分子水平研究确定营养功能性水产食品功效成分的吸收、分布、存留和代谢规律，探明主要功效成分的生物转化过程。

在关键技术开发方面，系统开展营养功能性水产食品品质保持与营养强化技术研究，研究营养组分的定向调控、分子设计修饰技术及营养健康食品的3D打印等关键技术，形成新型水产功能食品开发关键技术体系；研发针对特定人群的个性化需求产品，根据营养需求进行多种功能因子的合理复配，如针对孕妇、婴幼儿、学生、老人、军人、运动员及针对临床病人辅助治疗作用的水产特殊膳食食品；结合高通量、高分辨率色谱 – 质谱联用技术建立高通量筛选模型，开发表征海洋生物活性功效因子特征分子结构的快速检测技术。

### （三）加强水产品加工装备研发

水产品品加工装备制造业起步于20世纪70年代，是一个新兴行业，起步低、历史短。经历了从完全依赖进口、到引进仿制、再到自主创新的过程。但我国水产品加工总体上还属于劳动密集型产业，存在专用装备缺乏，加工装备普及率低、通用性差，智能化装备缺少等问题。

在基础研究方面，应系统开展海洋食品机械加工特性研究，系统分析海洋食品体型、骨架、质构等特征参数，建立数据模型，为提高加工装备通用性提供理论支撑。

在关键技术与关键装备开发方面，重点开展具有自主知识产权的智能化、精准化、规模化和成套化核心装备与集成技术开发；突破水产品分级、排序、定位、进出料等机械化加工预处理技术与装备，加快清洗、去脏、开片等机械化初加工技术与装备研发，研发连续酶解、节能干燥、复合发酵等精深加工技术与装备，创新研发船载加工装备技术、冷链物流技术与装备，推进智能控制，信息物理融合等前沿技术在加工装备研发中的应用，建立海洋食品加工智能化管理系统，实现加工过程安全可控，保障产品安全及企业生产管理水平。

### （四）加强水产品质量安全控制技术开发

相对于陆源食品，水产品原料的多样化及其所富含的各类营养成分，决定了水产品的质量安全影响因素更多、面临的压力更大、形成危害的概率也更大。因此，应及时建立准确合理的评估、检测及控制技术体系，持续不断地对潜在的质量安全危害进行及时的准确评估及合理控制。

在基础理论研究方面，要系统开展我国水产品重点生产区环境及生物中质量安全危害及营养品质的种类、水平、区域特征及种属相关性研究，获取安全风险因子及营养组分的基础数据并建立特征指纹谱库；基于代谢组、转录组和蛋白组关联分析技术，开展水产品典型加工流通过程中危害因子的形态分布、迁移规律及影响因素的研究，揭示危害物的形成机理以并实现危害阻断技术。

在关键技术开发方面，重点开展 高效、环保、自动化和智能化的水产品样品前处理新技术研究，开发高通量、智能化在线无损检测技术；加快快速检测产品和全自动快速检测设备开发，满足未来水产品高效检测与鉴别高效、快速、方便、易携带的需求；筛选新型细胞模型，构建更加精准的危害物风险评价分析技术，建立以细胞培养为核心的安全评估新技术和新方法。

# 参考文献

［1］ Chen, Qinsheng, Cong, Peixu, Liu, Yanjun, et al. Mechanism of Phospholipid Hydrolysis for Oyster Crassostrea plicatula Phospholipids During Storage Using Shotgun Lipidomics ［J］. Lipids, 2017, 52（12）: 1045–1058

［2］ Dan Jia, Qilin Huang, Shanbai Xiong. Chemical interactions and gel properties of black carp actomyosin affected by MTGase and their relationships ［J］. Food Chemistry, 2016, 196: 1180–1187

［3］ Fu L, Wang C, Liu N, et al. Quorum sensing system–regulated genes affect the spoilage potential of *Shewanella baltica* ［J］. Food Research International, 2018, 107: 1–9.

［4］ Gu Q, Fu L, Wang Y, et al. Identification and characterization of extracellular cyclic dipeptides as quorum–sensing signal molecules from *Shewanella baltica*, the specific spoilage organism of *Pseudosciaena crocea* during 4℃ storage ［J］. Journal of Agricultural & Food Chemistry, 2013, 61（47）: 11645–11652.

［5］ Jia Dan, You Juan, Hu Yang, et al. Effect of CaCl₂ on denaturation and aggregation of silver carp myosin during setting ［J］. Food Chemistry, 2015, 185: 212–218.

［6］ Jia Zicai, Song Yu, Tao Suyuan, et al. Structure of Sphingolipids From Sea Cucumber Cucumaria frondosa and Structure–Specific Cytotoxicity Against Human HepG2 Cells ［J］. Lipids, 2016.03, 51（3）: 321–334.

［7］ Jing Chen, Ju Huang, shanggui Deng, et al. Combining ozone and slurry ice to maximize shelflife and quality of bighead croaker（Collichthys niveatus）［J］. J. Food Sci. Technol., 2016, 3651–3600.

［8］ Liwei Cao, Sisi Su, Joe M Regenstein, et al. Ca²⁺–Induced Conformational Changes of Myosin from Silver Carp （Hypophthalmichthys molitrix）in Gelation ［J］. Food Biophysics, 2015, 10: 447–455.

［9］ Shengchun Liu, Ling Hao, Xianmin Guo, et al. Experimental Study on Crystallization Process and Freezing Properties of Ice Slurry Generation Based Sodium Chloride Solution ［J］. Energy Procedia, 2015, 75: 1445–1451.

［10］ Shengchun Liu, Ling Hao, Zhiming Rao, et al. Experimental study on crystallization process and prediction for the latent heat of ice slurry generation based sodium chloride solution ［J］. Applied Energy, 2017, 185: 1948–1953.

［11］ Zhang Tiantian, Xu Jie, Wang Yuming, et al. Health benefits of dietary marine DHA/EPA–enriched glycerophospholipids. Progress in Lipid Research. 2019.

［12］ Wang Y, Liu L, Zhou J, et al. Effect of Chitosan Nanoparticle Coatings on the Quality Changes of Postharvest Whiteleg Shrimp, *Litopenaeus vannamei*, During Storage at 4 ℃ ［J］. Food and Bioprocess Technology, 2014, 8（4）: 907–915.

［13］ Wang Y, Wang F, Bao X, et al. Inhibition of Biogenic Amines in *Shewanella baltica* by Anthocyanins Involving a Quorum Sensing System ［J］. J Food Prot, 2019, 82（4）: 589–596.

［14］ Wang Y, Wang F, Wang C, et al. Positive Regulation of Spoilage Potential and Biofilm Formation in *Shewanella baltica* OS155 via Quorum Sensing System Composed of DKP and Orphan LuxRs ［J］. Front Microbiol, 2019, 10: 135.

［15］ Wang Y, Zhang X, Wang C, et al. Identification and Quantification of Acylated Homoserine Lactones in *Shewanella baltica*, the Specific Spoilage Organism of *Pseudosciaena crocea*, by Ultrahigh–Performance Liquid Chromatography Coupled to Triple Quadrupole Mass Spectrometry ［J］. J Agric Food Chem, 2017, 65（23）: 4804–4810.

［16］ Jiang Wenxin, He Yufan, Xiong Shanbai, et al. Effect of Mild Ozone Oxidation on Structural Changes of Silver

Carp（Hypophthalmichthys molitrix）Myosin［J］. Food Bioprocess Technol，2017，10：370-378.

［17］Yin T.，Park J. W.，Xiong S. B. Effects of micron fish bone with different particle size on the properties of silver carp（Hypophthalmichthys molitrix）surimi gels［J］. Journal of Food Quality，2017，2017：8078062.

［18］方进林，柳建华，梁亚英，等. 温液氮冻结食品传热研究［J］. 制冷学报，2017，38：99-101.

［19］谷东陈，袁凯，张龙，等. 水产品中化学污染物的快速检测技术研究进展［J］. 食品工业科技，2017，38（1）：381-384.

［20］何维佳，仇宝春，王振，等. 渔船用海水流化冰机设计研究［J］. 中国水运，2017，17：91-101.

［21］蓝蔚青，胡潇予，阮东娜，等. 流化冰处理对南美白对虾冰藏期间品质与水分迁移变化的影响［J］. 食品科学，2019，40：248-255.

［22］蓝蔚青，张皖君，吴启月，等. 流化冰预冷处理对鲈鱼贮藏期间品质变化的影响［J］. 食品科学，2018，39：247-254.

［23］李铎，张秀花，李珊珊，等. 对辊挤压式对虾去头装置试验研究［J］. 河北农业大学学报，2017，40（1）：97-101.

［24］李学鹏，刘慈坤，王金厢，等. 水产品贮藏加工中的蛋白质氧化对其结构性质及品质的影响研究进展［J］. 食品工业科技，2019，40（8）：320-333.

［25］林文胜，鲁雪生，顾安忠. 食品液氮速冻处理的热力与经济分析［J］. 食品科学，2003，（5）：49-53.

［26］林旭东，郭儒岳，康孟利，等. 流化冰结合静压式挤压技术对冰藏大黄鱼菌相变化的影响［J］. 食品工业科技，2018，39：287-310.

［27］鲁珺，于海霞，杨水兵，等. 液氮深冷冻对三疣梭子蟹品质和微观组织结构的影响［J］. 中国食品学报，2016，16：87-93.

［28］鲁珺，于海霞，杨水兵，等. 液氮速冻对银鲳鱼品质及微观结构的影响［J］. 现代食品科技，2015，31（4）：210-216.

［29］栾兰兰. 冷冻带鱼冰晶生长预测模型及分形维数品质评价体系的建立［D］. 浙江大学博士学位论文，2018.

［30］马晓斌，林婉玲，杨贤庆，等. 浸渍式快速冷冻液的优化及冻结技术对脆肉鲩品质的影响［J］. 食品工业科技，2014，35：338-342.

［31］施源德，蔡碧云，欧阳锐，等. 茶多酚流化冰对鲭鱼品质的影响［J］. 食品工业，2018，39：53-57.

［32］石珂玮. 基于薄液膜蒸发的超高速冷冻过程中传热机理的研究［D］. 大连海事大学硕士学位论文，2016.

［33］王慧，何鸿举，刘璐，等. 高光谱成像在鱼肉品质无损检测中的研究进展［J］. 食品科学，2019，40（5）：329-336.

［34］王琦，王伟，李洋. 电子鼻和近红外联合应用在评定水产品新鲜度中的研究进展［J］. 食品研究与开发，2014，35（15）：134-136.

［35］王晓旭，王昕岑，梁栋，等. 模拟探究凡纳滨对虾磷脂在贮藏过程中的水解机理［J］. 水产学报，2016，（07）：1123-1132.

［36］王泽普，李敏霞，王飞波，等. 流化冰制冰系统换热器的动态仿真［J］. 化学工程，2018，46：21-27.

［37］夏俊，凌培亮，虞丽娟，等. 水产品全产业链物联网追溯体系研究与实践［J］. 上海海洋大学学报，2015，24（2）：303-313.

［38］向迎春，黄佳奇，杨志坚，等. 冻结方式对凡纳滨对虾贮藏中组织冰晶及品质的影响［J］. 食品工业科技，2018，39（5）：280-287.

［39］颜波，石平，黄广文. 基于 FRID 和 EPC 物联网的水产品供应链可追溯平台开发［J］. 农业工程学报，2013，29（5）：172-183.

［40］杨洁，杨钊. 水产品溯源中的同位素技术研究进展［J］. 化学分析计量，2017，26（4）：112-117.

［41］袁鹏翔，邓尚贵，张宾，等. 静态流化冰对鱿鱼保鲜效果的影响［J］. 现代食品科技，2015，31：242-

247.

［42］詹白勺，章海亮，杨建国. 基于高光谱成像技术的三文鱼肉水分含量的可视化研究［J］. 光谱学与光谱分析，2017，37（4）：1232-1236.

［43］郑晓伟，沈建. 南极磷虾捕捞初期适宜挤压脱壳工艺参数［J］. 农业工程学报，2016，32（2）：252-257.

［44］邹伟. 淡水鱼连续式去头尾装置的设计与试验研究［D］. 武汉：华中农业大学，2018.

［45］杜利农，柴春祥，郭美娟. 电子鼻在水产品品质检测中的应用研究进展［J］. 电子测量技术，2014，37（5）：80-84.

［46］杨洁，杨钊. 水产品溯源中的同位素技术研究进展［J］. 化学分析计量，2017，26（4）：112-117.

撰稿人：薛长湖　李兆杰

# 渔业装备学科发展研究

## 一、引言

渔业装备主要是指在渔业生产过程中为提高生产效率、保障生产安全、改善生产条件所使用的各类专业化的设备。渔业装备学科的研究对象主要是专门或主要用于渔业生产的各类装备，主要有水产养殖装备、渔船和捕捞装备、水产品加工装备等。2015年以来，渔业装备科技围绕渔业转方式调结构和推动渔业转型升级，积极开展创新开发，取得了很大的进步。2018年底渔用机具制造总产值385亿元，比2014年年底增加了20%。随着国家对水产科技投入的不断增大，渔业装备科技将在现代渔业建设中发挥越来越重要的支撑作用

## 二、我国发展现状

### （一）水产养殖装备

#### 1. 池塘养殖装备

池塘养殖是我国最古老也是最普遍的养殖方式之一，但长期以来，一直存在养殖方式粗放，环境生态调控与系统技术研究匮乏等问题。近年来，依托国家大宗淡水鱼产业技术体系、国家自然基金面上项目"复合湿地养殖系统中厌氧脱氮菌的菌群生态及其调控因子研究""948"项目"节水高效全循环池塘养殖关键技术合作研究"、公益性（农业）行业专项"淡水池塘工程化改造与环境修复技术研究与示范"等项目，在生态工程学基础、装备、信息化、模式构建方面开展技术研究和创新。

（1）生态工程学基础方面。探讨池塘菌藻的演变及对系统调控效果，建立多种尾水处理方式。开展潜流湿地菌群特征的研究，为提高净化效率提供支撑（曾宪磊等，2016）；合理使用菌藻结合体可显著提高对养殖废水的净化效率（刘娥等，2017）；开展不同植物

密度对鱼菜共生系统的运转影响研究；研究分析用于尾水处理的多种生物滤料；将莲藕净化塘和人工湿地组合湿地系统应用于养殖尾水处理，效果良好，而且具有经济观赏价值（王妹等，2016）。

（2）装备方面。研发了增氧、投饲等池塘养殖装备，促进养殖过程机械化、智能化。开展底孔增氧方式对池塘溶氧的影响研究（李彬等，2017）；研制了移动式太阳能增氧机（田昌凤，2015），拓展了增氧范围，节约了能源，提高了溶氧。研制了多种形式的投饲装置，实现全天候进行定时投饲，控制方便；研制了池塘起鱼单轨输送机、脉冲电赶鱼装置等，降低劳动强度，提升了工作效率；研制了可遥控的移动式施药装置，实现施药自动化；完成虾塘吸污机的优化设计，可在30秒左右将污泥抽吸干净，并实现了载人自动行走功能。

（3）信息化方面。建立预测模型，推进水质监测和投喂的自动化、精准化。运用视觉识别技术，研究了准确快速识别运动虾苗（宦娟等，2017）的方法；构建了池塘溶氧预测、水体亚硝酸盐预测等模型；开发了分布式自动监控系统，实现了池塘养殖远程控制和集中管理（唐荣等，2017）；研发了多种水质监测系统或装置，或降低节点功耗的，或具有清洁传感器和可多点进行检测的功能；研究优化了智能渔人投喂管理功能技术和智能渔人神经网络分析功能技术，研制了具有初级养殖工智能的池塘养殖管理机器人。

（4）模式构建方面。探讨构建新工艺，建立新的养殖模式。研究设计了分隔式、分级序批式循环水养殖系统，促进污染物沉积与排放减少，具有生态效率和经济效益高的优点；在盐碱地建立了不同模式的生态养殖系统，通过鱼类养殖，改善生态环境；建立了池塘循环水槽养殖罗非鱼，改善了环境，提高了经济效益（阴晴朗，2018）；研发的结合人工湿地的池塘循环水养殖系统，具有存活率高，节能减排的效果。开展组合跑道式养殖池系统工程参数的研究（程果峰，2015）；设计了高位池侧排式排污口装置，使排污水量小（李春晓，2016）。编制完成《池塘养殖小区选址及区域布局技术技术规范》和《池塘设施化构建技术规范》。研发的组合生物模块及其潜流湿地系统技术，能够显著去除水体氮磷污染，COD去除率在20%—30%，TN去除率在10%—20%，TP去除率在10%左右。

近年来，以池塘生态工程化为核心一系列技术在全国20多个省份进行了推广，技术辐射超过了50多万公顷，带动了我国池塘养殖的转型升级。涌浪机等设备也走出了国外，在东南亚等国得到大量应用，相应的成果获得了中华农业科技奖、大北农科技奖。

### 2. 工厂化养殖装备

我国工厂化养殖装备以室内循环水养殖设施为代表，已广泛应用于成鱼、苗种繁育等领域，也是未来水产养殖工业化发展的方向。近年来，依托"973"课题"可控水体关键参数控制与中华鲟重大疾病的致病机理及防控理论"、国家科技支撑计划课题"淡水鱼类工厂化养殖系统技术集成与示范"和"智能化精准投饵技术与装备研制"以及国家海水鱼类产业技术体系等项目，在系统构建和装备上，取得了进展

（1）水体净化方面。开展生物滤器、生物絮团、碳源、植物等对养殖水体净化性能

和效果研究。从多种角度开展生物滤器水处理性能研究；利用生物絮团控制水质，提高了对虾成活率；循环生物絮团的分布均匀性比原位更好；聚己内酯增加与硝酸盐氮的去除效率无关，但会增加水中有机碳（侯志伟等，2017）；滤器床层下部是硝化作用发生的主要部位（张海耿等，2017）；纳米二氧化钛涂料对养殖水体净化效果良好（杨菁等，2018）；开展 16 种植物对水体污染物净化效果研究，筛选出黄菖蒲等三种作为潜力净水植物（贾成霞等，2018）。

（2）高效设备方面。开展固液分离、汽水混合装置的研究。研究发现臭氧可降低水体浊度，导致颗粒物直径变化（管崇武等，2018）；研发滴淋式臭氧混合吸收塔，可有效降低水体中亚氮浓度和水色；从筛缝规格、安装角度以及水处理量等方面，开展了弧形筛对颗粒物的去除效果研究（陈石等，2018）；研制了多向流重力沉淀装置能较高效地去除悬浮颗粒（张成林等，2015）；研制设计了新型的二氧化碳去除、管式曝气、叶轮气浮等一系列装置，改善了养殖生境。

（3）模式构建和信息化方面。构建了循环水养殖系统，开展策略研究，建立水质在线监控系统、自动投喂系统与数字化管理系统。开展了对虾耐流性的研究；开展养殖密度、换水率和环境对鱼虾生长的影响，为养殖模式推广提供技术支撑。获得带石斑鱼、大西洋鲑幼鱼的适宜投饲频率；设计了可通过手机应用程序实现无线远程控制的、具有明显节能效果的、可实现升降功能的多种无线水质监控系统；研究分析鱼类摄食音频，构建投喂量的主要控制指标，实现对鱼类摄食行为的直接反馈控制。开展多种池水动力特性研究，为工厂化养殖车间的设计提供支持。通过精准控制循环量，提升了养殖效率、降低能耗；研究建立了高效、低廉的对虾高位池循环水养殖系统；构建鲟鱼工厂化循环水系统模式，养殖密度可达 41.2 千克 / 立方米，成活率 95.7%。

近年来，我国工厂化养殖技术在全面掌握循环水养殖系统理论的基础上，突破了鱼池颗粒污收集、高效生物滤器、气体交换等循环水处理主要工艺和装备等技术瓶颈，并通过系统优化集成，形成了多种苗种孵化与培育、海淡水鱼虾类循环水养殖系统模式，在外排水污染物资源化利用研究方面也取得了良好进展，相关技术推广到在 10 多个省、直辖市、自治区，累计面积达 20 万平方米以上。

### 3. 浅海养殖装备

我国浅海养殖长期以来生产方式比较落后，养殖装备也比较缺乏。近年来在国家藻类产业技术体系——采收技术与装备岗位，中国水科院平台项目"海带养殖筏架工程化构建与采收机械化技术研究"的支持下，在设施构建和配套装备方面，取得了一些成果。

（1）设施构建方面。开展设施安全性和基础性研究。对高性能纤维材料进行研究推广，实现产业加应用。对浅海渔排进行规范化升级改造，用新型塑胶材料代替原来的木制泡沫材料，并制定了相关标准，增加了设施的安全性和寿命，减少对环境污染。开展养殖吊笼、筏式养殖设施和围网系统等各种浅海养殖设施的水动力特性研究，取得了设施受力和运动情况，为设计提供了支撑；采用沉浮力纵向向下递增分布装配的围网，更有利于防止发生网衣纠缠（李怡等，2017）。

（2）配套装备方面。以作业机械化和信息化为重点，开展研究。研发了水下视频装置，可用于调研底播扇贝状况；设计提出了大蚝养殖全流程机械化作业方案及装备和自动拖拽采收船的设计方案；设计了水下采捕机械手采捕海珍品（胡昌宇等，2016）；研制了可完成采收、分选和收集工序的缢蛏采收设备（张问采等，2018）；研发改进了扇贝苗分级计数装置、连续海带夹苗机、牡蛎采苗串自动化生产装置和起捕设备，提高作业效率；完成贝类延绳吊起捕平台的设计制造和海上作业试验，研制吊绳状态保持的阀架牵引、水下提升输送、脱料、主阀架导向系统、海上作业平台、高压喷淋清洗等设备，构建了延绳吊养牡蛎海上机械化采收及预处理作业平台，成功实现牡蛎机械化采收、分离与清洗。

近年来，浅海养殖装备得到了较大的发展，大型养殖设施，机械化采收装备及轻简化劳动工具不断出现，缓解了对劳动力的过度依赖，提高作业效率，降低作业成本。

### 4. 深远海养殖装备

深远海养殖装备主要指用在离岸 3000 米，水深 20 米以上的养殖装备，深远海养殖装备在我国的发展不到 20 年，主要以高密度聚乙烯（HDPE）管材为框架的重力式网箱研究为主，近年来，在上海市科委和青岛海洋科学与技术试点国家实验室鳌山科技创新计划的"大型海上渔业综合服务平台总体技术研究"、国家海洋局公益性行业专项课题"深水网箱养殖管理基站及配套设施"、山东省重点研发计划项目"黄海冷水团绿色养殖关键设备研发"等项目的支持下，在设施安全性、装备及配套设备研究取得了一些进展。

（1）设施安全性方面。以深远海养殖设施的改造及安全性和鱼类的适应性为重点，开展各项研究。完成深蓝渔业服务平台主尺度、航速等关键参数选择，建立总布置技术方案，构建了三维设计模型；提出围网上纲迎浪面中点处浮子的位移最大（崔勇等，2018），养殖平台应将纵向迎向风浪流大概率的来向（王婧等，2018）；海区流速超过93厘米/秒时影响双层网底网箱的网底稳定（崔勇等，2015）；开展斑石鲷船载多种养殖因子影响研究，为深远海养殖打下基础。

（2）装备及配套设备方面。以大型化、节能和高效为重点，开展各项研究。提出了深远海养殖平台的电力推进系统配备方案并验证（黄温赟等，2017）；开展将矿砂船改造为养殖工船技术研究，改建船体结构，构建了系统方案（黄温赟等，2018）。试制水下机器人和监测系统，对网箱、网衣和系览力数据进行监测；设计了水下高压网箱清洗装置、海上投饲炮等一系列辅助设备；"鲁岚渔61699""德海1号""深蓝1号""振鲍1号"等大型养殖装备投入使用，推动了养殖向深远海发展。

虽然中国深远海设备发展的历史不长，但取得了进步令人瞩目，深水抗风浪网箱研究取得了不少专利，一些技术指标已达国际先进水平，一些大型的养殖装备如养殖工船、智能渔场在建或投入使用，使我国的装备技术提升了一个水平。

## （二）渔船与捕捞装备

### 1. 渔船

我国渔船数量巨大，2018 年年底机动渔船总量为 55.61 万艘，总吨位 1041.43 万总吨、总功率 2073.57 万千瓦，但长期以来，我国渔船一直存在着船型杂乱、装备老化、能耗高、技术水平低下的局面。近年来，在工信部高技术船舶科研计划、农业农村部远洋资源探捕项目等项目的支持下，重点在基础研究、远洋渔船、渔船评价等方面开展研究。

（1）基础研究方面。以促进设计效率、渔船船机桨优化和节能为重点，开展各项研究。开发运用多种软件，提升设计校核的效率和准确性；开展了导管桨特性分析，为船型优化设计提供依据（王贵彪等，2016）。提出经常处于低速作业工况的金枪鱼延绳钓渔船采用撞角型球鼻艏较好（李超等，2015）；建立船机桨匹配数学模型，实现船机桨网合理匹配（黄文超等，2018）。

（2）远洋渔船方面。以绿色能源利用，船型结构优化为重点，开展各项研究。对双甲板远洋渔船结构优化，合理地扩大了机舱空间（金娇辉等，2017）提出直流配电混合电力推进系统设计方案并开展研究（徐龙堂等，2017）；设计完成智慧渔船电力推进控制方案、主要电站设备技术参数和变频器谐波抑制方案，构建了机电设备 PMS 功率管理系统主要功能；将混合型滤波器用于船舶电力推进系统中，性价比更高（董晓妮等，2017）；远洋现代化渔船的无人机舱系统达到法国船级社最高等级的要求（黎建勋等，2017）；开展了远洋鱿鱼钓船 61 米级和 75 米级两型船的初步设计，完成了总图。开发了 38.8 米远洋围网渔船，采用欧洲型围网技术，捕捞效率较国内传统围网技术有较大提高。研发、设计、建造的 39 米长的玻璃钢超低温金枪鱼延绳钓船启航。

（3）渔船评价及减排方面。以渔船安全质量及废气利用为重点，开展各项研究。研制了尾气吸收式制冷装置，制冷效果显著，而且节能环保（黄温赟等，2018）；开展双体渔船总体结构强度分析，得出总横弯矩对结构强度影响最大（李国强等，2018）；编制了《渔船标准船型选型评价方法》；建立鱼刺图基础模型，开展玻璃钢渔船建造质量分析（于云飞等，2017）。

近年来，我国渔船装备科技的进步，为我国远洋渔船实现标准化、专业化和智能化升级提供了技术支撑，为全国渔船节能减排发挥了重要的科技支撑作用。相关成果获得神农中华农业科技奖、中国水产科学研究院科技进步奖。

### 2. 捕捞装备

捕捞装备主要包括捕捞机械、捕捞渔具和渔用仪器。我国捕捞装备整体水平落后，除大中型拖网和围网渔船配备比较完善的中高压传动捕捞机械外，其他中小型渔船捕捞机械仍然采用传统机械传动或简单的液压传动方式，装备传动效率低、安全性差。近年来，为解决我国远洋捕捞装备自主建造能力不足，捕捞效率和安全节能水平不足，依托国家科技支撑"远洋节能降耗新材料及捕捞装备关键技术研究"、国家"863"计划子课题"拖网曳纲张力平衡控制系统研发",以及海洋实验室主任基金等项目,开展了一系列的研究。

(1)捕捞机械方面。以大洋性作业的基础装备为重点,开展各项研究。通过模型建立和仿真分析,分析研究波浪补偿装置(刘祥勇等,2017);设计自动调整系统平衡的控制系统,有效增大了网口面积,提高捕捞效率(王至勇等,2017),研制了新型吸鱼泵、五轮起网机、纯机械结构起网机安全防护装置、围网理网机等一系列捕捞及辅助装置;设计变频调速系统控制方案并试验,系统稳定可靠,自动化程度高(王至勇等,2015);研制深水拖网绞车和舷侧起网成套装备,突破多设备协调控制技术及舷侧起网多节滚筒级联技术,完全实现国产化;研制成功包括55套设备在内的"大型金枪鱼围网捕捞成套设备"打破了国外的垄断,结束了依赖进口的局面。

(2)捕捞网具方面。以增强材料,节能高效为重点,开展各项研究。开展渔用材料性能研究,PA单丝拖网能降低渔具阻力、提高网具性能(林可等,2017);三元共混网线材料优于同等直径的聚乙烯材料(刘幔等,2016);增加乙丙橡胶(EPDM)可提升有结网结节的强度(余雯雯等,2016);建立拖网仿真模型,并开展试验研究,为拖网改进设计提供参考;设计了梭子蟹专用定置三重刺网,兼捕率较低,有利于保护资源(张中之等,2016);开展了单缝曲面网板(王磊等,2015)、南极磷虾拖网网板水动力特性研究,网板中空结构,可减轻网板水中质量,适用于浅表层低速拖网(刘健等,2015);研制的新型深水虾拖网网板,综合性能达到国外先进水平,实现了网具与网板装备国产化。开展漂浮物打捞网性能研究,表明打捞体的进网条件受其吃水深度和网具拖速的影响较大(林礼群等,2016)。

(3)渔用仪器方面。以提升捕捞效率为重点,开展设备研发。研制了高性能的收发机及换能器阵列,提供128个通道声学信号处理能力,成功完成海上试验,结果表明该声呐对0分贝目标的探测距离可以达到2600米,部分指标达到国际先进水平;提出了新的鱼探仪发射机信号源设计方法,发射波产生的噪声干扰较小(陈继华等,2016);开展渔用声呐数据压缩研究,解决了卫星通信费用昂贵的难题(倪汉华等,2016);设计了水下LED集鱼灯灯载视频系统,有利于判断捕捞时机,提高捕捞效率(卢克祥等,2016);完成360°扫描声呐换能器研制以及声呐仪器的系统集成工作。

近年来,我国捕捞装备技术取得很大的进步,成套的高效捕捞装备运用到远洋渔船上,推进了装备的国产化进程,完成"神十一"飞船发射的海上应急保障任务,一些成果获得获海洋工程科学技术奖、中国航海学会科学技术奖。

## (三)水产品加工装备

我国水产品加工总体比较落后,随着水产品产量和劳动力成本的不断上升,对加工装备的需求也越来越迫切,近5年来,依托"南极磷虾捕捞及船上处理加工系统设计与改造方案"、国家支撑技术课题"水产品加工前原料的质量鉴别和控制技术研究与示范"和国家贝类产业技术体系——采收与加工装备岗位、国家藻类产业技术体系——干燥技术及装备岗位、国家科技支撑"鲜活鱼类标识与贝类控菌技术装置研发及虾黑变控制与品质评价技术研究"、海洋渔业资源调查与探捕"南极磷虾捕捞及船上处理加工系统设计与改造方案"等项目的支持下，水产品加工装备取得了一系列的成果，获得了中国食品科学技术学会科技创新奖发明奖等奖项。

### 1. 前处理加工设备方面

以大宗淡水鱼前处理机械化为重点，开展各项研究。以鲢鱼为研究对象，开展了前处理加工生产线的研发（常永胜，2016）；研制了新型淡水鱼去头机，可针对不同的大宗淡水鱼进行鱼体去加工（张帆，2015）；开展了针对决草鱼、黑鱼、青江鱼去鳞及去内脏的机械化加工设备的研制，研究得出了合适的柔性去鳞装置（李儒君，2015）；研制了冰冻杂鱼切块机，切块平整且精度较高（朱烨等，2017）。

### 2. 高值化加工设备方面

以名优养殖品种和精深加工装备为重点，开展各项研究。开展了南极磷虾各类加工技术以及对品质影响的研究；研制的南极磷虾脱壳设备，最高处理量达到 1000 千克 / 小时，脱壳虾肉平均得率 20%，填补了空白；采用铣削方式去除鲍壳附着物效果做好，存活率超过 98%（徐文其等，2016）；设计的辊筒挤压式分离装置，有效地完成蟹脚壳肉分离（陈超等，2016）；建立扇贝闭壳肌干燥模型，开展微波真空、真空冷冻等干燥研究，减少了蛋白损失；设计了扇贝柱自动晾晒设备，建立了藻类太阳能辅热耦合干燥系统；开展杀菌方式对小龙虾风味的影响研究，提出巴氏杀菌效果更好；对紫海胆黄油微胶囊的壁材比例等进行研究，获得最优制备工艺；开展了对鲢鱼鱼皮蛋白肽的研发；对鱼粉加工工艺与装备进行优化，并达到节能减排的效果；突破活体鱼类标识技术研究，设计开发鱼体连续输送机构、自动光控定位模块与精准伺服驱动控制系统，集成研制"大菱鲆自动标识设备"，标识量达到 540 尾 / 小时。

### 3. 流通和冷冻装备方面

以鱼类保活和冷冻解冻品质影响为重点，开展各项研究。开展了鱼类低温应激反应研究，为罗非鱼活体运输提供依据；开展冷海水喷淋保活模式的研究，研制了鲍鱼保活运输车；研制了适合量大、长距离运输的高值贝类保活车；改进传统提升转运装置，实现自动化控制和精准称量有机结合一起；开展无线电波解冻数值模拟研究；发现浸泡通电解冻的方式更适合大黄鱼解冻；研制了海水冰片机，满足了中小渔船海水保鲜的需要；创制冷链贮运设备，构建耦合模型，提升节能性能。

近年来，我国水产加工装备科技取得了明显的进步，在贝类收获与加工、鱼类前原料处理与初加工装备取得了不少成果，并开始应用于实际生产，南极磷虾加工装备研发取得重要突破，一些成果获得了奖励。

## 三、国内外发展比较

### （一）池塘养殖装备

虽然池塘养殖并不是发达国家的主养方式，但是海外许多专家和学者在养殖生态基础、水质和底质调控、模式构建等各个基础方面都开展了深入的研究。如提出了池塘建设的基本要求，包括池塘结构、土质条件、池塘形状、维持池塘水质最好的办法等。研究建立了南美白对虾生态工程化循环水养殖系统，有效提高了饲料利用率，减少了养殖污染。研究构建的"虾—藻—轮虫"复合养殖系统，提高了系统对营养物质的转化效率。同时，他们也十分重视对减少污染物的研究，在半封闭的池塘养殖系统中建立了一种物理沉积、贝、藻混合处理系统；研究基于表面流和潜流湿地的循环水养殖系统，并应用于对虾养殖；研究建立了基于湿地净化养殖排放水的养殖系统，以及开展了人工湿地对养殖排放水体中总悬浮物、三态氮有较高的去除效果。

我国对池塘养殖的基础研究始于 20 世纪 90 年代中期，近年来开展了复合人工湿地—池塘养殖生态系统研究，提出了池塘生态工程化理念，推动了池塘生态工程化技术的发展。但与国外相比，池塘生态形成与变化机制、关键因子影响机制研究不深，还不能很好地把握控制的时效，养殖过程中的信息采集手段和控制手段比较薄弱，除增氧和投饲以外的机械设备也非常欠缺。

### （二）工厂化养殖装备

欧美等发达国家将当今的前沿的生物工程、微生物、自动化技术运用到工厂化养殖中，并将循环水养殖作为研究与应用的重点，国外的循环水养殖技术的发展主要在优化设施系统、完善和提升管理系统效率、节能减排等方面。目前欧美等国家普遍将水处理技术、生物技术、工程技术，自动化技术融合到养殖系统中，一般主养鱼的种类为大西洋鲑、欧洲鲷等，品种相对比较固定，养殖单产超过 200 千克 / 立方米。养殖品种已普及到虾、贝、藻、软体动物的养殖。欧美发达国家在精准投喂、鱼类的行为学、饲料配方和养殖环境的优化、消毒对鱼类影响、换水量的优化、鱼类福利养殖等开展了大量的研究。在快速排污技术、环境监控技术、生物滤器自清洗及其管理技术和养殖废水的综合利用技术取得了较大的进展。与国际先进水平相比，我国在工厂化循环水养殖设施技术已在全国各地得到广泛使用，在循环水率等一些关键性能已基本接近国际水平，但是在系统集成和构建、稳定性以及标准化等方面还存在着一定差距。

### （三）浅海养殖装备

国外浅海养殖设施主要在各种海况下的稳定、移动和受力情况开展了研究，对主缆、锚定系统和设施形状进行设计和优化，以有利于实际生产，还注重解决远程通信和监控等问题。国外养殖装备形成了标准化、系列化和机械化，养殖装备可由单个单元装配而成，且每个单元不需要起重设备搬运，仅需 2 人搬动就可以了。日本早在 20 世纪 80 年代在贝类养殖中已经普遍使用分类机、清洗机、贝体附着物清除机等设备，而国外在贻贝养殖中采用了包括苗绳提升、脱粒、筛分、卷苗以及其他辅助装置在内的机械化海上作业平台等设备，实现了养殖高度机械化。美国开始采用水下机器人来收割带孢子的海带叶片。而国内海上养殖设施缺乏标准化设计，给养殖机械化带来了很大的困难，虽然部分工序由机械替代人工，但总体还是以手工方式，劳动强度大，生产效率低。

### （四）深远海养殖装备

国外深远海养殖装备有较长的研究历史，他们在开展一系列设施水动力研究的基础上，不断推进设施向大型化方向发展，挪威的网箱周长达 180 米，网深 40 米，日本的巨型网箱，长 112 米，宽 32 米，深度超过 30 米。大型深海养殖工船可安装了 6 个 50 米 × 50 米的养殖网箱，网箱深度可达 60 米，可以容纳 1 万吨鲑鱼成鱼或者超过 200 万条幼鱼，法国与挪威合作建成 270 米长的养鱼工船。同时，国外的配套设施也比较完善，大型深海网箱一般配备自动投饵设备、水下监控装备、水质检测装备、疫苗注射机、鱼苗计数设备、真空捕鱼机、自动收集死鱼设备，养殖过程基本已完全实现自动化，国外还用大数据的方式融合海洋工程学、海洋控制论和海洋生物学，通过利用水下传感器为养殖者提供决策支持、监测饲喂情况和养殖环境情况。而国内使用的普遍是周长为 60—80 米的深海网箱，容量较小，不利于提高生产效益。同时配套设备并没有在全国普遍推广，仅在一些基地里用于试验与示范。

### （五）渔业船舶工程

发达国家渔船自主研发能力强，重视渔船船型优化与标准化设计，渔船建造标准比较齐全，船型建造与监管比较规范。国外非常重视渔民的工作条件和安全，对渔船的安全性及舒适性有明确的要求。近海渔船向专业化发展，选择性捕捞作业能力、节能水平不断提高。大洋性捕捞渔船工业化程度、作业水平和竞争力不断提高。国外还十分重视船舶能源回收和优化，在渔船设计建造中，采用先进的电池系统能源管理技术，以提高燃油效率，优化船舶的排放足迹。此外，在渔业船舶作业性能、信息化方面不断推出新技术，数值化模拟设计技术、轻质材料技术、电力推进技术、余热利用技术、数字化监控技术等在渔业船舶工程中的应用逐步完善，作业效率在满足海洋生物资源可持续利用的前提下不断得以提高。我国近年来开展了海洋渔船的标准化更新改造工程，鼓励新技术和新材料的应用，一些地区已基本完成标准化更新改造目标，使我国海洋渔船在安全、节能、经济、环保和适居方面得到了一定的提升，但与发达国家相比还存在不小的差距，渔船捕捞效率，尤其是极地渔船的捕捞效率差距十分明显，新技术没有得到很好的推广，新材料和新装备以及节能技术与节能产品没有得到有效应用，在渔船自动化和信息化方面差距更大。

## （六）捕捞装备

世界渔业发达地区以大型化远洋渔船为平台的捕捞装备技术呈现自动化、信息化、高效节能的特点。在大型金枪鱼围网、拖网等专业化渔船配置了自动化捕捞成套装备，其中，深海大洋远海变水层拖网除起放网实现电液控制自动化外，在拖网过程中也实现了曳纲平衡控制和结合助渔仪器探测信号实现作业水层的自动调整，网形网位的自动优化调整，捕捞效率同比提高30%。渔船还配备了360度远距离电子扫描声呐高分辨探鱼仪、深水垂直精准探测等先进信息化装备，实时监测捕捞的效果。欧美发达国家还通过开展卫星遥感技术、捕捞装备与渔船操控技术的集成，结合助渔仪器声呐探测技术，进行海洋渔业选择性精准捕捞的探索性研究，国外还注重对渔具进行优化，提高网具有效使用率、降低网具的阻力，提升防兼捕性的能力，研发出使用可操控推进装置取代拖网网板的一整套新概念。我国渔船捕捞虽然已基本实现机械化作业，但与发达国家相比自动化与专业化水平偏低，捕捞甲板设备操作仍然以手动机侧操作为主，没有采用集控方式，系统设备作业协调性无法得到有效保障。我国海洋捕捞效率远低于发达国家，因捕捞机械造成的安全事故也远远大于发达国家，捕捞机械技术水平与发达国家相比差距明显。在渔船助渔导航设备如探鱼仪和网位仪等信息化设备以及远洋大型捕捞装备主要依赖进口。我国渔船捕捞装备先进技术研发与制造能力还比较薄弱。

## （七）水产品加工装备

国外发达渔业国家注重大中型鱼类的初加工、贝类加工、活性物质提取等加工装备的研究，尤其重视精深加工装备的发展，注重产品附加值的提升，精深加工装备具有较高的水平。国外水产品加工生产线集成度高，船用加工装备，针对性强，自动化程度高，可以实现机械化初加工、冷冻包装及品质控制。目前国外已将信息化运用到水产品加工上，运用机器人在加工流水线上为鳕鱼去骨和去片，切割雪蟹。与国外相比，国内机械化程度相对较低，加工装备以水产品前处理和初加工为主，精深加工装备水平落后，大型生产线的核心装备还依赖进口。国产装备在加工效率、精度、连续性、稳定性、自动化程度等方面还存在较大差距，材质、外观、耐用性等也还有待提高。以单机设备为主，成套设备研发、工艺创新与集成能力与国外还存在较大差距。

## 四、我国发展趋势与对策

（一）池塘养殖装备方面，以养殖环境调控技术、生态工程技术和设施工程化为研究重点，推进养殖的可持续发展

以养殖环境调控技术的多样化和系统化研究为核心，开展人工生态系统低营养生物级生态位的强化以及与养殖环境变化相关联的关键因子的准确获取与数值化预判研究；开展运用包括生产性生物的搭配与系统内生物群落的构建以及外源机械能的高效利用在内的生态工程技术研究，构建先进的养殖模式；开展生态高效设施化系统构建、养殖环境调控、污染物资源化利用和生产机械化、管理智慧化等一体化系统性关键装备及技术，促进养殖向高效生产目标发展。

（二）工厂化养殖装备方面，以养殖生境和营养控制、辅助装备和无害化处理研发为重点，构建标准化循环水养殖系统模式

研究突破系统稳定性问题，构建针对主养品种的标准化循环水养殖系统模式；研究主要品种在不同条件下的应急理化指标以及生长情况，确定应急边界条件和最优生长条件；研究主要品种在饲料营养、投喂周期对生长的影响规律，建立投喂策略；探索研发菌藻复合处理工艺，实现水处理的高效和可控；研发基于信息化的各类生产、监测设备和智能化管理系统；开展系统外排营养物质的高效处理技术研究，实现污染物的资源化利用，促进水产养殖的绿色发展。

（三）浅海养殖装备方面，以设施安全性和标准化、过程化机械装备研究为重点，提升整个养殖作业的机械化水平

开展不同水域、不同养殖品种专用网箱结构与设计规范，满足多形式网箱养殖对装备适用性、安全性的要求；开发满足网箱养殖作业特殊要求的自动投饲、水下监测、活鱼起捕、网衣清洗、废物收集处理、养殖船等系统化装备技术，构建不同水域网箱养殖数字化专家系统，为养殖网箱的规模化发展提供可靠的设施保障。开展浅海新颖的养殖设施模式及研发，结构可靠性、锚固稳定性、维护性等机理分析以及相关标准规范的研究，构建高效、新型适宜机械化采收、辅助作业的养殖设施模式，提高我国海上养殖作业机械化水平。

（四）深远海养殖装备方面，以远海大型设施装备研发为技术创新重要途径，形成新型海洋渔业生产方式

研究深水网箱设施水动力特性，优化 HDPE 重力式网箱结构，研发抵御特殊海况性能

的新型抗风浪网箱和沉式深水网箱，提升深水网箱在深海的安全能力；利用原有海洋钻井等深远海平台，建立深海养殖基站，并以此为核心构建规模化网箱设施养殖系统；以大型船舶为平台，构建式大型游弋渔业平台并成为远洋渔业生产的补给、流通基地；针对深海养殖平台设施的特点，研发高效作业配套装备，利用前沿的信息化技术，研制精准投喂、自动化起捕、分级、水下清洁以及养殖过程自动化管控系统。

（五）渔船与捕捞装备方面，将以大洋型渔船和专业渔船及装备自主研发为重点，推升捕捞作业的现代化

重点研发大洋性大型捕捞加工船以及以南极磷虾捕捞加工船为代表的极地作业捕捞渔船；结合渔船船联网技术研究与工程建设，开展智能渔船关键技术攻关，提升渔船信息化水平；强化渔船应用基础研究，利用模拟平台开展船型优化设计和精细化分析，实现渔船设计建造数字化；研发基于电力推进技术的全电传动与控制的捕捞系统，实现捕捞全过程自动化协调控制；研发拖网自动捕捞系统、磷虾连续式捕捞成套装备，大洋鱿钓渔船、金枪鱼围网渔船和舷提网作业渔船捕捞装备自动化系统技术，提升作业的自动化水平；研发低噪声、高精度、高带宽声学探测仪器，融入深度学习算法，对鱼类目标的识别和统计进行智能化评估及其精准探测。

（六）水产品加工装备方面，将主养品种加工生产线，船载加工关键装备研发与物流装备系统构建为重点，促进渔业加工机械化、精深化、连续化、智能化

开展前处理与初加工单机设备的应用研究和生产线的集成，提高处理效率；开展包括海参蒸煮等规模化加工成套设备，水产品电子束冷杀菌等快速杀菌等精深加工装备，减少活性物质损失、提高产品附加值；将现代通信、计算机网络技术、控制技术融合，研制数字化、智能化设备，提升装备信息化；开展冷链物流系统装备的研发和应用，提高保鲜贮藏效率，保障水产品质量安全；开展副产物综合利用装备的研究，提升资源利用率、开发高值产品、实现加工过程零废弃、零排放。开展南极磷虾生物学特性、壳肉分离特性、虾糜脱水加工工艺等方面的实验研究，突破虾壳分离、虾粉加工难点，研制南极磷虾系列加工设备。

# 参考文献

［1］曾宪磊，刘兴国，吴宗凡，等. 处理水产养殖污水潜流湿地中的厌氧氨氧化菌群特征［J］. 环境科学，2016，37（2）：615-621；
［2］刘娥，刘兴国，王小冬，等. 固定化藻菌净化水产养殖废水效果及固定化条件优选研究［J］. 上海海洋大

学学报，2017，26（3）：422-431

[3] 王妹，杜兴华，张金路，等. 组合湿地系统对养殖尾水的净化效果 [J]. 渔业现代化，2016，3（3）：39-42.

[4] 李彬，王印庚，廖梅杰，等. 底部微孔增氧管布设距离和增氧时间对刺参养殖池塘溶氧的影响 [J]. 渔业现代化，2017，44（6）：13-18.

[5] 田昌凤，刘兴国，张拥军，等. 移动式太阳能增氧机的研制 [J]. 农业工程学报，2015，31（19）：39-45.

[6] 宦娟，曹伟建，秦益霖，等. 基于经验模态分解和最小二乘支持向量机的溶氧预测 [J]. 渔业现代化，2017，44（4）：37-43.

[7] 唐荣，刘世晶，王帅. 水产养殖场分布式自动监控系统设计与实现 [J]. 现代农业科技，2017（7）：175-176.

[8] 阴晴朗，罗永巨，郭忠宝，等. 罗非鱼池塘循环水槽养殖初探 [J]. 渔业现代化，2018，45（4）：15-20.

[9] 程果峰，吴宗凡，顾兆俊，等. 组合跑道式养殖池系统设计及水力学特征 [J]. 渔业现代化，2015，42（1）：6-10.

[10] 李春晓，翁雄，陈楷亮，等. 对虾高位池中央排污口装置排污效果研究 [J]. 渔业现代化，2016，43（6）：6-11.

[11] 史明明，阮赟杰，刘晃，等. 基于CFD的循环生物絮团系统养殖池固相分布均匀性评价 [J]. 农业工程学报，2017，33（2）：252-258.

[12] 侯志伟，高锦芳，罗国芝. 聚己内酯添加量对淡水养殖水体硝酸盐氮处理效果的影响 [J]. 渔业现代化，2017，44（5）：12-18.

[13] 张海耿，宋红桥，顾川川，等. 基于高通量测序的流化床生物滤器细菌群落结构分析 [J]. 环境科学，2017，38（8）：3330-3338.

[14] 杨菁，管崇武，宋红桥，等. 纳米二氧化钛涂料对循环水养鱼系统水净化的影响 [J]. 渔业现代化，2018，45（5）：26-30.

[15] 贾成霞，辛支明，曲疆奇，等. 16种观赏植物对锦鲤工厂化循环水养殖水体污染物的净化作用研究 [J]. 渔业现代化，2018，45（3）：1-8.

[16] 管崇武，张宇雷，宋红桥，等. 臭氧对循环水系统中悬浮颗粒物净化效果及机理研究 [J]. 中国农学通报，2018，34（30）：160-164.

[17] 陈石，张成林，张宇雷，等. 弧形筛对水体中固体颗粒物的去除效果研究 [J]. 中国农学通报，2015，31（35）：43-48.

[18] 张成林，杨菁，张宇雷，等. 去除养殖水体悬浮颗粒的多向流重力沉淀装置设计及性能 [J]. 农业工程学报，2015，31（增刊1）：53-60.

[19] 李怡，叶修富，马家志，等. 大潮差下浅海养殖围网防纠缠技术试验研究 [J]. 渔业现代化，2017，44（4）：44-49.

[20] 谷军，邓长辉，李明智，等. 用于底播扇贝存量调研的水下视频装置设计与试验 [J]. 渔业现代化，2015，42（2）：28-32.

[21] 胡昌宇，张国琛，李秀辰，等. 海珍品采捕机械手设计 [J]. 长江大学学报（自然科学版），2016，13（21）：59-63.

[22] 张问采，张翔. 缢蛏采收机采收清洗装置设计 [J]. 渔业现代化，2018，45（1）：49-55.

[23] 崔勇，关长涛，黄滨，等. 浮绳式围网水动力特性研究 [J]. 渔业现代化，2018，45（5）：14-18.

[24] 王婧，焦耳，张彬，等. 远海钢质平台锚泊模型试验研究 [J]. 渔业现代化，2018，45（3）：28-33.

[25] 崔勇，关长涛，李娇，等. 双层网底鲆鲽网箱耐流特性的数值模拟 [J]. 渔业现代化，2016，43（6）：39-43.

［26］黄温赟，黄文超，黎建勋，等. 深远海养殖平台的电力推进应用研究［J］. 船电技术，2017，37（4）：15–19，22.

［27］黄温赟，鲍旭腾，蔡计强，等. 深远海养殖装备系统方案研究［J］. 渔业现代化，2018，45（1）：33–39.

［28］王贵彪，李超，单长飞. 渔船导管螺旋桨水动力性能试验与研究［J］. 船海工程，2016，45：56–59，65.

［29］李超，郑建丽，张怡，等. 基于CFD的金枪鱼延绳钓渔船球鼻艏形状研究［J］. 船舶，2015（4）：28–31.

［30］黄文超，黄温赟，赵新颖. 双速比拖网渔船机桨网匹配动态特性研究［J］. 机电工程，2018，35（1）：57–61.

［31］金娇辉. 小型双甲板远洋拖网渔船结构优化设计［J］. 船舶工程，2017，39（3）：1–4.

［32］徐龙堂，董晓妮. 船舶共直流母线混合电力推进系统技术探讨［J］. 渔业现代化，2017，44（3）：70–76.

［33］董晓妮，左明亮，蔡计强. 船舶电力推进系统混合型谐波处理技术分析［J］. 渔业现代化，2017，44（3）：65–69.

［34］黎建勋，张彬. 里海远洋渔船无人机舱系统研究［J］. 船舶工程，2018，40（4）：7–10，33.

［35］黄温赟，赵新颖，纪毓昭，等. 渔船主机尾气吸收式制冷装置研究［J］. 渔业现代化，2018，45（6）：81–86.

［36］李国强，谢永和，王伟，等. 双体钓鱼船结构强度直接计算分析［J］. 渔业现代化，2018，45（4）：70–76.

［37］于云飞，隋江华，杜秋峰，等. 基于鱼刺图法的玻璃钢渔船建造质量分析［J］. 渔业现代化，2017，44（4）：73–77.

［38］刘祥勇，徐志强，谌志新，等. 波浪被动补偿装置的模型与实验［J］. 哈尔滨工程大学学报，2017，38（10）：1518–1524.

［39］王志勇，汤涛林，徐志强，等. 渔船拖网绞车张力自动控制系统设计及试验［J］. 农业工程学报，2017，33（1）：90–94.

［40］王志勇，谌志新，徐志强，等. 渔船拖网绞机电力控制技术研究［J］. 渔业现代化，2015，42（1）：53–56.

［41］林可，倪益，雷靖，等. 高强度PA单丝拖网水槽试验研究［J］. 渔业现代化，2017，44（1）：51–58.

［42］刘嫚，石建高，汪征位，等. 三元共混网线材料断裂强力试验研究［J］. 渔业现代化，2016，43（2）：45–49.

［43］余雯雯，石建高，陈晓雪，等. MHMWPE/iPP/EPDM渔用单丝的力学性能与动态力学行为［J］. 水产学报. 2017，41（3）：473–479.

［44］孙中之，李显森，都松军，等. 梭子蟹定置三重刺网设计与试验［J］. 渔业现代化，2016，43（2）：39–44.

［45］王磊，王鲁民，冯春雷，等. 叶板尺度比例变化对单缝曲面网板水动力性能的影响［J］. 渔业现代化，2015，42（6）：55–60.

［46］刘健，黄洪亮，陈勇，等. 南极磷虾拖网网板水动力特性研究［J］. 渔业现代化，2015，42（2）：50–54.

［47］林礼群，谌志新，刘平，等. 高海况漂浮物打捞网具的研究试验［J］. 渔业现代化，2016，43（5）：57–61，70.

［48］陈继华，吴晨晟，谌志新. 基于STM32的Delta-Sigma调制的鱼探仪发射机信号源设计［J］. 仪器仪表学报. 2016，37（增刊）：67–73.

［49］倪汉华，胡佩玉，汤涛林，等. 金枪鱼电浮标卫星通信与数据压缩实现［J］. 渔业现代化，2016，43（6）：

45–50.

［50］卢克祥，许家龙，王伟杰，等. 水下 LED 集鱼灯灯载视频系统设计［J］. 渔业现代化，2016，43（6）：51–54.

［51］常永胜. 大宗大水鱼前处理生产线的研发［D］. 武汉：武汉轻工业大学，2015.

［52］张帆. 淡水鱼去头方法及装置设计试验研究［D］. 武汉：华中农业大学，2015.

［53］李儒君. 特定鱼类去鳞及内脏加工机应用研究［D］. 天津：河北工业大学，2015.

［54］朱烨，江涛，洪扬，等. 冰冻杂鱼切块机精准自动控制技术研究［J］. 渔业现代化，2017，44（5）：45–49，66.

［55］徐文其，倪锦. 鲍壳体附着物去除切削工具选择及工艺参数优化［J］. 农业工程学报，2017，33（16）：293–298.

［56］陈超，李彤，张拥军，等. 蟹脚壳肉分离装置的设计与试验［J］. 农业工程学报，2016，32（23）：297–302.

［57］葛梦甜，李正荣，赖年悦，等. 两种杀菌方式对即食小龙虾理化性质及挥发性风味物质的影响［J］. 渔业现代化，2018，45（3）：66–74.

［58］徐清云，潘南，陈丽娇，等. 紫海胆黄油微胶囊制备工艺的研究［J］. 渔业现代化，2018，45（2）：73–80.

［59］宋思佳，吕健，刘怀高，等. 鲢鱼鱼皮蛋白肽的制备与抗氧化活性评价［J］. 渔业现代化，2017，44（6）：37–42.

［60］王振华，宋红桥，吴凡，等. 低温应激下吉富罗非鱼生化指标与氨氮排泄水平的变化［J］. 中国农学通报，2015，31（26）：35–39.

［61］倪锦. 鲍鱼保活运输车的研制与环境性能试验研究［J］. 安徽农业科学，2018，46（21）：189–192.

［62］倪锦，傅润泽，沈建，等. 高值贝类保活运输车与鲍鱼应用效果分析［J］. 渔业现代化，2015，42（6）：37–42.

［63］倪汉华，汤涛林，徐志强，等. 活鱼转运计量系统软件设计［J］. 中国农业科技导报，2017，19（1）：79–84

［64］胡晓亮，王锡昌，李玉林，等. 基于介电特性的狭鳕鱼糜无线电波解冻数值模拟［J］. 南方水产科学，2018，14（5）：95–102.

［65］欧阳杰，倪锦，沈建，等. 冷冻大黄鱼通电加热解冻工艺参数研究［J］. 渔业现代化，2016，3（3）：55–59.

［66］何冰强，杨忠高，刘江文，等. 渔船用海水冰片机的工艺与性能研究［J］. 渔业现代化，2015，42（3）：47–51.

［67］Wang J K, Leiman J. Optimizing multi–stage shrimp production Systems［J］. Aquacultural Engineering, 2000, 22（4）：243–254..

［68］Morais S, Torten M, Nixon O, et al. Food intake and absorption are affected by dietary lipid level and lipid source in sea bream（Sparus aurata L.）larvae［J］. Jour of Experimental Marine Biology and Ecology, 2006, 331（1）：51–63.

［69］Zhitao Huang, Jones J, Junye Gu, et al. Performance of a Recirculating Aquaculture System Utilizing an Algal Turf Scrubber for Scaled–Up Captive Rearing of Freshwater Mussels（Bivalvia：Unionidae）［J］. North American Journal of Aquaculture, 2013, 75（4）：543–547.

［70］Sustainable Marine Energy, Anchors aweigh in fishfarms with the Scottish Aquaculture Innovation Centre［EB/OL］.［2019.09.05］. https：//sustainablemarine.com/news/plat-i-testing.

［71］The Fish Site. Norwegian Government Approves World's First "Offshore" Aquaculture Project［EB/OL］.［2019.09.05］. https：//thefishsite.com/articles/norwegian-government-approves-worlds-first-offshoreaquaculture-project.

［72］ Worldfishing & Aquaculture. Longliner has Seine Netting Option ［EB/OL］. ［2019.09.06］. http：//www. worldfishing.net/news101/shipyardsrepairers/longliner-has-seine-netting-option.

［73］ Worldfishing & Aquaculture. Real-time Shrimp Monitoring with Notus EchoC ［EB/OL］. ［2019.09.06］. https：//www.worldfishing.net/news101/products/electronics/real-time-shrimp-monitoring-with-notus-echo.

［74］ The Fish Site. The rise of the seafood robots ［EB/OL］. ［2019.09.11］. https：//thefishsite.com/articles/the-rise-of-the-seafood-robots.

撰稿人：徐　皓　黄一心

# 渔业信息学科发展研究

## 一、引言

信息技术创新日新月异，以数字化、网络化、智能化为特征的信息化浪潮正在蓬勃兴起。信息技术是实现渔业现代化的重要途径，可贯穿渔业生产、加工、流通、交易与消费等产业链，渗透和覆盖到所有支撑渔业发展的技术装备和设施，更能满足深蓝渔业水域远离大陆、环境复杂情况下对捕捞、养殖、加工等生产作业的需求，是实现现代渔业系统性科技创新的主要手段。中共中央、国务院对信息化建设高度重视，多次强调没有信息化就没有现代化。党的十九大报告更是明确指出，要加快推动互联网、大数据、人工智能和实体经济深度融合，在中高端消费、创新引领、绿色低碳、共享经济、现代供应链、人力资本服务等领域培育新增长点、形成新动能。这些论断和要求为当前和今后一个时期渔业信息化建设指明了发展方向，明确了重点领域，点明了实现途径，也是开展信息化建设工作的必然遵循。

## 二、渔业信息技术现状

### （一）渔业信息获取技术

#### 1. 空间信息获取技术已成为支撑海洋渔业科技发展的必要组成部分

为增强对海洋生物资源的认知能力和掌控能力，渔业领域已开始通过结合 3S（RS，GIS，GPS）等高新技术，加强对海洋渔业资源渔场的调查和探测，加深对重要生物资源栖息地、渔场形成机制和渔业资源数量变动的理解。利用卫星遥感技术的海洋渔场判读应用，主要是美、日等国家利用气象卫星提取的海表温度数据进行渔场分析预测。目前，卫星遥感反演 SST 信息、海水叶绿素等水色信息和海洋动力环境（海面高度等）信息都已成功应用到渔场研究和分析领域。由船舶终端、通信网络和岸台监控中心 3 部分构成的 VMS

系统，可以获取渔船的实时船位、航速、航向等渔船动态信息，随着国际社会对渔业资源养护与管理的日益重视，通过构建渔船监控系统对渔船捕捞活动进行监测和管制以打击非法捕捞（IUU）等活动，逐渐成为保护海洋渔业资源的有效技术手段。

**2. 基于不同采集方式的多维信息获取技术已经成为水产养殖重要的信息获取手段**

信息获取技术是一切信息化应用的起点与基础。按所获取信息的属性和尺度，水产养殖信息获取技术可分为面向主观或经验（知识级）的知识挖掘技术、面向微观数据（参数级）的传感网络技术和面向宏观数据（区域级）的空间遥感技术3种方式。

目前数据挖掘技术在渔业生产的应用主要集中于水产养殖适宜性评价及渔业渔情、渔获量预报两方面，解决了养殖或捕捞环境的适宜性及适宜程度的重要问题。但在生产实践中，由于数据采集量的缺乏，形成数据挖掘结果的反馈应用仍然需要进一步的研究。总体而言，数据挖掘技术在渔业生产中的应用在我国还处于起步阶段，研究大多集中于较小的数据范围内各种挖掘方法的探讨，距离系统的实现与广泛应用还有较大差距。

我国政府在应用信息化技术进行渔业生产方面进行了大量探索性工作，经过多年的努力，建立了农业农村部至各省、重点地县的渔业环境监测网络系统等一批环境监测系统，实现对渔业环境信息的实时监测。在渔业生态环境监测方面，水面监测站和遥感技术结合的水质监测系统，已在贵阳、辽宁、黑龙江、河南、南京等地示范应用；大气环境和水环境监测系统，实现了对大气中二氧化硫、二氧化氮等有害气体、水温、pH、浊度、电导率和溶解氧等水环境参数的实时监测；研制了渔业环境无线监测站和便携式水质监测系统，依靠传感器技术和无线通信技术，实现部分区域淡水渔业生态环境的自动监测与管理。

参数级的信息获取技术实现的是单点或有限区域的信息采集；而遥感技术能够实现区域级的信息采集。两者相比较而言，遥感信息所获取的水质参数是有限的，但可以对水质变化和水体污染进行宏观尺度的监测；与地理信息技术等联合使用能够实现对水产养殖面积及其动态变化、空间分布状态等的宏观感知。在渔业资源监测和利用领域，目前主要利用资源卫星对水域利用信息进行实时监测，并将其结果发送到各级监测站，进入信息融合与决策系统，实现大区域渔业的统筹规划。在渔业生态环境监测领域，主要综合运用高科技手段构建先进渔业生态环境监测网络，通过利用先进的传感器感知技术、信息融合传输技术和互联网技术等建立覆盖全国的渔业信息化平台，实现对渔业生态环境的自动监测，保证渔业生态环境的可持续发展。

### （二）渔业信息传输技术

**1. 岸基无线通信依旧在海洋渔业通信中发挥重要作用**

为满足"全球海上遇险与安全系统（GMDSS）"对通信业务的需要，奈伏泰斯系统（NAVTEX）、中频/高频系统（MF/HF）等海岸电台系统陆续建成，这些电台系统虽然可以覆盖较远的海域，但仅能提供很窄的通信带宽，以满足海上船舶安全信息发布和遇险救助的基本需要。如：NAVTEX 系统工作频率在 518 千赫，传输距离 250—400 海里（1 海里即 1852 米），速率 50 比特 / 秒；PACTOR 高频电台系统的数据传输系统覆盖范围 4000—40000 千米，传输速率 9.6 千比特 / 秒和 14.4 千比特 / 秒，由于主要利用电离层进行无线传输，难以满足实时语音通信的需求。在中国海洋渔业领域，远洋渔业船舶通常配有 NAVTEX 终端，用于接收气象预报信息、紧急海试通知和导航数据等。为了确保海上航行安全，查找海难事故原因，国际海事组织（IMO）决定增补配置通用船载自动识别系统 AIS。AIS 是工作在甚高频（VHF）（156.0—174.0 兆赫，其中 AIS 工作在 156.025—162.025 兆赫）海上频段的船舶和岸基广播系统，是集现代通信、网络技术和信息技术于一体的助航、海上安全系统，最大传输距离可达 30 海里，传输速率 9.6 千比特 / 秒，增强了船舶航行安全，提高了船舶交通管理效率，得到了大范围的应用。海上无线通信系统具有应用成本低、使用便捷、满足近海覆盖要求的特点。但是，通信系统受气候条件和海洋环境影响较大，通信可靠性不高，而且系统采用窄带通信方式，导致无法提供高速数据业务，极大地限制了其在渔业船联网中的使用。

**2. 近海无线宽带通信和远海卫星通信成为海洋渔业通信的主要方式**

4G 通信技术在陆地通信系统正蓬勃发展，日益显示出在数据带宽方面的优势。利用沿海 4G 网络不仅能够实现基本的语音通信、数据传输、远程监控等功能，还能够提供高效的海面增值服务。通过采用多天线增强技术、加大发射功率、合适的基站选址等方案，4G 信号海面覆盖范围可以达到 70 千米，而中继技术在 4G 通信中的大量使用，为实现海上借助岛、礁石、浮标等地形和设施进行更大范围的海上覆盖提供了可能。

在海上移动通信领域，尽管基础设施完备的 4G 移动通信网络为中国近海海上用户的高速数据业务提供便利，但远离海岸的区域覆盖永远是岸基移动通信亟待克服的困难。卫星通信以通信距离远、覆盖范围广、组网灵活，基本不受气候变化和其他自然条件的影响，成为远海通信的理想选择。海事卫星系统（INMARSAT）、铱星系统（Iridium）、Thuraya、Skyterra、全球星（Globalstar）、北斗卫星导航系统（BeiDou）和"天通一号"卫星移动通信系统等是在中国海洋渔业卫星通信中使用较多的卫星通信系统。

**3. 无线通信已经成为内陆水产养殖主要信息传输方式**

无线通信技术具备使用灵活、安装方便以及通信距离远等有点，已经逐渐成为内陆水产养殖主要信息传输方式。目前运用最广泛的是无线传感网络，是以无线通信方式形成的一个自组织的网络系统，由部署在监测区域内大量的传感器节点组成，负责感知、采集和处理网络覆盖区域中被感知的信息，并发送给观察者。如 ZigBee 技术是基于 IEEE802.15.4 标准的关于无线组网、安全和应用等方面的技术标准，被广泛应用在无线传感网络的组件中，如水环境监测、水产养殖和产品质量追溯等。其次，基于 4G 等移动通信技术的水产养殖远程监控系统等功能的信息传输技术开发，使针对多控制节点的远程控制更为方便快捷。

### （三）渔业信息分析技术

随着互联网（移动）、物联网、人工智能、大数据、云计算等信息技术在渔业生产各个环节的渗透，产生了大量地反映渔业生产过程的数据和数据库系统，例如全国养殖渔情信息动态采集系统、全国水产养殖动植物病情测报信息系统、"渔水云"水产养殖服务（管理）平台、国家水产种质资源平台、水产品品质可追溯平台等。这些数据是指导渔业生产持续高效发展的宝贵财富，数据分析与挖掘技术则被用于发现隐藏在这些数据背后的规律，为渔业生产持续高效发展提供有效的决策支持。

渔业是一个涉及多变的物理世界和人类社会系统，在其生产、经营、管理和服务等各个环节均会产生海量的具有潜在的价值的数据。由于渔业自身特点决定了其数据的多样性、异构性和不确定性，仅凭人的观察发现潜藏的知识和规律是很漫长而困难的。数据挖掘技术作为一种数据驱动进行建模的过程，能够自动发现隐藏在数据中的模式，通常可以分为分类分析、预测分析、聚类分析和关联分析等。预测技术是利用历史数据来预测未来可能发生的行为或者现象，常用的预测技术包括灰色理论法、神经网络、支持向量机、最小二乘积支持向量机等，主要应用于养殖环境参数预测、水产品价格预测、渔业渔情和渔获量预测、渔业灾害预警预报等。分类技术是通过大量数据后得出规则以建立类别模型，常用的分类技术包括决策树、支持向量机、神经网络、朴素贝叶斯分类、粗糙集分类等，主要应用于养殖环境多因素综合预警、疾病诊治、品质分级和异常行为分析等。聚类分析是通过对无标记样本的学习来揭示数据内在的性质及规律，为进一步数据分析提供基础，主要应用在水产疾病诊治和鱼类种类识别时构建分类器，实现对特征库的特征和图像库中影像进行自动分类。关联规则是分析寻找变量之间可能存在的关联性，目前在渔业领域应用相对较少。深度学习是利用层次化的架构学习出对象在不同层次上的表达，这种层次化表达可以帮助解决更加复杂抽象的问题，主要被用于自动鱼类识别、检测鱼类异常行为和渔船捕捞行为等。

### （四）渔业信息应用

#### 1. 遥感技术已经成为渔业资源与环境监测分析的重要手段

渔情预报是对未来一定时期、一定水域内水产资源状况各要素，如渔期、渔场、鱼群数量和质量以及可能达到的捕获量等所做的预报。海洋遥感技术的发展，为快速获取与海洋渔场密切相关的大范围海况信息（如海表温度、叶绿素浓度、海洋表面盐度、海洋表面高度等）提供了广阔的空间和前景。

海洋水温是影响鱼类活动最重要的因子之一，是分析海洋渔场位置和渔情变动情况的最常用的环境要素；海洋遥感反演海表温度（sea surface temperature，SST）的技术已经比较成熟，根据 SST 数据可以获得诸如温度锋面、水团、ENSO（El Nino，

Southern Oscillation）现象等表征渔场分布情况的海洋信息。卫星遥感获得的海洋叶绿素浓度等海洋水色信息，是浮游生物量的重要指示因子，结合光照条件等可反演该海域海洋初级生产力，进而为海洋生物存量分布及其变化提供预报参考。卫星遥感反演得到的海面高度数据能够反映海洋锋面、水团等中尺度海洋动力特征，也是渔场分析的重要环境因子。

目前国内由于技术条件的限制，渔情预报只能采用近实时的海洋环境数据，严重制约了渔情模型预报精度。未来海洋渔场预报系统，亟须构建面向渔业应用的海洋大数据基础数据库，在此基础上构建海洋环境实时预报系统，为渔情预报系统提供高分辨率的海洋环境数据支持。

### 2. 声学技术在渔业生产中得到进一步应用

近些年来，我国渔业声学仪器研制取得了较大进展。渔业机械仪器研究所海洋声学仪器团队针对远洋捕捞过程开展了数字多波束探鱼仪关键技术研究，研制了高性能的收发机及换能器阵列，提供 128 个通道声学信号处理能力。海上试验结果表明该声呐对 0 分贝目标的探测距离可以达到 2600 米，主要指标达到国际先进水平。

利用水声探测技术检测鱼类摄食状态的研究也取得进展。声波在水中衰减小且不受浑浊水质影响，观测距离远，适用性好。基于水声探测的投饲反馈控制技术采用换能器和水听器等传感器监测鱼类摄食时的状态，将残余饲料数量、鱼群聚集程度或摄食声音作为反馈变量来控制投饲设备，从而实现投饲过程的闭环反馈控制。渔业机械仪器研究所通过监测罗非鱼摄食过程中产生的声音信号，发现在 0—6 千赫频段内可区分于背景噪声，其声功率与其摄食活力呈正相关，可作为食欲表征用来对投饲作业进行反馈控制。基于水声探测的投饲反馈技术的关键问题是通过测量养殖对象的摄食状态来估算其食欲。但水产养殖条件复杂，不同品种的摄食特征往往各不相同，养殖模式的改变也会影响鱼类摄食，因此需要通过大量试验来进行观察。随着数字式声呐和水听器等新型测量仪器的发展以及数据处理算法的进步，水声学监测技术的准确性将不断提高。同时鱼类生理和摄食行为等相关基础研究领域的深入探索有助于提升摄食状态与饲料需求之间的量化精度，从而实现准确的投饲反馈控制。国内在相关仪器设备和基础研究上积累较少，从而限制了应用研究的发展。

### 3. 渔情信息采集网络覆盖面积有了较大提升

针对我国渔业统计、水产养殖生产形势分析等需求，农业部渔业渔政管理局先后于 2009 年和 2011 年分别启动了淡水池塘渔情采集系统和海水养殖渔情采集系统的建设，并于 2013 年将海水和淡水养殖渔情采集系统合并为全国养殖渔情信息采集系统。通过 9 年来的发展，养殖渔情信息采集范围从淡水池塘养殖扩大到海水养殖（包括池塘、滩涂、普通网箱、深水网箱、筏式、吊笼、底播、工厂化等 8 种养殖方式），采集区域从 10 个省（自治区）、100 个县扩大到 16 个省（自治区）、216 个县，基本实现了全国水产养殖主产区的信息采集全覆盖。采集点由 2009 年的 404 个增加到 800 余个，采集点涵盖企业、合作经济组织、渔场或基地、个体养殖户等多种性质，采集点代表性逐渐增强。此外，最初的《淡水池塘养殖渔情信息采集工作方案》，对信息采集范围和内容、采集县及采集点筛选办法、采集员管理、数据上报程序及管理等做出了明确规定，在此基础上，发展到现阶段增加了《海水养殖渔情信息采集工作方案》《数据分析参考模式》《采集点管理办法》《采集员管理办法》等一系列规章制度，形成了较为完善和健全的采集工作制度体系。同时，建立了省级审核制度以及月度分析、季度分析、半年分析、全年分析的信息分析机制。

### 4. 基于信息技术的渔技服务应用取得较大进步

以构建职能明确、机构完善、队伍精干、保障有力、运转高效的渔技推广体系为目标全国水产技术推广总站以及各级渔业推广部门结合"互联网+"等信息化技术，从养殖用品采购信息服务、技术指导服务以及金融、保险服务等方面开展工作，改变了水产养殖技术服务相对落后的状态，有效提升了产业发展的科技含量。渔业电子商务发展迅猛，越来越多的大型水产企业以及专业合作社通过大型电商平台或自建电商平台，直接提升了养殖产品信息的有效交互，在促进渔民增收、渔业增效中发挥了越来越重要作用。例如，江苏省海洋与渔业局与苏宁云商集团合作，在苏宁易购超市频道"中华特色馆"内设置"江苏优质水产品"页面，江苏各地特色水产品都可在苏宁易购上销售。水产技术推广机构通过科技入户系统规范和管理渔技人员的推广工作。渔技人员通过手机等移动客户端将工作动态及工作地理信息上传到渔技服务平台上，主管部门实时查看、监督、统计所辖基层的渔技人员上门指导工作情况，主管部门也可以通过渔技服务系统实时将相关工作内容推送给辖区内的渔技人员。江苏、福建等省已开始使用全国水产技术推广总站和苏州捷安公司合作开发的渔技服务系统。互联网金融平台根据掌握的养殖单位生产经营和交易数据，经过大数据分析对其进行资信评级，为养殖单位提供低成本、无抵押和快捷、简便的信贷服务，降低融资成本，同时提供多种形式的理财和保险服务，增加收入来源，降低养殖风险。江苏省兴化市创建的河蟹交易平台——蟹库网，其推出的河蟹银行服务可协助养殖单位解决资金贷款问题。

### 5. 信息化助推渔政管理现代化水平

渔政管理的主要是三项安全的监督和管理，三项安全是指渔业资源和水生生物资源的安全、渔业船舶和渔业生产的安全、水产品质量安全，其中资源环境和质量安全是当前我国渔业发展的突出短板，渔业船舶水上安全监管是渔业工作的难题。随着信息技术在渔业各领域的融合应用，渔政信息化已逐渐成为补齐短板和破解难题的有效手段。

利用现代化信息技术进行全天候、全覆盖渔政执法管理，有利于拓宽渔政执法范围和覆盖面，提升渔政执法效率和监管水平，提升渔业资源养护能力。采用雷达、光电、无人机等设备对重点水域进行监视，长江流域渔政监督管理办公室在长江干流 5 省市建设了 20 个视频监控点；安徽省在长江、淮河及相关水库建设了 8 个雷达站、16 个光电站、20 台无人机用以渔政监控；江西省在环鄱阳湖 13 个区县建设 14 个光电站，并配备 60 个执法终端，1 架无人机；江苏省在渔政管理信息化方面投入较多，在洪泽湖、高宝湖、溻湖等湖区建设了 11 个渔政信息系统，4 个雷达站，170 多个光电站。云南省的渔政执法信息化主要借鉴了公安、森林等部门信息化经验，以昆明的滇池为代表，通过微波技术完成了对滇池的视频监控全覆盖，全湖布局了 8 个监控点。通过信息化手段提高了渔政执法能力，有效遏制了电毒炸等非法捕捞以及禁渔期偷捕等行为，有利于水生生物资源养护。

利用现代信息技术，升级改造渔船渔港安全装备，有利于提升渔业防灾减灾能力，有效预防商渔船碰撞事故发生，提高"船、港、人"协同规范管理水平。安全生产一直是渔政工作重点，为了打造"平安渔业"，近年来利用油补资金在海洋渔船方面进行了大量投入，为海洋渔船配备了北斗、AIS 等通导设备，有条件的省市还配备了海事卫星、天通一号等船载终端，提供短报文、通话等窄带服务。通过整合各省的渔船船位动态监控系统，对海洋渔船进行实时监控管理。在中心渔港建立了视频监控系统，利用 RFID 技术，对渔船进出港进行管理，通过管理信息系统实现"船、港、人"协同规范管理。内陆水域相较于海洋安全生产形势较为稳定，信息化投入不多，信息化水平较低，但也有一些省市进行了相关探索，近年来，重庆的执法信息化提升明显，不仅技术上比较领先，还有较为完善的中长期规划，其中以"渔安通"最为典型。"渔安通"覆盖了渔船的应急救援、船只管理、船只检查等工作，目前已有 1500 多条渔船安装了"渔安通"前端平台。

### 6. 已初步形成了水产品供应链的品质信息可追溯技术体系

在水产品品质溯源系统开发方面。通过在水产产品流通的信息实现共享与实时监控，广泛应用电子数据交换技术、远程控制平台、自动识别射频技术、大数据技术，条形码追溯系统等实现了与供应链的其他环节相适应，即记录、存储和转移信息方法要能确保供应链的前导环节和后续环节的无缝连接。

虽然我国水产品的养殖总量巨大，但是在现有的企业管理和水产品供应链管理过程中，企业的信息化系统建设进度和程度相对滞后，还未建立行业通用的追溯体系，水产品供应链各个环节的信息无法实时溯行业内准确的传递和储存，初步建立了追溯条码，采用可表现显示保鲜期，但是追溯信息量较少。

水产品从养殖，加工至销售整个过程周期长，环节众多，目前水产品的可追溯主要局限在某一环节或者某一过程，全过程的可追溯还未实现。各个环节的可追溯信息模式不一致，缺乏通用的标准，可追溯的信息化研究非常薄弱，全产业链的可追溯难度大。在国内先建立起来的可追溯体系成功案例中所用到的软件及硬件技术成果没有得到规范标准化，现有的追溯体系可扩展性不够理想，不便于整个产业内信息化统一发展。

## 三、渔业信息技术国内外科技水平对比

### （一）渔业信息获取技术

#### 1. 我国海洋渔业信息采集技术覆盖面和深度应有提升空间

美国、日本、法国等渔业发达国家卫星遥感反演 SST 信息、海水叶绿素等水色信息和海洋动力环境信息都已成功应用到渔场研究和分析领域。海洋环境遥感的技术发展及成熟大大促进了渔场分析预报、渔业资源评估、渔业生态系统动力学和渔业管理等的深入发展。卫星遥感的海洋渔场应用研究已经从单一要素进入多元分析及综合应用阶段，并且从试验应用研究进入到业务化运行阶段，中国利用遥感技术进行渔场研究进入活跃阶段，并取得一定成果。随着海洋遥感在渔场分析中运用的研究不断深入，提出并逐步建立优化的渔场渔情预报模型，提高渔场渔情的预报精准度，能够为渔业的高效生产和渔业部门即时有效的管理提供重要的技术决策支持。近年来遥感不断向高光谱遥感和定量遥感方向发展，为渔场资源的定量评估提供重要条件。

目前，美国、欧盟、日本等逐步建立了比较完善的 VMS 系统，许多国际渔业管理组织等机构也要求入渔船舶安装船位监控终端，对所管辖区域进行实时监控管理。目前基本上所有的船旗国和沿海渔业国家都采用 VMS 作为监管手段来管理和养护所辖海域的渔业资源，VMS 进入了全球化飞速发展时期。随着 VMS 系统在我国的不断完善和监控渔船数量的增加，积累了海量的基于 VMS 系统的渔船船位监控数据。通过对这些 VMS 获取的船位大数据的深度挖掘和研究，初步展现了其在渔船捕捞状态与类型识别、捕捞努力量评估等方面的应用价值潜力。我国安装有船载北斗终端的渔船船位数据空间分辨率约 10 米，时间采样间隔 3 分钟，获取并记录了时空高精度的渔船位置、时间、航速、航向、转向率等数据。通过北斗船位数据挖掘可以识别渔船作业类型，判断渔船捕捞状态、计算捕捞努力量、分析渔船捕捞行为特点等，从而为精细化的渔船管理和制定渔业资源保护措施提供决策数据。

#### 2. 养殖领域信息采集技术尚不能满足智能化应用需要

我国渔业生产方式较为粗放，长期沿用高消耗、高排放生产模式，与资源和生态环境保护之间矛盾突出，不符合可持续发展要求，需借助包括信息化等新技术提升传统产业。但作为信息化基础的渔业信息采集，包括养殖过程信息、渔船及渔获物信息、水产品加工监管信息采集等主要还立足于传统的事后统计思维方式，时效性、精准性不强，对产业提升作用不够显著，亟须以信息化思维方式解构、重构产业和生产方式，搭建渔业信息采集体系，为高效可持续发展渔业发展提供支撑。受产业特性和发展水平限制，渔业信息收集不得不面对信息量多、信息种类复杂、采集处理困难等一系列问题，亟待从渔业信息标准化角度确定有效的信息采集范围、制定合理的采集规范、研发适合科研与生产等过程的信

息采集技术。

国际上，基于信息技术的数据采集已成为支撑行业发展的必要组成部分。随着科技的发展以及社会劳动力成本增加，基于自动化技术和信息技术的劳动生产方式已成为渔业行业必然的发展方向。综合利用光学、声学等拟人化感知技术的养殖对象数字化表达技术是近30年发展起来的，通过对养殖对象外形特征、体表颜色、行为过程和种群特征进行针对测量，为养殖过程综合判断提供了有效的数据支持，是实现自动控制和智能管理的一种重要技术方式。欧美等水产强国已经出现了相关产品，冰岛的 Vaki 公司生产的基于机器视觉的鱼苗自动计数设备能够准确计量体重在3—12千克范围内的鱼体数量；德国的巴德公司生产的基于声呐技术的残饵检测设备，在估算网箱养殖残饵情况方面取得了不错的效果。

我国渔业信息化建设仍处于初级阶段，信息收集水平偏低。主要体现在：渔业信息收集具备相当规模，但缺乏统一规划，力量分散，信息收集基本上处于自下而上、局部向总体自发汇聚状态，信息收集效率不高；没有形成统一严密的信息收集标准，不能适应渔业基础信息收集面广量众的实际情况，数据通用性、共享性差；信息收集手段匮乏，不少重要渔业信息收集还依靠传统的人力方式，传感器等先进技术手段应用范围有限，效率不高。总体而言，我国渔业信息化科技基础工作有一定规模和水准，但科学性合理性有待提升，与发达国家差距较大，须从机制、方法和技术等方面不断完善。

## （二）渔业信息传输技术

### 1. 渔业通信网络管理水平制约我国海上渔用无线通信发展

目前，全国建立了14座渔业短波岸台，有6万多艘海洋渔船配备了短波电台，岸台都实行24小时不间断守听值班，提供渔业生产气象信息发布、安全救助、渔政执法调度、渔民日常通信等服务。中国目前已有30座渔业 AIS 基站，近6万艘渔船配备 AIS 船载终端设备。随着对 AIS 系统在海洋船舶中的大量使用，VHF 频段通信需求的增加，AIS 系统的可使用频段内已经非常拥挤，在许多繁忙港口已经达到对频段50%以上的占用率，导致信息阻塞等严重问题的发生，影响航行安全。针对上述问题，2013年由国际航标协会（IALA）首次提出了 AIS 的升级版——VDES 系统的构想，相比于 AIS 系统，VDES 系统的通信链路更加丰富，且在原来广播信道基础上增加了 VDE 的通信信道。不仅如此，VDES 系统还在设计之初就考虑了地面与卫星两大系统，在系统设计和兼容性分析等多个角度做了大量技术研究工作。

针对中国近海渔业通信的需要，渔业船用调频无线电话机系统在沿海也有一定规模的建设和应用，其工作频段为27.5—39.5兆赫，通话带宽25千赫，最大作用距离可达50—100海里（1海里即1852米），提供自动遇险报警、气象、海况、渔业信息预报、话音通信、船位监测等服务，但由于没有建立相应的渔业通信网络管理规定，网内设备制式混乱，设备利用率不高，影响了系统应发挥的作用。

**2. 我国自主海上卫星通信技术有待进一步发展**

基于同步卫星的 INMARSAT 海事卫星系统覆盖全球范围，为处于不同地形、高度的终端提供双向通信服务的通信卫星。INMARSAT 卫星系统陆续演进了五代，目前主要在用的卫星系统是第三代 L 波段语音通信系统、第四代 L 波段数据通信系统以及第五代 Ka 宽带通信系统。第五代海事卫星通信系统定位于宽带通信系统，采用点波束方式，提供 72 个固定波束和 6 个移动波束，单颗卫星容量 4.5 吉比特／秒，可以为宽带卫星终端用户提供下行 50 兆比特／秒、上行 5 兆比特／秒的速率。低轨移动卫星通信系统 Iridium，与 INMARSAT 相比，终端设备复杂性大大降低，终端的体积可大大缩小。第二代 Iridium 系统 Iridium NEXT 于 2017 年完成两批 20 颗卫星发射，预计整个星座将于 2018 年完成部署。Iridium NEXT 星座支持包括海事、航空、陆地移动、M2M 以及政府服务等多个应用领域，提供从上／下行 22 千比特／秒，到下行 1.4 兆比特／秒，上行 512 千比特／秒等不同等级速率组合的数据服务，服务性能相比上一代系统有了大幅提升。

我国的北斗卫星导航系统可在全球范围内全天候、全天时为各类用户提供高精度、高可靠定位、导航、授时服务，并具短报文通信能力。截至 2018 年 4 月，已经完成 31 颗卫星发射组网，具备向亚太地区提供服务的能力；计划在 2020 年前后完成 35 颗卫星发射组网，建成北斗全球系统，向全球提供服务。中国海洋渔业是北斗短报文特色服务普及较早、应用广泛的领域之一，截至 2016 年年底，全国有 6 万多艘渔船配备了北斗星载终端设备，开展主要包括渔船出海导航、渔政监管、渔船出入港管理、海洋灾害预警、渔民短报文通信等应用。我国自主研制建设的卫星移动通信系统 "天通一号"，2016 年 8 月 6 日在西昌成功发射 01 星，覆盖区域主要为中国及周边、中东、非洲等相关地区，以及太平洋、印度洋大部分海域，提供全天候、全天时、稳定可靠的移动通信服务，支持语音、短消息和窄带数据传输。

## （三）渔业信息分析技术

### 信息分析技术在我国渔业领域的应用仍处于起步阶段

近年来，信息分析技术与渔业产业相结合，在产前、产中和产后均有应用，主要用于养殖环境预警预测、病害诊治与预警、鱼类异常行为检测、质量控制与追溯等实际问题。尽管互联网和物联网技术的发展大大丰富了渔业数据的来源，但是信息分析技术在我国渔业领域的应用仍处于起步阶段。一方面是因为信息分析技术大多数只关注单一或者局部的数据分析，缺乏横向关联性和纵向关联性，导致数据分析缺乏全产业链的关联性分析；另一方面是因为缺乏对渔业领域特点的深层次认识，存在简单套用信息分析技术，导致渔业分析模型的实用性远落后于实际生产需要，因此渔业智能化程度仍需进一步提升。

（四）渔业信息应用

**1. 我国渔场预报和环境监测取得了一定进展**

利用卫星遥感技术的海洋渔场判读应用，国外的研究起始于 20 世纪 70 年代初期，主要是美国、日本等国家利用气象卫星提取的海表温度数据进行渔场分析预测。目前为止，卫星遥感反演 SST 信息、海水叶绿素等水色信息和海洋动力环境（海面高度等）信息都已成功应用到渔场研究和分析领域。海洋环境遥感的技术发展及成熟大大促进了渔场分析预报、渔业资源评估、渔业生态系统动力学和渔业管理等的深入发展。海洋及渔业 GIS 的应用处于国际先进水平的主要有日本、美国、法国等。日本还开发了专门的为海洋渔业服务的海洋环境 GIS（marine Explore）软件。这些均表明现代的数字化信息技术在远洋渔业中的应用潜力巨大，将有可能为远洋渔业的生产和管理带来革命性的进步。国家"十二五"规划提出让蓝色海洋经济成为国民经济新的增长点以来，我国海洋环境、海洋渔业等相关机构和部门进一步增强了海洋生物资源的研究和开发力量，我国通过利用国外海洋卫星遥感数据，也开展了海洋遥感技术的大洋渔场监测与渔情预报应用。随着我国自主海洋卫星的发展与业务化应用，今后将重点发展自主海洋卫星的渔场监测与应用技术，逐步构建具备全球渔场监测能力的渔情信息服务系统。

我国虽然应用遥感技术在远洋渔场渔情信息服务开展了大量的研究，但空间信息技术发展迅速，物联网、大数据等许多新技术与新概念相继出现，均表现出在海洋观测和海洋渔业应用上的巨大潜力。卫星遥感渔场预报技术方面，我国"海洋 2 号"卫星将逐步实现业务化应用，开展自主海洋动力卫星的海洋渔场分析是亟须开展的工作。在实际捕捞作业中，我国渔船几乎全部使用国外鱼群侦查仪器，利用 3S 技术，开展鱼群的侦查也是有效提高远洋渔业技术水平的有效手段，国际上有电浮标、卫星标志放流技术等，而我国则处于空白。

**2. 我国基于声学技术渔业资源评估仪器研制取得了新的进展**

近年来，国外探鱼技术得到了长足的发展，单波束、窄带技术发展到了复杂的数字多波束和宽带技术。多波束技术的特点是只利用一个声呐探头预成多个波束进行水下探测，应用多波束技术的探鱼声呐不仅能够对水下鱼群进行精确定位，而且能对多个方向的鱼群信息以及海底地形地貌进行探测，能够在二维或三维上观测水下鱼群的行为及其空间分布特征。离散多频探鱼技术逐渐发展成宽带探鱼技术。宽带探鱼技术由于采用宽带信号作为信息载体，那么其就具有宽带信号固有的优点。宽带探鱼声呐不仅可以直接用来研究海洋生物散射数据的脉冲响应，而且可以获得不同类别海洋生物的谱特征。

近年来，我国科研机构相继开展渔探技术的研究工作。围绕有鳔单条鱼及鱼群声散射建模及特性分析，多波束鱼群信息综合获取技术，鱼声散射多源特征提取方法以及分类算法的实现等方面开展研究，并取得一定的成果。2013 年在"远洋捕捞技术与渔业新资源开发"项目支持下，开展了多波束渔用声呐研制工作，并成功研制了我国第一台全数字多波束渔探仪，能够实现水平 360° 和垂直 35° 扇面的三维搜索，具备探测 3000 米距离 0dB 目标的能力，探测能力方面已达到国际同类产品的水平，但设备的稳定性、抗干扰能力及产品化功能上与国外商用探鱼仪还有差距。

### 3. 渔业信息服务应用取得了一定进展

国外渔业信息网络建设经历了一个自下而上，自上而下的往复过程，先行建设的各地渔业信息网络，由于缺乏统一的系统和数据标准，在系统连接和数据处理上产生了很大的困难。例如，美国在开展 FIS（国家渔业信息网络）建设时，很大程度上是在进行系统整合、数据标准化和元数据处理等方面工作。非标准化的信息数据，往往就成为多余信息、无效信息，实际上造成了很大的人力、财力和信息资源上的浪费。此外，因为渔业信息网络是一项庞大的系统工程，需要有更多的机构、组织、团体和个人作为合作伙伴参与其中。国外渔业发达国家普遍采用建立授权分享网络数据信息的机制，鼓励、吸引合作伙伴提供所属资源，在互惠互利的基础上，丰富网络信息资源。

近年来，我国渔业信息化建设突飞猛进，特别是在渔情信息统计和渔技服务方面信息技术起到的重要作用，相关部门建立了大量的渔业信息系统，制定了相关的标准规范，从系统架构、技术应用、设备性能指标、软件协议、数据格式和接口等方面统一信息资源，但是由于前期系统建设标准化建设规范不健全，致使在信息应用系统开发上出现了重复建设，造成浪费，数据库数量和质量不高，资源分割难于共享等问题。

由于信息采集、存储、传输、共享等领域的关键技术标准和规范尚未制定，对渔业信息体系内部各信息采集渠道缺乏合理的整合与规范，渔业信息采集标准化程度低，各单位采集的根据自身的业务需要采用自身的数据格式，影响渔业数据的应用、交流和共享。很多发展市场经济急需的指标没有被纳入采集范围，影响了信息的准确性、权威性。因此，渔业信息标准化建设已成为渔业信息化可持续发展的关键因素，也是渔业信息化发展趋势。

### 4. 物联网技术的应用缩小了与国外在渔政管理装备上的差距

国外的几个渔业大国其渔政管理主要针对海洋捕捞，美国的海岸警备队、日本的海上保安厅、加拿大的海上警备队都具有强大的执法装备和执法队伍，还配备了海事卫星和比较发达的无线电技术，通过船艇、飞机等设施设备的巡逻，对渔船进行监管。

由于国情不同，国内的渔政管理其侧重点在保障渔船生产安全和禁渔期管理。近几年，物联网技术在渔政管理领域的应用日趋广泛，于管辖区域内通过在重点水域安装视频监控系统，在渔业船舶安装 GPS 应急救助终端，并辅以船舶自动识别（AIS）技术、无线射频识别（RFID）技术、在水生生物保护区按照雷达、光电等监视设备，利用无人机辅助巡航等。通过这些智能设施和装备的使用，及时掌握各种执法标的运行状况及环境，可以实现远程监管和跨越空间的执法需求。借助执法终端和执法系统软件，将渔政执法信息化处理从办公室前移到执法一线，帮助渔政执法人员现场完成安全检查、办案取证、资源巡查等工作内容，并提供各类参考信息为执法人员快速查询，搭建信息处理闭环系统。

### 5. 多种信息化技术在水产品品质可追溯过程中得到应用

欧盟致力于推进水产品供应链的可追溯产业发展，水产品追溯计划是由欧盟委员会资助的一项协同工作计划，欧盟国家已经实现了流通环节的水产品品质信息追溯。2002年美国国会通过并发布了《生物性恐怖主义法案》，将食品安全正式提高到了国家安全的战略高度，要求对食品的生产、贮藏、加工、包装、运输、分销、接收等供应链的各个环节建立信息记录的档案，从而实现食品的可追溯性。日本不仅制定了食品追溯相关的法律法规，而且在技术应用方面处于国际领先水平，水产品信息追溯程度高。

国内针对可追溯制度开展了一些研究，制定了一些标准，正朝着体系建设前进。在可追溯技术方面，通过分析养殖鱼的供应链业务流程对水产品追溯系统实现进行了研究，以我国水产品市场现状为基础，设计了水产品追溯系统基础结构。国内学者对追溯系统的研究主要集中在应用层面。采用射频标签技术并建立了数据库，初步建立了基于水产品鱼类流通链的可追溯系统。但存在信息面比较窄，数据模型设计混乱。以条形码和RFID技术为标识，并结合GSI系统的EAN.UCC编码体系，同时采用B/S结构，开发实现了基于.NET构架的对虾可追溯系统，建立了从养殖到销售的全程质量监控和追溯。以水产加工品为研究对象，基于HACCP原则重点分析了追溯系统中涉及的信息采集、产品编码及基于XML的数据传递等关键技术，建立了由核心企业管理系统、中心数据库、面向消费者的追溯平台组成的追溯体系结构。

## 四、渔业信息技术发展趋势

### （一）渔业信息获取技术

#### 1. 高覆盖、高时空分辨率的海洋渔业信息获取方式应用潜力巨大

海洋渔场分析发展趋势主要有：①所获取的海洋环境要素越来越多，对比观测与实验研究比较多，而渔情分析和渔场预报的业务化应用比较少，因卫星遥感数据的反演精度、获取数据的时间周期等原因，能够满足海上捕捞生产所应用的信息还不多。②渔业应用的遥感卫星的光谱分辨率和时空分辨率越来越高。③遥感卫星观测数据的渔业应用独立性不够强，主要是指应用卫星遥感信息进行海洋渔场环境分析和中心渔场预报时，因云覆盖等引起的卫星遥感数据缺失、卫星遥感模型反演精度较低等原因还必需其他现场取样资料作补充。④主动遥感的渔业应用相对被动遥感而言比较少。⑤其应用与GIS、人工智能等技术的结合越来越紧密，卫星遥感所获取的信息越来越依靠GIS技术进行空间分析，依靠人工智能技术进行推理或知识挖掘。

### 2. 渔船监控及管理向渔业大数据和多元技术融合方向发展

渔船的监测及管理是近年来国际渔业管理的重点工作之一。渔船的监测从最初的 GPS 实时监控发展到目前的 AIS 技术、卫星遥感影像的监测、微光遥感监测等，已经形成了多种监测技术组合的渔船监测技术体系。从技术和管理要求上分析，渔船的实时监控仍将是主要的发展方向，但将与电子渔捞信息采集相结合，逐步实现一体化的渔业大数据监管系统。此外，遥感影像进行渔船的分布监测，也是对实时监控的有效补充，其中 SAR 为主的雷达遥感监测将是主要的技术手段。随着渔船监控系统的不断完善，渔船的船位数据挖掘可用于渔场判别、分析渔船捕捞行为、高时空精度的 CPUE 和捕捞强度计算等，也将成为渔船监控管理的另一重要应用。

### 3. 养殖过程的信息采集向精准化方向发展

信息获取方式由人工获取向自动化获取发展。传统的信息获取方式具有周期长、重复性高、工作量大、主观性强等缺点，水产养殖的环境参数变化的周期性、多元性、复杂性，信息建模方法和参数处理能力的发展要求实现对环境参数的全时全程感知和数字化获取，同时传感技术的发展也使信息获取的智能化、集成化程度不断提高。信息化技术的应用是信息获取范围、广度、精度和质量的不断提高。传感技术和集成传感的发展，遥感和3S 技术在农业领域水产养殖的应用日渐成熟，这些应用技术的不断发展以及与水产养殖特性的不断结合，使其对水产养殖信息获取的精度和质量不断提高。同时提升了水产养殖基础数据的水平，保证了水产养殖数据的准确性与可信度。

## （二）渔业信息传输技术

### 1. 物联网技术在海洋渔船领域应用研究正在有序展开

随着信息技术的发展和移动终端的普及，信息时代由户户相连的"互联网时代"跨越到物物相连的"物联网时代"。近年来，物联网受到学术界和工业界的极大关注，成为新兴研究热点领域。物联网的研究已经覆盖到市政、交通、物流运输、医疗、教育、工农业生产等诸多领域。物联网在水面船舶领域的重要分支即为船联网（Internet of Vessels，IoV）。船联网按船舶的用途又可以分为海运船联网、河运船联网、军用船联网、工程船联网和渔业船联网等。目前，国内外对于前 4 种船联网的研究和应用报告较多，对其需求的分析、系统架构的设计、网络的实现和应用均有所开展，但针对渔业船舶的船联网研究几乎是空白。

渔业船联网（Fishery Internet of Vessels，FIoV）是以海洋渔业船舶为网络基本节点，以船舶、船载仪器和设备、航道、陆岸设施、浮标、潜标、海洋生物等为信息源，通过船载数据处理和交换设备进行信息处理、预处理、应用和交换，综合利用海上无线通信、卫星通信、沿海无线宽带通信、船舶自组网和水声通信等技术实现船—岸、船—船和船—仪等信息的交换，在岸基数据中心实现节点各类动、静态信息的汇聚、提取、监管与应用，使其具有导航、通信、助渔、渔政管理和信息服务等功能的网络系统。

渔业船舶因其特有的广布性、灵活性、群众性和低敏感性。相比其他民用和军用船舶联网，渔业船联网可为渔业船舶航行和作业提供更加智能化的保障，在获取海洋信息、发展海洋经济、维护海洋权益方面具有不可替代的优势。

渔业船联网是一个依托于海洋渔业的全新系统性工程，其在系统构建之初就应充分考虑渔业相关领域的应用，同时需要考虑满足海洋相关科研领域的应用。随着相关技术的发展，特别是以物联网为代表的信息化和智能化技术的发展，也会影响和推动渔业船联网不断演进和完善，促进船联网在新领域的应用。渔业船联网未来主要的应用场景包括：辅助渔业生产、海洋相关科研、渔业监管、应急救灾、和渔民的常规通信等，在各领域的研究工作正在有序推进。

### 2. 海上渔业通信呈现多元通信方式相融合发展趋势

卫星通信广域覆盖，几乎不受天气和地理条件的影响，可全天时、全天候工作；系统抗毁性强，自然灾害、突发事件等紧急情况下依旧能够正常工作。中国其他的通信卫星计划包括：全球低轨卫星星座通信系统"鸿雁星座"、打造天基物联网的"行云工程"、全球覆盖的卫星宽带互联接入"虹云工程"等，均计划在最近几年开展卫星发射和组网工作。未来中国自主全球覆盖通信卫星系统的组网完成及投入服务，将极大地促进中国海洋通信技术的发展，为渔业船联网提供更多的通信技术手段。

在近岸通信方面，相比现今广为使用的 4G 移动通信，5G 在大规模天线阵使用、资源利用率、传输速率以及频谱利用率等各方面都有明显的优势，而且在用户体验、传输时延、网络的覆盖性能等方面也会得到很大程度的提高。在 5G 通信标准制定过程中已经在考虑与卫星之间的无缝接入，实现永远在线、全球无死角覆盖，这也必将为当前面临发展困境的海洋通信网络建设提供良好的发展契机。

随着无线通信技术的高速发展，种类繁多的无线自组网技术出现并应用在生产和生活当中。其中无线 MESH 自组网由于其能够整合异构网络、提高网络资源利用率、成本低、易于维护而且能够提供可靠的服务而成了下一代无线通信网络的关键技术。无线 MESH 网络与蜂窝无线网络是不同的网络，采用点到点或者点到多点的拓扑结构，具有节点快速移动、多跳通信、拓扑在不断变化等优点，能够用来解决海上通信"无缝覆盖"的问题。MESH 路由器的数据链路层和物理层采用的国际协议标准通常是 IEEE802.11 和 IEEE802.16。

### 3. 渔业信息分析技术

（1）渔业信息分析技术向全产业链渗透，真正实现精准化、智能化渔业。近年来，国家出台了一系列强有力的政策措施，开展大数据关键技术研究，加强大数据技术在农业生产、经营、管理和服务等方面的创新应用，这些都为信息分析技术在渔业领域的应用提供了难得的历史机遇和良好的发展环境。随着数据采集技术地提升，渔业数据采集对象、范围和方式不断增加，可以实现渔业全产业链的实时全程感知和数字化获取。整合渔业全产业链数据，构架大数据共享平台，实现全行业或者跨行业的数据交换和共享。随着深度学习、知识计算、群体计算、可视化等人工智能技术在渔业领域的运用，数据分析技术将不断在渔业全产业链渗透。加强渔业领域信息分析技术的基础理论和核心技术的研究，促进信息分析技术在渔业领域具体需求的深度融合与应用，使渔业数据研究和分析更加深入，提高渔业综合生产力和效益，将真正实现渔业地精准化、智能化。

（2）渔业数据库向专业化、综合化、共享化的方向发展。长期以来，我国渔业数据库资源建设存在数量多、分布散、种类杂，质量低等问题。近些年，随着国家战略发展和渔业发展以及科技人员对信息资源的迫切需求，建设专业化、综合化、共享化渔业数据库资源十分必要。因此，近几年我国渔业数据库逐渐向专业化、综合化、共享化的方向发展，例如，渔业知识服务分中心、"渔水云"水产养殖服务（管理）平台。这些数据库整合了渔业行业各类数据资源，大大提升了数据资源的利用价值，为开展全生命周期资源整合、跨界整合和应用提供了有力的数据支撑。

## （三）渔业信息应用

### 1. 基于生态系统的信息监测代表渔业资源与环境管理技术发展新趋势

根据全球海洋生物及渔业区划，渔业资源与环境管理技术呈现以下发展趋势：通过长时间系列卫星海洋遥感资料、大洋生态环境以及渔业资源量等历史资料的收集，围绕大洋生物资源开发所涉及的大洋生物功能区划分、大洋沙漠化以及极地融冰所引起的全球温度变化、远洋渔业资源对气候变化的响应、大洋渔业栖息地识别等关键科学问题，发展与创新了多尺度的大洋生态系统耦合模型，为大洋生物资源开发和远洋渔业发展服务。基于生态系统的渔业资源与环境管理技术代表了当前国际渔业资源管理的新趋势，是对传统的基于单一种群的渔业资源评估和管理的新发展。结合我国近海渔业生态系统结构、功能和种群动力学等特点，发展具有我国特色的渔业资源评估与管理技术，为维护我国深蓝渔业生态系统健康和实现海洋渔业可持续发展。

### 2. 高精度、高性能、智能化成为水下水声学生物探测技术发展新方向

渔业声学探测向低噪声、高精度和大动态范围发展。早期的声学探测系统主要是针对相对规模较大且品种较为单一的鱼类进行资源测量和评估，但是随着人们日益关注海洋生态的变动，浮游动物也被列为声学的观测的主要对象之一，这就要求渔业声学探测系统在具备更接收高灵敏度的基础上、需要更低的系统噪声、更高的稳定性和更大的动态范围。在高速 AD 转换和数字信号处理支持下，现在 SIMRAD 的 EK80 探鱼仪的信号处理动态响应范围达到 150dB，可实现了小至几厘米的浮游动物，大到高密度鱼群的信号的非饱和测量。

宽带多频探测技术成为渔业声学探测的主要发展方向。近年来随着不同种类鱼类的声

学散射特性研究的日益完善，宽带多频率渔业资源声学探测成为主要趋势。利用回波的频差技术可以进行有鳔鱼类、无鳔鱼类和浮游动物的声学识别，解决了有鳔鱼类和浮游动物的混在回波区分问题，不仅可以进行海洋生物资源声学评估和单体目标强度的测定，也可以提高了鱼类和浮游动物的测量精度。海洋生物目标强度的宽带频谱识别技术近年来成为海洋生物探测的热点，随着宽带系统校正方法的开发、系统带宽扩大，不同种类海洋生物识别和对应不同种类的资源探测评估方法在不久的将来会得以实现。对鱼类目标的识别是海洋渔业探测结果后续应用的重要环节，目前采用深度学习的人工智能方法进行目标识别的研究也逐步开展。

### 3. 面向基础生产过程养殖信息收集技术日益受到重视

渔业基础信息收集与服务是实现现代化养殖必需过程，是辅助科研决策、实现宏观调控必要的基础手段。近年来相关研究机构已经在积极需求有效的信息采集途径，但是受产业特性和发展水平限制，渔业信息收集不得不面对信息量多、信息种类复杂、采集处理困难等一系列问题，资源深度、丰富度和完整度方面有待完善，在信息准确性方面还有待提高，亟待从渔业信息标准化角度确定有效的信息采集范围、制定合理的采集规范、研发适合科研与生产等过程的信息采集技术，建立渔业数据信息共享共建制度，进行整体系统规划、核心数据库开发、数据标准和信息代码制定，用于指导各地渔业信息网络建设，以便分头建设的渔业信息网络，能够纳入统一的全国信息网络中，实现信息共享。

### 4. 基于人工智能技术的大数据平台成为渔政管理信息化发展趋势

自上而下整合建设上下联通、左右互通的大数据平台成为今后发展趋势。随着渔政管理信息化需求不断增长，各地建设了一批渔政管理信息化系统，时间有先后、水平有高低。这种自下而上的建设方式，数据不联通，标准不统一。为此，今后渔政信息化建设将采用自上而下，不断整合的方式，由部局牵头各省联合按统一要求、统一标准开展建设。除了建设方式的转变以外，大数据、人工智能等技术的应用将使渔政系统更智慧，渔政队伍人力不足是一直困扰渔政主管部门的问题，没人管、没法管、管不到严重影响渔政管理效果。采用光电、雷达、无人机等感知设备对所辖水域进行全方位、全天候、全覆盖的监视，对采集的图片、图像等非结构化数据进行大数据挖掘分析，利用人工智能、深度学习等技术，让系统自动识别疑似违法行为，可最大可能地减少人力资源，解放劳动力。

### 5. 信息化的水产品品质可追溯技术不断完善与深度应用

开展面向可追溯的物联网数据采集与建模方法研究，对水产品质量安全管理具有重要的理论与实践意义。通过对国内外可追溯系统建模方法、在水产品发展应用现状、感知数据压缩的研究进展、可追溯系统建模方法、云计算技术在水产品的发展应用现状的分析，在水产品质量安全可追溯领域，探索物联网的数据采集与建模方法，对相关数据采集的软硬件设计、数据压缩方法、数据兼容建模方法、基于云计算的可追溯服务平台构建等进行研究与优化，形成可追溯领域的物联网方法体系原型，提升我国水产品质量安全。

# 参考文献

［1］ 农业部渔业渔政管理局. 2017年中国渔业统计年鉴［M］. 北京：中国农业出版社，2017：62-80.

［2］ 张显良. 我国渔业发展概述（2012-2017）［J］. 中国水产，2017（12）：7-8.

［3］ Hartenstein H，Laberteaux K. Vanet vehicular applications and inter-networking technologies［M］. Torquay：John Wiley & Sons，2009.

［4］ Xu L D，He W，Li S C. Internet of Things in Industries：A Survey［J］. IEEE Transactions on Industrial Informatics，2014，10（4）：2233-2244.

［5］ John A. Stankovic. Research Directions for the Internet of Things［J］. IEEE Internet of Things Journal，2014，17（1）：3-9.

［6］ Andrzej S. Sensors in River Information Services of the Odra River in Poland：Current State and Planned Extension［C］. Baltic Geodetic Congress（BGC Geomatics），Gdansk，Poland：［IEEE］，2017：301-306.

［7］ Ioannis F，Georgios S. Collecting and using vessel's live data from on board equipment using"Internet of Vessels（IoV）platform"［C］. 2017 South Eastern European Design Automation，Computer Engineering，Computer Networks and Social Media Conference（SEEDA-CECNSM），Kastoria，Greece：［IEEE］，2017：1-6.

［8］ Rabab A Z，John W，Mohammed A K，et al. Building Novel VHF-Based Wireless Sensor Networks for the Internet of Marine Things［J］. IEEE Sensors Journal，2018，18（5）：2131-2144.

［9］ 覃闻铭，王晓峰. 船联网组网技术综述［J］. 中国航海，2015，38（2）：1-8.

［10］ 董耀华，孙伟，董丽华，等. 我国内河"船联网"建设研究［J］. 水运工程，2012，469（8）：145-149.

［11］ 戴明. 长三角地区船联网信息感知与交互关键技术研究［D］. 西安：长安大学，2016.

［12］ 郭曼，魏峰. 船联网信息融合关键技术研究［J］. 舰船科学技术，2016，38（6）：103-105.

［13］ 谌志新，胡佩玉，沈熙晟，等. 我国渔船节能技术发展状况及节能渔船示范应用［J］. 中国科技成果，2017（7）：35-38.

［14］ 胡庆松，王曼，陈雷雷，等. 我国远洋渔船现状及发展策略［J］. 渔业现代化，2016，43（4）：76-84.

［15］ 王贵彪，万会发，张海波，等. 浙江沿海小型渔船现状分析及研究［J］. 中国水运，2017，17（11）：41-42.

［16］ 谌志新，王志勇，徐志强. 我国渔船捕捞装备研究进展［C］. 2012中国渔船装备技术发展论坛，2012：87-93.

［17］ 黄一心，徐皓，刘晃. 我国渔业装备科技发展研究［J］. 渔业现代化，2015，42（4）：68-74.

［18］ 张铮铮，李胜忠. 我国远洋渔业装备发展战略与对策［J］. 船舶工程，2015，37（6）：6-10.

［19］ 韩杨，张溢卓，孙慧武. 中国南海海洋捕捞渔业发展趋势分析［J］. 农业展望，2015，11（11）：51-55.

［20］ 王军. 小型渔船安全状况分析与对策建议［J］. 齐鲁渔业，2017（6）：55-56.

［21］ 阴惠义. 辽宁省渔业安全应急管理工作现状、问题与建议［J］. 中国水产，2013（6）：30-31.

［22］ 江开勇. 我国海洋渔业安全通信现状及发展对策［J］. 渔业管理，2008（1）：16-19.

［23］ 李韬. 云计算在舰船设备远程故障诊断中的应用［J］. 舰船科学技术，2016，38（2）：178-180.

［24］ 张磊，符小荣，张永祥. 舰船机械设备远程故障诊断系统架构［J］. 海军工程大学学报，2001（1）：41-44.

［25］ 田诚. 面对发展迟缓的海洋渔业通信［J］. 海洋管理，2005（6）：79-80.

［26］ 马晓迪，马尚平，李蔚薇. 水产品电子商务发展的制约因素及其对策——基于浙江水产品电子商务销售模式调查的研究［J］. 农村经济与科技，2017（9）：110-114.

［27］盛慧娟. 舟山鲜活水产品电子商务销售模式研究［J］. 管理观察, 2017（36）: 57-58.

［28］周超, 陈明, 王文娟. 水产品线上交易匹配模型及算法研究［J］. 山东农业大学学报（自然科学版）, 2017, 48（3）: 459-463.

［29］朱文斌, 陈峰, 郭爱, 等. 浙江省远洋渔业发展现状与探讨［J］. 渔业信息与战略, 2016, 31（2）: 112-116.

［30］孙峰德, 闫旭, 崔勇, 等. 渔船组织化管理探讨［J］. 河北渔业, 2014, 248（8）: 60-61

［31］袁子婵, 张仁顺. 渔政管理能力建设与现代渔业生态文明发展展望［J］. 中国水产, 2016（10）: 50-54.

［32］水柏年. 浙江海洋渔政管理现状及存在问题［J］. 浙江海洋学院学报, 2001, 18（2）: 13-16.

［33］朱文斌, 陈峰, 郭爱, 等. 浙江省远洋渔业发展现状与探讨［J］. 渔业信息与战略, 2016, 31（2）: 112-116.

［34］潘澎, 程家骅, 李彦. 中日渔业协定综述［J］. 中国渔业经济, 2015, 33（6）: 18-22.

［35］张吉喆, 李勋, 唐衍力. 《中韩渔业协定》框架下对两国渔船相互入渔的分析［J］. 渔业现代化, 2015, 42（6）: 65-71.

［36］王黎黎. 中朝越界捕捞的现实困境及对策研究——基于"一带一路"倡议的法治思考［C］. 2015 中国渔业经济专家研讨会论文集. 2015: 94-98.

［37］张晗. 中俄边境水域越界捕捞问题对策研究［J］. 湖北警官学院学报, 2015, 164（5）: 45-47.

［38］农业部. 农业部关于实施海洋捕捞准用渔具最小网目尺寸制度的通告［J］. 北京: 中华人民共和国农业部公报, 2013（12）: 44-46.

［39］张玲玲. 海洋捕捞渔具最小网目尺寸新规对海洋捕捞业的影响［J］. 齐鲁渔业, 2017（9）: 52-53.

［40］李吉光, 宋玉兰, 王桐. 加强基层捕捞渔具管理若干问题的思考［J］. 中国水产, 2016（6）: 33-36.

［41］农业部. 农业部重新调整海洋伏季休渔制度［J］. 中国水产, 2018（3）: 11.

［42］潘澎, 李卫东. 我国伏季休渔制度的现状与发展研究［J］. 中国水产, 2016（10）: 36-40.

［43］李颖虹, 王凡, 任小波. 海洋观测能力建设的现状、趋势与对策思考［J］. 地球科学进展, 2010, 25（7）: 716-722.

［44］吴立新, 陈朝晖. 物理海洋观测研究的进展与挑战［J］. 地球科学进展, 2013, 28（5）: 542-551.

［45］麻常雷, 高艳波. 多系统集成的全球地球观测系统与全球海洋观测系统［J］. 海洋技术, 2006, 25（3）: 41-50.

［46］李慧青. 欧洲国家的海洋观测系统及其对我国的启示［J］. 海洋开发与管理. 2011, 10（1）: 1-5.

［47］王辉, 刘娜, 逄仁波, 等. 全球海洋预报与科学大数据［J］. 科学通报, 2015, 60（5/6）: 479-484.

［48］贾敬敦, 蒋丹平, 杨红生, 等. 现代海洋农业科技创新战略研究［M］. 北京: 中国农业科学技术出版社, 2017: 1-10.

［49］朱晓东. 海洋资源概论［M］. 北京: 高等教育出版社, 2005: 5-15.

［50］赵红萍, 方松. 我国海洋渔业资源环境科学调查船发展现状与对策建议［J］. 中国渔业经济, 31（1）: 160-163.

撰稿人: 陈 军 李国栋 刘世晶 孟菲良 樊 伟 徐 硕

# 海洋牧场研究进展

## 一、引言

本专题报告主要介绍了国内外在海洋牧场科技领域取得的新研究进展和代表性成果，包括人工鱼礁、海藻场、鱼类行为驯化、环境监测等海洋牧场建设的各项内容。海洋牧场作为可持续海洋渔业生产方式，近些年在我国得到了快速发展。本报告通过对国内外海洋牧场科技发展历史与现状的分析，提出海洋牧场的发展趋势与对策，以期为我国正在进行的现代化海洋牧场建设事业的科学发展提供参考。

## 二、海洋牧场学科领域发展概况

### （一）海洋牧场基础理论探索

#### 1. 海洋牧场概念及内涵的研究

早在 20 世纪 70 年代，针对海洋渔业资源衰退的问题，日本提出的海洋牧场概念。1971 年，"海洋牧场"一词首次出现在日本水产厅"海洋开发审议会"文件中，其定义为"海洋牧场是未来渔业的基本技术体系，是可以从海洋生物资源中持续生产食物的系统"。海洋牧场概念出现以后，其内涵和外延不断丰富和完善，人们对其给予了美好的梦想和期望；1973 年，日本水产会在冲绳国际海洋博览会有关日本政府出展海洋牧场的调查报告上称"为了人类生存，在人为的管理下，以海洋资源的可持续利用为目标，由科学理论与技术实践，在海洋空间构建的场系统叫海洋牧场"；1976 年，在日本海洋科学技术中心（JAMSTEC）的海洋牧场技术评定调查报告书上的概念为"将水产业作为食料产业和海洋环境保全产业，由大规模和广泛的科学技术与理论支撑，在制度化管理海洋的情况下形成的未来产业系统化模式（海洋牧场）"。1980 年，日本农林水产省水产技术会议关于"海洋牧场化研究项目"的讨论资料里将海洋牧场技术具体化，指出"确立多种鱼贝类以及洄游性鱼类的多样化增殖技术，逐渐使我国沿岸海域或近海海域实现海洋牧场化"；随后日本水产学会在 1989 年指出，海洋牧场类似畜牧业，把水产资源在自然水域中放流饲养，并按照需要进行采捕的渔业形态；1991 年在"水生生物生息场造成及沿岸开发的日美论坛"上，中村充认为"海洋牧场是在广阔的海域中，在控制鱼贝类的行为同时，从其出生到捕获进行管理的渔业系统"，同年，市村武美在所著《充满梦想的海洋牧场——跨越 21 世纪的新型渔业》书中认为海洋牧场被广泛理解为是栽培渔业发展的高级阶段形态，同时他认为海洋牧场可分为两类，即养殖和增殖。1996 年，在日本石川县由 FAO 组织召开了题为"海洋牧场：全球视角，重点介绍日本经验"的国际研讨会，来自 26 个国家和 3 个国际组织参会，会议将"海洋牧场"（marine ranching）等同为"资源增殖放流"（marine stock enhancement），并赋予了其更多技术内容。

韩国根据本国国情，在 2003 年将海洋牧场（ocean ranching）的概念进一步具体化，在《韩国养殖渔业育成法》中其概念为"在一定的海域综合设置水产资源养护的设施，人工繁殖和采捕水产资源的场所"。

2001 年，挪威卑尔根大学 A. G. V. Salvanes 所著的《海洋科学百科全书》（*Encyclopedia of Ocean Sciences*）第 4 卷海洋牧场（Ocean Ranching）称："海洋牧场起源于 19 世纪末西方国家的'海鱼孵化运动'（sea ranching），它包括大量释放幼鱼，使它们在海洋环境中以天然饵料为食和生长，随后又被重新捕获，从而增加渔业资源的数量。"；2003 年，Mustafa 将海洋牧场（sea ranching）概念表达为"在可控条件下，放流自然或养殖的海洋生物，目的是使其生长和捕获，但不局限于商业上重要的物种，还包括海藻和海草"；2004 年，FAO 再次发布题为 marine ranching 的技术报告，其内容均与资源增殖放流相关；2008 年，Bell 等国外学者提出"海洋牧场"（sea ranching）为放流养殖幼体到开阔海域和河口环境，以通过"放流—生长—捕获"等过程收获较大个体；2014 年，Kim 等学者认为海洋牧场主要应用于增殖性养殖，是一种新型的渔场。2019 年联合国大学渔业培训项目部（UNUFTP）主任 Tumi 博士认为海洋牧场可以分为 marine ranching 和 marine ranches 两种。Marine ranching 是指孵化场生产的幼鱼被放流到大自然中觅食并在不受放流方控制的地区生长。在渔业中，这种放流主要用于增加物种的收获量。鲑鱼的增殖就是最典型的例子，它是 19 世纪中叶在欧洲和美国开始的，目的是补偿利用水力发电开发的河流中鲑鱼产量的减少。Marine ranches 有明确的界线，更像大型农场，因为所有者拥有在牧场范围内管理和收获海洋生物资源的专有权，因此可以通过改善栖息地、投放饲料、改善产卵场以及人工培养和释放目标物种来提高所需物种的资源量和收获量。捕捞可通过音响驯化鱼类以识别声音并在声源附近聚集来实现。Marine ranches 在中国和日本越来越受欢迎，而 Marine ranching 在欧洲和美国更为重要（Zengqiang Yin，2019）。Marine ranching 可理解为公益增殖放流型海洋牧场（或海洋牧场），Marine ranches 可理解为人工经营管控型海洋牧场（或海洋农场）。

　　我国关于海洋牧场的思想最早可追溯到 1947 年，朱树屏在全国水产会议上的讲话中，首次提出"水既是鱼类的牧场"的观点，倡导"种鱼与开发水上牧场"；1961 年，朱树屏在其撰写的《渤海诸河口渔业综合调查报告》中进一步论述了人工增殖和农牧化；1963 年 3 月，朱树屏在《大力发展海洋农牧化》讲话稿中，提到"海洋、湖泊就是鱼虾等水生动物生活的牧场"。1965 年以来，曾呈奎多次提出发展中国海洋水产必须要走以"农牧化"为主的道路的观点，1981 年正式提出"海洋农牧化"，即将海洋渔业资源的增殖和管理划分为"农化"和"牧化"两个过程。1983 年，冯顺楼发表了《开创我国海洋渔业新局面的建议》，明确提出建设人工鱼礁，中央领导对此做出多次批示。1989 年，冯顺楼又发表《发展人工鱼礁开辟海洋牧场是振兴我国海洋渔业的必然趋势》论文，提出要以人工鱼礁为基础，结合人工藻场、人工鱼苗放流，建设富饶美丽的海洋牧场，使渔业生产不断提高，鱼类资源昌盛，从而成为建设近海的重大战略措施和百年大计。

　　1990 年以前，专家们对海洋牧场的认识大多停留在人工鱼礁和增殖放流阶段水平，1990 年以后，更多的专家学者开始关注海洋牧场的发展模式和系统性，海洋牧场的概念也在不断深化。如 1991 年，傅恩波在对海洋牧场的界定是："海洋牧场是指通过增殖放流和移植放流的方法将水生生物苗种经中间育成或人工驯化后投放入海，以该海域中天然饵料为食物，并营造适合于苗种生存的生态环境，利用声、光、电或其自身生物学特征进行鱼群控制和环境监控，并对其进行科学管理，使资源量增大和改善渔业结构的一种系统工程和渔业模式。"2002 年，黄宗国在《海洋生物学辞典》中将海洋牧场（Ocean ranching）诠释为"在一个特定海域里，为有计划地培育和管理渔业资源而设置的人工渔场"。同年，水产名词审定委员会指出，"海洋牧场是指以丰富水产资源为目的，采用渔场环境工程手段、资源生物控制手段及有关生产支持保障技术，在选定海域建立起来的水产资源生产管理综合体系"；2003 年，张国胜等对海洋牧场的定义为，"海洋牧场是一个新型的增养殖渔业系统，即在某一海域内，建设适应水产资源生态的人工生息场，采用增殖放流和移植放流的方法，将生物种苗经过中间育成或人工驯化后放流入海，利用海洋自然生产力和微量投饵育成，并采用先进的鱼群控制技术和环境监控技术对其进行科学管理，使其资源量增大，有计划且高效率地进行渔获"；2004 年杨金龙等提出所谓的"海洋牧场"是指在"某一海域，采用增殖放流、移植放流等的手法将生物种苗，经过人工培育或驯化后放流，并以该地区的天然饵料为食，采取必要的措施（投放人工鱼礁以及人工构造物），根据对象的生物学特性，利用声、光、电，采用先进的环境监测技术和鱼群控制技术，对其进行科学的管理，实现资源量增大、改善渔业结构的一种系统工程和未来渔业模式"；2007 年，海洋科技名词审定委员会将其诠释为"采用科学的人工管理方法，在选定海域进行大面积放养和育肥经济鱼、虾、贝、藻类等的场所"；2010 年，王诗成将海洋牧场诠释为"在某一海域内，采用一整套规模化的渔业设施和系统化的管理体制（如投放人工鱼礁、建设人工孵化厂、全自动投喂饲料装置、鱼群控制技术等），利用自然海域环境，将人工放流的水生生物聚集起来，进行有计划有目的地放养鱼虾贝类的大型人工渔场"。经过近 20 年的科学研究与不断的技术实践创新探索，我国的科技工作者对海洋牧场的认识已经提升到资源管理型渔业模式和系统工程的高度。

2015 年由农业部渔业渔政管理局和中国水产科学研究院编著的《中国海洋牧场发展战略研究》一书中将海洋牧场定义为："基于海洋生态系统原理，在特定海域，通过人工鱼礁、增殖放流等措施，构建或修复海洋生物繁殖、生长、索饵或避敌所需的场所，增殖养护渔业资源，改善海域生态环境，实现渔业资源可持续利用的渔业模式。"2016 年杨红生等认为："海洋牧场是基于海洋生态原理和现代海洋工程技术，充分利用自然生产力，在特定海域科学培育和管理渔业资源而形成的人工渔场"。2017 年，水产行业标准《海洋牧场分类》中的海洋牧场定义采用了《中国海洋牧场发展战略研究》一书中的定义。2018 年发布的《连云港市海洋牧场管理条例》中将海洋牧场定义为："海洋牧场，是指在海洋中通过人工鱼礁、增殖放流等生态工程建设，修复或优化海域生态环境、保护和增殖渔业资源，并对生态、生物及渔业生产进行科学管理，使生态效益、经济效益及社会效益得到协调发展的海洋空间。"

虽然国内外专家学者们的海洋牧场定义不完全相同，但是对海洋牧场作用的认识基本一致，即通过人为干预生态系统，保护海洋生物多样性和生态平衡，从而保障海洋渔业可持续健康发展。至于海洋牧场是人工鱼礁和增殖放流，还是一种新的渔业系统，抑或就是增养殖渔业等，仅仅是专家学者们从不同角度对海洋牧场的不同认知和期望，其目的都是希望通过海洋牧场建设，能够破解困扰海洋渔业发展的瓶颈——渔业资源与环境这一世界难题，为海洋渔业可持续健康发展提供新的海洋渔业模式和生产方式。

**2. 现代化海洋牧场概念的提出**

2009 年，陈勇在总结国内外海洋牧场研究的基础上，根据我国科技与海洋渔业发展趋势，在首届全国人工鱼礁与海洋牧场学术研讨会上，提出了"现代化海洋牧场"的概念，这也是国内外首次提出"现代化海洋牧场"的构想，认为"现代化海洋牧场是一种基于生态系统，利用现代科学技术支撑和运用现代管理理论与方法进行管理，最终实现生态健康、资源丰富、产品安全的现代海洋渔业生产方式"。并提出了现代化海洋牧场的技术体系，同时展示了团队开展现代化海洋牧场研究与示范的新成果。2012 年，在中国科协主办的"新观点新学说学术沙龙——海洋牧场的现在和未来"的学术会议上，陈勇又对现代化海洋牧场的理念做了阐述，进一步说明现代化海洋牧场技术体系的八项技术，强调这八项技术是海洋牧场技术体系当中的重要技术要素，应该进一步开展系统研究，应该针对不同类型的海洋牧场，把这些技术要素集成在一个海域中开展系统的科学研究和技术创新。现代化海洋牧场的概念，首次明确将"生态系统"作为渔业生产的基础，并通过科技支撑和科学管理，实现生态健康、资源丰富、产品安全的新型的海洋渔业生产方式。为我国传统渔业转方式、调结构提供了理论支持和科学引导。

海洋牧场的系统科技研发始于 2008 年的国家海洋公益性行业科研专项经费项目"基于生态系统的海洋牧场关键技术研究与示范",这是我国第一项海洋牧场国家级研究课题,拉开了海洋牧场的系统研发序幕。2008 年以后,国家海洋局、农业部、科技部以及沿海部分省市,先后实施了海洋牧场科技研发示范项目,2015 年,"基于生态系统的海洋牧场关键技术研究与示范"科技成果获得了"大北农科技创新奖一等奖",这也是我国的第一个现代化海洋牧场系统技术成果,2016 年起又分别获得中国水产学会范蠡科技奖二等奖、国家海洋工程科学技术奖二等奖、辽宁省科技进步奖二等奖等诸多奖励,现代化海洋牧场研究与实践取得了初步成效。

至此,现代化海洋牧场基本理念、科技体系以及建设实践,得到了科技界、产业界的广泛认同,党和政府对现代化海洋牧场建设高度重视,2017 年中央一号文件明确提出"发展现代化海洋牧场"。2018 年中央一号文件强调"建设现代化海洋牧场"。2019 年中央一号文件再次强调"推进海洋牧场建设"。2018 年 4 月,习近平总书记视察海南时强调:"要坚定走人海和谐、合作共赢的发展道路,提高海洋资源开发能力,支持海南建设现代化海洋牧场。"2018 年 6 月,习近平总书记在山东考察时再次提出重要指示:"海洋牧场是发展趋势,山东可以搞试点。"现代化海洋牧场建设已经成为我国海洋生态文明建设和海洋渔业可持续发展的重要途径与发展模式。

2019 年杨红生等在《中国现代化海洋牧场建设的战略思考》一文中又提出海洋牧场是"基于生态学原理,充分利用自然生产力,运用现代工程技术和管理模式,通过生境修复和人工增殖,在适宜海域构建的兼具环境保护、资源养护和渔业持续产出功能的生态系统"。强调了海洋牧场是具有环境保护、资源养护和渔业持续产出功能的生态系统。

### 3. 海洋牧场技术体系构建研究

海洋牧场概念提出以后,国内外专家学者先后提出了海洋牧场的技术体系,系统开展了海洋牧场科学研究和技术开发。

1989 年,由日本农林水产技术会议事务局编辑的《海洋牧场——Marine ranching 计划》一书,介绍了日本在 1980—1988 年的 9 年间实施的海洋牧场技术开发计划研究成果,该计划分三期开展研究,其研发的技术体系包括:不同生物的生存率提高技术(1980—1983 年)、环境控制技术系统(1980—1982 年)、不同生物的资源增大技术(1983—1985 年)、复合型资源培养技术(1983—1988 年)、支撑技术系统(1980—1985 年研发)等 5 大系统技术。其中,①不同生物的生存率提高技术,包括江河低盐水域产卵型中上层鱼贝类生存率提高技术(马苏大马哈鱼),流藻依存型中上层鱼贝类生存率提高技术(竹筴鱼),广域洄游性鱼类的生存率提高技术(蓝鳍金枪鱼),定着性鱼贝类生存率提高技术(鲆鲽),定着性岩礁性鱼贝藻类环境容量的增大技术(荒布、马尾藻等);②环境控制技术,包括水环境管控技术、底环境管控技术以及管控设施的建造与施工技术;③不同生物的资源增大技术,包括由扩大岩礁生态系环境容量而增大资源量技术(荒布、马尾藻），由生活史的综合管理而增大资源量技术（珍珠贝、赤贝），以河川沿岸产卵型鱼贝类添加量补强及管理为基础的资源增大技术（马苏大马哈鱼），由浅海海域幼鱼育成场的综合管理而增大资源技术（鲆鲽），由近海生产场的适度管理而增大资源技术（竹筴鱼），由人工再生产过程的造成而补充量强化和增大资源技术（蓝鳍金枪鱼）；④复合型资源培养技术系统。包括：①优势种的复合生产系统（岩礁生态系统的复合生产系统、沙泥性双壳贝类复合生产系统、回归性鱼类复合生产系统）；②利用生物生态特性的复合生产系统（以沙滨鱼类为中心的复合生产系统，以藻场为中心的复合生产系统）；③新渔业系统的组合；④支撑技术，包括病害防除技术和舒适生活圈的扩大技术。

1991 年，日本的市村武美提出了海洋牧场技术体系包括"水产养殖相关技术"和"水产增殖相关技术"。水产养殖相关技术，包括苗种生产技术、饲料生产技术、养殖设施及设备技术和养殖生产管理技术等；水产增殖相关技术，包括种苗放流及移植技术、环境改善技术和渔业管理技术。其中环境改善技术包括产卵场、育成场、产卵繁殖的保护和营造技术，藻场的营造技术，人工鱼礁技术等。1997 年藤谷超在《支撑 21 世纪饭桌的理想渔法——海洋牧场》一书中提出海洋牧场技术体系，包括渔场造成或改良、健康苗种的生产和放流、渔场环境保全（渔场及周边水域的水质底质污染的管理和排除等技术）、适当渔业管理（以管理渔业为目的的技术采用和相关法律制定，放流水面的保护等）。

2013 年杨宝瑞等在《韩国海洋牧场技术与研究》一书中提到韩国的海洋牧场技术体系主要包括渔场造成技术和资源养护技术。其中渔场造成技术包括海中林养成技术、人工鱼礁技术和防波堤技术；资源养护技术包括亲鱼养成技术、苗种生产技术和中间育成技术、音响驯化技术和增殖放流技术。

2009 年，陈勇提出了现代化海洋牧场技术体系，包括生息场建设技术、苗种生产技术、增殖放流技术、鱼类行为驯化控制技术、环境监控技术、生态调控技术、选择性采捕技术和海洋牧场管理方法与技术等。其中，生息场建设技术包括人工鱼礁建设技术（选址技术、不同鱼贝类的礁型与设置优化技术、制作与投放技术等）、海藻场海草床营造技术（如海带裙带菜藻场营造技术、马尾藻海草床营造技术等）；苗种生产技术，主要指增殖放流用鱼贝类苗种的健康繁育技术以及提高其成活率的相关技术；增殖放流技术主要指提高增殖放流鱼贝类成活率和回捕率的相关技术，包括中间育成技术、体力强化技术、投放量与投放方法确定技术、追迹技术、效果评价技术等；鱼类行为驯化技术，包括驯化音频信号的确定技术、不同鱼贝类行为的声控技术等；环境监控技术主要包括海洋牧场海域的生态环境因子实时在线监测技术、生态环境评估预警技术、生态与生产综合监控技术等；生态调控技术包括敌害生物除去及生态补充技术、以生态平衡为目的的生物数量控制技术、营养盐类调控技术等；选择性采捕技术包括幼鱼幼贝保护型渔具渔法、环境友好型渔具渔法等；海洋牧场管理方法与技术，包括对生态环境和渔业资源综合管理的方法和技术，涉及互联网、物联网、人工智能等高新技术，也包括相关法律法规的制定与实施。

2019 年杨红生等在《中国现代化海洋牧场建设的战略思考》一文中，认为现代化海洋牧场技术体系包括海洋牧场生态环境营造、海洋牧场生物行为控制、海洋牧场生物承载力提升、海洋牧场生物资源评估、海洋牧场生态模型构建与预测等。

海洋牧场概念及内涵的不断丰富和海洋牧场技术体系的逐步完善，为现代化海洋牧场技术开发与建设奠定了理论与建设的基础。

### （二）海洋牧场技术研究进展

#### 1. 我国海洋牧场研究进展

我国的海洋牧场研究始于 20 世纪 70 年代末的人工鱼礁建设研究。1979 年，在广西钦州地区（现属防城港市）投放 26 座试验性小型单体人工鱼礁后，沿海 8 个省（区）相继开展了人工鱼礁建设试验。1981 年起，中国水产科学研究院南海水产研究所、黄海水产研究所，先后在广东省大亚湾、电白县、南澳县沿海和山东省胶南县、蓬莱县沿海投放人工鱼礁进行试验研究。在此基础上，1984 年开始，沿海 8 个省（区）的相关科技人员，对人工鱼礁渔场、人工鱼礁模型、鱼礁的设计制造、礁区的生物学特性、礁区的渔具渔法以及人工鱼礁的增殖效果和经济效益等进行了研究。

在 2000 年以前，对于人工鱼礁及海洋牧场的科学研究及技术成果相对较少，2000 年以后，国家自然科学基金委、农业农村部、科技部、国家海洋局以及各沿海省市相关部门，设立了海洋牧场科技专项，开展了海洋牧场研究与示范工作。近些年，在人工鱼礁技术、海藻场海草床技术、鱼类驯化技术、生态环境监测技术、人工鱼礁区生态学等研究取得了长足发展，为我国的现代化海洋牧场规划建设和管理运营提供了技术支撑。陈勇等（2002）系统阐释了人工鱼礁的环境功能和集鱼效果，认为人工鱼礁投放到海中后，使周围海域的流、光、音、底质等非生物环境发生多样性变化，这种变化又引起生物环境的变化，使水生生物量增大，从而形成良好的渔场或增养殖场，集鱼效果明显。为人工鱼礁与海洋牧场建设和研究提供了理论基础。

（1）鱼礁设计制造与配置技术研究。陈勇等（2005，2010）根据增殖生物特点设计发明了鱼类增殖礁、网包式海珍品增殖礁和框架式海珍品增殖礁等鱼礁礁型，陈勇等（2009）根据海洋牧场建设需要，设计发明了人工鱼礁的星形辐射状配置方法、底栖水产品沉礁养殖方法及装置等鱼礁配置方式。高潮等（2015）基于计算流体力学与静力学分析单向流固耦合对六面锥型罩式人工鱼礁进行流场、流速、压强进行分析。结果表明：礁体 1.5 倍高度以上，流体表现层流变化，水深比较大的情况下，波浪对人工鱼礁几乎不发生影响，背流区流速较小，礁体背面 0.5 倍体距发生了明显的涡流变化。肖荣等（2015）应用 CFD 软件对中空结构梯形台鱼礁和方形鱼礁在非定常流作用下的三维流场进行了数值模拟，揭示了两类鱼礁形成的上升流、背涡流的规模和强度，分析了单体鱼礁和组合鱼礁的流场差异，为鱼礁设计提供了水动力参考依据。王江涛（2016）设计开发了一种可以在不同水深进行投放的柔性浮鱼礁，此种鱼礁是由海藻鱼礁、变流鱼礁和保育鱼礁组成的复合鱼礁。三种鱼礁用柔性的尼龙绳连接，最上层的海藻鱼礁主要为柔性的尼龙绳结构，采用这种柔性连接来增加礁体对海浪和潮流的适应性。盛晚霞等（2016）设计了一种由海藻鱼礁、变流鱼礁和保育鱼礁组成的复合浮鱼礁。海藻鱼礁为鱼类提供食物及产卵地；变流鱼礁能将上层富含浮游生物和温度较高的海水送入下层，实现了上、下层海水交换的功能；保育鱼礁为鱼类提供较多的躲藏空间。关长涛、李娇等（2016，2017）采用粒子图像测速技术、FLUENT计算机数值模拟技术、风洞实验等物理模型和仿真分析，通过单体鱼礁形状、尺寸对周围流体流态的影响，分析礁体摆放方式和组合布局模式对流场分布的影响，完成了方形礁、圆管形礁、三角形礁、M形礁、半球形礁、星形礁、大型组合式生态礁、宝塔型生态礁等单体礁和组合礁的水动力特性研究，为单位鱼礁的配置规模、布局方式和摆放设计提供合理参考。刘克奉等（2017）结合生物行为学，流场效应等发明了浅海刺参增殖人工鱼礁（201721043930.0）、增殖型螃蟹人工鱼礁（201820451105.2）、海洋软体动物人工鱼礁（201810354054.6）。在利用废弃物等材料制作人工鱼礁技术方面，发明了贝壳粉末人工鱼礁材料的制备方法（201610469802.6）、利用粉煤灰地质聚合物制造生态人工鱼礁的方法（201710646304.9）。刘畅等（2018）为满足人工鱼礁场的建设要求，根据港岸防波堤工程中的异性护面块体与中国古典榫卯结构，设计了一种HUT型人工鱼礁，该鱼礁适用于人工鱼礁堆或人工鱼礁山建设。杨宝矿等（2017）为了验证TR人工鱼礁用于鲍参养殖的合理性，在以往人工鱼礁建设的经验和研究的基础上对TR人工鱼礁的结构、选址、影响因子等进行了分析，提出管理和维护建议。刘心媚等（2019）对框架型与沉箱型人工鱼礁绕流特性进行了数值模拟研究。为对框架型（正六面柱形罩式边长为2米、高4米）和沉箱型（方形空心开口式3米×3米）人工鱼礁模型绕流特性进行分析，采用计算流体动力学（Computational Fluid Dynamics，CFD）方法研究了礁体周围的流线分布变化及上升流和背涡流的流态变化情况，研究认为：相同工况下综合比较框架型产生的流场效应更优，能更好地发挥鱼礁的集鱼效果。

（2）鱼礁鱼类行为学研究。张硕等（2004）研究了不同光照下的人工礁模型对刺参、牙鲆的行为与诱集效果的影响。结果表明：在光照条件下人工礁模型的集参效果与其产生的光学阴影有关，刺参比较适宜在光照度为10勒克斯（lx）以下的光照环境中生活，4种灯源对2种礁型平均聚集率的影响由大到小依次为：60瓦、40瓦、25瓦、5瓦。各礁型均能对牙鲆产生诱集效果，其中以顶部不开孔，四周开孔较小的型礁的诱集效果最好；在40瓦日光灯下，牙鲆在鱼礁区的平均分布率由23%提高到27%。陈勇等（2006）研究了水槽内不同结构模型礁对幼鲍、幼海胆以及许氏平鲉幼鱼聚集率的影响，探讨了在无模型礁和有模型礁状况下的行为反应与诱集效果。结果表明：4种模型礁对幼鲍、幼海胆的分布均有影响，对幼鲍和幼海胆均有聚集作用，聚集率均在53%以上；许氏平鲉在无模型礁是的聚集率为0，有模型礁的条件下，5种模型礁均对许氏平鲉具有明显的诱集作用，聚集率均在 57.7% 以上，且 5 种模型礁无明显差异。宓慧菁等（2015）在水槽内观测了许氏平鲉幼鱼对 4 种不同结构钢筋混凝土材料模型礁 YJ1、YJ2、YJ3、YJ4 的行为反应，并统计分析了模型礁的集鱼效果。结果表明：水槽内无论有礁还是无礁，许氏平鲉幼鱼均喜欢栖息在水槽四壁，对比 4 种礁体投放后的结果可得，对许氏平鲉的诱集效果最好的 YJ1 型礁，诱集效果一般的 YJ2 型、YJ3 型和 YJ4 型。这或许受试验礁体模型的结构的影响，YJ1 型礁阴影遮蔽效果较好，因此集鱼效果最好，而其他几种礁型虽然也为水泥材质，且有效空间较大，但是阴影遮蔽效果稍差，试验集鱼效果一般。杨军等（2016）研究了模拟海底水流和光照条件下光棘球海胆行为特征及其聚礁效果。结果表明：当光照强度达到 560 勒克斯、水流速度达到 20 厘米 / 秒（9:00）时，均匀分布的光棘球海胆有 90% 向模型礁附近区域移动；当光照强度和水流速度下降时，光棘球海胆向模型礁附近区域外移动；运动趋势明显的光棘球海胆在饱食、饥饿和饥饿再投喂 3 种状态下的平均移动速度分别为 0.039 厘米 / 秒、0.041 厘米 / 秒、0.052 厘米 / 秒，3 种状态下光棘球海胆顺、逆水流运动次数的比值依次为饥饿状态（1.63）> 饱食状态（1.18）> 饥饿再投喂状态（0.73），饥饿再投喂状态下光棘球海胆的活跃程度高于饱食和饥饿状态；鱼礁材质也影响光棘球海胆的聚集行为，光棘球海胆在饱食、饥饿和饥饿再投喂状态下对水泥模型礁的平均聚集率分别为 25%、17%、24%，对 PVC 模型礁的平均聚集率分别为 16%、7%、12%，光棘球海胆对两种模型礁的聚集效果均为饱食状态 > 饥饿再投喂状态 > 饥饿状态。研究表明，光棘球海胆在饱食和饥饿再投喂状态下对两种模型礁的聚集效果较好，而水泥材质的模型礁比 PVC 材质的模型礁聚集效果更好。

（3）鱼礁及礁区的生物群落特征研究。研究主要集中在不同材料和类型人工鱼礁对附着生物、浮游生物、仔稚鱼以及生物群落的影响。李真真等（2017）研究了不同水泥类型混凝土人工鱼礁［包括复合硅酸盐水泥（P.C）、矿渣硅酸盐水泥（P.S）、火山灰质硅酸盐水泥（P.P）、粉煤灰硅酸盐水泥（P.F）和铝酸盐水泥（CA）］对生物附着效果的影响，结果显示铝酸盐水泥（CA）及粉煤灰硅酸盐水泥（P.F）人工鱼礁生物附着效果好，复合硅酸盐水泥（P.C）生物附着效果较差。张伟等（2015）调查深圳大亚湾混凝土礁体和铁质礁体上附着生物。结果显示生物群落的种类组成存在季节差异，混凝土礁体在秋季群落组成最丰富（60 种），铁质礁体在春季群落组成最丰富（70 种），且 2 种材质礁体相比，附着生物群落变化不明显。王亮根等（2018）研究发现大亚湾人工鱼礁区和中央列岛岛礁区浮游动物组成季节变化明显，数量季节性差异明显。仔稚鱼数量分布受桡足类影响，分布主要受水动力学因子驱动。浮游动物多样性指数、数量分布、群落结构等特征的时空差异是对季节性水团变化引起温度、盐度和浮游植物分布变动的响应。刘鸿雁等（2016，2017，2019）对青岛崂山湾人工鱼礁区底层游泳动物群落结构特征进行了分析；同时分析了崂山湾人工鱼礁区星康吉鳗摄食生态及食物网结构；另外利用生态通道（ecopath with ecosim，EwE）模型软件构建崂山湾人工鱼礁区生态系统生态通道模型，系统分析了崂山湾人工鱼礁区生态系统的能量流动规律和结构特征，估算了栉孔扇贝的养殖容量。杨晓龙等（2018）对崂山湾两个人工礁区大型底栖海藻的水平和垂直分布特征进行了调查，初步探明了两个人工礁区大型底栖海藻的群落特征、月际更替规律及其对环境因子的响应。吴忠鑫（2012，2013）构建了俚岛人工鱼礁区生态系统生态通道模型，系统分析了俚岛人工鱼礁区生态系统的能量流动规律和系统结构特征；同时分析了鱼礁区游泳动物群落组成和物种多样性的时空分布特征，运用梯度分析法对调查区域游泳动物群落格局与环境因子进行排序分析，结合蒙特卡罗检验确定影响鱼礁区游泳动物群落结构的控制因子；并基于线性食物网模型估算了荣成俚岛人工鱼礁区刺参和皱纹盘鲍的生态容纳量。杜飞雁等（2019）研究了人工鱼礁对中小型浮游动物昼夜变化的影响，2018 年 11 月在防城港人工鱼礁区及附近海域进行了 1 个昼夜的中小型浮游动物采样，获取了 14 份样品。结果显示，礁区和非礁区浮游动物种类组成相似度高；礁区浮游动物的数量和多样性高于非礁区；非礁区浮游动物数量的昼夜变化明显，礁区没有明显的昼夜垂直变化规律，在礁区上层保持较高的数量，可提升集鱼效果、促进生产力转换。

（4）人工鱼礁效果评估研究。人工鱼礁效果包括生态效果和社会经济效果等方面。国内对人工鱼礁评价主要集中在生态效果评价方面。张虎（2005）等采用对比评估法评价了海州湾人工鱼礁的资源养护效果，结果显示，投礁后礁区生物多样性有所增加。刘舜斌等（2007）对嵊泗人工鱼礁工程建设效果做了初步评估，发现投礁后礁区游泳动物生物量的相对变化率呈现上升趋势（增幅达 75%），并且鱼礁区随着礁体的投放，经济种类增加，由原来的 10 种增加到 25 种。陈勇等（2014）采用不同的渔具进行调查评估人工鱼礁修复效果，发现鱼礁区大泷六线鱼渔获量是非鱼礁区的 18 倍，平均体长和体质量是非鱼礁区的 2.32 倍和 9.36 倍，资源养护效果明显。刘鸿雁（2016）研究青岛崂人工鱼礁区底层游泳动物群落发现礁区的渔获量明显高于对比区，形成了以许氏平鲉、日本鲟等为优势种的底层渔业资源。许祯行等（2016）利用生态通道模型对獐子岛人工鱼礁区的生态系统结构和功能进行了研究，分析了鱼礁的生态效果。唐衍力等（2016）采用熵权模糊物元法分析了人工鱼礁生态效果，佟飞等（2016）对粤东柘林湾溜牛人工鱼礁建设选址进行评价。建礁前后海水水质变化方面，张艳等（2013）分析莱州金城人工鱼礁投放海域沉积物质量，发现礁区总氮和有机碳平均含量高于对照区。刘永虎等（2016）指出投礁后无机氮（DIN）、无机磷（DIP）重金属含量整体呈下降趋势，人工鱼礁投放后水质得到明显改善。李娜娜等（2011）运用水声学方法对大亚湾杨梅坑生态调控区的礁区内和礁区外水域进行调查评估，结果显示礁区内水域的生物资源总量基本呈增长趋势，同时礁区内的声学评估种类也明显增加。社会经济效果方面，尹增强等（2011）对浙江嵊泗人工鱼礁海域游客进行随机抽样调查，评估了嵊泗鱼礁工程的游憩价值。姜书等（2016）采用条件价值评估法评价了人工鱼礁的经济效益。在人工鱼礁效果评价指标体系方面，尹增强和章守宇（2009，2012）在东海区资源保护型人工鱼礁经济效果评价体系和生态效果评价体系方面进行了积极探索，初步建立了东海区资源养护型人工鱼礁经济效果和生态效果评价指标体系和评价标准。尹增强（2016）对鱼礁效果评价理论与方法进行了较系统的研究，在国内率先建立了比较系统的人工鱼礁效果定量评价理论与方法（从个体、种群、群落和生态系统层次评价鱼礁生态效果），并初步建立了人工鱼礁综合效果（包括生态效果、经济效果和社会效果）评价体系，为鱼礁建设和监管部门较准确掌握鱼礁建设效果提供了理论参考。

（5）鱼类行为驯化技术研究。何大仁等（1985）对几种幼鱼视觉运动反应进行了研究，结果表明：反应率随照度的降低或屏幕转速的提高而下降；庄平（1998）研究了三种鲟科鱼类（Acipenseridae）——中华鲟（*Acipenser sinensis*）、史氏鲟（*Acipenser schrenckii*）、俄罗斯鲟（*Acipenser gueldenstaedtii*）早期发育阶段的趋性及其相关行为学，研究的内容包括，对光照的选择、对水深的选择、对栖息地底质颜色的选择、穴居行为、洄游习性、昼夜活动节律等几个行为学特征，探讨了鲟科鱼类个体发育行为学特征与系统进化的关系，这是第一次全面的、系统的对鱼类行为学的研究，也是国内首次应用现代实验生态学的原理和方法，引进和建立了一整套研究鱼类个体发育行为学的实验装置和观测装置，使鱼类个体发育行为学的研究达到了定量水平。

2002年张国胜等首次使用400赫兹正弦波连续音，对鲫（*Carassius auratus Linnaeus*）幼鱼进行了音响驯化实验；2004年张沛东等使用同样的声音对鲤（*Cyprinus carpio*）、草鱼（*Ctenopharyngodon idellus*）进行了音响驯化和移动声源诱集实验，草鱼的聚集率最高可达100%。2004年张国胜等首次开展了利用音响驯化提高黑鲷（*Sparus macrocephalus*）对饵料的利用率试验研究，得出了黑鲷体长、体重与摄食量的关系曲线及关系方程。随后2008年和2010年，张国胜等又分别对大泷六线鱼和许氏平鲉开展了声音驯化研究，结果显示，300赫兹声音对大泷六线鱼和许氏平鲉具有明显的诱集作用，聚集率最高达到85%以上。陈德慧（2011）以现场驯化实验和驯化实验相配套的理论研究为出发点，现场驯化分水槽音响驯化和网箱音响驯化两部分主要现场实验，并得出与音响驯化相关的现场实验结论；理论研究部分作为音响驯化实验的科学依据，主要工作是水下声场监测设计。将音响驯化过的黑鲷标志放流并放音回捕，总结经验并设计适用于海洋牧场的音响驯化回捕装置。实验结果表明，采用海域背景噪声的音响驯化，配合投饵是一种有效的手段，并可以使黑鲷对声音的短期记忆转化为长期记忆；殷雷明（2017）证实了生物噪声声诱集是一种可行的、对鱼体无伤害的、能够反馈鱼群行为以及激活大黄鱼食欲和摄食动机的有效方法。该方法能够推广应用于声诱集捕捞、定点投饵，大水体鱼群行为监管等领域；同时证实了大黄鱼的听觉特性与其发声频率相匹配，在海洋环境噪声评估和保护听觉敏感的石首鱼科鱼类等领域具有参考价值。邢彬彬（2018）使用电生理学心电图（ECG）法和听性脑干反应（ABR）法，研究了不同鱼种、不同体形、不同生理结构的牙鲆（*Paralichthys olivacues*）、大泷六线鱼（*Hexagrammos otakii*）、鲫鱼（*Carassius auratus Linnaeus*）的听觉特性，验证了不同试验方法在不同试验对象上的适用性，准确地测量分析了以上鱼类的听觉阈值。沈卫星等（2016）开展了海洋牧场智能化浮式聚鱼装备研发与现场试验，该装备以无线网桥为通信核心，运用继电器组分别控制水下监控系统、声音驯化系统、定量投饵系统、传感器等，解决了开放式海域鱼类行为的驯化与控制问题。装备在象山港海洋牧场以黑鲷为对象进行了全过程试验，结果表明，其有效性能够有效提升鱼类行为控制水平。此外，上海海洋大学对黑鲷、褐菖鲉（*Sebastisous marmoratus*）等开展了音响驯化方面的研究。中国水产科学研究院南海水产研究所开发了"用于室内音响驯化海洋牧场增殖放流对象的装置"，这些研究都为音响驯化技术在海洋牧场中的应用提供了技术支持。张国胜等于 2010 年研制了我国第一台具有自主知识产权的音响驯化仪，2014 年制定了《鱼类音响驯化技术规程》的地方标准，标志着音响驯化技术进入规范化发展阶段。

（6）藻场建设技术研究。谭海丽（2012）在海岛潮间带大型海藻调查的基础上，选择潮间带原有的大型海藻，用人工增殖技术，增加恢复已经退化的无居民海岛藻场，完成海岛潮间带的生态修复工作，保护和恢复海岛生态系统。分析海岛周边海域污染状况及潮间带藻类退化情况，确定用于生态修复的大型海藻；对选定大型海藻的发育生态学进行研究，确保修复藻体的来源；在试验生态学的条件下，研究大型海藻幼体发育在环境胁迫下的耐受性，确保藻体投放后的存活率；在实验生态学的条件下，研究该大型海藻成体对富营养化水体净化及对重金属吸附能力；在该海区内尝试不同方法，进行大型海藻的修复工作，确保海藻场的恢复。

刘建影等（2017）为了了解山东天鹅湖不同微生境条件下底栖贝类的群落结构及时空分布特征，于 2013 年 12 月至 2014 年 11 月，对天鹅湖矮大叶藻区、空白区、大叶藻区边缘及其内部的底栖贝类和环境特征进行了调查研究。共发现 15 种大型底栖贝类，隶属 14 科 15 属；空白区中贝类总密度和单位面积生物量最高，大叶藻区内部最低，但矮大叶藻区和大叶藻区内部多样性指数较高。大叶藻区内部的贝类以腹足类锈凹螺、日本月华螺、刺绣翼螺等刮食者为主，而双壳贝类则更倾向于选择无海草覆盖的空白区或者海草较为稀疏的草场边缘。综合分析表明，天鹅湖底栖贝类的分布和多样性受底质特征和海草覆盖影响最为显著，同时与水深密切相关。刘松林等（2015）提出未来海草床育幼功能的重点研究方向：①量化海草床对成体栖息环境贡献量；②全球气候变化和人类活动对海草床育幼功能的影响；③海草床育幼功能对海草床斑块效应和边缘效应的响应，以期为促进我国海草床育幼研究和海草床生态系统保护提供依据。刘鹏等（2013）于 2009 年和 2010 年在青岛汇泉湾用根茎棉线绑石法进行大叶藻（*Zostera marina* L.）移植，并于 2012 年 4 月 20 日至 11 月 19 日对移植大叶藻的生长情况进行观察（包括形态学变化、密度、茎枝高度、地上生物量、底质粒径几个方面），结果显示：移植底质可定性为粉砂质；移植大叶藻的有性繁殖期为 2012 年 4—8 月；无性繁殖在秋季达到高峰；密度在 6 月和 9 月分别高达 411 茎枝 / 平方米和 481 茎枝 / 平方米；高度与地上生物量的最大值出现在 6—7 月；与 2009

年青岛湾天然大叶藻进行比较后发现，移植大叶藻的高度、地上生物量及其季节变化与天然大叶藻基本一致，说明移植大叶藻的生长状况良好，同时说明根茎棉线绑石法是一种高效且实用的海草床生态恢复方法。刘敏（2017）通过对大型藻类藻场的调查评估，采用侧扫声呐系统和潜水采样，将声学方法与生物学方法有效结合，得到大型藻类在藻场中的厚度、丰度、密度及面积等参数，估算大型海藻场资源量。通过声学方法的使用，使大型海藻资源量评估更为精确和方便，同时为其他藻场生物和多样性评估提供数据支撑，为合理开发利用藻类资源提供帮助。

（7）生态环境实时监测技术及相关系统装备研究。2012年大连海洋大学王刚等在国内首次研发了专门用于海洋牧场的环境监测系统，对海洋牧场的水温、盐度、溶氧、叶绿素等环境因子实时监测，建立了海洋牧场环境监测互联网平台，通过环境因子传感器、网络和计算机，管理者可直接在电脑或手机上了解海洋牧场环境因子的实时变化情况，并应用在獐子岛海洋牧场示范区，为海洋牧场的科学管理提供了依据，为海洋牧场信息化建设提供了示范。2018年中集来福士研制了"自升式多功能海洋牧场平台"投入使用，该平台能够解决以往海洋牧场在建设和管理过程中遇到的安全管护、环境及生物监测等诸多难题，深度、盐度、叶绿素、溶解氧等环境参数达到可视化。2018年山东省已建成25个重点海洋牧场观测预警数据中心，集成海流计、波浪仪、CTD、潮位观测仪、水质仪、录像机、水听器、OBS等各种观测仪器，实现海洋中海流、波浪、温度、盐度、潮位、海啸、溶解氧、叶绿素、浊度、水下声学信号、水下高清视频等各种海洋要素的在线观测。

（8）海洋牧场科技奖励与技术标准。近些年的科技研发和应用示范取得了较为显著的成果，得到了多项科技奖励，为了科学规范建设海洋牧场，制定了相关技术标准。

科技奖励包括：①中国水产科学研究院南海水产研究所"人工鱼礁关键技术研究与示范"，2015年获广东省科技进步奖一等奖；②中国水产科学研究院南海水产研究所"南海海洋牧场关键技术研究与示范"成果荣获2018年度中国水产科学研究院科技进步奖一等奖；③上海海洋大学"人工鱼礁生态增殖及海域生态调控技术"成果获上海海洋科学技术奖海洋技术发明奖特等奖；④上海海洋大学"东海典型海藻场修复关键技术与生态功能应用示范"获2018年度海洋科学技术奖二等奖；⑤上海海洋大学"新型海洋牧场生境构建与生态修复技术研究与示范"获2018年浙江省科学技术进步奖三等奖；⑥中国海洋大学"人工鱼礁及相关技术在增养殖水域生态修复中的应用研究"获2008年海洋创新成果奖二等奖；⑦大连海洋大学"基于生态系统的海洋牧场关键技术研究与示范"获2015年第九届大北农科技奖创新奖一等奖、2016年度中国水产学会范蠡科学技术奖二等奖；⑧大连海洋大学"基于生态系统的北方典型海域海洋牧场关键技术研究与示范"获2016年度海洋工程科学技术奖二等奖、2016—2017年度神农中华农业科技奖三等奖；⑨大连海洋大学"基于生态系统的北方海域全产业链现代海洋牧场生产模式构建与示范"获2017年度辽宁省科技进步奖二等奖；⑩中国科学院海洋研究所"现代海洋牧场构建技术创新与集成

应用"团队荣获中国科学院科技促进发展奖。

技术标准包括：

SC/T 9416—2014 人工鱼礁建设技术规范；

SC/T 9417—2015 人工鱼礁资源养护效果评价技术规范；

SC/T 9111—2017 海洋牧场分类；

GB/T 35614—2017 海洋牧场休闲服务规范；

以及其他各沿海省市地方标准。

### 2. 国外海洋牧场研究进展

20 世纪 70 年代，日本开展了"浅海域增养殖渔场开发综合研究"，20 世纪 80 年代实施了"海洋牧场研究计划"，20 世纪 90 年代初进行音响驯化型海洋牧场研究。日本在人工鱼礁建设、藻场建设、鱼贝类增殖放流、鱼类行为控制、选择性捕捞渔具开发、渔业海域环境监测与评估等海洋牧场相关技术研究与应用方面走在世界的前列。近年来，日本的海洋牧场研究开始向深水区域拓展，开展了基于营造上升流以提高海域生产力为目的的海底山脉的生态学研究，同时开展了深度超过 100 米水深海域的以聚集和增殖中上层鱼类及洄游性鱼类为主的大型、超大型鱼礁的研发及实践，成效显著。

韩国于 20 世纪 90 年代中后期制定并实施了《韩国海洋牧场事业的长期发展计划》，委托国家海洋研究院和国立水产科学院，成立海洋牧场管理与发展中心，具体负责该项目的实施工作，明确了海洋牧场计划的施工和管理主体，也建立了一套专门的基金会和管理委员会班子，由权责明确的下属具体实施负责机构进行牧场地理环境和生态特点勘探并选址、建设、繁育、放流、永续维护经营、绩效监督和资源恢复情况评价。

欧洲一些渔业国家将海洋牧场作为恢复海洋渔业资源、实现海洋资源可持续利用的战略性政策。挪威很早开始海洋牧场的研究和建设，通过对鱼礁、环境、增殖放流等的深入研究，为海洋牧场的顺利建设提供了科研和资金基础；英国在 21 世纪初期，开始从海洋开发利用转向海洋生态保护和可持续发展，并从人工鱼礁开始进行海洋牧场的研究和建设。德国将废旧的货船经过处理后，投放到海域中，作为吸引鱼群的礁区，并在此后开展关于海洋牧场的相关研究工作；意大利通过政府和民间组织共同投资和管理海洋牧场的建设。他们将废旧轮船、轮胎和混凝土作为礁体有秩序、有计划地投放到海域中，进行渔业资源的增殖；西班牙也非常重视海洋牧场的建设。他们除投放废旧轮船等制造鱼礁外，还设立了禁渔区，以防止拖网渔船在礁区进行捕捞。

国外学者围绕人工鱼礁功能，从水动力学、生物学和空间几何学等方面开展了相关的基础和应用技术研究，如小川良德（1968）、岗本峰雄等（1979）利用科学鱼探仪（EY400 型）、水下摄像和潜水方式对礁区鱼类昼夜活动规律进行了研究，发现不同结构鱼礁诱集鱼类的种类与大小不同；智利的海洋生态学家在 20 世纪 80 年代就培育了多种海藻的方法，建设海藻场；Woodhead 等（1985）连续 3 年对美国长岛海域粉煤灰和普通混凝土鱼礁生物的附着效果进行了监测；Kim 等（2019）研究了浅水区鱼礁在波浪作用下的局部冲刷和下陷，发现鱼礁形状对局部流有显著影响，并决定着局部冲刷程度，提出在人工鱼礁选型中应考虑海流特征；Fujihara 等（1997）分析了鱼礁投放后的水域的流场变化；Frederic 等（1998）对比了混凝土和石油灰材料人工鱼礁的生物聚集效果；Kim 等（2016）在计算流和浪的干扰情况下，计算了韩国全罗南道群岛鲍鱼海洋牧场人工鱼礁最小重量。Yoon 等（2016）对韩国的人工鱼礁与自然鱼礁两个海洋牧场鱼类的组成、生物量和个体大小进行了年际对比研究，发现两者间有明显差异。还有研究表明人工鱼礁因其复杂结构为鱼类提供庇护和索饵场所，提高环境营养物质的供给，改善礁区生物的种类组成和丰度，礁体周围的流场分布直接影响到它们对渔业资源扩散的生态效应（Stephen，1994，2018；Avery，2019）。Santos 等（2010）研究发现距离人工鱼礁越近，则鱼类丰富度和多样性会越高。Yaakob（2016）通过研究流线型 bicycle helmet 礁体的水动力特性，表明增加礁体内部结构的复杂度可以提高礁体周围鱼类和底栖生物的营养供给。Kim（2016）研究了人工鱼礁流场效应优化改进礁体结构设计。López 等（2016）在综合分析气候、生物群落、沉积运动、海岸带演变等多种因素的基础上，研制多功能型人工鱼礁。水槽实验与数值模拟是研究人工鱼礁水动力特性的重要方法，利用 OpenFOAM 等开源数值软件建立人工鱼礁流场效应数值模型，研究人工鱼礁礁体结构和水动力特性，观察人工鱼礁区流场的变化，并结合海域渔业资源特征，进行人工鱼礁工程设计和结构优化。以 OpenFOAM 耦合 LAMMPS 而建立的 SediFOAM、LES–DEM，结合并行计算技术的使用，利用大涡模拟礁体周围的湍流，全尺寸数值模拟研究礁体周边的水动力、营养盐和沉积物输运扩散现象，可以全面解析黄渤海海域不同底质条件下人工鱼礁的礁体形状、空间布局、流场、礁体投放后倾斜度以及迎流方式等参数对人工鱼礁周围湍流场的影响。

多波束勘测技术在海洋资源调查、海洋工程建设以及海洋科学研究等方面发挥了重要作用，但国内基于声呐的人工鱼礁建设方面的监测工作开展较少。水体盐度和底质因素是影响人工鱼礁区大型底栖动物分布的主要因素（Lv，2016）。底质探测是人工鱼礁区海底地形特征和地貌信息研究的基础，传统的底质调查方法受到海底环境和人工因素的限制，无法满足对人工栖息地优选和开发。现代海底探测技术对全面掌握人工鱼礁底质类型及其分布情况具有重要意义。

在鱼类行为驯化控制方面，大多数鱼类多能听到 50—1000 赫兹的声音，其听觉敏感性与其鳔的有无、大小、形状及其与内耳连接的生理结构有关。鱼类的听觉阈值，是指鱼类能够听到的最小声压级（sound pressure level，简称 SPL，单位 dB：re 1μPa）。根据鱼类的听觉阈值绘制的听觉敏感曲线，可描述鱼类的听觉能力。该曲线包括：鱼类可听到的频率范围、鱼类的听觉阈值和鱼类听觉最敏感的频率，一般通过行为方法和电生理方法均可绘制出鱼类的听觉敏感曲线。目前，日本在鱼类听觉等基础研究方面取得了很大进步，美国、加拿大及欧洲一些国家也不同程度进行了鱼类听觉方面相关技术的研究。

鱼类对声音的反应，并不是首次听到就能产生正反应（多数为负反应），而是需要放声配合投饵来驯化一定周期，使鱼对声音形成条件反射后才能进行声诱集，该方法被称为音响驯化。

日本就以真鲷、牙鲆、黑鲪等作为对象鱼类，开发建设了音响驯化型海洋牧场，分别在大分县、长崎县、岛根县等内湾海域进行了海洋牧场开发事业。用 300 赫兹的正弦波声音对真鲷放流鱼苗进行音响驯化后，放流到海洋牧场水域，当龄鱼的平均回捕率能达到11.64%；在岛根县、新潟县等地的沿岸海域开发建造了以牙鲆为音响驯化对象的海洋牧场，通过对陆上设施中间育成的种苗和受过音响驯化的种苗的放流效果进行比较，回捕结果表明，音响驯化群的回捕率比对照群高 2 倍，且放流后 2 年后的回捕率高达 21.5%；在宫城县等地开发了以黑鲪为主要对象的音响驯化型海洋牧场，实际效果表明黑鲪的稚鱼在海上进行音响驯化放流管理也是可行的。有关音响驯化型海洋牧场的基础研究，美国、加拿大及欧洲的一些国家也进行了不同程度的研究。目前，声音在海洋的人工放流、资源调查、保护以及集约化养殖等方面已经大规模使用并取得了良好效果。

## 三、海洋牧场的建设发展

### （一）我国海洋牧场建设情况

我国的海洋牧场建设是从 20 世纪 70 年代末以人工鱼礁建设开始的。20 世纪 70 年代末，沿海 8 个省（区）在开展了人工鱼礁建设试验，几年间设立了 23 个人工鱼礁试验点，投放各种形式的人工鱼礁 28000 余个，投放废旧渔船礁近 50 艘，在浅海区投石 10 万立方米，调查发现人工鱼礁区的生物资源量增加明显，起到了养护和增殖资源的作用。20 世纪 80 年代，辽宁省大连市的长海县獐子岛开始进行日本虾夷扇贝的育苗和底播放流，从20 世纪 90 年代起，獐子岛逐步开始建设现代海洋牧场，通过投放人工鱼礁、营造海藻场、实时环境监测、鱼类行为驯化、生产装备建设等，有效地优化了鱼贝类生态环境，增殖了海珍品资源，提高了生产效率，取得了显著的生态效应，同时建设了深水（40 米）鱼类资源养护休闲型人工鱼礁海洋牧场，促进了休闲渔业的发展。

进入 21 世纪，全国沿海地区相继开展了较大规模的人工鱼礁建设，据不完全统计，到 2015 年年底，全国投入资金 49.8 亿元，通过人工鱼礁建设、底播增殖和增殖放流等途径，建设海洋牧场 233 个，海域面积 852.6 平方千米，建成人工鱼礁区面积 619.8 平方千米，投放人工鱼礁 6094 万空方。人工鱼礁海洋牧场在修复和优化海域生态环境，增殖和恢复渔业资源方面取得了明显效果，生态、经济和社会效益逐步显现。调查表明，养护型海洋牧场渔业资源密度比投礁前平均提高 8.7 倍，最高提高 26.6 倍；增殖型海洋牧场生物量提高 51%。全国海洋牧场与海上观光旅游、休闲海钓等相结合，每年接纳游客超过1600 万人次，已成为海洋经济增长的新亮点。按照渔业资源增殖评估方法和海洋牧场生态服务功能评估模型进行计算，我国沿海海洋牧场每年产生直接经济效益 319.2 亿元，每年产生生态系统服务效益 603.5 亿元，每年固碳量达到 19.4 万吨、消减氮 16844 吨、消减磷 1684 吨。我国的海洋牧场建设，产生了显著的生态、经济和社会效益。

我国沿海建设的海洋牧场主要有养护型、增殖型和休闲型等基本海洋牧场类型，正在开展规模化建设。辽宁、河北、天津和山东等沿海建立了"人工鱼礁 + 藻礁海藻场 + 鲍、海参、海胆、贝等放流的增殖型海洋牧场"，多以产出海参、鲍鱼、海胆等海珍品为主，有些兼有休闲垂钓、科普教育的功能，其中辽宁在獐子岛建设了深水海域（水深 40 米）鱼类养护型海洋牧场，创建了我国第一个"深水人工鱼礁 + 休闲垂钓型海洋牧场"。江苏、浙江和福建等沿海建立了"人工鱼礁 + 海藻床 + 近岸岛礁鱼类 + 甲壳类 + 休闲渔业的立体复合型增殖开发型海洋牧场"。广东、广西和海南等沿海建立了"养护型人工鱼礁 + 海藻场 + 经济贝类 + 热带亚热带优质鱼类 + 旅游休闲产业的生态改良增殖型海洋牧场"。而全国沿海均分布有从养护型海洋牧场和增殖型海洋牧场中衍生出的休闲型海洋牧场。

2015 年，农业部组织开展国家级海洋牧场示范区创建活动，推进以海洋牧场建设为主要形式的区域性渔业资源养护、生态环境保护和渔业综合开发。同年 12 月，天津大神堂海域，河北山海关海域、祥云湾海域、新开口海域，辽宁丹东海域、盘山县海域、大连獐子岛海域、海洋岛海域，山东芙蓉岛西部海域、荣成北部海域、牟平北部海域、爱莲湾海域、青岛石雀滩海域、崂山湾海域，江苏海州湾海域，浙江中街山列岛海域、马鞍列岛海域、宁波渔山列岛海域，广东万山海域和龟龄岛东海域等被列为首批国家级海洋牧场示范区。

为了科学有序地发展海洋牧场事业，2016 年中国水产学会成立了"海洋牧场研究会"，后更名为"海洋牧场专业委员会"，专门开展海洋牧场学术交流、人才培训和技术推广工作，委员会成立以来，连续 3 年召开"现代海洋（淡水）牧场国际学术研讨会"，探讨国内外海洋牧场发展趋势及科技问题，交流新技术新成果，为我国的海洋牧场建设提供了科技支持和借鉴。2017 年农业部成立了海洋牧场建设专家咨询委员会，负责国家级海洋牧场示范区的申报、评审、验收等工作，从组织上保证了国家及海洋牧场示范区的科学有序开展，为各地的海洋牧场建设起到了示范引领的作用。目前，农业农村部已批复 4 批共计 86 家国家级海洋牧场示范区。国家级海洋牧场示范区建设，标志着我国的海洋牧场建设进入了规范化建设的新时代。

（二）国外海洋牧场的建设

20 世纪 70 年代以来，日本、韩国、美国、挪威、俄罗斯、西班牙、法国、英国、德国、瑞典等海洋发达国家把发展海洋牧场作为振兴海洋渔业经济的战略对策。1995 年，国际水生生物资源管理中心公报：海洋牧场是最可能极大增加鱼类和贝类产量的渔业方式。据 FAO 统计，目前已有 64 个沿海国家发展了海洋牧场。

### 1. 日本

日本是投入资金最多和对鱼礁研究最深入的国家。日本由于海洋渔场有限，为了稳定和发展渔场环境，早在 1932 年日本政府就制定了"沿岸渔业振兴政策"，第二次世界大战以后就逐年在其沿岸海域投放人工鱼礁。1950 年，日本投资 340 亿日元，沉放 10000 艘小型渔船建设人工鱼礁渔场。1951 年，开始用混凝土制作人工鱼礁。1954 年，将建设人工鱼礁上升为国家计划。进入 20 世纪 70 年代后，由于世界沿岸国家相继提出划定 200 海里专属经济区，这一形势迫使日本加速了人工鱼礁的建设进程。

1971 年，日本正式提出"海洋牧场"（Marine Ranching）概念。1975 年，日本颁布了《沿岸渔场储备开发法》，使人工鱼礁的建设以法律的形式确定下来，保障了产业的持久发展。1976 年，日本政府水产厅根据《沿岸渔场整备开发法》制订了"实施渔场整宿的长期计划"。该计划共四个阶段，其中，人工鱼礁设置事业费合计 5402 亿日元，占整个计划投资的 45% 之多。日本水产厅制定的 1978—1987 年《海洋牧场计划》指出在日本列岛沿海兴建 5000 千米的人工鱼礁带，把整个日本沿海建设成为广阔的"海洋牧场"。1986 年日本渔业振兴开发协会制定并公布了"沿岸渔场整备开发事业——人工鱼礁渔场建设计划指南"，在人工鱼礁建设、规划、效益评估及管理等方面，做了具体阐述和明确规定，成为日本人工鱼礁建设的依据和标准。20 世纪 90 年代，日本人工鱼礁建设事业已划为国家事业，并逐渐形成制度。国家每年出巨资用于人工鱼礁建设，在建礁规划、礁址选择、礁体设计、效益评估等方面更加合理完善，向着科学化、合理化、计划化、制度化方向发展。2002 年，日本政府内阁通过《水产基本计划》，继续在沿岸渔业项目中设置人工鱼礁，强化渔业资源的培育和增长。

40 多年来，日本持续投放人工鱼礁群 5886 座，礁体总空方量 5396 万空方，总投资约 100 亿美元，已在近海的 107 个地方建设人工鱼礁区 4.67 万平方千米，全国 47 个都道府县中已有 40 个开展人工鱼礁建设，全国近岸海域渔场面积的 12.3% 已成功建设了人工鱼礁。其中，对濑户内海进行了有效改造，使 9500 平方千米的渔场产量增加几倍甚至几十倍，已变为名副其实的"海洋牧场"。1959—1982 年的 23 年中，日本沿岸和近海渔业年产量从 470 万吨增至 780 万吨。

目前，日本是世界上人工鱼礁建造规模最大的国家。将鱼礁建设作为发展沿海岸渔业的重大措施，由国家、府县和渔业行业组织联合实施，大型鱼礁经费由国家承担 60%、府县政府承担 40%；中小型鱼礁经费则由国家承担 50%、地方政府承担 30%、渔业行业承担 20%，人工鱼礁由县出面购买，投放渔场后当地渔业协会具有人工鱼礁使用权。日本的人工鱼礁已有 300 多类型，而且还在不断研发新型鱼礁。近些年，日本在多处建设了高层钢铁鱼礁等，其高度可达 40 米，对中上层鱼类的诱集具有明显的效果。

### 2. 韩国

韩国从 1971 年开始在沿海投放人工鱼礁，1982 年推进沿岸海洋牧场化工作，1994—

1995 年组织开展沿岸渔场牧场化综合开发计划，进行人工鱼礁、增殖放流、渔场环境保护等研究，1994—1996 年进行了海洋牧场建设的可行性研究。20 世纪 90 年代中期，制定了《韩国海洋牧场事业的长期发展计划（2008—2030）》，并从 1998 年起正式在韩国南部的庆向南道南岸建设海洋牧场。发展计划分 3 个阶段实施。第一阶段（1998—2010 年为期 13 年），为营造海洋牧场基础设施和海洋牧场事业示范阶段。在三面环海的朝鲜半岛南部，根据海岸形态选择了 4 个地方，分别营造 5 个海洋牧场样板。即在南岸的多海岛水域 2 个，在西岸的海涂水域 1 个，在东岸的开放水域 1 个；在济州岛北岸的岩盘水域 1 个。增殖对象以定居性的鲆鲽、黑鲷、条石鲷、石斑鱼、平鲉等和鲍鱼、文蛤、扇贝以及梭子蟹等为主。因为第一阶段为示范事业，由国家负责实施。为此，国家计划在 2010 年前的 10 年间投资 200 亿韩元，主要用于基础设施和研究费，并由韩国海洋研究院、韩国水产科学研究院、韩国海洋水产开发院、庆尚南道统营市等参加执行；第一阶段的生产目标为在 5 个样板海洋牧场中能有 1.5 万至 2 万吨的渔获量。第二阶段（2005—2014 年为期 10 年），为开发海洋牧场和扩大海洋牧场事业的阶段。事业的主体将由国家转向地方政府，期间海洋牧场将扩大到 50 个，增殖对象鱼种在定居鱼种的基础上加入洄游性鱼类。第二阶段的生产目标是，在 10 年内将渔获量增至 15 万至 20 万吨。第三阶段（2015—2030 年为期 16 年），为沿岸渔业的海洋牧场化的阶段。海洋牧场事业由开发转为一般化，事业的主体也由地方政府转向渔业者、民间企业的民营化，其间，将建成 500 个海洋牧场，使韩国的全海岸纳入海洋牧场化。1998 年，韩国开始实施的《韩国海洋牧场事业的长期发展计划》，试图通过海洋水产资源补充，形成牧场，并通过牧场的利用和管理，实现海洋渔业资源的可持续增长和利用极大化，海洋牧场类型包括滨海滩涂型、群岛型、观光型和游钓型等。

1988—2000 年的 13 年间，京畿道已建设了 11 处人工鱼礁区，建造面积 2188 公顷，占全国已建鱼礁面积的 11.8%，投资 91 亿韩元，其中，中央政府投资 66 亿韩元、京畿道投资 24 亿韩元。此后，韩国每年都在沿岸水域设置各种类型的鱼礁 5 万个以上。1971—2007 年，投放鱼礁的海域面积达到约 19.8 万公顷，投资约 7661 亿韩元；2010 年，全国沿岸建设鱼礁渔场 1016 处，投放鱼礁 1343078 个。韩国的人工鱼礁建设投资项目在水产业作为单项预算，主要由政府出资，国家和地方共同承担（国家 80%、地方 20%），约占水产业总预算的 6.5%。

韩国统营海洋牧场的建设取得了较好的效果，牧场区渔业资源量大幅增长，已达 900 多吨，比项目初期增长了约 8 倍。海洋牧场的建设，也使当地渔民收入不断增加，从 1998 年的 2160 万韩元提高到 2006 年的 2731 万韩元，增长率达 26%。

亚洲其他国家如马来西亚、泰国、菲律宾等投入资金不多，投礁数量也不多，大部分是投放废旧船等作鱼礁，只有少量的钢筋混凝土鱼礁，有些甚至用竹、木、石块做鱼礁。

### 3. 美国

1935 年，热心海洋的体育性捕鱼者在新泽西州梅角附近建造了世界上第一座人工鱼礁；第 2 年，里金格铁路公司在大西洋城疗养中心建成了另一座人工鱼礁。第二次世界大战后美国开始大规模投放人工鱼礁，建礁范围从美国东北部逐步扩大到西部、墨西哥湾和夏威夷。1968 年美国政府提出建造海洋牧场计划；1972 年保障人工鱼礁建设的 92-402 号法案通过后，近海鱼礁规模有了很大发展。20 世纪 70 年代美国联邦政府启动人工鱼礁科学研究计划。1972—1974 年在加利福尼亚建成巨藻海洋牧场；1980 年通过了在全国沿海建设人工鱼礁的公共法令；1984 年国会通过了国家渔业增殖提案，规范了人工鱼礁建设；1985 年《国家人工鱼礁计划》出台，将人工鱼礁纳入国家发展计划。美国沿海各州掀起了人工鱼礁建设的高潮，并得到财政资金的支持，至 1983 年就建造 1200 个鱼礁群，每个礁群的体积均有数万空方，遍布水深 60 米以内的东西沿海、南部墨西哥湾、太平洋的夏威夷岛等海域，礁区的渔业生产力为自然海区的 11 倍。至 2000 年，建礁超过 2400 处。由于人工鱼礁的建设，美国沿海鱼类资源量增加 42 倍，沿岸新增了大批休闲渔业游钓点，全国海钓爱好者从 1982 年 2000 万人增加到目前的 8000 万人，年收入 380 多亿美元，是常规渔业产值的 3 倍，游钓渔业为 120 万人提供了就业机会。美国海洋牧场的核心技术体系，是通过投放鱼礁、藻礁和藻场修复，实现了生境改造、资源增殖和休闲渔业产业化。美国计划今后将人工鱼礁的投放海区，由近海逐步扩展到外海。

## 四、海洋牧场存在的问题与建议

### （一）存在问题

现代化海洋牧场的规划、建设与管理，需要现代科技支撑和现代管理理念与方法管理，我国"现代化海洋牧场"的关键技术的研究开发与应用示范推广取得了一定成效，但仍存在许多亟须解决的问题。

一是科技支撑能力亟待提升。现代化海洋牧场建设需要系列技术支持，但是现有的海洋牧场建设技术，尚不能完全支撑现代化海洋牧场的建设发展需要，亟须提高海洋牧场技术支撑能力，完善技术标准系列，为科学规划、建设、管理和运营海洋牧场提供系统的科学依据。

二是相关法律法规需要完善和严格执行。虽然我国现有法律法规中已涉及人工鱼礁和海洋牧场建设的内容，但是还没有一整套针对海洋牧场建设的系统性的法律文件，海洋牧场建设、管理和运营的一些方面仍没有明确规定。

三是管理模式滞后。海洋牧场建设涉及多部门管理，申办手续难，影响了海洋牧场的建设。另外，海洋牧场区域面积大、分布广，传统上海洋牧场的管理，特别是公益性海洋牧场的后续管理有时不到位，导致一些海洋牧场建设效果不显著。

## （二）对策与建议

针对上述问题的，提出以下几点建议：

一是加大海洋牧场科技研发力度，完善现代化海洋牧场建设系列技术标准，加大海洋牧场的人才培养力度，全面支撑海洋牧场的科学建设、管理与运营，提升现代化海洋牧场建设水平。

二是完善海洋牧场高质量发展的相关法律法规，依法依规建设现代化海洋牧场。现在，国家级海洋牧场示范区的建设管理相关规章制度和一些地方海洋牧场管理法律法规正在实施，需要严格执行和进一步完善，规范海洋牧场开发与管理。

三是完善海洋牧场的组织管理体制机制，解决当前多部门管理造成的申报和审批难的问题，推动海洋牧场运营管理模式创新，保障现代化海洋牧场建设顺利、稳定发展。

## 五、海洋牧场科技研发趋势

### （一）不同鱼贝类资源的生境营造技术

针对不同种类的渔业资源及其生态环境，研发修复和优化生息场的礁体材料、礁体设计与制造、组合与布局技术；优化海藻场／海草床的修复与移植技术，研究大型藻类／海草场在特定环境下的生长机制、环境及生物间作用机制，系统研发大型海藻／草恢复设施装备与技术等；研发近岸优势贝类栖息地的修复与改良技术；研发复合型资源养护与增殖技术系统。

### （二）生物资源精准探测评估技术

利用声学和光学等生物资源探测与评估技术，建立生物资源无损探测与评估技术体系；利用遥感信息技术开发环境因子与资源变动数据模型；研发放流效果的评估技术，精确评估放流鱼贝类在海洋牧场的存活、生长和繁衍状况，以多元技术手段实现海洋牧场生物资源精确评估。

### （三）智能化管理技术

利用物联网、互联网等技术，建立海洋牧场环境因子和渔业资源信息实时监测网络，研发海洋牧场生态、生物和环境综合监测信息平台，集成建立海洋牧场大数据处理分析中心，采用多元模型预测评估海洋牧场安全与经济生物资源生产，综合提高海洋牧场对自然灾害的预警能力和智能化管理能力。

### （四）生态采捕技术

基于海洋牧场典型物种行为特征，研发生态型水下诱捕技术，结合自动控制技术，研制智能生态捕获装备。针对海洋牧场复杂水体特征，建立水下生物实时动态监测系统，为海洋牧场资源的智能化捕获提供新的技术手段，提高海洋牧场资源捕捞效率、减小渔业作业风险，实现牧场生物高精度机械化采捕。

综上，我国的海洋牧场建设已经进入现代化发展时期，科学规划、科学建设、科学管理和科学运营海洋牧场的理念已成为共识，面对海洋牧场建设的科技问题，国家相关部门已经启动了现代化海洋牧场科技专项，并正在完善海洋牧场建设的技术标准和法律法规，建立健全海洋牧场管理的体制机制。这些举措将推动我国现代化海洋牧场建设事业更加科学、规范地高质量发展，最终实现生态健康、资源丰富和产品安全的现代渔业生产方式。

# 参考文献

［1］马军英，杨纪明. 日本的海洋牧场研究［J］. 海洋科学，1994，（3）：22-24.

［2］市村武美. 夢ふくらむ海洋牧场：200 カイリを飛び越える新しい漁業［M］. 东京：东京电机大学出版局，1991.

［3］杨宝瑞，陈勇. 韩国海洋牧场建设与研究［M］. 北京：海洋出版社，2014.

［4］刘卓，杨纪明. 日本海洋牧场研究现状及其进展［J］. 现代渔业信息，1995，10（5）：14-18.

［5］日本水产学会. 水产学用语辞典［M］. 东京：恒星社厚生阁，1989：36-37.

［6］刘卓，杨纪明. 日本海洋牧场研究现状及其进展［J］. 现代渔业信息，1995，10（5）：14-18.

［7］FAO inland water resources and aquaculture service, Fishery resources division. Marine ranching: global perspectives with emphasis on the Japanese experience［R］. Rome：FAO Fisheries Circular，1999，No. 943.

［8］Whitmarsh D. Economic Analysis of Marine Ranching［R］. Portsmouth：CEMARE Research Paper，2001，No. 152.

［9］Mustafa S. Stock enhancement and sea ranching: objectives and potential［J］. Reviews in Fish Biology and Fisheries，2003，13（2）：141-149.

［10］Bartley D M，Leber K M. Marine ranching［R］. Rome：FAO Fisheries technical paper，2004，No. 429.

［11］Bell J D，Leber K M，Blankenship H L，et al. A New Era for Restocking, Stock Enhancement and Sea Ranching of Coastal Fisheries Resources［J］. Reviews in Fisheries Science，2008，16（1）：1-9.

［12］Kim S. K.，Yoon S. C.，Youn S. H，et al. Morphometricchanges in the cultured starry flounder, Platichthys stellatus, inopen marine ranching areas［J］. Journal of environmental biology/Academy of Environmental Biology，India，2014，34（2）：197-204.

［13］Hwang B. K.，Lee Y. W.，Jo H. S.，et al. Visual census and hydro-acoustic survey of demersal fish aggregations in Ulju small scale marine ranching area（MRA），Korea［J］. Journal of the Korean society of Fisheries Technology，2015，51（1）：16-25.

［14］徐恭昭. 海洋农牧化的进展与问题［J］. 现代渔业信息，1998，13（1）：3-10.

［15］李波. 关于中国海洋牧场建设的问题研究［D］. 青岛：中国海洋大学，2012.

［16］黄宗国. 海洋生物学辞典［M］. 北京：海洋出版社，2002.

［17］水产名词审定委员会. 水产名词［M］. 北京：科学出版社，2002.

［18］杨金龙，吴晓郁，石国峰，等. 海洋牧场技术的研究现状和发展趋势［J］. 中国渔业经济，2004，（5）：48-50.

［19］海洋科技名词审定委员会. 海洋科技名词［M］. 北京：科学出版社，2007.

［20］王诗成. 海洋牧场建设：海洋生物资源利用的一场重大产业革命［J］. 理论学习，2010，（10）：22-25.

［21］苏天骄. 舟山沿岸渔场振兴开发途径研究［D］. 舟山：浙江海洋大学，2017.

［22］李波，宋金超. 海洋牧场：未来海洋养殖业的发展出路［J］. 吉林农业，2011（4）：3-3.

［23］杨红生，赵鹏. 中国特色海洋牧场亟待构建［J］. 中国农村科技，2013（11）：15-15.

［24］国家级海洋牧场建设规划（2017—2025年）.

［25］张金浩，彭国兴，张玲玲，等. 海洋牧场建设现状和发展对策［J］. 齐鲁渔业，2014（2）：50-52.

［26］刘卓，杨纪明. 日本海洋牧场（Marine Ranching）研究现状及其进展［J］. 渔业信息与战略，1995（5）：14-18.

［27］李波. 关于中国海洋牧场建设的问题研究［D］. 青岛：中国海洋大学，2012.

［28］小川良德，竹村嘉夫. 人工鱼礁に对する鱼群行动の试验的研究 I～Ⅵ［J］. 东海水研报，1966，（45）：107-161.

［29］小川良德. 人工鱼礁と鱼付き：人工鱼礁とその效果［J］. 水产增殖临号，1968，（7）：1-21.

［30］岗本峰雄，黑木敏郎，村井彻. 人工鱼礁近傍の鱼群生に关する予備的研究——猿岛北方鱼礁群の概要［J］. 日本水产学会志，1979，（45）：709-713.

［31］Santelices B. A conceptual framework for marine agronomy［J］. Hydrobiologia，1999，398-399（3）：15-23.

［32］Woodhead P M J，Jacobson M E. Biological colonization of a coal-waste artificial reef［M］. New York：Wiley，1985：597-612.

［33］Kim J Q，Mitzutani N，Iwata K. Experimental Study on the Local Scour and Embedment of Fish Reef by Wave Action in Shallow Water Depth［C］. Tokyo：Proceedings，International Conference on Ecological System Enhancement Technology for Aquatic Environments. Japan International Marine Science and Technology Federation，1995，168-173.

［34］Fujihara M，Kawachi T，Oohashi G. Physical biological coupled modelling for artificially generated upwelling［J］. Marine Biology，1997（189）：69-79.

［35］Frederic E V，Nelson W G. An assessment of the use of stabilized coal and oil ash for construction of artificial fishing reefs：Comparison of fishes observed on small ash and concrete reefs［J］. Marine Pollution Bulletin，1998，36（12）：980-988.

［36］Kim C G，Suh S H，Cho J K，et al. Optimum Structure and Deployment of an Abalone Reef for the Marine Ranching Creation in Jeonnam.

［37］Archipelago of Korea［J］. Journal of the Korean Society of Marine Engineering，2007，11：1005-1012.

［38］Yoon B S，Park J H，Sang C Y，et al. Seasonal Variations in the Species Composition of Fisheries Resources Caught by Trammel Net in the Uljin Marine Ranching Area，East Sea［J］. Korean Journal Fish Aquatic Science 2015，48（6），947-959.

［39］Zengqiang Yin. Estimating ecological carrying capacity and management of enhancement species in tangshan marine ecosyst em（bohai sea，china）based on ecosystem model［D］. United nations university fisheries training programme. 2019.

［40］孙利元. 山东省人工鱼礁建设效果评价［D］. 青岛：中国海洋大学，2010.

［41］刘永虎，程前，田涛，等. 大连獐子岛人工鱼礁海域夏季水质变化与评价［J］. 大连海洋大学学报. 2016（3）：331-337.

［42］张艳，过锋，王军，等. 人工鱼礁投放对莱州金城海域沉积环境地球化学要素的影响［J］. 渔业科学进展，2013（6），11-16.

［43］肖荣，杨红. 人工鱼礁建设对福建霞浦海域营养盐输运的影响［J］. 海洋科学，2016，40（2），94-101.

［44］唐衍力，于晴. 基于熵权模糊物元法的人工鱼礁生态效果综合评价［J］. 中国海洋大学学报（自然科学版），2016（1），18-26.

［45］佟飞，秦传新，余景，等. 粤东柘林湾溜牛人工鱼礁建设选址生态基础评价［J］. 南方水产科学，2016（6）.

［46］姜书，赵鹏. 条件价值评估法在人工鱼礁经济效果评价中的应用［J］. 中国海洋大学学报（社会科学版），2016（1），24-29.

［47］尹增强，章守宇. 东海区资源保护型人工鱼礁经济效果评价. 资源科学［J］. 2009，31（12），2183-2191.

［48］尹增强，章守宇. 浙江省嵊泗人工鱼礁工程游憩价值的评估. 海洋科学［J］. 2011，35（7），55-60.

［49］尹增强，章守宇. 东海区资源保护型人工鱼礁生态效果评价体系初步研究［J］. 海洋渔业，2012，34（1）：23-31.

［50］尹增强. 人工鱼礁效果评价理论与方法［M］. 北京：中国农业出版社，2016.

［51］李娜娜，陈国宝，于杰，等. 大亚湾杨梅坑人工鱼礁水域生物资源量声学评估［J］. 水产学报，2011（11）：43-52.

［52］王志杰. 国外人工鱼礁及其集鱼效果［J］. 河北水产科技，1983（3）.

［53］Lee M O, Otake S, Kim J K. Transition of artificial reefs（ARs）research and its prospects［J］. Ocean & Coastal Management，2018，154：55-65.

［54］Devin M. Bartley Marine Ranching Summary［Z］. FAO Rome，Italy.

［55］Masuda，Reiji，Tsukamoto，Katsumi. Stock enhancement in Japan：review and perspective［J］. Bulletin of Marine Science，1998，62（2）：337-358.

［56］Hamasaki，kitada. A review of kuruma prawn penoeus japonicus stock enhancement in Japan［J］. Fisheries Research，2006，80（1）：80-90.

［57］White Alaska salmon enhancement program 2005 annual report［R］. Fishery management report，NO. 06-19，Alaska department of fish and game. 2006，3.

［58］FAO. 2007 Fisheries Circular［R］. No. 815，Rev. 10.197 pp.

［59］Lorenzen K. Population management in fisheries enhancement：Gaining Key information from release experiments through use of a size-dependent mortality model［J］. Fisheries Research，2006，80（1）：19-27.

［60］Bell J D，Bartley D M，Lorenzen K，et al. Restocking and stock enhancement of coast fisheries：potential，problems and programs［J］. Fisheries Research，2006，80（1）：1-8.

［61］何海伦，陈秀兰，张玉忠，等. 海洋生物蛋白资源酶解利用研究进展［J］. 中国生物工程杂志，2003（9）：70-74.

［62］郭小雨. 舟山市水产品出口贸易对策研究［D］. 舟山：浙江海洋大学，2016.

［63］冯瑞. 蓝色经济区发展战略问题研究［D］. 天津：天津大学，2012.

［64］高乐华. 我国海洋生态经济系统协调发展测度与优化机制研究［D］. 青岛：中国海洋大学，2012.

［65］王夕源. 山东半岛蓝色经济区海洋生态渔业发展策略研究［D］. 青岛：中国海洋大学，2013.

［66］于思浩. 中国海洋强国战略下的政府海洋管理体制研究［D］. 长春：吉林大学，2013.

［67］王恩辰. 海洋牧场建设及其升级问题研究［D］. 青岛：中国海洋大学，2015.

［68］曹天贵. 烟台海岸带生态环境问题及其治理对策研究［D］. 青岛：中国海洋大学，2015.

［69］李慧茹，董志文. 山东海洋休闲渔业的 SWOT 分析与对策［J］. 中国人口·资源与环境，2011，21（S1）：117-120.

［70］ 杨红生，霍达，许强. 现代海洋牧场建设之我见［J］. 海洋与湖沼，2016，47（06）：1069-1074.

［71］ 颜慧慧，王凤霞. 海南省海洋牧场发展建设初探［J］. 河北渔业，2017（01）：56-60.

［72］ 王伟定，梁君，毕远新，等. 浙江省海洋牧场建设现状与展望［J］. 浙江海洋学院学报（自然科学版），2016，35（03）：181-185.

［73］ 赵会芳. 中国海洋渔业演化机制研究［D］. 青岛：中国海洋大学，2013.

［74］ 都晓岩. 泛黄海地区海洋产业布局研究［D］. 青岛：中国海洋大学，2008.

［75］ 卞盼盼. 海洋牧场用海适宜性评价空间分析模型研究［D］. 北京：中国矿业大学，2018.

［76］ 李河. 山东省海洋牧场建设研究及展望［D］. 秦皇岛：燕山大学，2015.

［77］ 佘远安. 韩国、日本海洋牧场发展情况及我国开展此项工作的必要性分析［J］. 中国水产，2008（03）：22-24.

［78］ ［64］Boris Justinovič Norman. Сколько грамматик русского языка нам нужно?О дискурсивной обусловленности грамматики［J］. Russian Linguistics，2017，41（3）.

［79］ ［65］Olga Baykova. Русские заимствования в языке этнических немцев Кировской области как результат лингвокультурного контактирования［J］. Russian Linguistics，2017，41（1）.

［80］ ［66］赵静，章守宇，沈天跃，沈蔚. 人工鱼礁投放误差分布研究［J］. 水产学报，2016，40（11）：1790-1799.

［81］ 马军英，杨纪明. 日本的海洋牧场研究［J］. 海洋科学，1994，（3）：22-24.

［82］ 曾呈奎，徐恭昭. 海洋牧业的理论与实践［J］. 海洋科学，1981，（1）：1-6.

［83］ 徐恭昭. 海洋农牧化的进展与问题［J］. 现代渔业信息，1998，13（1）：3-10.

［84］ 朱 骅. 论我国海洋牧场建设的文化逻辑［J］. 广东海洋大学学报，2017，37（2）：72-77.

［85］ 徐绍斌. 海洋牧场及其开发展望［J］. 河北渔业，1987（2）：14-20.

［86］ 杨金龙，吴晓郁，石国峰，等. 海洋牧场技术的研究现 状和发展趋势［J］. 中国渔业经济，2004（5）：48-50.

［87］ 于会娟. 从战略高度重视和推进我国海洋牧场建设［J］. 农村经济，2015（3）：50-53.

［88］ 李靖宇，吴超，孙蕾. 关于长海县域创建“海洋牧场”的战略推进取向［J］. 中国软科学，2011（6）：10-23.

［89］ 王恩辰，韩立民. 浅析智慧海洋牧场的概念、特征及体系架构［J］. 中国渔业经济，2015（2）：11-15.

［90］ 杨涛. 烟台市建设“海上粮仓”的SWOT分析与对策［J］. 中国水产，2015（07）：27-31.

［91］ 张震. 基于海洋牧场建设的休闲渔业开发研究［D］. 青岛：中国海洋大学，2015.

［92］ Howell B R, Mokness E, Svåsand T. Stock Enhancement and Sea Ranching: Fishing News Books［M］. Oxford: Blackwell Science，1999.

［93］ Leber K M, Shuichi K, Blankenship H L, et al. Stock Enhancement and Sea Ranching: Developments, Pitfalls and Opportunities［M］. 2nd ed. Oxford: Wiley-Blackwell，2004.

［94］ Bell J D, Leber K M, Blankenship H L, et al. A new era for restocking, stock enhancement and sea ranching of coastal fisheries resources［J］. Reviews in Fisheries Science，2008，16（1-3）：1-9.

［95］ Lorenzen K. Understanding and managing enhancement fisheries systems［J］. Reviews in Fisheries Science，2008，16（1-3）：10-23.

［96］ Juinio-Meñez M A, Bangi H G, Malay M C, et al. Enhancing the recovery of depleted *Tripneustes gratilla* stocks through grow-out culture and restocking［J］. Reviews in Fisheries Science，2008，16（1-3）：35-43.

［97］ Becker P, Barringer C, Marelli D C. Thirty years of sea ranching manila clams (*Venerupis philippinarum*): Successful techniques and lessons learned［J］. Reviews in Fisheries Science，2008，16（1-3）：44-50.

［98］ Lorenzen K, Agnalt A L, Blankenship H L, et al. Evolving context and maturing science: Aquaculture based enhancement and restoration enter the marine fisheries management toolbox［J］. Reviews in Fisheries Science，

2013, 21 (3-4): 213-221.

[99] Loneragan N R, Jenkins G I, Taylor M D. Marine stock enhancement, restocking, and sea ranching in Australia: Future directions and a synthesis of two decades of research and development [J]. Reviews in Fisheries Science, 2013, 21 (3-4): 222-236.

[100] Taylor M D, Fairfax A V, Suthers I M. The race for space: Using acoustic telemetry to understand density dependent emigration and habitat selection in a released predatory fish [J]. Reviews in Fisheries Science, 2013, 21 (3-4): 276-285.

[101] Taylor M D, Chick R C, Lorenzen K, et al. Fisheries enhancement and restoration in a changing world [J]. Fisheries Research, 2017, 186: 407-412.

[102] 王恩辰. 海洋牧场建设及其升级问题研究 [D]. 青岛: 中国海洋大学, 2015.

[103] Zhao X, Sun W, Ren G, et al. Ecosystem Health Evaluation of Haizhou Bay Marine Ranching [J]. Acta Laser Biology Sinica, 2014, 23 (6): 626-632.

[104] Sherman R L. Studies on the Roles of Reef Design and Site Selection in Juvenile Fish Recruitment to Small Artificial Reefs [J]. Lancet, 2000, 347 (8996): 241-3.

[105] Howe J C. Artificial Reef Evaluation with Application to Natural Marine Habitats: William Seaman Jr. (Ed.); CRC Press, New York, NY, 2000, 246 pages, hardcover, ISBN 0-8493-9061-3 (US$ 84.95) [J]. Fisheries Research, 2003, 63 (2): 297-298.

[106] Lagaros N D, Magoula E. Life-cycle cost assessment of mid-rise and high-rise steel and steel-reinforced concrete composite minimum cost building designs [J]. Structural Design of Tall & Special Buildings, 2013, 22 (12): 954-974.

[107] Guerra J V, Soares F L M. Circulation and Flux of Suspended Particulate Matter in Ilha Grande Bay, SE Brazil [J]. Journal of Coastal Research, 2009, 25 (1): 1350-1354.

[108] Pinheiro F M, Fernandez M A, Fragoso M R, et al. Assessing the Impacts of Organotin Compounds in Ilha Grande Bay, (Rio de Janeiro, Brazil): Imposex and a Multiple-Source Dispersion Model [J]. Journal of Coastal Research, 2006, SI 39 (SI 39): 1383-1388.

[109] Strelcheck A J, Cowan J H, Shah A. Influence of reef location on artificial-reef fish assemblages in the northcentral Gulf of Mexico [J]. Bulletin of Marine Science, 2005, 77 (3): 425-440.

[110] Buckhorn M L. Rocky reef fishes in the Gulf of California: The influence of habitat and exploitation on reef fish assemblages and reef predator reproduction [D]. Dissertations & Theses-Gradworks, 2009.

[111] Dowling R K, Nichol J. The HMAS Artificial Dive Reef [J]. Annals of Tourism Research, 2001, 28 (1): 226-229.

[112] Turner I L, Leyden V M, Cox R J, et al. SPECIAL ISSUE NO. 29.Natural and Artificial Reefs for Surfing and Coastal Protection‖Physical Model Study of the Gold Coast Artificial Reef [J]. Journal of Coastal Research, 2001: 131-146.

[113] Alcorn A E, Foxworthy J. [American Society of Civil Engineers Ports Conference 2001-Norfolk, Virginia, United States (April 29-May 2, 2001)] Ports\01-Construction of Offshore Artificial Reef at Port of Los Angeles, California [J]. 2001: 1-8.

[114] Santos M N, Monteiro C C, Coimbra J. The Portuguese experience on artificial reefs: past and future. [C] // Modern Aquaculture in the Coastal Zone: Lessons & Opportunities Nato Advanced Research Workshop on Modern Aquaculture in the Coastal Zone-lessons & Opportunities. 2001.

[115] Sherman R L, Gilliam D S, Spieler R E. Artificial reef design: void space, complexity, and attractants [J]. Ices Journal of Marine Science, 2002, 59 (59): 196-200.

[116] 杨红生. 我国海洋牧场建设回顾与展望 [A]. 中国水产学会海洋牧场研究会. 现代海洋（淡水）牧场国

际学术研讨会论文摘要集［C］. 中国水产学会海洋牧场研究会. 2017：2.

［117］ 为鱼安家——"十二五"期间人工鱼礁与海洋牧场建设快速发展［J］. 中国水产，2016（4）：6.

［118］ 颜慧慧，王凤霞. 中国海洋牧场研究文献综述［J］. 科技广场，2016（06）：162-167.

［119］ 王莹，李怡，萧云朴，等. 基于层次分析法的南麂列岛海域人工鱼礁社会效果评价［J］. 海洋开发与管理，2019，36（2）：40-44.

［120］ 高春梅，郑伊汝，张硕. 海州湾海洋牧场沉积物 – 水界面营养盐交换通量的研究［J］. 大连海洋大学学报，2016，31（1）：95-102.

［121］ 李文抗，刘克奉，苗军，等. 中国对虾增殖放流技术及存在的问题［J］. 天津水产，2009（2）：13-18.

［122］ 于广成，张杰东，王波. 我国人工鱼礁开发建设的现状与前景［J］. 海洋信息，2006（1）：23-25.

［123］ 杨红生，章守宇，张秀梅，等. 中国现代化海洋牧场建设的战略思考［J］. 水产学报，2019，43（4）：1255-1262.

［124］ 大连市首次进行鱼类人工增殖放流［J］. 水产科学，2005（8）：42.

［125］ 王颖，周露. 我国虾夷扇贝底播增殖产量影响因素研究——以獐子岛为例［J］. 中国渔业经济，2014，32（1）：104-109.

［126］ 张锦峰，高学鲁，庄文，等. 莱州湾渔业资源与环境变化趋势分析［J］. 海洋湖沼通报，2014（3）：82-90.

［127］ 本刊讯. 农业部公布第三批国家级海洋牧场示范区名单［J］. 中国水产，2017（12）：11.

［128］ 李继龙，王国伟，杨文波，张彬，刘海金. 国外渔业资源增殖放流状况及其对我国的启示［J］. 中国渔业经济，2009，27（3）：111-123.

［129］ Stephen A. Bortone, Tony Martin and Charles M. Bundrick. Factors Affecting Fish Assemblage Development on A Modular Artificial Reef in A Northern Gulf of Mexico Estuary. Bulletin of Marine Science, 55（2-3）：319-332, 1994.

［130］ Stephen A. Bortone, Marine Artificial Reef Research and Development：Integrating Fisheries Management Objectives, 2018.

［131］ Avery B. Paxton, Charles H. Peterson, J. Christopher Taylor, et al. Artificial Reefs Facilitate Tropical Fish at Their Range Edge, Nature Communications Biology, May 6, 2019.

［132］ Lv, W., Huang, Y., Liu, Z., et al. Application of microbenthic diversity to estimate ecological health of artificial reef oyster reef in Yangtze Estuary, China. Marine Pollution Bulletin, 2016, 103（1-2）：137-143.

［133］ O. B. Yaakob, Yasser M. Ahmed, M. Rajali Jalal, et al. Hydrodynamic Design of New Type of Artificial reefs, Applied Mechanics and Materials, 2016（819）：406-419.

［134］ I. López, H. Tinoco, L. Aragonés, J. García-Barba. The multifunctional artificial reef and its role in the defence of the Mediterranean coast［J］. Science of The Total Environment, 2016（550）：910-923.

［135］ 张国胜，杨超杰，邢彬彬. 声诱捕捞技术的研究现状和应用前景［J］. 大连海洋大学学报，2012，27（4）：383-386.

［136］ 阙华勇，陈勇，张秀梅，等. 现代海洋牧场建设的现状与发展对策［J］. 中国工程科学，2016，18（3）：79-84.

［137］ Ladich F, Fay R R. Auditory evoked potential audiometry in fish［J］. Reviews in Fish Biology and Fisheries, 2013, 23（3）：317-364.

［138］ Rohmann K N, Bass A H. Seasonal plasticity of auditory hair cell frequency sensitivity correlates with plasma steroid levels in vocal fish［J］. Journal of Experimental Biology, 2011, 214（11）：1931-1942.

［139］ 章守宇，周曦杰，王凯，等. 蓝色增长背景下的海洋生物生态城市化设想与海洋牧场建设关键技术研究综述［J］. 水产学报，2019，43（01）：83-98.

［140］ Kotrschal, K. Taste（s）and olfaction（s）in fish：a review of specialized sub-systems and central integration［J］.

Pflugers Archiv. 2000, 439（3）: 178-180.

[141] Slabbekoom H, Bouton N, Van O I, et al. A noisy spring: the impact of globally rising underwater sound levels on fish [J]. Trends in Ecology & Evolution, 2010, 25（7）: 419-427.

[142] Hattingh J, Petty D. Comparative physiological responses to stressors in animals [J]. Comparative Biochemistry & Physiology Part A Physiology, 1992, 101（1）: 113.

[143] 汤涛林, 唐荣, 刘世晶, 等. 罗非鱼声控投饵方法 [J]. 渔业科学进展, 2014, 35（3）: 40-43.

[144] 藤谷　超. 二十一世紀の食卓を支えるアイデア漁法——海洋牧場 [M]. 东京: 舵社, 1997

[145] 農林水産技術会議事務局. 海洋牧場——マリーンランチング計画 [M]. 东京: 恒星社厚生閣, 1986

[146] 国際海洋科学技術協会. 水産生物生息場ならびに沿岸開発に関する日米シンポジウム講演集 [C]. 东京: 第5回国際人工生息場技術国際会議. 1991

[147] 全国人工鱼礁技术协作组. 人工鱼礁论文报告集 [C]. 1987.

[148] 朱树屏. 朱树屏文集 [M]. 北京: 海洋出版社, 2007

[149] 农业农村部渔业渔政管理局, 中国水产科学研究院. 中国海洋牧场发展战略研究 [M]. 北京: 中国农业出版社, 2017

撰稿人: 陈　勇　田　涛　尹增强　汤　勇　邢彬彬　陈　雷　杨　军

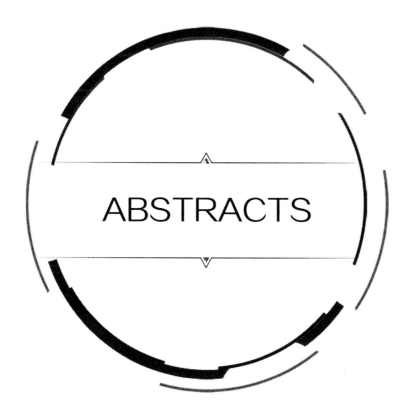

ABSTRACTS

# Comprehensive Report

## Advances in Fishery Science

During the period from 2018 to 2019, significant progress has been made in the field of mariculture in China. With the "output control" and "technical control" measures gradually replacing "input control", China's fishery resource management system is undergoing a fundamental transformation; with the full implementation of resource conservation measures such as enhancement release, sea ranching and marine protected areas (MPA) , China's fishery resources are expected to be gradually restored. At the same time, China's marine genetic resources conservation, identification and evaluation, and new varieties cultivation has achieved remarkable results, including: deciphering the genome of multiple aquatic products; analyzing the molecular mechanisms of important economic traits; as well as new developments in stem cell transplantation technology, genome editing technology and genome of aquatic organisms. The selection of breeding techniques has been further enhanced and applied. The offshore aquaculture net cages and land-based aquaculture facilities have been further upgraded, the rapid development of deep-sea aquaculture facilities and equipment has made China one of the few countries in the world with large-scale deep-sea farming equipment such as "Deep Blue No. 1". Extensive research has been conducted on protein and lipid nutrition and substitution; sugar, vitamin and mineral nutrition; feed additives; larval and broodstock nutrition; efficient environmental-friendly feed; and a series of important research results have been achieved. Significant progress has been made in the pathogens and epidemiological studies of major mariculture species and new

diseases; breakthroughs have been made in the development of multiple, quantitative and rapid detection techniques for various aquatic pathogens; and research on aquatic pathogen infection and host immune mechanisms, aquatic vaccine development and pharmacology screening studies have also achieved phased results. It should be noted that we have yet to improve on fisheries management and conservation policy measures, aquaculture equipment design and its intelligent application, genetic resource conservation and innovative utilization. However, it should be noted that, although China has been in the leading position in genome research for commercially important aquatic organisms, our functional genomics research relatively lags behind; China ranks among the world leading countries in the exploration of aquatic gene resources, but there are shortcomings in big data analysis; China is one of the frontiers in the application of new generations of breeding technology, but our theoretical basis of breeding technology is still weak. Therefore, in the field of aquaculture science and technology, we urgently need to develop refined theories, techniques and methods for China's unique breeding species and breeding modes, including: to promote technological innovation in aquatic breeding industry based on the analysis of traits; to promote the innovation of key technologies for disease prevention and control, and improve aquaculture health management technology and level of governance; vigorously promote healthy and sustainable deep-sea aquaculture technology system; soundly promote basic research of aquaculture bio-technology, and provide strong support for industrial development. At the same time, we will continue to improve the fishery rights and fishery statistics system, and deepen the management of fishery resources in China.

*Written by Wang Qingyin*

# Reports on Special Topics

## Advances in Aquaculture Biotechnology

This section reports the most recent progress and representative accomplishment in aquaculture biotechnology from 2016-2018, mainly including whole genome sequencing and fine mapping, high-density genetic linkage map construction and economic trait-related QTL screening, gene editing technique, and genomic selection in aquatic animals. Comparison of current status in above-mentioned fields in China and abroad revealed the great progress made by Chinese scientists during 2016-2018, as well as the existing shortcomings. Based on these data, the outlook is proposed for the future development of aquaculture biotechnology.

*Written by Chen Songlin, Xu Wenteng, Liu Yang*

## Advances in Mariculture

Significant development has been achieved in mariculture during 2016-2018. There were 25 mariculture new varieties authorized by the Aquatic Product Original & Fine Variety Approval

Committee, and being extended nationwide. At the same time, a great deal of fruitful work has been done on seawater pond culture, recirculating aquaculture systems, saline-alkali water and beach culture etc.and a great number of achievements, research papers and patents have been obtained. Significant progress was also made in mariculture technology extension, which raised the science and technology contribution rate in mariculture industry. However, China still lags behind in the world in mariculture fine variety breeding, and the level of automation and mechanization. Mariculture industry in China has to tackle with four major problems: (1) To strengthen basic breeding research, and accelerate breeding of mariculture new varieties; (2) To innovate culture mode, and realize green ecological culture; (3) To accelerate the development of aquaculture facilities and equipment, and improve the industrialization level of mariculture; (4) To upgrade of breeding technology, and realize intelligent aquaculture. In view of future trends and strategies for China mariculture, our opinion is that, it is the key to develop modern aquatic seed industry for the green development of mariculture; it is the key to implement culture capacity planning and management for the green development of mariculture; it is the key to promote smart fisheries and intelligent industrialized culture for the green development of mariculture.

*Written by Li Jian, Zhang Tianshi, Qu Keming, Rong Xiaojun, Mao Yuze,*
*Jiang Zengjie, Chang Zhiqiang, Lu Jianjian, Lai Qifang, Zhang Dianchang*

# Advances in Freshwater Aquaculture

China ranks the first in freshwater aquaculture. This report reviews the history of freshwater aquaculture in China, especially the status since the reform and opening up. This review focuses on the research progress of freshwater aquaculture discipline on six aquaculture model and technologies, ecological pond aquaculture, pond raceway system, freshwater factory circulating water aquaculture technology, controlled container circulating water green ecological aquaculture, integrated culture of rice and aquaculture animal, lake and reservoir fishery. The economic, ecological and social benefits of these models or technologies are introduced. The development of freshwater aquaculture at home and abroad was compared, and the different development characteristics and trends were pointed out. This report analyzes the development trend and prospect of the discipline of freshwater aquaculture in China from the perspective of strategic demand and key development direction, and puts forward the advice on policy for the development of freshwater aquaculture industry.

*Written by Li Jiale, Zou Shuming, Liu qigen, Cheng Yongxu, Tan Hongxin,*

*Huang Xuxiong, Luo Guozhi, Bai Zhiyi, Wu xugan, Feng Jianbin*

# Advances in Disease Research in Aquaculture

Over the last three years, significant progress has been achieved in relation with parasites, bacterial and viral pathogens, and immune systems of cultured aquatic animals. The ecology of monogeneans on gills of grass carp was investigated with the establishment of ecological prevention strategies against the monogenean disease. The pathogenicity of several molecules in type III and type IX secretion systems of *Edwardsiella* spp.was revealed. Several antibiotics resistance genes were discovered in *Nocardia* sp. Type IX secretion system was originally found in *Flavobacterium columnare*, and is responsible for the bacterial virulence. The epidemiology of viral diseases of shrimps was investigated in a large scale, and the mechanisms involved in immune escape of iridoviruses were illustrated. In the field of immune systems, novel nucleic acid induced anti-virus mechanism was revealed in shrimps, and haemopoietic tissues were identified in molluscs. The interferon systems and retinoic acid inducible gene I (RIG I) like receptors (RLRs) have been examined in several specie of fish. The immune function of IgT in gills was revealed. Importantly, aquatic vaccines have been the focus of research in several institutions.

*Written by Nie Pin, He Jianguo, Su Jianguo, Qin Qiwei, Chang Mingxian, Wang Guitang,*

*Wang Lingling, Chen Shannan, Xi Bingwen, Li Wenxiang, Lu Yishan, Feng Hao, Liu Yang*

# Advances in Aquaculture Nutrition and Feed

Research on many aspects of fish nutrition and feed technology, including requirements of dietary nutrient, data on apparent digestibility of feed stuffs, protein nutrition and substitution, lipid nutrition and replacement, carbohydrate, vitamin and mineral nutrition, larvae nutrition, relation between dietary nutrients and food safety and quality of aquatic products etc.have been carried out. Research on nutrient metabolism of aquatic animals has become a new hotspot, and new molecular biology technology is continuously being introduced into it. This provides important technical support for explaining the key processes of nutrient transport, metabolism, decomposition in aquatic animals, and finding the key target of regulating metabolism to achieve the goal of accurate nutrition. With the continuous development of subject level, a number of excellent talents have emerged. The quality and quantity of articles published have increased year by year, making contribution to promoting the healthy and sustainable development of China's aquatic feed and aquaculture industries. The rapid development of aquatic animal nutrition research and aquatic feed industry in China has reached the international leading level in most fields. However, the research on aquatic animal nutrition in China started relatively late, and there is still a certain gap between the developed countries and the advanced level of foreign countries in terms of research systematization, industry operation, supervision and concept, etc. Therefore, there is still a need for further improvement in the research fields of aquatic animal precise nutrition, nutrient metabolism and regulation mechanism, development of new feed sources, larvae nutrition, and development of efficient environmental protection feed, among others.

*Written by Mai Kangsen, Ai Qinghui, Ren Mingchun*

# Advances in Fishery Drugs

Fishery drug is the most important and direct mean for the disease control in aquaculture. By the upgrading of aquaculture, it makes the higher requirements for the control of fishery drug risk management. This paper systematically summarizes the latest developments in the theory and the applied research of fishery drug in China in the past years. It concludes the metabolic mechanism, metabolism, residue risks, resistance risks, ecological risks, etc. We predict the main development trends in the future and provide a series of recommendations for controlling the risk of fishery drugs. It is significant for the development of industries under the national strategic such as Rural Revitalization & the Belt and Road Initiative.

*Written by Liu zhongsong, Chen xuezhou, Feng Dongyue, Hu Kun, Chen Yan*

# Advances in Discipline of Piscatology

Fishing science is an important branch of fishery sciences. More recently, fishing science has turned to the direction of eco-friendliness, sustainable use, conservation of resources, energy conservation and consumption reduction, and efficient green. In this study, we outline the current situation of China's development in the past three years from the three aspects of fishing gear and fishing method, fishery oceanography, and fishery materials and technology, compare with the progress of foreign research, and point out the existing gaps. While fishing science has greatly promoted the development of industry, this work also shows that the conservation and rational utilization of offshore resources should be promoted in the future, and the distant water fisheries and high seas fisheries should be actively and steadily developed.

*Written by Chen Xuezhong, Zheng Hanfeng, Wang Lumin, Huang Hongliang, Chen Xinjun,*

*Shen Zhixin, Fan Wei, Yue Dongdong*

# Advances in Fishery Resources Conservation and Utilization

The sustainable utilization of fishery resources is an important strategic task to ensure the supply of high-quality protein, and build ecological civilization. The study of ocean ecosystem dynamics is advancing to the overall effect and adaptive management, and multi-disciplinary integration has become a new development direction. Under global climate change, there are two trends: one is that the complexity of marine ecosystem is more considered; the other is responses of marine ecosystem are more analyzed from the perspective of global climate change. Current research on ocean ecosystem dynamics in China needs to be further strengthened in the analysis of the mechanism of the structure and function of ecosystems. In coastal waters where climate change and human activities play an important role, the interacted effects of various factors have on ecosystem should be figured out, especially in aspects such as the efficiency of food production and the sustainable impacts of the ecosystem. A series of fishery resources investigation projects have been launched, survey targets including inshore fishery resources and spawning ground, offshore and polar fishery resources, Antarctic krill, etc. These projects have recognized the structure and function of the main fishing ground, cast the dynamics of important fishery resources, and developed a digital monitoring and assessment system. In the future, this system should be further improved to provide basic data and scientific support for the formulation of sustainable utilization policies of fishery resources. In the Yangtze River, Yellow River, Pearl River and Heilongjiang basins, stock enhancement programs and effects evaluation were carried out, the technical system of seedling propagation and quality evaluation was established, and the large-scale marker technology of main economic fish species, rare and endangered fish species and crustaceans was developed, which provided great technical support for the stock enhancement and ecological restoration of aquatic organisms. However, the technology and theoretical system need to be further improved: (1) the study of biology and large-scale breeding technology of release species; (2) the background investigation of stock enhancement and release area; (3) the development of seedling marking technology. The techniques on proliferation, enhancement and release and ecological restoration of rare and endangered wild species have been strengthened. Total artificial reproduction techniques of typical species such as Chinese sturgeon and river sturgeon have been overcome. The breeding scale of rare and endemic fishes such as *Hucho bleekeri* and *Megalobrama pellegrini* have increased significantly. Conservation biology should be developed from the following three aspects: (1) improve long-term targeted monitoring and evaluation; (2) strengthen the application of new theories, methods and technologies; (3) standardizing the conservation of rare and endangered wild species.

*Written by Jin Xianshi, Shan Xiujuan, Jin Yue, Chen Yunlong*

# Advances in Fishery Eco-environment

Fishery ecological environment discipline is a discipline that discusses the influence of ecological environment changes on fishery. The steady and effective development of fishery ecological environment discipline concerns the systematicness and integrity of the whole aquatic science discipline. This report introduces the definition, basic functions and research contents of fishery ecological environment discipline, and systematically summarizes the latest research progresses in this discipline in China in recent years, mainly including important research progresses in ecological environment monitoring and evaluation, fishery water pollution ecology, fishery environmental structure and biological indicators, fishery ecological environment protection and restoration technology, fishery ecological environment quality management technology, etc. It also includes major scientific and technological achievements in the effects of representative pollutants and agricultural and fishery medicine on important aquaculture species, research and development and application of fishery environment and resource conservation technologies, response of marine organisms to typical environmental disturbance factors, restoration and reconstruction technologies of fishery habitats, research on hazards of pyrethroid pesticides to fishery, inversion of fishery biological habitats based on biological indicators and fishery environment assessment technologies. This fully shows the hot spots of this discipline in recent years. Examples of these major achievements also reflect the contributions of major domestic research platforms. Looking at the hot spots and trends of international research, the report shows that the international community has a

deeper understanding of this discipline, pays more and more attention to the process and mechanism of the impact of land-based pollution on fishery ecological environment, and pays more attention to the research and development of advanced detection methods and fishery environmental monitoring technologies. In recent years, China has carried out relatively solid work in the field of fishery ecological environment, and has also made relatively remarkable progress, with major technologies and techniques becoming increasingly mature. However, compared with foreign countries, there are still some differences in the overall development level and monitoring and repair technologies in this field, and there is also a lack of systematic understanding and research. Therefore, in order to adapt to the national development strategy and provide better services, China's fishery ecological environment discipline must change the current situation, pay attention to the application of scientific methods to evaluate the comprehensive effects of aquaculture on the environment, pay attention to the impact of major projects on the fishery ecological environment and the response mechanism of important aquaculture organisms to typical environmental stresses, and strive to develop fishery ecological environment monitoring, diagnosis and early warning technology, fishery pollution ecology and environmental safety evaluation technology, the reconstruction and restoration technology of degraded water ecosystem, and the standardization technology of ecological environment quality control. For the sustainable development of fishery and better construction of ecological civilization, it is necessary to rationally plan the breeding layout, strictly control the exogenous pollution in fishery waters, delimit the ecological red line of fishery, and strengthen the long-term and basic monitoring of fishery resources and environment, as well as the conservation and environmental restoration of inland and offshore fishery resources. In view of the practical problems faced by this discipline, we must actively carry out the discipline construction work and continuously improve the discipline system in order to promote the development of this discipline and make significant contributions to the green development of new fishery.

*Written by Li Chunhou, Qi Zhanhui, Yang Jian, Chen Jiachang, Li Yingren, Wang Yunlong,*
*Dong Jing, Lai Zini, Cao Yucheng, Chen Haigang, Qin Chuanxin, Liu Yong*

# Advances in Aquatic Products Storage and Processing

Processing and storage of aquatic products is an important part of fishery. This paper reviews the research progress of aquatic product processing and storage in China in recent years. The report is divided into three parts: (1) research progress of aquatic product processing and storage in China since 2014, China has made important progress in the mechanism of quality change during the preservation process of aquatic products, the influence of aquatic protein oxidation on aquatic product quality, and the biological activity of marine active lipids with different structure forms. Important technological breakthroughs have been made in fluidized ice preservation, rapid freezing of aquatic products, traceability of aquatic products, precise control of aquatic food quality, efficient utilization of nutrition and functional components, rapid detection of chemical pollutants in aquatic products and rapid detection of aquatic product quality. (2) comparative study on aquatic product processing and storage at home and abroad. Under the background of the rapid development of global economy, the world aquatic product processing industry is developing towards the direction of full utilization, deep level, low energy consumption, high efficiency and sustainable development. However, compared with developed aquatic products countries, China still have some gaps in basic theoretical research and key technology development of aquatic products processing. (3) development trend and prospect of aquatic product processing and storage. In recent years, the country put forward the development of green agriculture overall planning, under the guidance of the overall planning, put forward the future development of the aquatic products processing and storage engineering key: enforcing the traditional aquatic products processing industry technical improvement and innovation, and the second is to strengthen nutrition healthy aquatic food manufacturing technology innovation, the third is to strengthen aquatic products processing equipment research and development, the fourth is to strengthen quality and safety of aquatic products control technology development.

*Written by Xue Changhu, Li Zhaojie*

# Advances in Fishery Equipment

The research objects of fishery equipment are all kinds of equipments specifically or mainly used in fishery production. In recent years, with the country's increasing emphasis on fishery equipment, the technology of fishery equipment has made great progress, providing a powerful support for the transformation and upgrading of fishery. This article focuses on the scientific and technological development status of aquaculture equipment, fishing equipment, and aquatic product processing equipment over the past few years in China, and puts forward future development countermeasures through comparison with foreign advanced fishery equipment technologies.

*Written by Xu Hao, Huang Yixin*

# Advances in Fishery Information Science

China's fishery is undergoing a process of transformation and upgrading from traditional fishery to modern fishery, information technology is an important approach to achieve fishery modernization. In order to accelerate fishery transformation and upgrading and promote high-quality fishery development in China, it is of great significance to speed up the deep integration of fishery production and management with information technology including the Internet of Things, big data, artificial intelligence, etc. Starting with several aspects such as fishery information collection, transmission and analysis, this article summarizes the current development and application status of information technology in aquaculture, fishing, aquatic product processing and fishery management, compares the domestic and international fishery information technology level, and proposes the development trend of fishery information technology in China.

*Written by Chen Jun, Li Guodong, Liu Shijing, Meng Feiliang, Fan Wei, Xu Shuo*

# Advances in Marine Ranching Research

This special report mainly introduces the new research progress and representative achievements in the field of marine ranching science and technology in China and abroad, including the construction of artificial reef, seaweed bed, fish behavior taming, environmental monitoring and other contents. As a sustainable mode of marine fishery production, marine ranching have developed rapidly in recent years in China. Based on the analysis of the development history and current situation of marine ranching science and technology in China and abroad, this report puts forward the development trend and strategy of marine ranching, in order to provide reference for the scientific development of the ongoing construction of modern marine ranching in China.

*Written by Chen Yong, Tian Tao, Yin Zengqiang, Tang Yong, Xing Binbin, Chen Lei, Yang Jun*

# 索 引